电子相变半导体材料手册

Handbook of Electronic Phase Transition Semiconductor Materials

陈吉堃 著

科学出版社

北京

内 容 简 介

本书系统总结具有电子相变特性的过渡族化合物半导体材料体系，详细介绍其晶体结构、电输运与磁性、电子相转变原理、材料合成与潜在应用等。全书共12章，其中第1章总述现有电子相变材料体系以及常见电子相变原理。由于具有相同的价电子数的过渡族元素的化合物中的轨道构型具有一定相近性，第2~11章将进一步按照副族周期元素对三十余种电子相变半导体材料进行分类阐述，主要包括：以钒为代表的ⅤB族化合物(第2章)，以镍、铁、钴为代表的Ⅷ族3d化合物(第3~5章)，Ⅷ族4d/5d铂系化合物(第6章)，以钛为代表的ⅣB族化合物(第7章)，以锰为代表的ⅦB族化合物(第8章)，铬、钼、钨等ⅥB族化合物(第9章)，铜、银、金、稀土等ⅠB~ⅢB族化合物(第10章)、有机聚合物(第11章)等材料体系。第12章针对二氧化钒、稀土镍基氧化物等具有优异电子相变特性的重要体系，从材料合成与应用角度进行简要阐述。

本书可供从事半导体材料、凝聚态物理等领域基础研究的学者参考，同时也可为电子器件、敏感电阻器件、光学器件等技术应用中的关键性材料选择提供依据。

图书在版编目（CIP）数据

电子相变半导体材料手册 / 陈吉堃著. — 北京：科学出版社，2025. 1. — ISBN 978-7-03-080924-7

Ⅰ. TN304-62

中国国家版本馆CIP数据核字第202427SM84号

责任编辑：陈艳峰　孔晓慧 / 责任校对：高辰雷
责任印制：张　伟 / 封面设计：无极书装

科学出版社 出版
北京东黄城根北街16号
邮政编码：100717
http://www.sciencep.com

北京九州迅驰传媒文化有限公司印刷
科学出版社发行　各地新华书店经销

*

2025年1月第 一 版　开本：720×1000　1/16
2025年1月第一次印刷　印张：14 1/4
字数：287 000
定价：**128.00元**
（如有印装质量问题，我社负责调换）

前　言

　　电子相变材料的能带结构可在特征温度、极化电场、化学气氛、压力等外场触发下发生可逆转变，从而引起材料电学、光学等物理特性的突变式调控，在突变式敏感电阻、神经器件、热致变色、电致变色、红外伪装、激光防护等方面具有应用前景。人们对金属-绝缘体转变等电子相变现象与原理的基础研究可追溯至20世纪中期，其研究者中包括获得1977年诺贝尔物理学奖的Nevill Francis Mott教授、Philip Warren Anderson教授等物理大师。此外，获得2019年诺贝尔化学奖的John B. Goodenough教授早年在美国麻省理工学院林肯实验室工作期间，也曾对二氧化钒等材料的金属绝缘体相变原理进行了系统研究。

　　与传统的带宽半导体相比，电子相变材料中的半导体相能带起源更为复杂。除受传统晶格周期势影响外，d轨道电子库仑排斥能、自旋轨道耦合、电荷（轨道）有序等多重特殊机制在电子相变材料能带结构中所起到的作用通常不可忽视且时常相互杂糅。因此，实际情况下材料发生电子相变现象背后的原理相比理想的莫特转变、派尔斯转变、安德森转变等更为复杂，且存在争议。其中，最为著名的当属二氧化钒金属绝缘体相变原理中的争论，即在莫特转变外，基于钒-钒二聚化的派尔斯转变是否在二氧化钒金属绝缘体相变中起作用至今仍无定论。从材料体系看，已知的电子相变材料家族中已包含三十余种材料体系以及超过两百种材料组分，涉及过渡族元素氧化物、硫族化合物、磷化物等；其相比传统半导体材料体系，元素组成分布广泛，晶体结构丰富多变，电子结构、磁结构纷繁复杂。而近年来，随着极端条件下的材料合成技术的不断发展，具有潜在电子相变特性的新材料体系依旧报道不断。此外，21世纪以来，人工智能技术的飞速发展开启了依托大数据和人工智能技术大幅提高材料研发速度并降低研发成本的材料研究新范式探索。然而，鉴于电子相变材料体系的复杂性与特殊性，目前其相关的材料手册与材料数据库尚未充分建立，这对进一步结合大数据与人工智能技术变革其研究范式的探索提出了挑战。

　　为更好地服务电子相变材料在人工智能与大数据时代背景下未来的基础与应用研究，本书对具有电子相变特性的已知材料体系进行了系统梳理。首先，对电子相变中的经典原理、强关联半导体能带与特性、电子相变材料体系做简要介绍。其次，以周期表中具有相同(或相近)价电子数的同族元素为主线，对现有电子相变半导体材料家族中具有代表性的钒基(VB族)化合物、镍基(Ⅷ族3d)化合物、铁基(Ⅷ族 3d)化合物、钴基(Ⅷ族 3d)化合物、铂系(Ⅷ族 4d/5d)化合物、钛基(ⅣB 族)化合物、锰基(ⅦB 族)化合物、ⅥB 族化合物、ⅠB～ⅢB 族化合物、有机聚合物等体系的材料结构以及电子相变特性逐一进行系统介绍。最后,针对电子相变材料中重要体系的材料生长以及潜在应用做简要介绍。在本书之外,笔者依托国家材料基因工程数据汇交与管理服务平台建立了关于电子相变材料的数据库,进一步为现有电子相变材料的组分与晶体结构、电-光-磁等物理突变特性、电子相变原理与触发机制等提供检索功能。希望本书及所建立的相应数据库能够为电子相变的基础研究与新体系探索提供数据支撑,并同时为面向应用的电子相变材料选择与设计提供关键依据。

  最后,感谢我的学生高景鑫、商焱龙、刘景山、夏宇轩、雷玮、于谊平、边驿、韩浩文、董绪伟、方旭辉等在本书所涉及的文献调研、数据总结、撰写及修改等过程中所给予的协助;感谢中国科学院上海硅酸盐研究所陈立东老师所给予的指导与讨论。此外,感谢国家重点研发计划"稀土基新型电子相变半导体与敏感电阻器件"(2021YFA0718900)项目的支持。

陈吉堃
2025 年 1 月 8 日

目 录

前言

第1章 电子相变材料体系与电子相变原理概述 ······ 1
1.1 强关联半导体中电子局域性的起源 ······ 1
1.2 电子相变原理概述 ······ 6
1.3 强关联半导体的电子结构调控 ······ 9
1.4 电子相变材料体系概述 ······ 11
1.5 本章小结 ······ 14
参考文献 ······ 15

第2章 钒基(ⅤB族)化合物中的电子相变 ······ 18
2.1 二元钒氧化物：玛格奈利相与沃兹利相 ······ 18
2.2 VO_2：特征温度触发下的金属-绝缘体相变 ······ 23
2.3 VO_2：氢致电子相变 ······ 28
2.4 钒基钙钛矿、层状钙钛矿、四重钙钛矿氧化物 ······ 31
2.5 钒基梯形氧化物与管道结构氧化物 ······ 35
2.6 钒基尖晶石氧化物 ······ 39
2.7 $LiVO_2$ 与 Na_xVO_2 ······ 40
2.8 钒基硫族化合物 ······ 41
2.9 其他ⅤB族化合物中的电子相变特性 ······ 43
2.10 本章小结 ······ 46
参考文献 ······ 47

第3章 镍基(ⅧB族-3d)化合物中的电子相变 ······ 54
3.1 113型稀土镍基钙钛矿氧化物($ReNiO_3$)概述 ······ 55
3.2 $ReNiO_3$：特征温度触发下的金属-绝缘体相变 ······ 57
3.3 $ReNiO_3$：氢致电子相变与镍基超导 ······ 66
3.4 $BiNiO_3$ 与镍基层状钙钛矿氧化物 ······ 72
3.5 镍基硫族化合物：NiS ······ 76
3.6 本章小结 ······ 78
参考文献 ······ 79

第4章　铁基(ⅧB族-3d)化合物中的电子相变 · 84
4.1　低价铁基氧化物：$Re\text{Fe}_2\text{O}_4$、$Re\text{BaFe}_2\text{O}_5$、$\text{Fe}_3\text{O}_4$ · 84
4.2　中高价铁基氧化物：$Re_{1/3}\text{Sr}_{2/3}\text{FeO}_3$、$A\text{Cu}_3\text{Fe}_4\text{O}_{12}$、$\text{Ca}_{1-x}\text{Sr}_x\text{FeO}_3$ · 89
4.3　铁基硫族化合物 · 95
4.4　本章小结 · 96
参考文献 · 97

第5章　钴基(ⅧB族-3d)化合物中的电子相变 · 100
5.1　113型钴基钙钛矿氧化物 · 100
5.2　钴基层状钙钛矿与四重钙钛矿氧化物 · 106
5.3　缺氧态钴基层状双钙钛矿氧化物 · 108
5.4　本章小结 · 110
参考文献 · 111

第6章　铂系(ⅧB族-4d、5d)化合物中的电子相变 · 115
6.1　二元铂系氧化物 · 116
6.2　铂系层状钙钛矿与四重钙钛矿氧化物 · 117
6.3　铂系烧绿石氧化物 · 123
6.4　铂系硫族、磷族化合物 · 125
6.5　本章小结 · 128
参考文献 · 129

第7章　钛基(ⅣB族)化合物中的电子相变 · 134
7.1　二元钛氧化合物 · 134
7.2　钛基钙钛矿与四重钙钛矿氧化物 · 137
7.3　钛基尖晶石与钙铁矿氧化物 · 139
7.4　钛基硫族化合物 · 140
7.5　本章小结 · 141
参考文献 · 141

第8章　锰基及ⅦB族化合物中的电子相变特性 · 144
8.1　113型锰基钙钛矿氧化物中的电子相变特性 · 145
8.2　锰基A位有序双钙钛矿、四重钙钛矿、层状钙钛矿氧化物 · 150
8.3　锰基硫族、磷族化合物中的潜在电子相变特性 · 154
8.4　其他ⅦB副族金属化合物中潜在的电子相变特性 · 157
8.5　本章小结 · 158
参考文献 · 159

第9章　ⅥB族化合物中的电子相变 · 164
9.1　铬基氧化物与硫族化合物 · 164

9.2	钼基氧化物	168
9.3	钨基氧化物	172
9.4	本章小结	174
参考文献		175

第10章　ⅠB、ⅡB、ⅢB族化合物中的电子相变　178

10.1	银基与铜基硫族化合物	178
10.2	金元素化合物	182
10.3	二元稀土氧化物：EuO	183
10.4	稀土硫族、磷族化合物	184
10.5	本章小结	185
参考文献		186

第11章　有机聚合物中的电子相变　188

11.1	有机聚合物电子相变原理简介	188
11.2	电荷转移聚合物	190
11.3	金属有机框架化合物	195
11.4	有机聚合物电子相变材料的合成	196
参考文献		197

第12章　电子相变特性的潜在应用与关键材料制备　200

12.1	金属-绝缘体相变的电子器件应用	200
12.2	金属-绝缘体相变的光学应用	204
12.3	氢致电子相变的潜在应用	207
12.4	关键材料制备-1：中间价态过渡族氧化物	208
12.5	关键材料制备-2：高价态亚稳相过渡族氧化物	212
12.6	本章小结	218
参考文献		219

第1章　电子相变材料体系与电子相变原理概述

能带间隙(E_g)的存在与否是区别绝缘体(或半导体)与导体的重要特征：金属的导带与价带因重叠而导电；绝缘体(或半导体)的导带与价带间具有能带间隙而通常处于高阻态。对于硅、锗、砷化镓等传统半导体，其能带间隙主要源于共有化电子波函数，在晶格周期势调制下，在布里渊区边缘产生态密度(DOS)分布的能量间隙。不同于传统半导体，在一些含有局域性更强的 d 电子轨道的过渡族元素化合物(如氧化物、硫族化合物、磷化物等)中，电子在轨道间跳跃(输运)还将受到强烈的电子间库仑排斥(on-site Coulomb repulsion)作用，而其作用能(U)同样可等效于能带间隙。与此同时，电子在由 d 电子杂化轨道分裂出的非简并能级中的填充排布还将受到洪德交换作用(Hund's exchange interaction)、自旋轨道耦合(spin-orbit coupling, SOC)等与电子自旋相关因素的影响，从而改变轨道电子的巡游性与局域性。由此可见，上述不可忽略的电子间库仑作用、电子自旋等因素，为改变强关联半导体材料的能带结构提供了新的调控自由度。

在特征温度、压力、极化电场和可逆化学掺杂等外场作用下，一些(但不限于)过渡族元素化合物的绝缘体与金属相的相对稳定性将发生改变，并引起其电子能带结构的可逆转变，从而触发材料电输运关系、磁性和光学性质等物理性质的可逆突变。合理设计上述电子相变特性，可实现有别于传统半导体材料的突变式功能特性，这在军、民两方面均具有可观的应用价值。然而，已知电子相变材料体系众多，并且对相变原理的解释纷繁复杂，其在材料制备方法、电子相变性能调控、微加工和电极接触等方面均存在较大差异。为实现不同潜在应用场景下电子相变材料的合理选择与优化设计，则需要系统且深入地了解不同体系电子相变材料的基础特性、电子相变原理、材料制备以及性能调控方法等。本章将总结具有电子相变特性的材料体系、触发电子相变特性的常见原理，以及电子相变材料在物理结构与电子结构中的共性特征等相关内容。

1.1　强关联半导体中电子局域性的起源

1. 强关联半导体中的电子局域性

硅、锗、砷化镓等经典半导体材料中的能带间隙源于晶体周期势，而在求解薛定谔方程(布洛赫方程)时电子间的库仑排斥作用(U)通常不予考虑。如图 1-1(a)

所示以晶格参数为 a、原子数为 N 的一维晶体为例,在自由电子近似下,一维周期势作用使得能带在布里渊区边缘($\pm n\pi/a$)分别向上和向下弯折,从而产生能隙。根据泡利(Pauli)不相容原理,此时每个能带的 N 个能态最多可容纳 $2N$ 个电子,当实现满填时会呈现绝缘体(半导体)态;而当填充电子数小于 $2N$ 时则呈现金属态。然而,上述传统的能带半导体模型中忽略了电子跳跃中所受的库仑排斥作用以及由自旋引起的超交换作用,因此在实际情况下未满填的能带并不一定呈现绝缘体(半导体)特性,而这一点在局域性较强的 d 电子轨道化合物中尤为普遍。

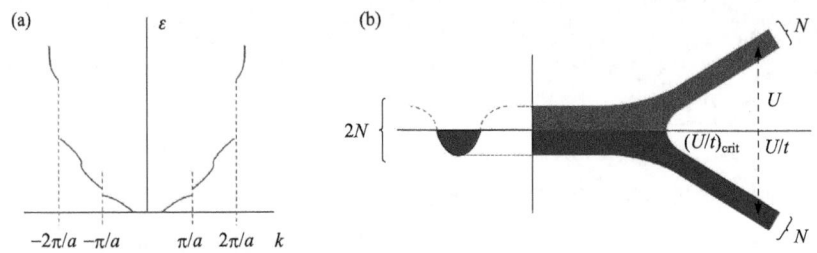

图 1-1 (a) 一维晶体周期势中自由电子能带的起源;(b) 一维晶体哈伯德(Hubbard)模型中能带的结构形式,下部(蓝色)代表哈伯德能带电子填充,上部(灰色)代表空带

同样以晶格参数为 a、原子数为 N 的一维晶体为例,在紧束缚近似下,考虑每个原子仅贡献一个价电子(即 $n=N_{el}/N=1$)的情况,如果同一能态由两个自旋相反电子占据时的库仑排斥能(U)高于电子在带中的跳跃带宽能(W),那么所有电子将以相同的自旋占据价带中所有能态,从而实现绝缘态(半导体态)。上述因电子间库仑排斥作用而产生的电子局域性是莫特(Mott)绝缘体中产生能隙的主要原因,即引起电子局域性的 U 与电子去局域化的带宽能 W 的差值 $E_g=U-W=U-2zt$(z 为配位数,t 为跳跃能)。如图 1-1(b)所示,莫特绝缘体的能带间隙取决于电子间库仑排斥能与跳跃能(带宽)间的相对大小(即 U/t),其区别于传统半导体因周期势变化而产生的能带间隙。

2. 晶体场分裂与轨道有序

在以过渡族氧化物(或硫族化合物)等为代表的强关联半导体中,过渡族金属 d 轨道与其周边配体元素 p 轨道的杂化作用将引起晶体场劈裂,并产生成键或反键的二重简并的 e_g 轨道以及三重简并的 t_{2g} 轨道。通常情况下在八面体晶体场中,d 轨道能级劈裂成三重简并的 t_{2g} 轨道(通常能量较低)与二重简并的 e_g 轨道(通常能量较高),其两者间的能量间隙称为晶体劈裂场 Δ_{CF}。当然,对于少数具有高价态过渡族元素(如 Fe^{4+} 和 Cu^{3+} 等)的化合物,其在八面体晶体场下 Δ_{CF} 较小甚至为负值;而对于具有负电荷转移能的强关联氧化物,配体 p 轨道所形成的空穴通常会与 d 轨道电子配对,从而引起轨道重排,并在 p、d 轨道间形成额外能级(即

Zhang-Rice singlets)[1]。

图 1-2 示意了不同 d 电子轨道的成键方式，其中过渡族元素的 e_g 轨道与配体 p 轨道成 σ 键，t_{2g} 轨道与配体 p 轨道成 π 键，而 σ 能级与 π 能级间的能量差异称为晶体劈裂场 Δ_{CF}。在通常情况下，增大过渡族元素离子半径(如同主族从上到下)或增强配体共价性将会增加 Δ_{CF}。对过渡族元素与配体组成的八面体结构施加进一步的扭曲，将导致上述二重简并的 e_g 轨道以及三重简并的 t_{2g} 轨道的进一步劈裂，例如图 1-3(a)～(c)分别给出了八面体晶体场下进一步施加四方拉伸、四方压缩以及体对角线拉伸与压缩的作用，从而分析对 d 电子轨道的劈裂情况的影响。值得注意的是，除上述八面体晶体场所引起的 d 轨道能级分裂外，在尖晶石等结构中过渡族元素将与配体形成四面体结构，而在四面体晶体场下三重简并的 t_{2g} 轨道能量高于二重简并的 e_g 轨道(即与八面体晶体场相反)。

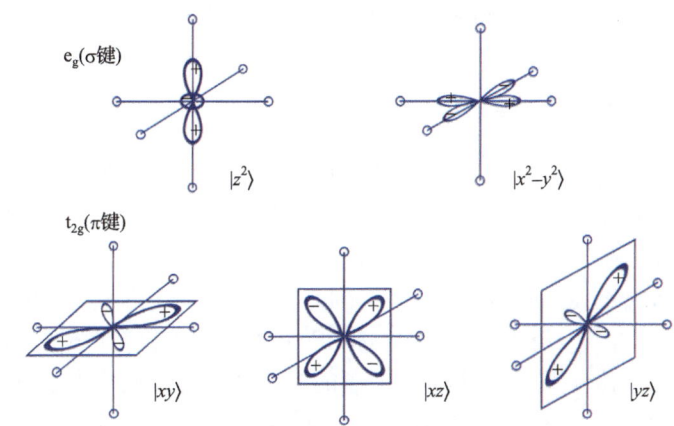

图 1-2　五种典型的轨道形状(电子密度)：e_g(两种)；t_{2g}(三种)

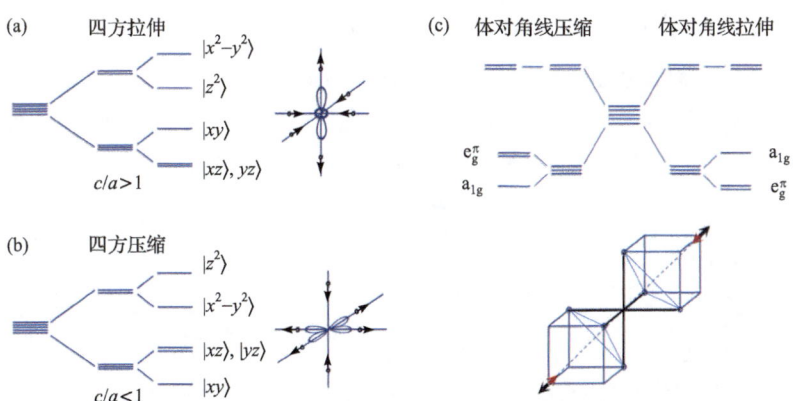

图 1-3　(a) 由 MO_6 八面体的四方拉伸引起的 d 能级分裂；(b) 由 MO_6 八面体的四方压缩引起的 d 能级分裂；(c) d 能级的三角畸变和相应的分裂

图 1-3 所示的八面体结构畸变是触发材料从金属向绝缘体输运关系转变的重要机制之一。例如，Jahn-Teller 效应[2]使得 e_g 或 t_{2g} 轨道能级去简并化并呈现基态轨道有序，是 $ReMnO_3$ 等过渡族氧化物在温度降低至 T_{MIT} 时发生由金属向绝缘体相变的主要原因[3]。当电子以未满填(或未半满填)方式占据同能级轨道时，其基态轨道将呈现进一步能级分裂从而实现去简并，而上述因基态轨道简并度降低而产生的轨道有序化通常伴随着晶体结构对称性的降低。在实际的过渡族氧化物材料体系中，如 $Mn^{3+}(t_{2g}^3 e_g^1)$、$Cr^{2+}(t_{2g}^3 e_g^1)$、$Ni^{3+}(t_{2g}^6 e_g^1)$、$Cu^{2+}(t_{2g}^6 e_g^3)$ 等电子(或空穴)未满填(或半满填)二重简并的 e_g 轨道的离子，通常呈现较强的 Jahn-Teller 耦合效应，由此产生的能级分裂通常在 0.8~1 eV[4]。相比之下，$Ti^{3+}(t_{2g}^1 e_g^0)$、$V^{4+}(t_{2g}^1 e_g^0)$、$Cr^{4+}(t_{2g}^2 e_g^0)$、$V^{3+}(t_{2g}^2 e_g^0)$、$Co^{2+}(t_{2g}^5 e_g^2)$、$Fe^{2+}(t_{2g}^4 e_g^2)$ 等电子(或空穴)未满填(或半满填)三重简并的 t_{2g} 轨道的离子，其 Jahn-Teller 耦合效应相对较弱，由此产生的能级分裂通常在 0.2~0.3 eV[4]。

3. 莫特-哈伯德(Mott-Hubbard)与电荷转移(charge transfer)绝缘体

在过渡族化合物中，电子在过渡族与配体元素组成的多面体间的传输主要由配体 p 轨道向 d 轨道填充表层的电荷传输能(Δ_{CT})以及电子库仑作用能(U)共同决定。如图 1-4(a)所示，当 $\Delta_{CT} > U$ 时电子的跃迁激发发生在由电子库仑作用能所打开的上、下哈伯德能带(upper and lower Hubbard band，分别简称 UHB 和 LHB)间，即 $d^n d^n \rightarrow d^{n-1} d^{n+1}$(带隙为 U)；这种绝缘体称为莫特-哈伯德绝缘体，其最为典型的材料代表为二氧化钒。当 $\Delta_{CT} < U$ 时，电子的跃迁激发发生在配体 p 轨道与上哈伯德能带间，即 $d^n p^6 \rightarrow d^{n+1} p^5$(带隙为 Δ_{CT})；这种绝缘体称为电荷转移绝缘体，其最为典型的代表为稀土镍基氧化物。图 1-4(b)示意了 U、Δ_{CT} 和 p-d 轨道跳跃能 t_{pd} 间的相对大小对于强关联材料电输运特性的影响。

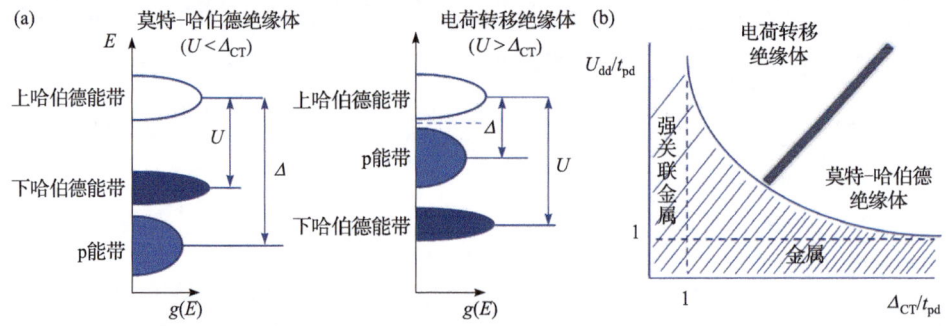

图 1-4 (a) 莫特-哈伯德绝缘体和电荷转移绝缘体的能级结构示意图；(b) 强关联绝缘体类型与电荷转移能(Δ_{CT})、电子间库仑能(U)和电子跳跃能(t_{pd})的关系示意[4, 5]

值得注意的是，Δ_{CT} 随过渡族元素价态的增加而减小，因此 3d 序列靠前的元素(如 V、Ti)的二元氧化物通常为莫特-哈伯德绝缘体。此外，过渡族元素价态的升高同样将导致 Δ_{CT} 的降低；例如，对于如 Fe^{4+}、Cu^{3+} 等高价态过渡族元素，其 Δ_{CT} 可能为负值，此时过渡族元素通常通过在配体 p 轨道中产生空穴。例如，在 $CaFeO_3$ 等高价铁氧化物中，铁元素可通过 p 轨道中的空穴实现电荷转移并触发金属绝缘体相变：$2Fe^{4+} \rightarrow Fe^{3+}+Fe^{5+}$ 或 $2Fe^{3+}\underline{L} \rightarrow Fe^{3+}+Fe^{5+}\underline{L}^2$。与 Δ_{CT} 的变化趋势相反，U 随同价态 3d 过渡族元素原子序大体呈现增加趋势，例如 3d 序列靠后的元素(如 Fe、Co、Ni 和 Cu)因具有相比于 Δ_{CT} 更大的 U，其钙钛矿氧化物更倾向于形成电荷转移绝缘体。相比于 3d 过渡族元素，4d、5d 过渡族元素化合物的电子间强关联作用减弱，因此拥有 4d、5d 轨道电子的二元过渡族元素氧化物大多呈现金属态。

4. 电子自旋与自旋轨道耦合

除库仑作用外，由电子局域性所引起的自旋作用同样会影响轨道的排布与电子填充。例如，对于 $U \gg t$ 的未掺杂一维莫特绝缘体($n=1$)，其基态倾向于呈现反铁磁序而降低系统能量；但因泡利不相容原理，反铁磁序不利于载流子在 3d 轨道不同位点间的跳跃，因此反铁磁序大多与绝缘体相共存。而通过电子(或空穴)掺杂的莫特绝缘体倾向于通过巡游电子与局域轨道(d 轨道)的双交换作用而破坏上述反铁磁序，以增强载流子的巡游性(增大 t)，并向铁磁(或顺磁甚至超导)金属相转变。此外，电子自旋同样通过洪德交换作用影响轨道填充，使其倾向于降低电子间的库仑排斥能，并按非对称程度最高的方式在轨道中排布。例如，简并轨道中的电子填充将倾向于使总自旋达到最大(洪德第一定律)，而在自旋达到最大的情况下，基态倾向于使轨道角动量达到最大(洪德第二定律)。

从能量角度看，轨道中自旋相同的填充电子对数量(N)可降低 NJ_H 的系统能量；其中，对于 3d 过渡族元素序列，J_H 约为 $0.8 \sim 0.9 \text{ eV}$，4d 序列约为 $0.6 \sim 0.7 \text{ eV}$，5d 序列约为 0.5 eV。由此，电子填充方式所引起的洪德能($-NJ_H$)与晶体劈裂能(Δ_{CF})的相对大小将从能量角度决定 d^4 以上体系的电子填充，并进一步对电子局域性产生影响。例如，当洪德能降大于晶体劈裂能或其他分裂能级时，电子倾向于以相同自旋单独占据尽可能多的能级，呈现高自旋态排布，反之则倾向于以相反的自旋成对占据低能级，呈现低自旋态排布。此外，电子在轨道间的跳跃同样可能因自旋而改变洪德交换作用能，并协同晶体场劈裂能对电子跳跃中的有效库仑排斥能(U_{eff})进行修正；这可能在外场(特别是压力)作用下触发高、低自旋态转变并协同触发其电子局域性的改变。例如，$BiFeO_3$、$La_{1-x}Sr_xCoO_3$ 等过渡族钙钛矿氧化物在压力触发下所发生的金属-绝缘体相变源于晶体劈裂场随压力的变化，并触发电子排布方式的高、低自旋态转变[6, 7]。

除洪德能对电子排布的影响外，对于 t_{2g} 轨道未满填的过渡族元素化合物，由于其轨道磁矩不为零，因此自旋轨道耦合效应将引起 t_{2g} 能级的进一步分裂，并可能伴随晶体结构、晶体对称性的协同变化。通常情况下，自旋轨道耦合所产生的轨道能级分裂通常与 Jahn-Teller 效应相反，而最终的能级分裂往往由二者的竞争关系所决定。随着原子序数的增加，过渡族元素的自旋轨道耦合作用逐渐增强（$\lambda \boldsymbol{L}\cdot\boldsymbol{S}$，$\lambda \sim Z^4$）。因此，在 3d 过渡族元素序列中，原子序数靠前的过渡族离子(如 Mn^{3+})八面体配体化合物中的 t_{2g} 轨道能级分裂通常由 Jahn-Teller 效应主导，而对于序列靠后的离子(如 Co^{2+})则源于自旋轨道耦合效应。相比于 3d 过渡族元素，4d、5d 过渡族元素化合物中的自旋轨道耦合作用明显增强；尤其是 5d 过渡族元素的自旋轨道耦合能可达到 10^{-1} eV，其足以与电子间库仑作用能 U 以及电子轨道跳跃能 t 达到同数量级，从而对能带结构产生实质性影响。例如，对于 5d 过渡族元素化合物，其电子间库仑作用能 U 随过渡族元素外电子层数的增加而显著降低，因此自旋轨道耦合效应所引起的 t_{2g} 轨道能级分裂，对于维持 $Nd_2Ir_2O_7$、$NaOsO_3$ 等具有金属绝缘体相变特性的 5d 过渡族氧化物的低温绝缘体相起到了至关重要的作用。

1.2 电子相变原理概述

触发材料发生电子相变的经典机制主要包括：可逆结构-电子结构转变与派尔斯转变(Peierls transition)、莫特转变(Mott transition)、安德森转变(Anderson transition)等。在实际情况下，材料的电子相变机制往往更加复杂，且大多由多种机制协同作用，其主次关系依旧存在争议。

1. 可逆结构-电子结构转变与派尔斯转变

可逆结构相变在自然界中较为常见，其所引起的材料晶体膨胀、收缩和扭曲等结构转变在大多数情况下将引起材料能带结构的改变，从而触发物理特性突变。由特征温度触发的结构转变所导致的材料电子结构的转变早已在金属锡(Sn)中被发现。例如，室温下呈现银白色金属光泽的锡具有扭曲金刚石结构和金属输运关系；而低温下呈现灰色的锡则具有金刚石结构和半导体输运关系。除特征温度触发外，一些金属(如 Bi)或绝缘体在特征压力下同样会发生可逆结构转变，并引起电导率突变。与金属相比，过渡族氧化物具有更强的结构-电子结构耦合关系。如 1.1 节所述，$ReMnO_3$ 等具有未满填 d 电子轨道的过渡族氧化物，其基态轨道往往因 Jahn-Teller 效应而导致晶体结构对称性的降低并伴随轨道有序转变，从而触发电阻率突变[8]。类似地，以 Fe_3O_4 等为代表的铁基氧化物所发生的由特征温度触发的金属-绝缘体相变，同样伴随由电荷有序(charge order, CO)转变的电子结构变化以及晶体结构变化[9]。对于上述情况，触发金属-绝缘体相变究竟是源于结构变化还是电子结构变化,仍存在类似"鸡生蛋还是蛋生鸡"的争论。

而在上述由结构-电子结构相耦合的金属-绝缘体相变中,最为经典的当属由晶格二聚化引起的,并受电荷密度波(charge density wave, CDW)调制的派尔斯转变。同样以晶格参数为 a 且每个原子贡献 1 个价电子的一维晶体为例,当忽略电子间库仑作用时其第一布里渊区为 $\pm\pi/a$ 且能带半填充,因此将呈现金属相。如图 1-5 所示,当相邻原子发生程度为 μ 的二聚化时,第一布里渊区将变为 $\pm\pi/2a$ 且能带满填,此时在周期势作用下的费米面恰好位于第一布里渊区边缘的能隙处,因此将转变为绝缘体相。可以证明,上述二聚化对于一维体系电子能量的降低程度($E_{electron}=-\mu^2\ln\mu$)大于同时所提高的弹性能($E_{elastic}=B\mu^2/2$,这里 B 为弹性系数),这成为一维体系基态向二聚化态转变的驱动力。派尔斯(Peierls)于 1955 年初步提出上述理论[4, 10],并于 20 世纪 90 年代初对弹性能部分进行了修正[11]。

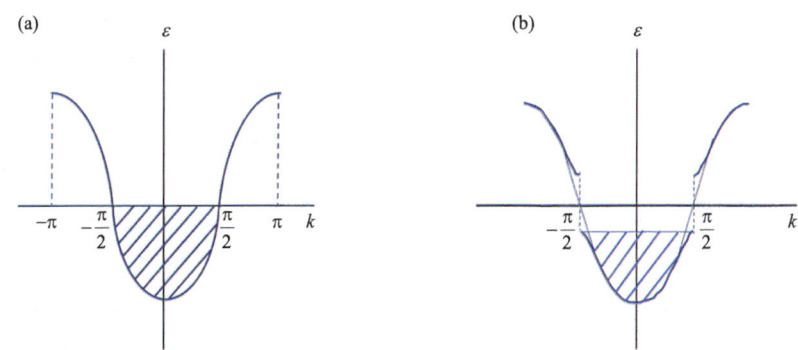

图 1-5 (a)具有半满带的一维金属和(b)二聚化后的能谱变化

对于费米面具有嵌套结构的二、三维体系,上述原理同样适用;而现有电子相变材料体系中,具有典型派尔斯相变原理的体系有 TaS_2 和 $NbSe_2$ 等。此外,以 $CuIr_2S_4$ 为代表的具有三维晶格的过渡族元素硫族化合物,在发生金属-绝缘体相变时其晶格亦发生典型的二聚化(类派尔斯转变)。通常可认为派尔斯转变中的特征温度、绝缘体相禁带宽度均正比于晶格二聚化程度,并可由元素掺杂、应力场等实现进一步调控。例如,对多数电子相变半导体施加压力将导致其绝缘体相波函数的重叠,从而降低金属-绝缘体相变特征触发温度,而 $CuIr_2S_4$ 等少数具有类派尔斯相变特性的化合物恰好相反,其主要原因在于高压加剧了 $CuIr_2S_4$ 中晶格二聚化程度,使得特征触发温度随压力增大而呈现升高趋势[12, 13]。

2. 莫特转变

由 1.1 节可知,莫特绝缘体的能带间隙源于电子间库仑作用,其区别于传统能带半导体源于晶格周期势所产生的能带间隙。因此,莫特绝缘体中所激发的少量载流子(如电子-空穴对)将同样因受到库仑能的束缚而无法对电导率产生线性贡献。然而,当莫特绝缘体中所激发的电子(或空穴)达到临界阈值,并足以对原有电子间库仑排斥作用产生德拜屏蔽时,将导致库仑能对载流子的束缚突然消失,从而触发材料电导率的突变式增加。根据1949年莫特(Mott)提出的理论可以推导出,触发莫特绝缘体向金属转变的临界条件为 $a_0 n^{1/3} > 0.25$ (a_0 为玻尔半径),而莫特转变必须为一级跳变[14, 15]。值得注意的是,1944年朗道(Landau)与泽尔多维奇(Zel'dovich)的论文中论述了类似于莫特转变的原理[4]。从电子跳跃能与带宽角度,莫特转变可理解为当电子跳跃能 t (或带宽 W)超过某临界值,使得 $(U/t)_{crit}$ 将触发电子结构从绝缘体相转变为金属相。

尽管上述莫特转变的本质是对库仑作用能的调控而非简单由结构变化所触发的电子结构转变,但现有材料体系中的莫特相变几乎同样伴随着晶体结构对称性、轨道有序和电荷有序等协同变化。但值得注意的是,在二氧化钒(VO_2)等过渡族氧化物的金属-绝缘体相变中,莫特相变依旧发挥主导作用,而上述结构的协同变化(如二聚化)不足以实现绝缘体相中的带隙以及电阻率的巨幅变化。在诸多电子相变材料体系中,三氧化二钒(V_2O_3)和稀土镍基氧化物($ReNiO_3$)材料体系由温度触发下的金属-绝缘体相变属于经典的莫特转变。虽然 VO_2 的金属-绝缘体相变通常伴随着V-V二聚体的形成,但单纯的派尔斯转变所形成的绝缘体相带隙远小于特征触发温度以下的 VO_2 绝缘体相,因此莫特转变在 VO_2 金属-绝缘体相变中的主导作用并无争议。除特征温度外,莫特转变同样可以从轨道填充角度触发,即通过可逆的元素掺杂引入额外电子对轨道进行填充,实现对库仑势的调控,从而引起电子结构的突变;而其中典型的代表是通过氢化过程实现电子掺杂触发的 $ReNiO_3$ 和 VO_2 等材料轨道构型中的库仑排斥效应,从而触发材料中的电子局域性。

3. 安德森转变

1958年,安德森(Anderson)提出"扩散在某些无规格子中消失",即无序结构将破坏布洛赫周期结构并引起电子的局域化[16]。材料中的"无序"主要包括:①因晶格原子偏离晶体平衡位置所产生的结构无序;②因格点处的势阱深度的随机性而产生的随机势无序(图1-6(a))。从能带角度看,随着无序度(如缺陷浓度)的升高,电子波函数发生衰减并逐渐从扩展态转变为局域态;而其中间状态可看作具有巡游性扩展态能带边缘出现局域态(图1-6(b))。因此,通过外场触发使费米能级从扩展态进入局域态,将引起材料电输运特性由金属态转变为绝缘态。安德森局域化可认为是一种量子相干效应,而决定局域或巡游状态的是电子动能(跳跃能 t 或带宽 W)与"无序势"间的相对强度。虽然上述关系可类比于莫特转变中电子跳跃能与电子间库仑排斥能的相对关系,但是在实际情况中当电子间库仑排斥能与"无序势"同时存在时,其对载流子的作用并不能简单叠加。例如,电子间库仑排斥作用可能将处于局域态带边的电子推出局域态势阱，从而抵消安德森局域化。在实际材料体系中，MnS 由温度或元素掺杂而引起的电阻率降低被认为是典型的安德森转变[17]。

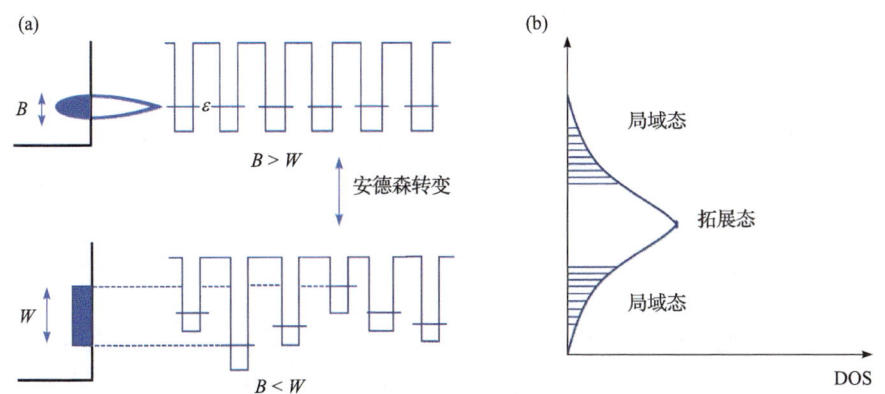

图 1-6　安德森转变原理示意图。(a) 由于势阱深度变化而产生随机势无序；(b) 由于电子波函数的变化而改变费米能级状态图

综上所述，材料呈现金属-绝缘体相变特性的本质在于，按照经典能带理论应处于金属相的材料，因电子间库仑作用、原子二聚化和自旋轨道耦合等区别于经典半导体能带理论的特殊机制而呈现电子局域性。在这种情况下，通过外场可逆地"屏蔽"上述特殊机制(如屏蔽电子间库仑排斥能，消除晶格二聚化，发生高、低自旋态转变等)，将触发材料电子结构与电输运关系从绝缘体向金属的可逆转变。在实际情况下，一些过渡族氧化物在发生金属-绝缘体相变时通常伴随着晶体结构对称性、轨道有序性和电荷有序性等方面的协同变化，因此其电子相变的触发机制难以清晰判定。其中，最为典型的例子是有关 VO_2 金属-绝缘体特性机理的争论。例如，电子间强关联作用被认为是 VO_2 中 3d 轨道劈裂的主要因素，然而其电子相变前后所发生的钒原子二聚化结构畸变所协同产生带隙的因素同样难以完全排除。因此，VO_2 在特征温度触发下的金属-绝缘体相变特性究竟是单纯的莫特相变还是莫特与派尔斯相变的综合作用，目前依然存在争议。此外，$LaCu_3Fe_4O_{12}$、$BiNiO_3$ 等高氧压下合成的过渡族钙钛矿、四重钙钛矿氧化物在发生金属-绝缘体相变中协同发生了明显的 A 位(A'位)、B 位间电荷转移，其与经典莫特相变是否有关，同样有待进一步确认。

1.3　强关联半导体的电子结构调控

硅、锗、砷化镓等传统能带半导体的禁带宽度调控通常采用同主族元素取代，而载流子浓度调控通常采用旁族元素取代(掺杂)。例如，上位同主族元素取代将导致带隙变宽(例如 GaAs 中用 Al 取代 Ga，或用 P 取代 As)，下位同主族元素取代将导致带隙变窄(例如 GaAs 中用 In 取代 Ga)；右侧旁族(高价态)元素取代将实现电子掺杂(例如 GaAs 中用 Se、Te 取代 As，或用 Si 取代 Ga)，左侧旁族(低价态)元素取代将实现空穴掺杂(例如用 C 取代 As，或用 Be、Mg、Zn 取代 Ga)。由上文可知，拥有 d 电子轨道的强关联化合物半导体的轨道构型与电子填充规律均有别于传统的能带半导体，并(可能)呈现电荷、轨道、自旋和晶格间复杂的耦合特性。由此可知，强关联半导体的带隙与载流子调控，亦区别于自由电子近似下的传统能带半导体。

1. 能带间隙与 T_{MIT} 调控

典型莫特绝缘体(半导体)的能带间隙取决于电子间库仑作用和电荷转移能中的较小值，而并非传统能带半导体中与晶格参数相关的布洛赫周期势。因此，对电荷转移绝缘体(半导体)能带间隙的调控，通常着眼于对过渡族元素与配体多面体中的键角或键长进行调节，以改变引起载流子在过渡族元素 d 轨道与配体 p 轨道之间跃迁的电荷转移能(Δ_{CT})，从而改变其绝缘体相相对于金属相的稳定性。例如，具有 113 型钙钛矿结构(ABO_3)的稀土镍基钙钛矿氧化物(*ReNiO$_3$*)、稀土钴基钙钛矿氧化物(*ReCoO$_3$*)[18]、稀土锰基钙钛矿氧化物(*ReMnO$_3$*)[3]和碱土铁基钙钛矿氧化物($Sr_xCa_{1-x}FeO_3$)[19]等 3d 过渡族氧化物均为电荷转移绝缘体，并呈现特征温度触发下的金属绝缘体相变特性。在上述 113 型钙钛矿氧化物中，A 位原子不参与成键，其材料的导带与价带可近似看作由 B-3d 和 O-2p 轨道构成，而带隙取决于 B 位元素与氧元素所构成的 BO_6 八面体的相对扭曲程度。随着 A 位元素离子半径的减小，BO_6 八面体扭曲程度增加并导致 B-3d 和 O-2p 间能带间隙增加，使得材料绝缘体相相对于金属相的稳定性增加而提高金属-绝缘体相变特征触发温度。

相比于 113 型钙钛矿结构，四重钙钛矿氧化物($AA'_3B_4O_{12}$，A' 多由 Cu、Mn 所占据，B 位为过渡族元素)拥有更高的原子堆垛密度，A' 元素可以通过不同的 A'—O 键与氧元素形成平面四配位结构。因此，改变 A 位元素的价态将综合引起 A' 位及 B 位原子价态从而引起更为复杂的能带结构变化；而在四重钙钛矿氧化物结构中，改变 A 位离子半径将主要引起 B—O 键键长的变化而 B—O—B 键角通常维持不变。在已知材料体系中，含有轻稀土元素的稀土铜铁基四重钙钛矿氧化物(*ReCu$_3$Fe$_4$O$_{12}$*)呈现出典型的由 A'-B 晶格间电荷转移所主导的金属绝缘体相变特性[20]。与 113 型钙钛矿氧化物相反，*ReCu$_3$Fe$_4$O$_{12}$* 的特征触发温度随着稀土离子半径的增加而增加，其主要归因于键长随稀土离子半径增大而增加，从而提高了电荷转移触发能量。

2. 载流子激发与掺杂

与传统半导体中电导率随掺杂浓度(载流子浓度)的线性变化不同，莫特绝缘体(半导体)的电导率受载流子激发的调控规律而呈现典型的非线性突变。例如，低浓度掺杂或本征激发所产生的电子(或空穴)在库仑排斥能 U 的束缚下依旧维持局域性；而当激发载流子浓度达到一定阈值并足以对库仑排斥能产生屏蔽的情况下，电子局域性瞬间消失从而导致电导率急剧增加。由此可见，掺杂或本征激发电子浓度是否达到阈值浓度，是触发莫特绝缘体(半导体)电导率变化的关键，其具有典型的突变特性。因此，通过调控莫特绝缘体中的初始电子浓度，能够改变其金属相与绝缘体相的相对稳定性，从而实现对电荷转移与莫特-哈伯德两类金属-绝缘体相变材料特征触发温度的调节。作为典型的例子，通过极化电场向113型稀土镍基钙钛矿氧化物、二氧化钒等电子相变氧化物中注入电子，通常将引起其金属-绝缘体相变特征触发温度的降低。

与上述电荷转移绝缘体(半导体)不同，钒氧化合物等少数莫特-哈伯德绝缘体(半导体)的能带间隙取决于更为本征的电子间库仑能(U)，而非上述可从结构角度简单调控的 Δ_{CT}。因此，对于莫特-哈伯德电子相变特征触发温度的调控大多是通过旁系元素取代来改变材料中的初始电子浓度，其中最典型的代表是通过 W^{6+}、Nb^{5+} 等高价元素部分取代 VO_2 中的 V^{4+} 所引起的金属-绝缘体相变特征触发温度的降低[21]。在二氧化钒的掺杂中，高价元素取代钒原子所实现的金属-绝缘体特征触发温度的降低，主要归因于掺杂作用降低了初始电子浓度与触发莫特转变所需的阈值浓度的差值，而并非能带间隙；这明显区别于从结构角度减小 $ReNiO_3$ 中 NiO_6 八面体的扭曲程度从而减小带隙(Δ_{CT})所实现的 T_{MIT} 降低[22]。

1.4 电子相变材料体系概述

目前已知具有电子相变特性的材料体系有三十余种，其中绝大多数材料为含有 d 电子过渡族金属元素的氧化物、硫族化合物、磷化物等；当然，少数如 Ag_2S 等 d 电子轨道满填的化合物也同样表现出特征温度触发下的金属-绝缘体相变特性。图 1-7 中标出了已知电子相变材料体系中所涉及的过渡族金属元素。以往所关注的电子相变特性主要包括由特征温度(T_{MIT})或压力(P_{MIT})触发的金属-绝缘体相变(metal to insulator transition, MIT)，以及由氢、锂等小离子直接操控过渡族元素价态所引起的莫特电子学转变(Mottronic transition)。

	IA 1																	0 18
1	1 H 氢 1.008	IIA 2											IIIA 13	IVA 14	VA 15	VIA 16	VIIA 17	2 He 氦 4.003
2	3 Li 锂 6.941	4 Be 铍 9.012											5 B 硼 10.81	6 C 碳 12.01	7 N 氮 14.01	8 O 氧 16.00	9 F 氟 19.00	10 Ne 氖 20.18
3	11 Na 钠 22.99	12 Mg 镁 24	IIIB 3	IVB 4	VB 5	VIB 6	VIIB 7	8	VIII 9	10	IB 11	IIB 12	13 Al 铝 26.98	14 Si 硅 28.09	15 P 磷 30.97	16 S 硫 32.06	17 Cl 氯 35.45	18 Ar 氩 39.95
4	19 K 钾 39.10	20 Ca 钙 40.08	21 Sc 钪 44.96	22 Ti 钛 47.87	23 V 钒 50.94	24 Cr 铬 52.00	25 Mn 锰 54.94	26 Fe 铁 55.85	27 Co 钴 58.93	28 Ni 镍 58.69	29 Cu 铜 63.55	30 Zn 锌 65.41	31 Ga 镓 69.72	32 Ge 锗 72.64	33 As 砷 74.92	34 Se 硒 78.96	35 Br 溴 79.90	36 Kr 氪 83.80
5	37 Rb 铷 85.47	38 Sr 锶 87.62	39 Y 钇 88.91	40 Zr 锆 91.2	41 Nb 铌 92.95	42 Mo 钼 95.94	43 Tc 锝 98	44 Ru 钌 101.1	45 Rh 铑 102.9	46 Pd 钯 106.4	47 Ag 银 107.9	48 Cd 镉 112.4	49 In 铟 114.8	50 Sn 锡 118.7	51 Sb 锑 121.8	52 Te 碲 127.6	53 I 碘 126.9	54 Xe 氙 131.3
6	55 Cs 铯 132.9	56 Ba 钡 137.3	57-71 La-Lu 镧系	72 Hf 铪 178.5	73 Ta 钽 180.9	74 W 钨 183.8	75 Re 铼 186.2	76 Os 锇 190.2	77 Ir 铱 192.2	78 Pt 铂 195.1	79 Au 金 197.0	80 Hg 汞 200.6	81 Tl 铊 204.4	82 Pb 铅 207.2	83 Bi 铋 209.0	84 Po 钋 209	85 At 砹 210	86 Rn 氡 222
7	87 Fr 钫 223	88 Ra 镭 226	89-103 Ac-Lr 锕系	104 Rf	105 Db	106 Sg	107 Bh	108 Hs	109 Mt	110 Ds	111 Rg	112 Cn	113 Nh	114 Fl	115 Mc	116 Lv	117 Ts	118 Og

镧系	57 La 镧 138.9	58 Ce 铈 140.1	59 Pr 镨 140.9	60 Nd 钕 144.2	61 Pm 钷 145	62 Sm 钐 150.4	63 Eu 铕 152.0	64 Gd 钆 157.3	65 Tb 铽 158.9	66 Dy 镝 162.5	67 Ho 钬 164.9	68 Er 铒 167.3	69 Tm 铥 168.9	70 Yb 镱 173.1	71 Lu 镥 175.0
锕系	89 Ac	90 Th	91 Pa	92 U	93 Np	94 Pu	95 Am	96 Cm	97 Bk	98 Cf	99 Es	100 Fm	101 Md	102 No	103 Lr

图 1-7 已知电子相变材料体系中所涉及的过渡族金属元素(图中彩色区域)

其中,金属-绝缘体相变主要是指在特征温度触发下材料的电输运关系在金属与绝缘体(或半导体)之间发生可逆转变,与此同时可能伴随材料晶体结构、磁结构与磁性、光学特性的突变。需要指出的是,上述金属、绝缘体相的界定主要取决于材料的电阻率和温度关系而并非材料电阻率的绝对值;其中,金属输运关系表现为材料电阻率随温度的升高而略微增加,绝缘体(半导体)输运关系表现为电阻率随温度的升高而近似指数降低。此外,以铁基氧化物为代表的一些电子相变材料,其高温相依旧属于具有略负阻温关系的低阻半导体而非金属(即特征温度触发下的高阻半导体-低阻半导体转变),但在此统称为金属-绝缘体相变而不做严格区分。

图1-8总结了具有典型金属-绝缘体相变(一级相变)特性的代表性材料体系的电阻率-温度关系图。可以看出,以钒氧化物、稀土镍基氧化物、铁基氧化物、NiS 和 Ag_2S 等为代表的大多数电子相变材料在临界触发温度以下的低温范围内呈现绝缘体相(半导体相),而高温则呈现金属相(或低阻态半导体相)。与此相反,以稀土碱土混合占据 A 位的锰基钙钛矿氧化物($Re_{1-x}AE_xMnO_3$, $x<0.5$)和钛基钙钛矿氧化物($Re_{1-x}AE_xTiO_3$, $x<0.5$)等少数化合物,在特征触发温度以下的低温范围呈现金属相并可能兼具铁磁性,而在高温范围则呈现绝缘体相。其原因在于,在上

述具有电子掺杂的电荷有序钙钛矿氧化物中，因额外电子$(1-2x)$在$TM^{3+}:TM^{4+}=1:1$轨道框架的可任意占据性而导致熵对两相自由能的影响不可忽略，即在跨越特征触发温度时电荷有序绝缘体相的自由能$(\Delta G=E-TS)$中$-TS$项的贡献低于(铁磁)金属相[4]。

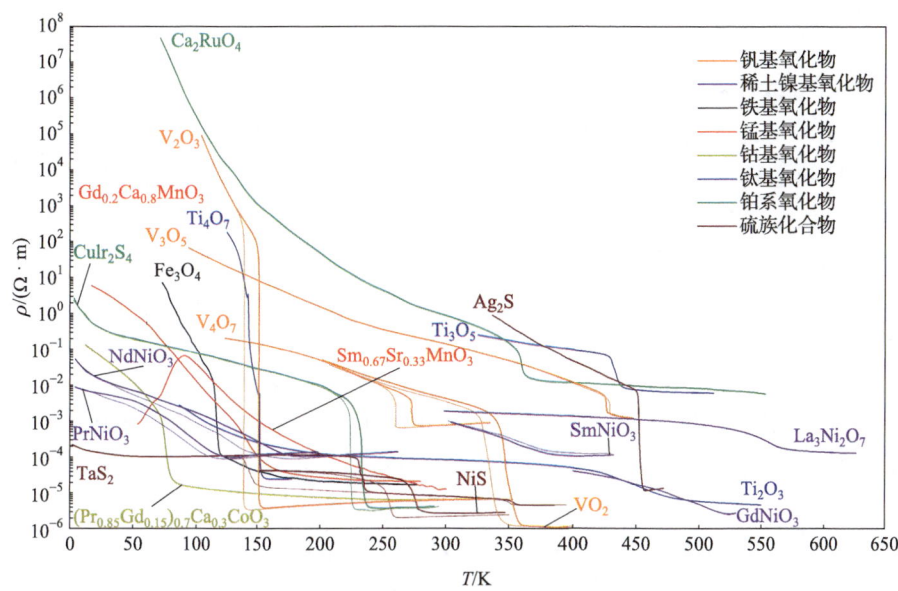

图1-8 已知部分具有典型金属-绝缘体相变(一级相变)特性的代表性材料体系的电阻率-温度关系图。其中所涉及的材料分别为：钒基氧化物(VO_2[23]、V_2O_3[24]、V_3O_5[25]和V_4O_7[26])、稀土镍基氧化物($La_3Ni_2O_7$、$PrNiO_3$[27]、$NdNiO_3$[27]、$SmNiO_3$[27]和$GdNiO_3$[28])、铁基氧化物(Fe_3O_4[29])、锰基氧化物($Sm_{0.67}Sr_{0.33}MnO_3$和$Gd_{0.2}Ca_{0.8}MnO_3$[30])、钴基氧化物($(Pr_{0.85}Gd_{0.15})_{0.7}Ca_{0.3}CoO_3$[31])、钛基氧化物($Ti_2O_3$[32]、$Ti_3O_5$[33]和$Ti_4O_7$[34])、铂系氧化物($Ca_2RuO_4$[35]和$CuIr_2S_4$[36])和硫族化合物($Ag_2S$[37]、NiS和$TaS_2$[38])

对于多数具有金属绝缘体相变特性的材料体系，其特征触发温度可以通过材料组分设计和施加外场两种途径而实现在一定范围内的调节。例如，将VO_2的金属-绝缘体相变特征触发温度($T_{MIT}=68℃$)调控至室温附近，可利用Nb、W等高价元素部分取代VO_2中的钒元素，但其所触发的电阻率突变程度同样有所降低[21]。与VO_2相比，$ReNiO_3$的T_{MIT}可以通过对占据钙钛矿结构A位的稀土元素组分设计，在更为宽广的温度范围内实现连续调节。例如，稀土离子半径的减小将增加$ReNiO_3$中镍氧八面体的扭曲程度，从而增大Ni-3d(导带)与O-2p(价带)间的带隙并提高材料绝缘体相相对于金属相的稳定性，因此将提高T_{MIT}。此外，利用^{18}O同位素置换$ReNiO_3$中的^{16}O，可以从声子角度增大触发金属-绝缘体相变的临界触发能量，从而略微提高T_{MIT}[39]。在维持相同的化学组分情况下，电子相变材料

的 T_{MIT} 还可以通过施加压力、构筑薄膜与衬底间界面应力,以及施加极化电场等外场进行调节。例如,除 $CuIr_2S_4$ 等少数体系外的绝大多数电子相变材料,在施加压力场或构筑双向界面压应力等作用下,其 T_{MIT} 将有所降低;而施加双向拉伸界面应力将提高其 T_{MIT} 或完全消除金属相。除压缩应力外,通过极化电场向 VO_2 和 $SmNiO_3$ 等电子相变材料中注入电子,同样可以降低其 T_{MIT}[40, 41]。

除传统的金属-绝缘体相变外,在恒温条件下通过化学或电化学途径,在以 VO_2 和 $ReNiO_3$(Re 为稀土元素)等 d 电子过渡族金属氧化物中可逆插入或脱出氢、锂等小离子,可直接操控过渡族金属元素的价态以及材料中的键合关系并引起电子结构的可逆调控。与传统半导体掺杂中对载流子浓度的调节有所不同,上述莫特电子学转变主要是基于电子轨道间库仑排斥作用,通过对电子轨道占据状态的调控而引起轨道排布的变化,从而实现材料电输运关系在电子局域态或巡游态间的可逆转变。例如,通过可逆氢化过程填充 $ReNiO_3$ 中的 e_g 空轨道,将大幅增强其对巡游电子的库仑排斥作用从而触发电子局域化,实现材料电阻率的巨幅增加。在此过程中,氢化所引起的电子掺杂作用并未提高 $ReNiO_3$ 的载流子浓度,而是提高了电子轨道占据态,从而增大了电子间库仑排斥能并导致电子局域性增强[42]。

1.5 本章小结

本章从区别于传统能带半导体的电子局域性的起源、触发电子相变原理、强关联半导体的能带调控和典型电子相变材料体系等方面,对电子相变特性进行了整体概述。目前已知的具有潜在电子相变特性的材料体系有三十余种,其晶体结构、电子轨道排布和电子填充方式各不相同,且其所涉及机理纷繁复杂。然而不容置疑的是,现有能够呈现物理性能巨幅且快速转变的电子相变材料体系中,莫特转变的"身影"大多依稀可见。例如,113 型稀土镍基钙钛矿氧化物中宽范围可调的金属-绝缘体相变属于典型的莫特相变;虽然二氧化钒金属-绝缘体相变是否与 V-V 结构二聚化相关尚存在争议,但其至少由莫特转变所主导的事实被普遍公认;虽然自旋轨道耦合对于 4d、5d 过渡族元素化合物中的电子局域性起到重要协同作用,然而其电子相变特性的触发机制依旧源于外场下对 U 的屏蔽。

从能量角度,莫特相变的触发源于库仑作用触发的纯粹电子结构转变,因此从理论上其相比于由结构相变所触发的电子结构转变应该具有更低的临界触发能量、更小的结构突变程度,以及更快的相变触发速度。这些典型特点可以更好地满足"突变式"电子器件和光学器件等应用中的低能耗、高可靠性和快速响应等实际需求。然而,上述"纯粹"的莫特转变在现存的电子相变材料体系中鲜有发现,实际情况下的电子相变特性通常因 Jahn-Teller 畸变、轨道有序和电荷有序等而存在或多或少的结构转变。如何针对潜在应用场景选择最优材料体系并设计其性能，成为电子相变材料走向应用的关键所在。

基于上述考虑，本书将系统归纳现有材料体系的潜在电子相变特性及其调控方法，以及电子相变原理，在面向不同应用场景的电子相变材料选择与性能调控方面发挥关键性作用。同时，亦希望发现现有电子相变材料体系中的共性特征，能够为新型电子相变材料体系的进一步探索提供依据。鉴于同族过渡族元素相近的电子结构与化学性质，后续章节将依照相应副族元素在电子相变材料家族中的重要性排序逐一介绍。围绕过渡族化合物中潜在的电子相变特性，第2章介绍以钒为代表的ⅤB族化合物，第3～5章介绍ⅧB族3d序列的镍、铁、钴基化合物，第6章介绍ⅧB族4d、5d序列的铂系化合物，第7章介绍以钛为代表的ⅣB族化合物，第8章介绍以锰为代表的ⅦB族化合物，第9章介绍铬、钼、钨等ⅥB族化合物，第10章介绍ⅠB、ⅡB、ⅢB族化合物，第11章介绍有机聚合物。在归纳电子相变材料体系与特性调控的基础上，第12章将简要介绍电子相变材料在突变式电子器件和光学器件等潜在应用中的工作原理，并阐述实现上述应用所依赖的关键体系在电子相变材料生长技术中的难点。

参 考 文 献

[1] Zhang F C, Rice T M. Effective Hamiltonian for the superconducting Cu oxides [J]. Physical Review B, 1988, 37(7): 3759-3761.

[2] Jahn H A, Teller E, Donnan F G. Stability of polyatomic molecules in degenerate electronic states-Ⅰ—Orbital degeneracy [J]. Proceedings of the Royal Society of London Series A-Mathematical and Physical Sciences, 1937, 161(905): 220-235.

[3] Dabrowski B, Kolesnik S, Baszczuk A, et al. Structural, transport, and magnetic properties of $RMnO_3$ perovskites (R=La, Pr, Nd, Sm, ^{153}Eu, Dy) [J]. Journal of Solid State Chemistry, 2005, 178(3): 629-637.

[4] Khomskii D I. Transition Metal Compounds [M]. Cambridge: Cambridge University Press, 2014.

[5] Zaanen J, Sawatzky G A, Allen J W. Band gaps and electronic structure of transition-metal compounds[J]. Physical Review Letters, 1985, 55(4): 418-421.

[6] Gavriliuk A G, Struzhkin V V, Lyubutin I S, et al. Another mechanism for the insulator-metal transition observed in Mott insulators [J]. Physical Review B, 2008, 77(15): 155112.

[7] Lengsdorf R, Ait-Tahar M, Saxena S S, et al. Pressure-induced insulating state in $(La,Sr)CoO_3$ [J]. Physical Review B, 2004, 69(14): 140403.

[8] Tokura Y. Critical features of colossal magnetoresistive manganites [J]. Reports on Progress in Physics, 2006, 69(3): 797-851.

[9] Verwey E J W. Electronic conduction of magnetite (Fe_3O_4) and its transition point at low temperatures [J]. Nature, 1939, 144: 327-328.

[10] Peierls R. Quantum Theory of Solids [M]. Oxford: Oxford University Press, 1955.

[11] Peierls R, Barut A O. More surprises in theoretical physics [J]. American Journal of Physics, 1992,

60(10): 957-958.

[12] Oomi G, Kagayama T, Yoshida I, et al. Effect of pressure on the metal-insulator transition temperature in thiospinel $CuIr_2S_4$ [J]. Journal of Magnetism and Magnetic Materials, 1995, 140-144: 157-158.

[13] Radaelli P G, Horibe Y, Gutmann M J, et al. Formation of isomorphic Ir^{3+} and Ir^{4+} octamers and spin dimerization in the spinel $CuIr_2S_4$ [J]. Nature, 2002, 416(6877): 155-158.

[14] Mott N F. The basis of the electron theory of metals, with special reference to the transition metals [J]. Proceedings of the Physical Society A, 1949, 62: 416-422.

[15] Mott N F, Mott N F. The transition to the metallic state[J]. Philos Mag, 1961, 6: 287-309.

[16] Anderson P W. Absence of diffusion in certain random lattices [J]. Physical Review, 1958, 109(5): 1492-1505.

[17] Ryabinkina L I, Romanova O B, Aplesnin S S. Sulfide compounds $Me_x Mn_{1-x} S$ (Me = Cr, Fe, V, Co): Technology, transport properties, and magnetic ordering [J]. Bulletin of theRussian Academy of Sciences Physics, 2008, 72(8): 1050-1052.

[18] Yamaguchi S, Okimoto Y, Tokura Y. Bandwidth dependence of insulator-metal transitions in perovskite cobalt oxides [J]. Physical Review B, 1996, 54(16): R11022-R11025.

[19] Takeda T, Kanno R, Kawamoto Y, et al. Metal-semiconductor transition, charge disproportionation, and low-temperature structure of $Ca_{1-x}Sr_xFeO_3$ synthesized under high-oxygen pressure [J]. Solid State Sciences, 2000, 2(7): 673-687.

[20] Yamada I, Etani H, Tsuchida K, et al. Control of bond-strain-induced electronic phase transitions in iron perovskites [J]. Inorganic Chemistry, 2013, 52(23): 13751-13761.

[21] Zhou X, Cui Y, Shang Y, et al. Non-equilibrium spark plasma reactive doping enables highly adjustable metal-to-insulator transitions and improved mechanical stability for VO_2 [J]. The Journal of Physical Chemistry C, 2023, 127(5): 2639-2647.

[22] 陈吉堃. 亚稳相稀土镍基氧化物电子相变材料 [J]. 科学通报, 2023, 68(1): 100-111.

[23] Srivastava A, Herng T S, Saha S, et al. Coherently coupled ZnO and VO_2 interface studied by photoluminescence and electrical transport across a phase transition [J]. Applied Physics Letters, 2012, 100(24): 241907.1-241907.4.

[24] Feinleib J, Paul W. Semiconductor-to-metal transition in V_2O_3 [J]. Physical Review, 1967, 155(3): 841-850.

[25] Andreev V N, Klimov V A. Specific features of electrical conductivity of V_3O_5 single crystals [J]. Physics of the Solid State, 2011, 53(12): 2424-2430.

[26] Hodeau J L, Marezio M. The crystal structure of V_4O_7 at 120°K [J]. Journal of Solid State Chemistry, 1978, 23(3/4): 253-263.

[27] Li X Y, Li Z A, Yan F B, et al. Batch synthesis of rare-earth nickelates electronic phase transition perovskites via rare-earth processing intermediates [J]. Rare Metals, 2022, 41(10): 3495-3503.

[28] Chen J, Hu H, Wang J, et al. Overcoming synthetic metastabilities and revealing metal-to-insulator transition & thermistor bi-functionalities for d-band correlation perovskite nickelates [J]. Materials Horizons, 2019, 6(4): 788-795.

[29] Ziese M, Blythe H J. Magnetoresistance of magnetite [J]. Journal of Physics: Condensed Matter,

2000, 12(1): 13-28.

[30] Sudheendra L, Raju A R, Rao C N R. A systematic study of four series of electron-doped rare earth manganates, $Ln_xCa_{1-x}MnO_3$ (Ln = La, Nd, Gd and Y) over the x = 0.02– 0.25 composition range [J]. Journal of Physics: Condensed Matter, 2003, 15(6): 895-905.

[31] Naito T, Sasaki H, Fujishiro H. Simultaneous metal-insulator and spin-state transition in $(Pr_{1-y}RE_y)_{1-x}Ca_xCoO_3$ (RE=Nd, Sm, Gd, and Y) [J]. Journal of the Physical Society of Japan, 2010, 79(3): 034710.

[32] Uchida M, Fujioka J, Onose Y, et al. Charge dynamics in thermally and doping induced insulator-metal transitions of $(Ti_{1-x}V_x)_2O_3$ [J]. Physical Review Letters, 2008, 101(6): 066406.

[33] Rao C N R, Ramdas S, Loehman R E, et al. Semiconductor-metal transition in Ti_3O_5 [J]. Journal of Solid State Chemistry, 1971, 3(1): 83-88.

[34] Schlenker C, Ahmed S, Buder R, et al. Metal-insulator transitions and phase diagram of $(Ti_{1-x}V_x)_4O_7$: Electrical, calorimetric, magnetic and EPR studies [J]. Journal of Physics C: Solid State Physics, 1979, 12(17): 3503-3521.

[35] Alexander C S, Cao G, Dobrosavljevic V, et al. Destruction of the Mott insulating ground state of Ca_2RuO_4 by a structural transition [J]. Physical Review B, 1999, 60(12): R8422-R8425.

[36] Zhang L, Ling L, Qu Z, et al. Enhancement of the Peierls-like phase transition in the $Cu_{1-x}Li_xIr_2S_4$ system [J]. Europhysics Letters, 2011, 94(3): 37003.

[37] Miyatani S Y. Electrical properties of pseudo-binary systems of Ag_2VI's; $Ag_2Te_xSe_{1-x}$, $Ag_2Te_xS_{1-x}$, and $Ag_2Se_xS_{1-x}$ [J]. Journal of the Physical Society of Japan, 1960, 15(9): 1586-1595.

[38] Thompson A H, Gamble R F, Revelli J F. Transitions between semiconducting and metallic phases in 1-T TaS_2 [J]. Solid State Communications, 1971, 9(13): 981-985.

[39] Medarde M, Lacorre P, Conder K, et al. Giant ^{16}O-^{18}O Isotope Effect on the Metal-Insulator Transitionof $RNiO_3$ Perovskites (R=Rare Earth) [J]. Physical Review Letters, 1998, 80: 2397-2400.

[40] Yajima T, Nishimura T, Toriumi A. Positive-bias gate-controlled metal-insulator transition in ultrathin VO_2 channels with TiO_2 gate dielectrics [J]. Nature Communications, 2015, 6: 10104.

[41] Shi J, Ha S D, Zhou Y, et al. A correlated nickelate synaptic transistor [J]. Nature Communications, 2013, 4(1): 2676.

[42] Shi J, Zhou Y, Ramanathan S. Colossal resistance switching and band gap modulation in a perovskite nickelate by electron doping[J]. Nature Communications, 2014, 5: 4860.

第 2 章 钒基(ⅤB 族)化合物中的电子相变

以钒为代表的ⅤB 族元素化合物是电子相变材料家族中最为重要的成员，其包括第四周期的钒(V: $3d^34s^2$)、第五周期的铌(Nb: $4d^45s^1$)、第六周期的钽(Ta: $5d^36s^2$)、第七周期的𬭊 (Db，放射性元素)。其中，钒与氧元素结合可呈现+2 至+5 间丰富的价态，故钒的氧化物拥有最为丰富的电子相结构，形成例如 VO、V_2O_3、$V_nO_{2n-1}(3⩽n⩽9)$玛格奈利(Magnéli)相，VO_2、$V_nO_{2n+1}(n⩾2)$沃兹利(Wadsley)相等丰富的二元钒氧化物；而多数钒氧化物均具有特征温度触发下的金属-绝缘体相变特性。其中，二氧化钒(VO_2)在室温附近具有最为优异的金属-绝缘体相变特性，其在突变式热敏电阻、强关联逻辑器件、强光防护、热致变色、红外伪装等诸多方面具有潜在的应用价值而被广泛研究。由于钒元素排布在 3d 副族元素前列，二氧化钒的电荷转移能($\varDelta_{CT}$)相比于电子库仑排斥能(U)更大，因此其绝缘体相属于过渡族氧化物家族中为数不多的经典莫特-哈伯德绝缘体。

除二元钒氧化物外，同样具有特征温度触发下金属-绝缘体相变(一级相变)特性的多组元钒基氧化物还包括：$Re_{1-\delta}Cu_3V_4O_{12}$ 等钒基四重钙钛矿氧化物、$K(Rb)_2V_8O_{16}$ 等钒基钡锰矿梯形氧化物、β-$M_xV_2O_5$(M = Li, Na, Ca, Sr, Ag, Pb)等钒基青铜相、Li(Na)VO_2 等多组元钒基氧化物等；而以 $LiVS_2$、$BaVS_3$ 为代表的钒基硫族化合物同样具有金属-绝缘体相变特性。相比于钒，ⅤB 族元素中其他元素化合物中仅有 NbO_2、TaS_2 等少数具有明显的金属-绝缘体相变特性；其中值得关注的是 NbO_2 具有较高的 T_{MIT}，而 TaS_2 具有独特的层状结构以及双重金属-绝缘体相变特性。本章将系统总结钒基氧化物、硫族化合物中的电子相变特性，并重点介绍 VO_2 的由特征温度触发的金属-绝缘体相变、氢致相变等特性及其潜在应用；此外，还将概述钽、铌等其他ⅤB 元素电子相变化合物。

2.1 二元钒氧化物：玛格奈利相与沃兹利相

二元钒氧化物的价态异常丰富且具有多种同分异构体，其材料体系主要包括：VO、V_2O_3、$V_nO_{2n-1}(3⩽n⩽9)$玛格奈利相，VO_2、$V_nO_{2n+1}(n⩾2)$沃兹利相等；其钒元素的常见电子填充为：$V^{2+}t_{2g}^3e_g^0$、$V^{3+}t_{2g}^2e_g^0$、$V^{4+}t_{2g}^1e_g^0$、$V^{5+}t_{2g}^0e_g^0$ 等。虽然 V^{3+}、V^{4+}价态钒元素 d 轨道中具有未满填(未半满填)的 t_{2g} 轨道电子，但由于其 d 轨道的局域性分布及电子间库仑排斥能(U)，二元钒氧化物基态电子结构倾向于呈现绝缘体相(半导体相);当达到特定临界温度使得载流子跳跃能足以抗衡电子强关联库仑作用能(或屏蔽库仑作用)时,会导致其电输运关系由绝缘体基态突变为金属态。除上述具有典型莫特转变特性的主导机制外,二元钒氧化物的金属-绝缘体相变中还可以看到如基于 V^{3+}/V^{4+} 的电荷有序、V-V 结构二聚化等其他协同特征。以 VO_2、V_2O_3 为代表的二元钒氧化物绝缘体相属于过渡族氧化物家族中为数不多的经典莫特-哈伯德绝缘体,其主要原因在于:①位于 3d 副族元素序列前列的钒元素在八面体配位体中的电荷转移能(Δ_{CT})相比于电子库仑排斥能(U)更大;②钒氧化物中 V—O—V 键角相比于钙钛矿结构更接近 90°,因此其载流子跳跃主要取决于 d-d 轨道交换而非钙钛矿结构中的 p-d 交换。

在二元钒氧化物中研究最广泛的当属具有 M1 相(空间群为 $P2_1/c$)结构的 $VO_2(V^{4+}\ t_{2g}^1 e_g^0)$,因其具有接近室温的相变温度(即特征触发温度,$T_{MIT}\sim 340\ K$)以及近 5 个数量级的电阻率突变程度,在热致变色、红外伪装和热敏电阻器件等方面的应用前景可观。如图 2-1(右)所示,当温度降低至 T_{MIT} 时,VO_2 由(高温)顺磁金属相转变为(低温)非磁绝缘相,并伴随空间群从 $P4_2/mnm$ 到 $P2_1/c$ 的结构转变。VO_2 的金属-绝缘体相变机理存在如下两种争议:①源于电子间库仑排斥作用的莫特相变;②源于 V 原子二聚化结构扭曲的派尔斯转变与源于电子间库仑排斥作用的莫特相变的协同作用。此外,VO_2 中形成二聚体的 V 原子 d 轨道电子自旋相互抵消,使其绝缘体相呈现非磁性(nonmagnetism)。除 M1 相以外,VO_2 还可形成 B 相(空间群为 $C2/m$)、A 相(空间群为 $P4_2/nmc$)等多种同分异构体,但这些同分异构体不具有类似 M1 相的金属-绝缘体相变特性。有关 VO_2 由特征温度触发的金属-绝缘体相变、氢致触发等多重电子相变特性将在 2.2 节、2.3 节中单独做详细介绍。

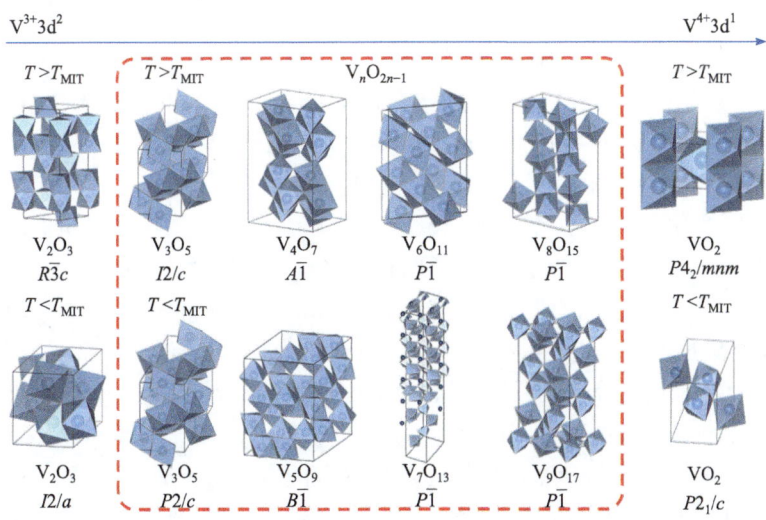

图 2-1 VO_2、V_2O_3 和 $V_nO_{2n-1}(3\leqslant n\leqslant 9)$ 的晶体结构示意图

与 VO$_2$ 类似, V$_2$O$_3$(V^{3+} t$_{2g}^2$e$_g^0$) 同样具有未满填(半满填)的 t$_{2g}$ 轨道, 其在 $T_{MIT}\sim$ 154 K 由(高温)顺磁金属相转变为(低温)反铁磁绝缘相, 并伴随着晶体结构从高温刚玉结构(空间群为 $R\text{-}3c$)向低温单斜结构(空间群为 $I2/a$)的结构转变, 如图 2-1(左)所示。V$_2$O$_3$ 的合成主要是以 V$_2$O$_5$ 作为前驱体, 在 H$_2$ 或 CO/CO$_2$ 等还原性气氛下 1000℃加热还原而实现。V$_2$O$_3$ 的金属-绝缘体相变特性可通过钒元素取代、界面应力调控等方法进一步调节。如图 2-2 所示, 在(V$_{1-x}$Cr$_x$)$_2$O$_3$ 体系中, 当 $x = 0.01$ 时, 随着温度上升, 掺杂 V$_2$O$_3$ 发生两重相变: 由(低温)反铁磁绝缘单斜相转变为(中温)顺磁金属刚玉相, 再到(高温)顺磁绝缘体刚玉相。低温段的第一重相变被认为是伴随结构转变和磁转变的莫特相变; 而在高温段的第二重相变中, 晶体对称性未发生变化, 因此被认为是更加"纯粹"的莫特相变。Ti 掺杂会使 V$_2$O$_3$ 的相变温度降低; 当掺杂比例为 5%时金属-绝缘体相变特性消失。

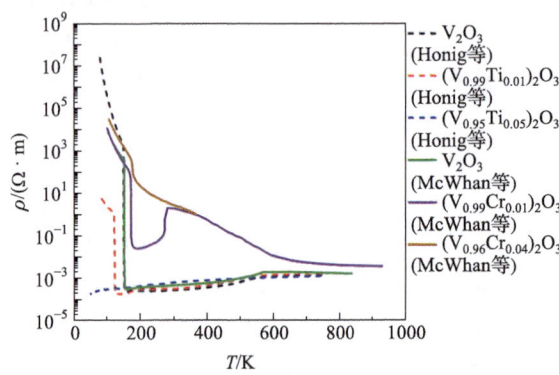

图 2-2　V$_2$O$_3$ 和掺杂 V$_2$O$_3$ 的电阻率-温度曲线。其中实线为单晶样品数据; 虚线为多晶样品数据[1,2]

钒元素价态处于+3、+4 之间的 V$_3$O$_5$、V$_4$O$_7$、V$_5$O$_9$、V$_6$O$_{11}$、V$_7$O$_{13}$、V$_8$O$_{15}$、V$_9$O$_{17}$ 等钒氧化合物可看作化学通式为 V$_n$O$_{2n-1}$($3 \leqslant n \leqslant 9$)的玛格奈利相, 并具有由 V^{3+}、V^{4+} 原子链交替排列而形成的复杂结构。如图 2-1(中)所示, 除 V$_3$O$_5$ 外的 V$_n$O$_{2n-1}$ 均属于三斜晶系, 因其较低的对称性(只存在反演中心), 相变前后所属空间群不发生变化, 但 V—V、V—O 键长会发生突变。值得注意的是, V$_n$O$_{2n-1}$ ($3 \leqslant n \leqslant 9$)可看作由对称性较高的金红石相 VO$_2$(空间群为 $P4_2/mnm$)衍生而来。例如, 在金红石相 VO$_2$ 中, VO$_6$ 八面体以边共享(edge-sharing)的方式沿[001]晶向排列, 形成无限长的链; 相邻链彼此平行, 通过顶点共享(corner-sharing)的方式相连接, 具备相同的对称等效位置。玛格奈利相中存在与金红石结构 VO$_2$ 和刚玉结构 V$_2$O$_3$ 类似的结构。玛格奈利相 V$_n$O$_{2n-1}$(除 V$_3$O$_5$ 外)中存在剪切面(shear plane), 相邻剪切面中存在由 n 个 VO$_6$ 八面体通过边共享的方式所构成的短链, 使其表现为与金红石相 VO$_2$ 具有类似晶体结构。值得注意的是, 剪切面的存在破坏了 VO$_6$ 短链之间的对称性。在剪切面上，VO₆ 八面体沿垂直于短链的方向平移半个单位长度，短链之间通过面共享(face-sharing)形成二聚体(图 2-3 插图)，表现为与 V₂O₃ 类似的刚玉结构。图 2-3 总结了 VO₂、V₂O₃、V$_n$O$_{2n-1}$($3 \leqslant n \leqslant 9$)典型的电阻率-温度关系，可以看出，因钒元素价态的差异而表现出不同的金属-绝缘体相变特征触发温度，并伴随更为复杂的低温磁有序转变。例如，V₄O₇ 中具有相同比例的 V^{3+}、V^{4+}，其金属-绝缘体相变温度为 237 K，而反铁磁-顺磁转变温度为 34 K；其两种价态的钒离子随温度降低均会发生不同程度的结构二聚化。

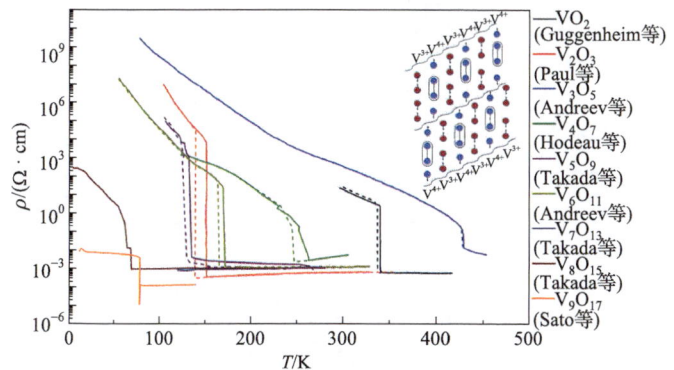

图 2-3　VO₂、V₂O₃ 和 V$_n$O$_{2n-1}$($3 \leqslant n \leqslant 9$)单晶样品电阻率-温度曲线[3-11]。插图为 V₄O₇ 低温结构示意图

除玛格奈利相外，钒-氧二元体系中还可能形成化学式为 V$_n$O$_{2n+1}$ 的化合物，统称为沃兹利相，其特征是晶体结构中出现低维 VO₆ 八面体链(层)及其组成的管道。这种结构有利于金属离子的可逆插入，可用于离子电池电极以提高高能量密度及循环稳定性。目前仅报道过 V₂O₅($n=2$)、V₃O₇($n=3$)、V₆O₁₃($n=6$)的多晶样品，V₄O₉($n=4$)仅在脉冲激光沉积(pulsed laser deposition, PLD)制备的 VO$_x$ 薄膜样品中观测过。其中如图 2-4(a)所示，V₂O₅ 在不同合成压力下具有多重同分异构体。α-V₂O₅ 在常压下即可获得，具有 *Pmmn* 正交对称性，包括多个沿顶点排列的强烈扭曲的 VO₆ 八面体层，八面体的 V—O 键长非常小(1.585 Å)，相邻层间 O 距离非常大(2.785 Å)，因此出现了空间区域较宽的层间管道。高压相 β-V₂O₅ 稳定在 3.0～8.0 GPa 范围内，由两种不同扭曲的 VO₆ 八面体组成，与 α-V₂O₅ 及 MoO₃ 类似，具有二维层状结构，层间键较弱；高压相 δ-V₂O₅ 稳定在 $P \geqslant 8.0$ GPa 范围内，是由一种 VO₆ 八面体堆叠而成，不具有低维管道结构，这两种高压相均需从 1400℃高温淬火获得[12]。高压相 γ'-V₂O₅ 具有 *Pnma* 正交对称性，由边共享的扭曲 VO₆ 八面体组成，具有较大层间距的层状结构[13]。如图 2-4(b)所示，V₂O₅(V^{5+} $t_{2g}^0 e_g^0$)因 3d 轨道无填充电子而呈现半导体电输运关系[14]。

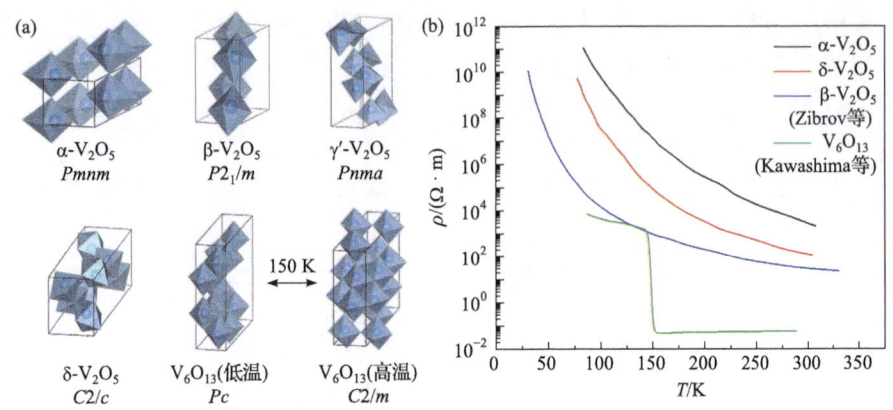

图 2-4 二元沃兹利相钒氧化物 V_nO_{2n+1} 的(a)晶体结构和(b)电阻率-温度关系[14, 15]

V_6O_{13} 是目前已知唯一有金属-绝缘体相变的沃兹利相钒氧化物，其典型电阻率-温度关系如图 2-4(b)所示[15]。V_6O_{13} 可通过混合价前驱体(V_2O_5：V_2O_3 = 2：1)在常压、923 K 条件下反应 48 h 合成。如图 2-4(a)所示，V_6O_{13} 室温下具有 $C2/m$ 对称性，沿 b 轴有两条几何阻挫锯齿链；其在 150 K 发生一级金属-绝缘体相变，并伴随着磁化率 χ 的下降和沿链的弱结构二聚化，使晶体结构空间群从单斜 $C2/m$ 转变为单斜 Pc(对称性降低，使单胞中钒位点加倍)。V_6O_{13} 中钒元素平均化合价为 $V^{4.33+}(3d^{0.66})$，其中 V^{4+}：V^{5+} 为 2：1。V_6O_{13} 与 VO_2 的 M2 相类似，在绝缘相中保持顺磁性，在奈尔(Néel)温度 T_N = 50 K 以下表现为反铁磁性。V_6O_{13} 金属-绝缘体相变的原因仍有争议，Eguchi 等认为，自旋派尔斯配对和 V^{4+}/V^{5+} 二聚体电荷有序共同主导了电荷局域化[16]。

图 2-5(a)进一步总结了钒氧化物金属-绝缘体相变温度、磁转变温度与钒元素价态的关系，可以看出，除 VO_2、V_2O_3 以外，V_nO_{2n-1}($3 \leqslant n \leqslant 9$)和 V_6O_{13} 的 T_N 均低于 T_{MIT}；在磁转变温度以下，V_2O_3、V_nO_{2n-1}($3 \leqslant n \leqslant 9$)和 V_6O_{13} 均为反铁磁相，而 VO_2 为非磁相。由于钒元素具有复杂的价态，钒氧化物的材料合成对氧分压异常敏感。如图 2-5(b)所示，在钒氧化物玛格奈利相单晶的生长中，常以 V_2O_3 和 V_2O_5 作为前驱体并以 $TeCl_4$ 作为输运剂，借助其在高温下与 $TeCl_4$ 间的化学反应形成 VCl_3、VCl_4、TeO_2 并气相传输至低温区析出 V_nO_{2n-1}；但在此过程中氧分压将决定 n。除以上所述介于 +3 至 +5 价的二元钒氧化物外，基于 $V^{2+}(t_{2g}^3 e_g^0)$ 具有类似 NaCl 晶体结构的 VO 同样有所报道。例如，Morin[17]报道 VO 单晶在 120 K 附近发生金属-绝缘体相变。研究人员以金属 V 粉和 V_2O_3 作为前驱体，在真空气氛下，1200℃加热获得 VO，但 VO 往往存在空位等缺陷，使 VO 中氧元素的化学计量比存在偏差，故 VO 是否具备金属-绝缘体相变特性，有待进一步研究。

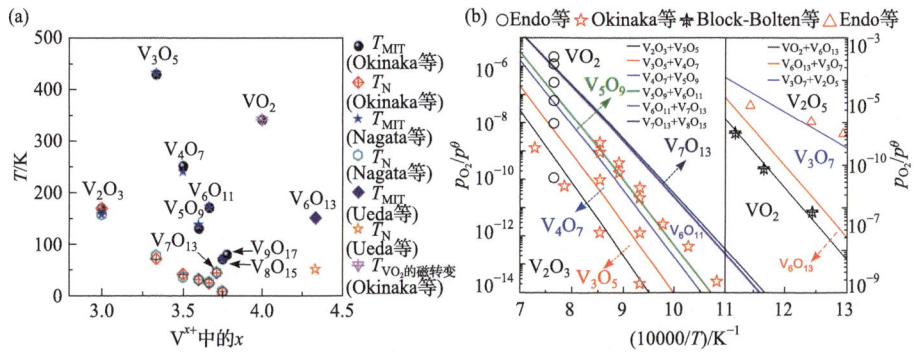

图 2-5 具有金属-绝缘体相变特性的不同价态钒氧化物的(a)金属-绝缘体相变温度、磁转变温度与钒元素价态的关系[18-20]，以及(b)稳定生长温度与氧压热力学平衡关系图[21]

2.2 VO_2：特征温度触发下的金属-绝缘体相变

在诸多钒氧化物中，人们对于 VO_2 的研究最为广泛，其主要原因在于以下两点：①VO_2 的电子相变温度 68℃，其最为接近室温；②V^{4+}氧化物毒性低于其他价态钒氧化物。如图 2-6(b)所示，在 VO_2 发生金属-绝缘体相变时其 V-V 原子发生了明显的二聚化，并具有派尔斯转变特征。由于实验所观察到的 V-V 二聚化不足以单独打开 VO_2 绝缘体相所实现的禁带宽度，因此莫特转变在触发 VO_2 的金属-绝缘体相变中的主导地位被公认；然而 V-V 二聚化是否存在协同作用，过去几十年间始终存在争议。值得注意的是，除了人们所熟知的具有金属-绝缘体相变特性的 M1 相-R 相外，二氧化钒还具有如 A 相、B 相、M2 相等多种同分异构体，其晶体结构如图 2-6(a)所示。

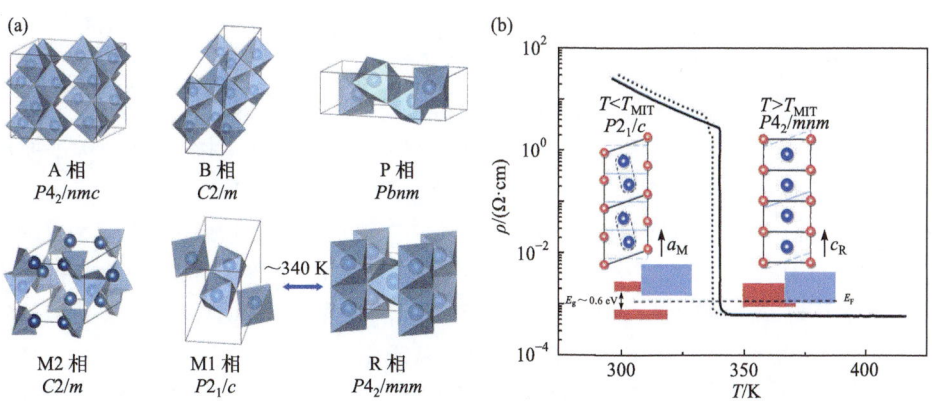

图 2-6 (a) VO_2 各同分异构体晶体结构示意图；(b) VO_2 金属-绝缘体相变中的钒原子二聚化示意图

一方面，上述由特征温度触发的金属-绝缘体相变，引起材料电输运特性由具有负阻温关系的绝缘体(半导体)突然转变为具有正阻温特性的金属，并触发材料电阻率降低几个数量级。VO_2电子相变前后的材料电阻率突变可应用于突变式热敏电阻器件，从而实现热开关、功率保护等潜在电子电器应用。例如，20世纪60年代，日本日立公司的Futaki[22]以V_2O_5为主要前驱体并与硼、磷等酸性氧化物混合，在还原性气氛高温下反应并淬火而获得V^{4+}氧化物，从而制备具有高电阻率突变程度的突变式热敏电阻。除金属-绝缘体相变特性外，钒氧化物绝缘体相(半导体相)具有较高的负温度系数(NTC)，因此由钒氧化物制备成的阵列式悬臂桥膜结构可用以感知红外线等热扰动下所引起的材料电阻率变化，从而实现非制冷式红外焦平面成像等应用。另一方面，VO_2由绝缘体(半导体)转变为金属的同时，将引起材料光学特性的突变。例如，触发材料红外透射率的突然减小，且相变过程中材料的红外发射率随温度的变化关系偏离黑体辐射。利用VO_2温度触发电子相变前后红外透射率的变化可以实现热致变色(thermochromism)、激光防护等潜在光学应用；而利用VO_2在温度触发下发生电子相变的过程中其红外发射率随温度变化关系与常规材料黑体辐射的偏离，可实现红外伪装等潜在应用。

除了温度触发以外，VO_2的金属-绝缘体电子相变特性同样可以由压力或电极化等方式触发。例如，利用具有一定失配度的薄膜与衬底外延生长中的界面应力，可提高或降低绝缘体相与金属相间的相对稳定性，从而实现对电子相变触发温度的调控。此外，对VO_2施加机械压力或通过极化电场注入电子，同样可以降低绝缘体相的相对稳定性并降低电子相变触发温度。因此，在室温下利用VO_2作为金属-氧化物-半导体场效应晶体管(MOSFET)的通道层，以电学手段通过栅极注入电子并将其T_{MIT}降低到室温以下，从而实现对源极、漏极间导通电流的突变式调控。与传统硅基半导体电子器件相比，基于合理技术工艺下VO_2电子相变原理的强关联逻辑电子器件有望实现低能耗、高响应速率等潜在优势。

由于钒氧化物中钒元素具有复杂的元素价态和电子结构，其薄膜材料生长中的核心难点在于如何维持材料价态的高度一致性，这一点在制冷式红外焦平面探测与成像等钒氧化物的核心应用中尤为重要。例如，在基础研究中，二氧化钒薄膜的准单晶材料样品可通过脉冲激光沉积法在1 Pa左右氧气压力下在二氧化钛、氧化铝等单晶衬底上外延生长，而其多晶薄膜亦可通过脉冲激光沉积法在石英衬底上生长[23]。与之相比，应用于红外探测方面的氧化钒薄膜沉积，通常采用反应磁控溅射、金属有机气相沉积等真空技术，从而实现薄膜材料的大面积均匀生长。此外，氧化钒薄膜涂层还可以通过溶液前驱体热分解或等离子体喷涂等化学方法生长，以实现热致变色涂层等应用。

与其薄膜材料相比，有关氧化钒块体材料的研究报道相对较少；而氧化钒块体材料在电子器件应用中的主要问题在于其电子相变过程中具有明显的晶体结构变化，这将引起裂纹扩展从而影响材料的电子相变功能稳定性。例如，将 VO_2 纯相粉体通过等离子体放电烧结成陶瓷片，并在室温至 120℃温度范围内反复测量其阻温关系，将引起材料中的裂纹扩展从而使得室温电阻率的持续升高。为解决这一问题，Futaki 等[22]采用以 V_2O_5 为主要前驱体并还原性气氛高温下淬火的工艺，制备出具有复杂晶体结构的 V^{4+} 氧化物，从而实现更高的电子相变功能稳定性。此外，笔者通过引入与氧化钒晶格参数相近的过渡族金属氧化物复合改善晶界结构，并抑制电子相变中由氧化钒晶体结构变化导致的裂纹扩展，从而提高了材料力学强度与电子相变功能稳定性。

二氧化钒的电子结构与电子相变特性可通过金属元素取代实现进一步调节，通过施主与受主掺杂可以改变二氧化钒中金属相与绝缘体相的相对稳定性，其调控原理区别于传统半导体的载流子掺杂。如图 2-7 所示，利用+5、+6 价等高价态元素取代+4 价的钒元素，等效于对二氧化钒的电子掺杂(注入电子)，其结果相当于提高金属相的相对稳定性并实现 T_{MIT} 的有效降低。而利用+3 价等低价态元素取代+4 价的钒元素，可在一定程度上降低 3d 轨道的电子填充率，从而提高绝缘体相的相对稳定性并略微提高 T_{MIT}，但对 T_{MIT} 的有效调控范围远低于高价态元素取代。此外，利用 Ti^{4+} 等同价元素取代+4 价钒，同样可以实现 T_{MIT} 向低温范围的小幅度调节。图 2-8 总结了 Ti、W、Nb、Mo、Fe 等元素取代的二氧化钒的电阻率-温度关系曲线，可以看出，引入 W^{6+}、Nb^{5+}、Mo^{6+} 等高价态掺杂元素或同价态的 Ti^{4+} 有效降低了二氧化钒的 T_{MIT}；引入 Fe^{3+}、Cr^{3+} 等低价态元素使 T_{MIT} 略微提高。值得注意的是，本征 VO_2 的电阻率突变程度最大；而偏离本征 $T_{MIT}=68℃$ 时电阻率突变程度降低。

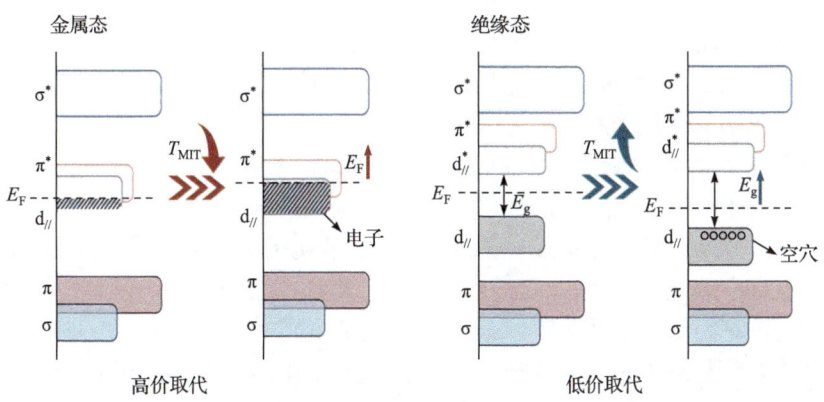

图 2-7 二氧化钒中对钒元素的高价、低价过渡族元素取代所引起的电子结构变化示意图[24]

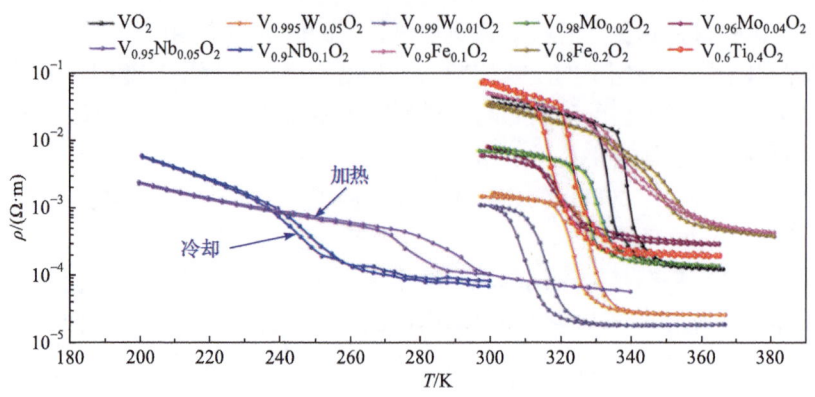

图 2-8 不同过渡族元素取代下的二氧化钒阻温关系曲线[24]

图 2-9(a)总结了不同元素掺杂下二氧化钒的金属-绝缘体电子相变特征触发温度与掺杂浓度之间的关系；而两者间的线性拟合关系(dT_{MIT}/dn_{dopant})反映了元素取代对 T_{MIT} 的调控能力，并按照掺杂元素价态总结于图 2-9(b)中。可以看出，相比于高价态元素(W^{6+}、Mo^{6+}、Nb^{5+})，低价态(Fe^{3+})、同价态(Ti^{4+})元素取代钒元素对 T_{MIT} 的调控幅度较小。图 2-9(c)总结了不同元素掺杂下二氧化钒材料温度触发下电阻率突变程度与其所对应 T_{MIT} 的基础关系。总体上看，高、低价态过渡族元素取代钒均使得二氧化钒的电阻率突变程度降低；相比于其他掺杂元素，Ti 元素取代的二氧化钒在相同 T_{MIT} 下所实现的电阻率突变程度较大。图 2-9(d)总结了元素掺杂对二氧化钒室温电阻率的调控关系，可以看出，高价元素掺杂提高金属相的相对稳定性，从而导致室温电阻率的大幅降低；低价元素掺杂未引起二氧化钒室温电阻率的显著变化。值得注意的是，钛元素的同价态掺杂所引起二氧化钒的室温电阻率变化关系区别于上述主体趋势，例如钛元素掺杂量较低时二氧化钒的室温电阻率显著提高，并随掺杂量的增加而逐渐降低。

区别于传统半导体的元素掺杂，对于二氧化钒的元素取代将引起电子结构变化，其可由图 2-10 中所示的不同元素掺杂下二氧化钒 V-L 边、O-K 边同步 X 射线近边吸收谱的变化关系看出。其中，V-L$_{III}$峰(约 518 eV)反映了 V $2p_{3/2} \rightarrow 3d$ 电子轨道跃迁，而 V-L$_{II}$峰(约 524 eV)反映了 V $2p_{1/2} \rightarrow 3d$ 电子轨道跃迁；而 O-K 边吸收峰反映了 O $1s \rightarrow 2p$ 电子轨道跃迁，其中的 t_{2g}/e_g 比例反映了杂化轨道中的电子占据率。可以看出，高价态元素掺杂使得二氧化钒 V-L 边左移，与此同时其 O-K 边吸收谱中的 t_{2g}/e_g 比例降低；上述实验结果表明，高价态元素的电子掺杂使得钒元素的价态降低，并提高其 t_{2g} 轨道中的电子填充率。钛掺杂二氧化钒所引起的电子结构变化与高价态元素掺杂相近，这与其所引起的电子相变触发温度降低的结果相一致。相比之下，如 Fe 等低价元素掺杂引起了 V-L 边的右移，但其 O-K 边吸收谱中的 t_{2g}/e_g 比例并未相应升高，其可能原因在于在低真空条件下的等离子体放电烧结在二氧化钒中产生了一定的氧空位,因此这种方法所制备的铁掺杂氧化钒的 T_{MIT} 提高较为有限。

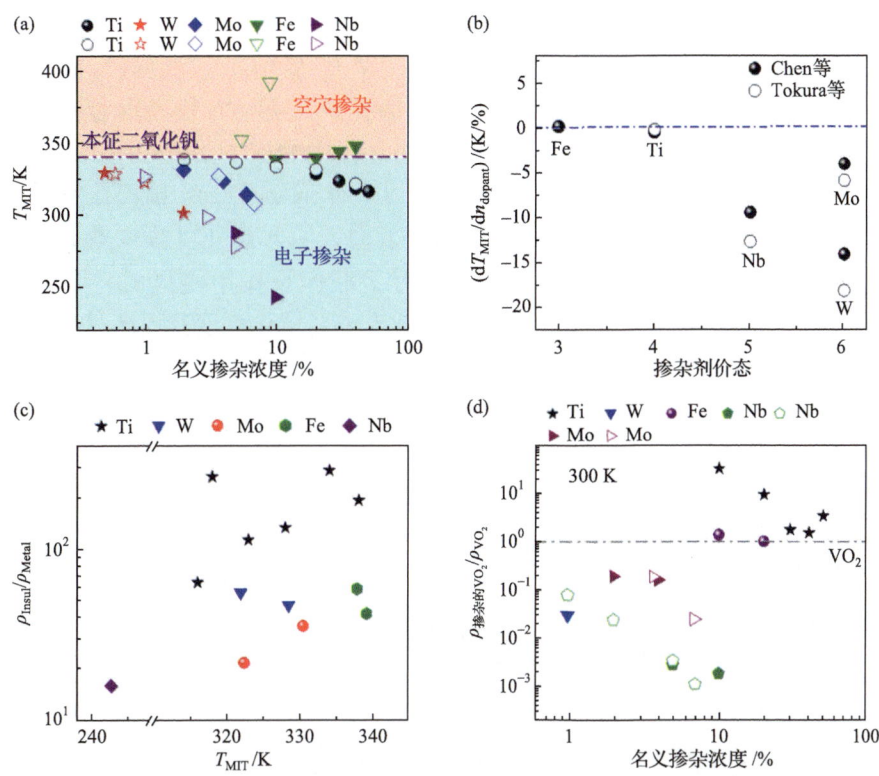

图 2-9 (a) 二氧化钒金属-绝缘体相变温度(T_{MIT})受不同过渡族元素掺杂浓度的调控关系;(b) 不同过渡族元素单位百分比取代二氧化钒中钒元素所引起 T_{MIT} 的变化与取代元素价态的关系;(c) 不同过渡族元素掺杂下二氧化钒电阻率突变程度与 T_{MIT} 的关系;(d) 不同过渡族元素掺杂下二氧化钒电阻率突变程度与元素名义掺杂浓度的关系[24]

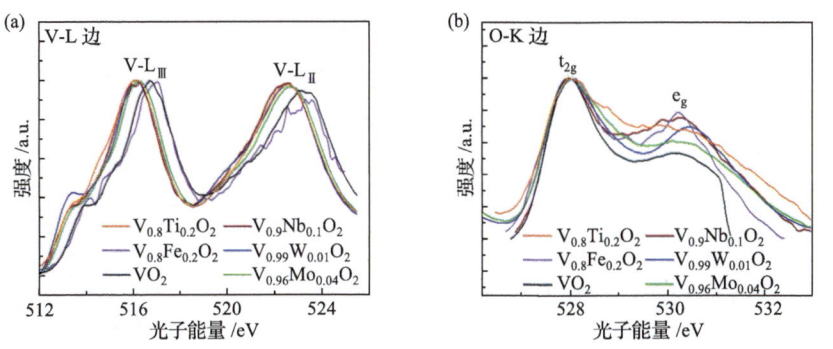

图 2-10 不同过渡族元素取代下二氧化钒中(a) V-L 边、(b) O-K 边的同步 X 射线近边吸收谱[24]

2.3 VO₂：氢致电子相变

除特征温度触发外，利用氢元素触发二氧化钒中的强关联效应同样可以实现对其电子结构以及电输运特性的直接调控。一方面，氢元素可作为施主元素对二氧化钒贡献电子；而区别于传统半导体中的施主掺杂作用，二氧化钒中电子浓度的升高提高金属相的相对稳定性，从而触发二氧化钒在室温下从绝缘体相转变为金属相(图 2-11(a))。另一方面，氢元素亦可直接增加钒元素原有 $d_{//}^*$ 空轨道中的电子填充率，并触发强关联库仑作用使得 $d_{//}^*$、$π^*$ 轨道间能级的劈裂，从而产生更宽的带隙，提高载流子局域化程度并提高材料电阻率(图 2-11(b))。

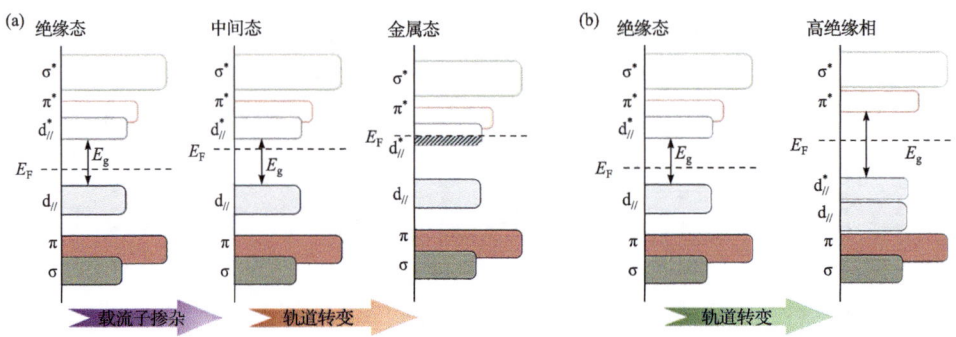

图 2-11 氢致触发下二氧化钒电子相变中的两种电子结构变化关系：(a) 向金属态转变；(b) 向电子局域态绝缘体相转变[25]

由于上述两种截然相反的氢元素调控机制同时存在，以往报道的二氧化钒氢致电子相变呈现了电阻率下降与电阻率上升两种截然相反的实验结果，而其中关键因素在于氢化动力学条件。如图 2-12(a)所示，在 H_2/N_2(20%/80%)混合气氛下 100℃退火导致准单晶 VO_2/Al_2O_3(0001)电阻率大幅提高，氢化后产物的电输运关系呈现绝缘体特性；而在相同氢气浓度下将退火温度提高至 300℃，使 VO_2/Al_2O_3(0001)电阻率降低并呈现金属(或重掺杂半导体)电输运特性，其与含有氧空位的 VO_2 的阻温关系相近。尤为值得注意的是，低温氢化后 VO_2/Al_2O_3(0001)所呈现的电输运特性与典型莫特绝缘体相一致，其载流子激活能与莫特温度的关系对比如图 2-12(b)所示。图 2-12(c)给出了上述高、低温氢化 VO_2/Al_2O_3(0001)置于空气中的电阻率随时间的变化关系，可以看出，相比于高温氢化后所获得的金属相 VO_2/Al_2O_3(0001)，低温氢化所得的绝缘体相 VO_2/Al_2O_3(0001)电学特性在空气中的稳定性较低，其电阻率随时间呈现明显的衰减趋势，而施加电场进一步加速其电阻率衰减速度。如图 2-12(d)所示，100℃氢化后的 VO$_2$ 在空气中静置一段时间后，其阻温关系可完全恢复到氢化之前，其可逆性远高于 300℃下所触发的 VO$_2$ 转向低阻态的氢致电子相变。

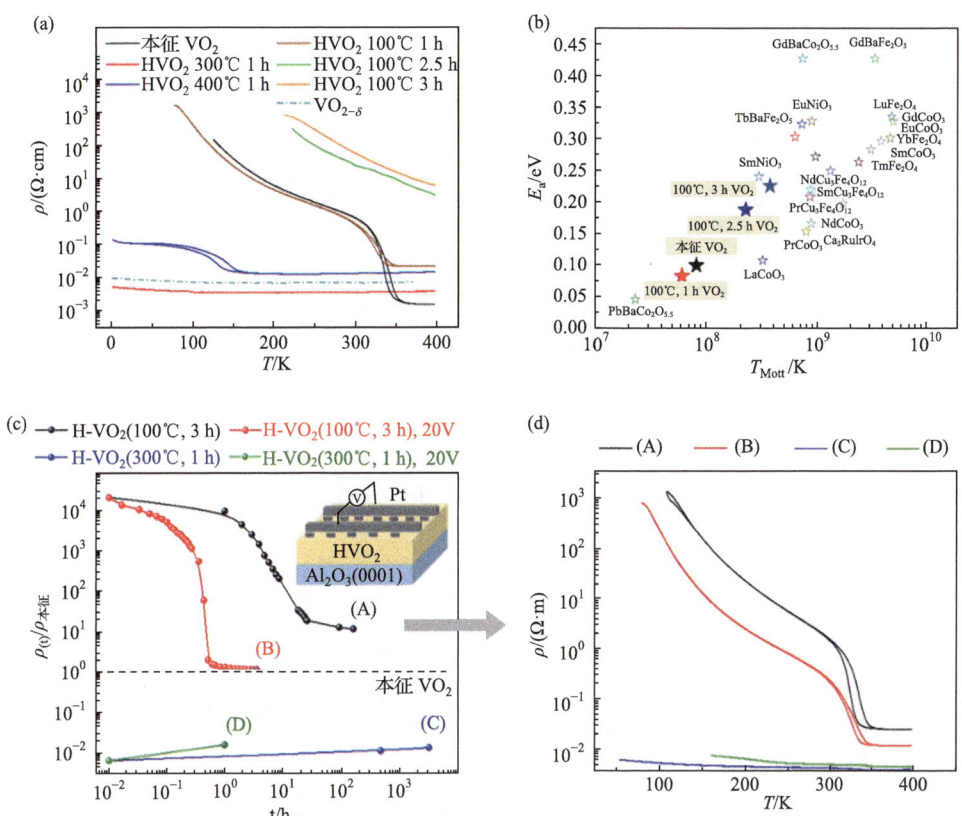

图 2-12　(a) 不同氢化条件下表面生长非连续铂电极的 VO$_2$/Al$_2$O$_3$(0001) 的阻温关系；(b) 100℃氢化后所获得的高阻态电子局域相以及经典莫特绝缘体的载流子跳跃激活能与莫特温度间的关系；(c) 不同氢化条件下表面生长非连续铂电极的 VO$_2$/Al$_2$O$_3$(0001) 放置于空气中电阻率随温度的变化关系，插图示意了通过施加电场加速电阻率变化；(d) 氢化后在空气中静置一段时间后 VO$_2$/Al$_2$O$_3$(0001) 的阻温关系图，图中样品编号对应于图(c)[25]

如图 2-13(a)所示，通过核反应探测(nuclear reaction analysis, NRA)可精准测量氢致电子相变前后 VO$_2$ 中氢元素含量的深度分布，其主要工作原理在于通过 ^{15}N^{2+} 高能离子束与材料中的 ^{1}H(或 ^{1}H$^+$)之间在特征能量下(约 6.385 MeV)的核反应而释放出可探测的特征 γ 射线。图 2-13(b)给出了不同氢化条件下 VO$_2$ 中氢元素含量深度分布的 NRA 图谱，可以看出，在 H$_2$/N$_2$(20%/80%)混合气氛中 100℃退火 3 h 后所获得的绝缘体相 VO$_2$/Al$_2$O$_3$(0001) 薄膜材料中的氢元素含量约为 1.1×10^{22} cm^{-3}，其超过在 300℃退火 1 h 氢化条件下所获得的金属相 VO$_2$ 材料中的氢元素含量(约 2×10^{21} cm^{-3})近 5 倍。

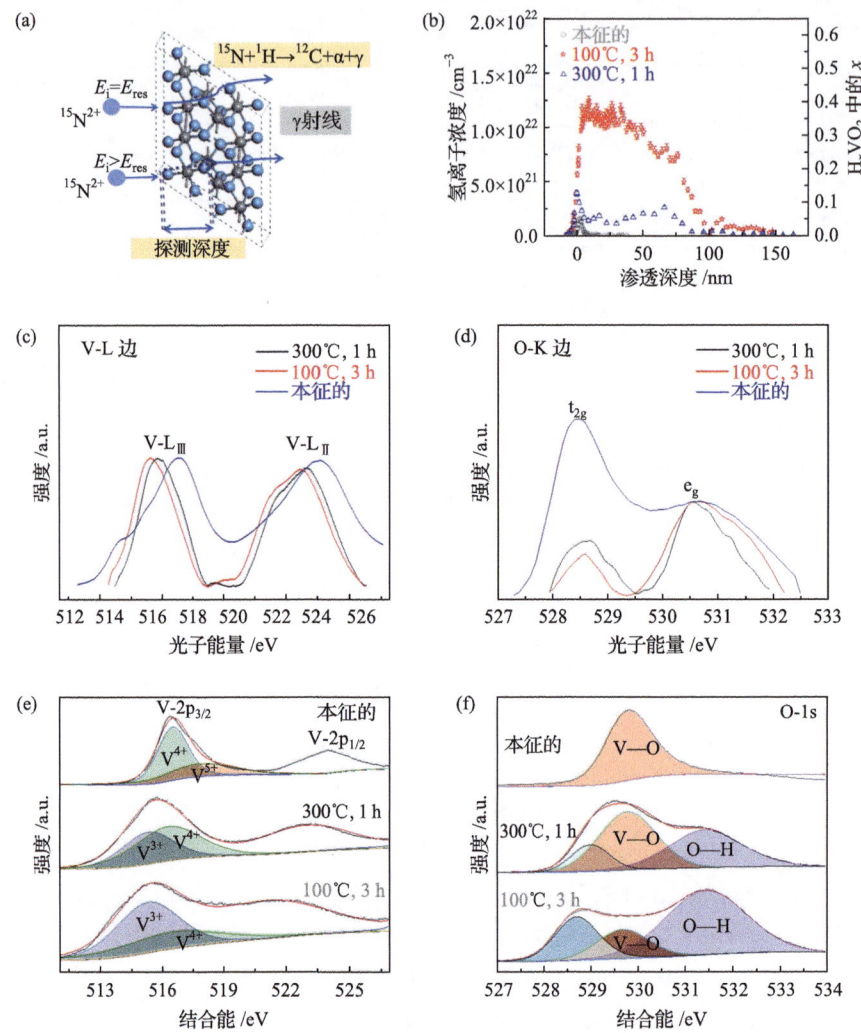

图 2-13 (a) 应用于氢元素定量表征的 NRA 技术工作原理示意图；不同氢化条件下表面生长非连续铂电极的 VO$_2$/Al$_2$O$_3$(0001)中(b) 氢元素的深度分布 NRA 图谱, (c) V-L 边、(d) O-K 边的同步 X 射线近边吸收谱, 以及(e) 钒、(f) 氧元素的 X 射线光电子能谱[25]

为阐明上述不同氢化触发条件对 VO$_2$ 电子结构的影响, 图 2-13(c)、(d)对比了氢致电子相变前后 VO$_2$/Al$_2$O$_3$(0001)薄膜材料中 V-L 边、O-K 边的 X 射线近边吸收谱。其中, V-L$_{Ⅲ}$边(约 518 eV)源于 2p$_{3/2}$ → 3d 轨道跃迁, V-L$_{Ⅱ}$边(约 524 eV)源于 2p$_{1/2}$ → 3d 轨道跃迁。与原始 VO$_2$ 相比, 100℃或 300℃下的氢气退火使得 V-

L$_{III}$、V-L$_{II}$吸收边左移至低能量范围,其反映了钒元素价态的降低($V^{4+} \to V^{4-\delta}$)。与上述现象相对应,氢气退火降低了 O-K 吸收边位于约 528.6 eV 的反映 t$_{2g}$ 空轨道数量的前端吸收峰,这表明氢致相变使得 t$_{2g}$ 轨道填充率提高。此外,氢致电子相变所引起的电子结构变化同样可以由 X 射线光电子能谱(X-ray photoelectron spectroscopy, XPS)结果反映,例如图 2-13(e)、(f)对比了不同温度氢化条件下钒($2p_{3/2}$)、氧(1s)的 XPS 图谱。可以看出,氢化导致 V-$2p_{3/2}$ 峰左移,其反映了钒价态的降低($V^{4+} \to V^{3+}$);相比于 300 ℃氢化 1 h,100 ℃氢化 3 h 后的 VO$_2$ 中的钒元素价态更低。O-1s XPS 图谱中对应于 O—H 的峰(约 531.23 eV)在氢化后相比于 V—O(约 529.81 eV)明显升高,且在低温长时间氢化条件下其升高幅度更大;而低温氢化使得 XPS 图谱在约 529 eV 处出现了一个新的峰,其可能源于氢氧间的弱成键作用。

综合上述实验结果可以看出,利用低温氢化实现高浓度氢元素物理掺杂,是在二氧化钒中氢化触发强电子局域态高阻电子相的关键所在;而其更高的可逆性表明,氢元素在上述电子相中更可能以弱键形式与二氧化钒晶格氧结合,并影响原有源于 V—O 键电子轨道构型从而产生电子局域性。与之相比,提高氢气退火温度将破坏上述 H、O 间弱键并在二氧化钒中产生氧空位等晶格缺陷,从而通过施主掺杂增加材料中电子浓度并稳定金属相。可见,在一定氢化条件下存在着向上述电子局域相、金属相两种不同方向的氢致电子相变,而最终所获得的电子态取决于两种相间的竞争,并由氢化动力学因素决定。

2.4 钒基钙钛矿、层状钙钛矿、四重钙钛矿氧化物

除二元钒氧化物外,钒基氧化物家族中同样包括钒基钙钛矿氧化物(ReVO$_3$)、四重钙钛矿氧化物等。其中,ReVO$_3$ 具有特征温度触发下的结构相变,即从低温单斜结构(空间群为 $P2_1/n$)转变为高温正交结构(空间群为 $Pbnm$)[26],其晶体结构如图 2-14(a)所示。由于 ReVO$_3$ 中钒元素处于中间价态,因此该材料通常以 V$_2$O$_5$、稀土氧化物为前驱体,在 Ar/H$_2$(93%/7%)气氛中 1500 ℃下合成[27]。然而温度触发下 ReVO$_3$ 的结构相变并未引起材料电阻率的巨幅转变,图 2-14(b)给出了 LaVO$_3$ 的电阻率-温度曲线[28],可以看出,LaVO$_3$ 的电阻率在 141 K 时因结构可逆相变而发生非连续转变;而通过 Sr 掺杂可将钒元素价态升高,其导致结构相变温度降低并逐渐向金属态转变。随着稀土离子半径的减小,ReVO$_3$ 晶格常数中 a、c 减小而 b 增大,其总体表现为晶胞体积的收缩以及 VO$_6$ 八面体的逐渐扭曲[29],上述结构变化对相变温度与磁转变温度的影响关系如图 2-14(c)所示[26]。

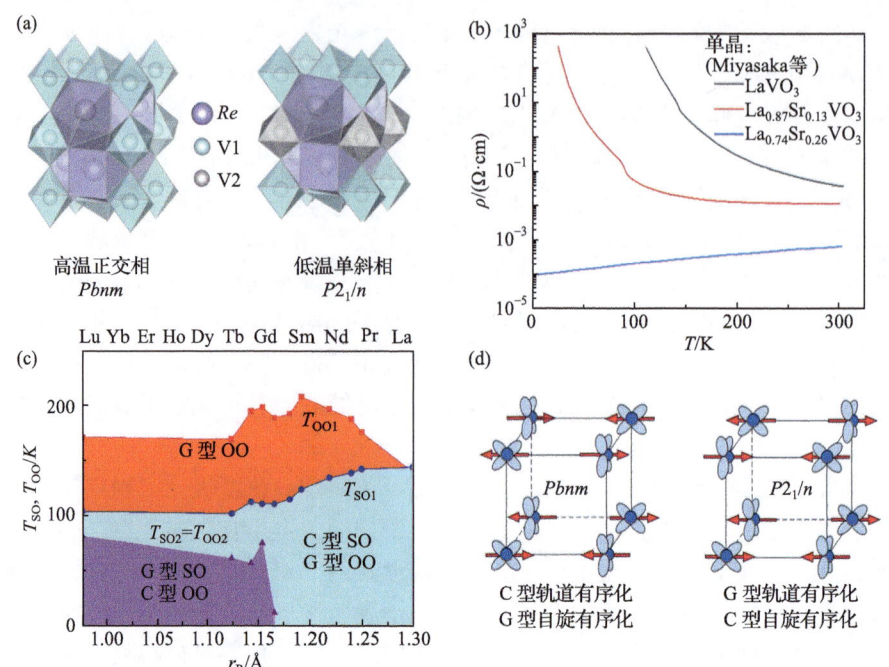

图 2-14 (a) ReVO$_3$ 的高温正交相($Pbnm$)与低温单斜相($P2_1/n$)的晶体结构图[26]；(b) LaVO$_3$ 以及 Sr 掺杂 La$_{1-x}$Sr$_x$VO$_3$ 的电阻率-温度曲线[28]；(c) ReVO$_3$ 的自旋有序化(SO)温度和轨道有序化(OO)温度随 Re^{3+} 半径变化的相图[26]；(d) ReVO$_3$ 的高温正交相 $Pbnm$ 对应的轨道有序和自旋有序，以及低温单斜相 $P2_1/n$ 对应的轨道有序化和自旋有序化[30]

相比于电输运特性，稀土元素离子半径对 ReVO$_3$ 轨道有序化(orbital ordering, OO)及磁转变特性的调控更为复杂。如图 2-14(c)所示，在红线所示温度以上 ReVO$_3$ 具有顺磁相，温度低于红线但高于蓝线时(图中橙色区域)，ReVO$_3$ 发生晶体结构转变(从 $Pbnm$ 正交相到 $P2_1/n$ 单斜相)并形成 G 型轨道有序化(G-type orbital ordering)，仍为顺磁相。当温度低于蓝线时(图中蓝色区域)，ReVO$_3$ 形成 C 型自旋有序化(C-type spin ordering)，磁结构由顺磁转变为各向异性反铁磁。如图 2-14(d)右图所示，在 ReVO$_3$ 各向异性反铁磁结构中，V^{3+} 自旋在 ab 面内反铁磁排列，但沿 c 轴铁磁排列。对于重稀土组分 ReVO$_3$，当温度继续降低至低于图中紫线时(图中紫色区域)，ReVO$_3$ 将经历晶体结构转变(从 $P2_1/n$ 单斜相到 $Pbnm$ 正交相)引起的 C 型轨道有序化(C-type orbital ordering)，即由于 V^{3+} 轨道和自旋的耦合效应，V^{3+} 自旋转变为在所有方向上反铁磁排列，即形成 G 型自旋有序化(G-type spin ordering，如图 2-14(d)左图所示)，此时 ReVO$_3$ 表现为各向同性反铁磁[31-36]。

除稀土元素外，113 型钒基钙钛矿氧化物 A 位同样可由碱土元素占据，而此时钒元素为+4 价。图 2-15(a)~(c)分别示意了常温常压下 CaVO$_3$、SrVO$_3$、BaVO$_3$ 的晶体结构，其中 CaVO$_3$、SrVO$_3$ 均为正交相(空间群为 $Pbnm$)[39,40]，而 BaVO$_3$ 为三方相(空间群为 $P\bar{3}m$)[41]。如图 2-15(d)所示，$CaVO_3$、$SrVO_3$ 在 0～300 K 均呈现金属性电输运关系。$CaVO_3$、$SrVO_3$ 在 0～300 K 表现为顺磁性[37, 38]。

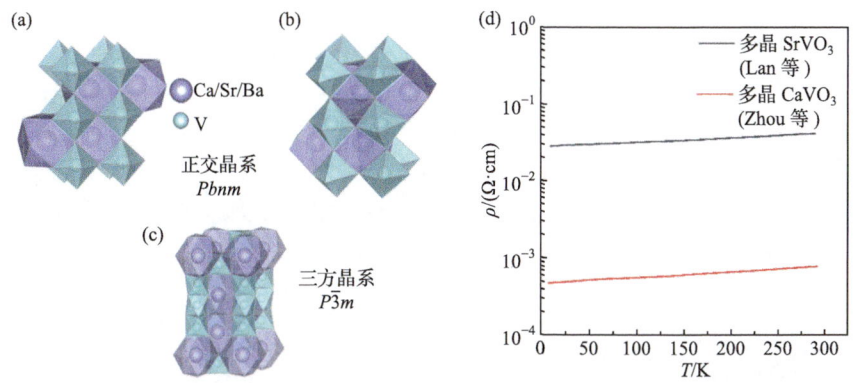

图 2-15 (a)、(b) 常温常压下 $CaVO_3$、$SrVO_3$ 的晶体结构示意图(空间群为 $Pbnm$)；(c) 常温常压下 $BaVO_3$ 的晶体结构示意图(空间群为 $P\bar{3}m$)；(d) 多晶 $SrVO_3$、多晶 $CaVO_3$ 的电阻率-温度曲线[37, 38]

上述 113 型 $SrVO_3$ 钙钛矿氧化物可看作 Ruddlesden-Popper(RP)相 $Sr_{n+1}V_nO_{3n+1}$ 层状钙钛矿结构中 $n=\infty$ 的情况。如图 2-16(a)所示，RP 相 $Sr_{n+1}V_nO_{3n+1}$($n=1$～3)由 n 层钙钛矿单元和 n 层岩盐单元沿 c 轴方向交替排列形成，具有 $I4/mmm$ 对称性，VO_6 八面体沿 c 轴拉长。图 2-16(b)总结了 $Sr_{n+1}V_nO_{3n+1}$ 的电阻率-温度关系；当 $n=1$ 时，Sr_2VO_4 是莫特绝缘体，并在 $T_N = 105$ K 以下呈现反铁磁性。Sr_2VO_4 在吉帕高压下呈现出更为明显的金属-绝缘体(绝缘体-绝缘体)相变特性，且相变温度随压力而降低；这与其他层状钙钛矿结构有明显区别[42]。此外，在 A 位掺入稀

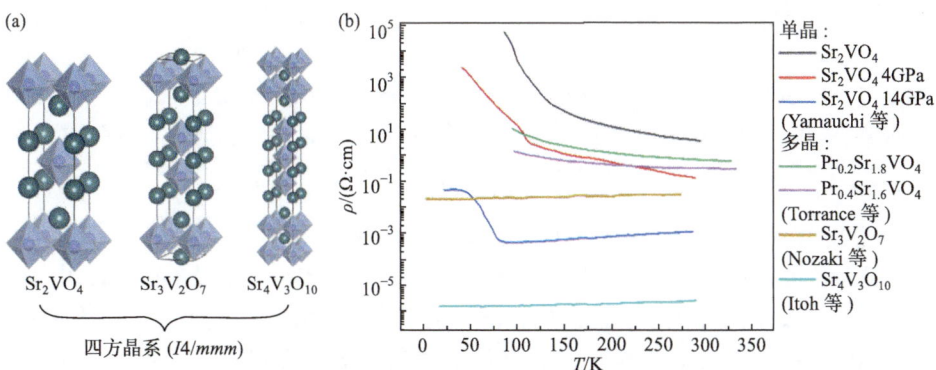

图 2-16 (a) $Sr_{n+1}V_nO_{3n+1}$($n=1$～3)(Sr_2VO_4，$Sr_3V_2O_7$，$Sr_4V_3O_{10}$)的晶体结构示意图；(b) $Sr_{n+1}V_nO_{3n+1}$($n=1$～3)的电阻率-温度曲线[42-44]，以及($Pr_xSr_{1-x})_2VO_4$($x=0.1, 0.2$)的电阻率-温度曲线(图中绿线、紫线所示)[45]

土元素可引起$(Sr_{1-x}Re_x)_2VO_4$中钒元素价态的升高；例如，随着 Pr 掺杂量的提高，$(Pr_xSr_{1-x})_2VO_4$ 转变为金属相[45]。$n \geqslant 2$ 时，$Sr_{n+1}V_nO_{3n+1}$($Sr_3V_2O_7$、$Sr_4V_3O_{10}$)在 0～300 K 范围内均为顺磁金属[43, 44]。

钒氧化物中还存在四组元的四重钙钛矿结构 $AB_3V_4O_{12}$，其晶体结构如图 2-17(a) 所示，其中 A 位可由 Na^+、Ca^{2+}、La^{3+} 等不同价态的元素完全或部分占据并被 12 个 O 原子包围，B 位可由 Cu、Mn 等元素占据并作为 BO_4 正方形平面中心，V 元素占据 VO_6 八面体中心。由于 $AMn_3V_4O_{12}$(A = Na, Ca 和 La)等钒基四重钙钛矿氧化物大多处于热力学亚稳相状态，其材料合成大多依赖大压机技术，利用 V_2O_3 和 V_2O_5 等前驱体(无制氧剂)在 7～9 GPa 高压、900℃下固相反应完成。

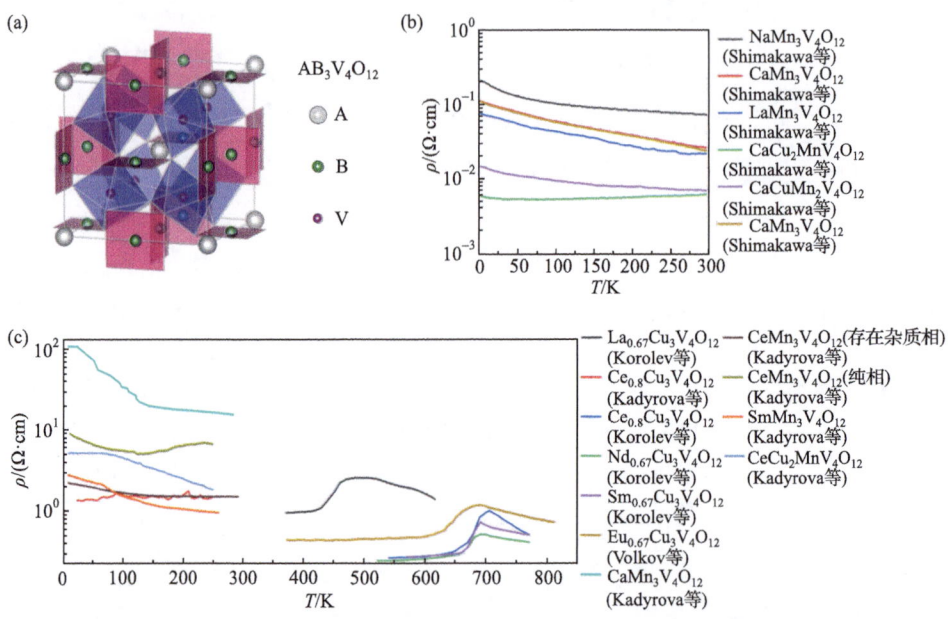

图 2-17　(a) 钒基四重钙钛矿氧化物($AB_3V_4O_{12}$)晶体结构示意图；(b) $AMn_3V_4O_{12}$ 的变温电阻率曲线，其中 A 位由 Na、Ca、La 等元素占据[46, 47]；(c) $AMn_3V_4O_{12}$ 的变温电阻率曲线，其中 A 位由稀土元素缺位占据[48-54]

图 2-17(b)总结了 A 位由 Na、Ca、La 等元素完全占据下，$ACu_xMn_{3-x}V_4O_{12}$ 的阻温关系，可以看出，其主要呈现半金属特性，且随着 A 位价态的升高，电阻率逐渐降低，以及 B 位中 Cu 元素替 Mn 元素使得材料电阻率进一步降低。虽然 $CaCu_xMn_{3-x}V_4O_{12}$ 中，Cu、Mn 元素均为+2 价而 V 元素保持+4 价，但 Cu^{2+} 的电子表现为巡游性而 Mn^{2+} 的电子表现为局域性，因此材料金属性随着 Cu 元素含量增加而增强。磁性方面，5～300 K 温度范围内，$CaCu_3V_4O_{12}$ 表现为泡利顺磁性；$CaMn_3V_4O_{12}$ 在 T_N = 54 K 时从高温顺磁相转变为低温反铁磁相。

A 位由稀土元素缺位占据下 $Re_\delta Mn_3V_4O_{12}$、$Re_\delta Cu_3V_4O_{12}(0<\delta\leq1)$ 的空间群仍为 $Im\overline{3}$，其材料合成主要是通过 Re_2O_3、V_2O_3、V_2O_5、Cu_2O、Mn_2O_3 等原料，在无 $KClO_4$ 等制氧剂情况下，在 7～9 GPa 和 700～1100℃下固相反应而实现[52, 54]。图 2-17(c)总结了 A 位由稀土元素缺位占据下 $Re_\delta Mn_3V_4O_{12}$、$Re_\delta Cu_3V_4O_{12}(0<\delta\leq1)$ 的阻温关系，可以看出，$Re_\delta Mn_3V_4O_{12}$ 材料的金属性随着稀土位离子价态的升高而增强。Kadyrova 等[54]通过对比 $SmMn_3V_4O_{12}$ 与 $CeMn_3V_4O_{12}$，认为 A 位稀土离子半径更小的 $SmMn_3V_4O_{12}$ 金属性更强。当 $\delta<1$ 时稀土元素缺位 $Re_\delta Cu_3V_4O_{12}$ 呈现(高温)绝缘体-(低温)金属转变，其中 $La_{0.67}Cu_3V_4O_{12}$、$Ce_{0.8}Cu_3V_4O_{12}$、$Nd_{0.67}Cu_3V_4O_{12}$、$Sm_{0.67}Cu_3V_4O_{12}$ 和 $Eu_{0.67}Cu_3V_4O_{12}$ 的相变温度分别为 220℃、435℃、425℃、420℃及 420℃。磁性方面，稀土元素缺位 $Re_\delta Cu_3V_4O_{12}$ 均表现为顺磁性，Kadyrova 等[54]报道 $CeMn_3V_4O_{12}$ 和 $SmMn_3V_4O_{12}$ 均表现为顺磁性。

2.5　钒基梯形氧化物与管道结构氧化物

在通式为 $A_xM_8O_{16}(x\leq2)$ 的钒基钡锰矿(hollandite)氧化物中，钒离子在 A 离子(+1，+2 或+3 价)周围形成"梯子"(ladder)结构，而 A 离子在"梯子"构成的"通道"(channel)中，故称为梯形化合物[55, 56]；其主要包括 $Bi_{1.7}V_8O_{16}$、$K_2V_8O_{16}$、$Rb_2V_8O_{16}$、$Pb_{1.6}V_8O_{16}$ 等。其中，$K_2V_8O_{16}$、$Rb_2V_8O_{16}$ 中的 A 位元素为+1 价，钒元素平均价态为+3.75($V^{3+}/V^{4+}=2/6$)，其材料合成须借助高温、高压(1473 K，4 GPa，未加入 $KClO_4$ 等制氧剂)条件[57]。$Bi_{1.7}V_8O_{16}$ 中的 A 位离子为 Bi^{3+}，V 元素平均价态为+3.36，其材料合成是以 V_2O_5、V_2O_3 为前驱体，在常压、1173 K 下进行[58]。$Pb_{1.6}V_8O_{16}(Pb^{2+}$、$V^{+3.6})$ 通常是以 V_2O_5、V_2O_3 的混合物调节钒元素价态作为前驱体，在真空下 900℃合成[59]。

图 2-18(a)～(c)分别示意了 $K_2V_8O_{16}(Rb_2V_8O_{16})$、$Bi_{1.7}V_8O_{16}$、$Pb_{1.6}V_8O_{16}$ 的晶体结构；图 2-18(d)总结了钒基钡锰矿氧化物典型的电阻率-温度关系。其中，$K_2V_8O_{16}$ 在 170 K 呈现尖锐的金属-绝缘体相变，并伴随从高温四方相(空间群为 $I4/m$)向低温单斜相(空间群为 $I2/m$)的结构转变。$Rb_2V_8O_{16}$ 的金属-绝缘体相变温度为 220 K，在 T_{MIT} 附近发生晶格参数突变并维持四方相结构。进一步调节占据 A 位的 K、Rb 元素比例，可实现 $K_{2-x}Rb_xV_8O_{16}$ 金属-绝缘体相变特征触发温度在 170 K($x=0$)至 220 K($x=2$)之间调控[60]。随着 Rb 的比例增大，晶格常数 a 增大而 c 不变，晶格体积膨胀；当 $x\leq0.6$ 时其金属-绝缘体相变伴随空间群的变化(四方到单斜)，当 $x>0.6$ 时其金属-绝缘体相变中晶格参数突变但空间群不变[60]。Masahiko 等认为，Rb 的取代效应表明 $K_2V_8O_{16}$ 的 MIT 由两部分组成，即一阶 MIT 和伴生的二阶结构相变。一阶 MIT 伴随着晶格常数的突变，即四方相到四方相($I4/m$)转变；二阶结构相变则伴随着高温四方相($I4/m$)到低温单斜相($I2/m$)的转变。另一方面，Masahiko

等认为，在 MIT 附近磁化率的突然减小，表明在转变时 $K_2V_8O_{16}$ 形成了自旋单线态 V^{4+}-V^{4+} 对和 V^{3+}-V^{3+} 对。

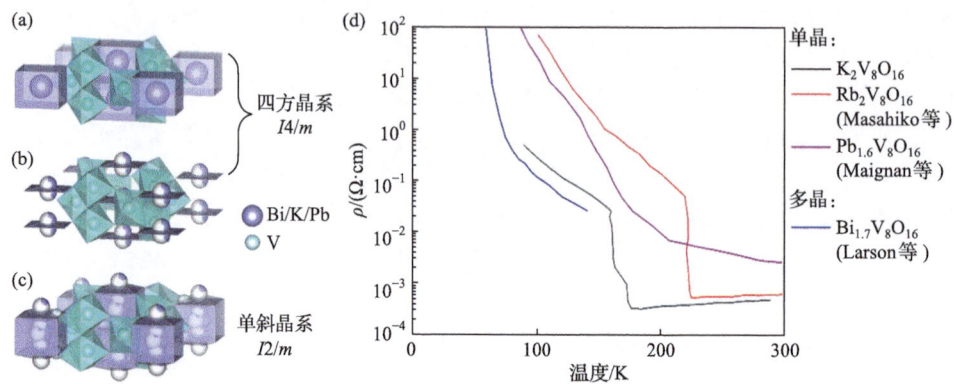

图 2-18　(a) 四方相($I4/m$)$K_2V_8O_{16}$($Rb_2V_8O_{16}$)的晶体结构；(b) 四方相($I4/m$)$Bi_{1.7}V_8O_{16}$的晶体结构，其中 Bi 原子占位率为 0.4(Bi 原子的紫色部分的比例表示占位率)；(c) 单斜相($I2/m$)$Pb_{1.6}V_8O_{16}$的晶体结构，其中 Pb 原子的占位率为 0.208(对应 4g Wyckoff 位置)和 0.122(4i Wyckoff 位置)；(d) 多晶 $Bi_{1.7}V_8O_{16}$(蓝线)、单晶 $K_2V_8O_{16}$(黑线)、单晶 $Rb_2V_8O_{16}$(红线)和多晶 $Pb_{1.6}V_8O_{16}$(紫线)样品的电阻率-温度曲线[58-61]

相比于 $K_{2-x}Rb_xV_8O_{16}$，$Bi_{1.7}V_8O_{16}$(T_{MIT}=70 K)、$Pb_{1.6}V_8O_{16}$(T_{MIT}=140 K)在金属-绝缘体相变中的电阻率突变程度较低；在金属-绝缘体相变中，$Bi_{1.7}V_8O_{16}$ 晶格参数发生突变但仍维持四方结构；而 $Pb_{1.6}V_8O_{16}$ 的晶体结构不变。Larson 等报道了 $Bi_{1.7}V_8O_{16}$ 从高温金属相到低温绝缘相时晶格常数 c 的明显增大，并将其归因于在低温绝缘相中 c 轴方向 V-V 二聚体的形成。此外，对单晶 $Bi_{1.7}V_8O_{16}$ 分别加平行于"梯子"的磁场($H_\parallel$)和垂直于"梯子"的磁场($H_\perp$)并测量其电阻率-温度关系，发现 $H_\parallel$ 对金属-绝缘体相变特性无明显影响，而施加 $H_\perp$ 使得 T_{MIT} 向低温移动；这表明沿着 V—V 键轴方向的磁场会抑制 V-V 二聚体的形成[58]。在 $Pb_{1.6}V_8O_{16}$ 中铅离子为+2 价，而钒离子平均价态为+3.6。Maignan 等认为在 $Pb_{1.6}V_8O_{16}$ 发生金属-绝缘体相变时未形成 V^{3+}/V^{4+} 电荷有序化，即 $Pb_{1.6}V_8O_{16}$ 的金属-绝缘体相变特性非电荷有序化驱动。此外，$Pb_{1.6}V_8O_{16}$ 在 T_{MIT} 附近协同发生反铁磁-顺磁转变，这可能与反铁磁性的 V^{4+}-V^{4+} 和 V^{3+}-V^{3+} 链在 b 轴上的形成有关[59]。

除钒基钡锰矿氧化物外，以 LuV_4O_8、YV_4O_8 为代表的钒基单斜结构氧化物(空间群：$P2_1/n$)结构中也存在"梯子"。如图 2-19 插图所示，LuV_4O_8、YV_4O_8 中 VO_6 八面体构成梯子，Lu^{3+} 和 Y^{3+} 分别位于"通道"中。上述材料中，钒元素价态为+3.25，其材料合成通常使用 V_2O_5、V_2O_3 为前驱体，在氩气中采用常规固相反应即可进行。由图 2-19 中给出的典型电阻率-温度关系可以看出，LuV_4O_8 和 YV_4O_8 多晶材料分别在 60 K(T_{MIT})和 50 K 发生金属(高温)-绝缘体(低温)转变，且在 T_{MIT}

附近存在晶格常数突变和晶格体积突变,但空间群不变[62]。

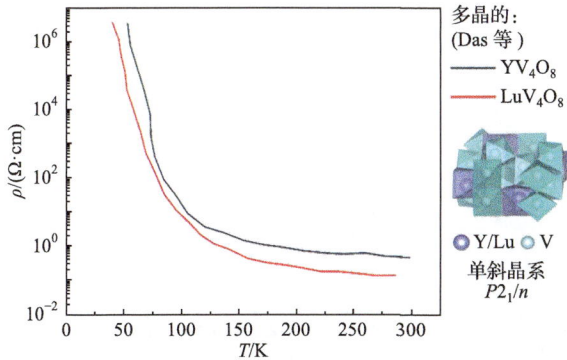

图 2-19 单斜相($P2_1/n$)LuV$_4$O$_8$ 和 YV$_4$O$_8$ 的晶体结构(右下插图),多晶 LuV$_4$O$_8$(红线)和 YV$_4$O$_8$(黑线)的电阻率-温度曲线[62]

此外,沃兹利相钒氧化物中同样存在由弱静电力结合的低维管道层结构,这为金属离子插入提供了化学环境,并由此衍生出丰富的有序青铜相 $M_xV_2O_5$;由于 V_2O_5 具有多形性,$M_xV_2O_5$ 框架可以容纳小至 Li$^+$ 大至 Tl$^+$ 等各种离子半径的金属阳离子,并在较大化学计量窗口内保持稳定。其中,β-$M_xV_2O_5$(M = Li、Na、Ca、Sr、Ag、Pb)是最普遍的沃兹利青铜相,可由金属钒酸盐(LiVO$_3$、NaVO$_3$、AgVO$_3$、CaV$_2$O$_6$、SrV$_2$O$_6$ 等)和 V$_2$O$_5$ 作为前驱体在 600~700℃下真空固相反应合成。图 2-20(a)示意了 Na$_x$V$_2$O$_5$ (x = 0.33)的晶体结构,通常 $M_xV_2O_5$ 均具有相似的结构,晶胞中形成由共享边的 VO$_6$ 八面体、共享角的 VO$_6$ 八面体及共享边的 VO$_5$ 方锥体链组成的准一维管道,金属阳离子占据管道中由半个晶胞分割的固定点位。当金属阳离子的化学计量 x = 0.33 时,β-$M_xV_2O_5$ 普遍表现出金属-绝缘体相变特性,其电子相变温度 T_{MIT}、奈尔温度 T_N,以及 V 的价态模式如表 2-1 所示。

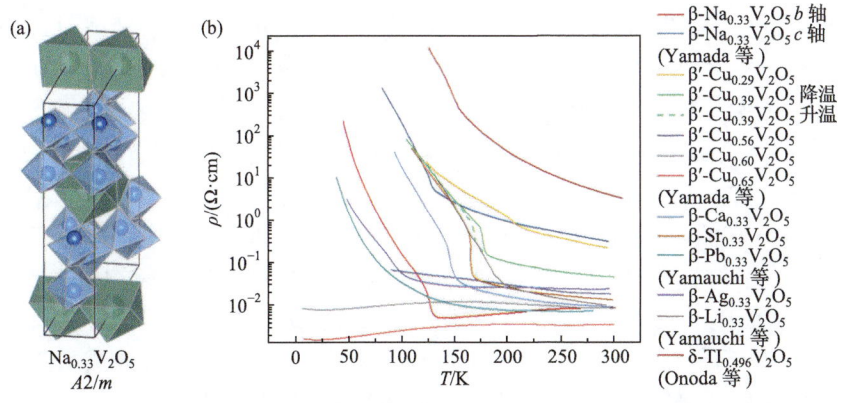

图 2-20 (a) Na$_{0.33}$V$_2$O$_5$ 的晶体结构;(b) β-$M_xV_2O_5$ 的电阻率-温度关系[63-67]

表 2-1　β-$M_{0.33}$V$_2$O$_5$ 的相变温度及价态特征[66]

金属阳离子	T_{MIT}/K	T_N/K	V^{4+}/V^{5+}
Li$^+$	180	7	1/5
Na$^+$	136	24	1/5
Ag$^+$	90	24	1/5
Ca^{2+}	150		1/2
Sr^{2+}	168		1/2
Pb^{2+}			1/2

注意到，β-Pb$_{0.33}$V$_2$O$_5$ 的金属-绝缘体过渡比较平滑，无法识别相变温度；仅在一价离子插层中出现反铁磁-顺磁转变。

此外，β'-Cu$_x$V$_2$O$_5$ 在更宽的 A 位元素化学计量比范围内(x = 0.29、0.39、0.56) 呈现金属-绝缘体相变特性；其材料主要是以 Cu$_2$O、V$_2$O$_3$、V$_2$O$_5$ 作为前驱体在 600℃下真空固相反应合成。随着插入铜离子的化学计量增加，β'-Cu$_x$V$_2$O$_5$ 的金属-绝缘体相变温度降低(例如，x=0.29 时 T_{MIT}=205 K，x=0.39 时 T_{MIT}=175 K，x=0.56 时 T_{MIT}=100 K)。当 x > 0.6 时，β'-Cu$_x$V$_2$O$_5$ 金属-绝缘体相变消失，并在 0~300 K 范围内表现为金属态[64]。而 δ-Tl$_{0.496}$V$_2$O$_5$ 是 δ 构型的代表物质，可用 Tl$_2$O$_3$、V$_2$O$_3$、V$_2$O$_5$ 作为前驱体在 853 K 下真空固相反应 24 h 合成。其晶胞具有两种不同的 VO$_6$ 八面体，通过共享棱角连接在一起，形成双层 V$_2$O$_5$ 骨架，Tl 原子位于 V$_2$O$_5$ 层之间，并被八个 O 原子包围。δ-Tl$_{0.496}$V$_2$O$_5$ 在 158 K 发生金属-绝缘体相变，并伴随反铁磁-顺磁转变[65]。

由于上述有序青铜相 M$_x$V$_2$O$_5$ 单晶通常是以二维薄片或一维隧道结构存在，因此具有显著的各向异性(如图 2-20(b)所示，β-Na$_{0.33}$V$_2$O$_5$ 的 b 轴及 c 轴电阻率-温度关系)；而 V$_2$O$_5$ 骨架中插入的阳离子完全电离，沿隧道/层状骨架产生 V^{4+}和 V^{5+}阳离子电荷有序模式。Marley 等将其归因于莫特-哈伯德转变，即特征触发温度下累积载流子激发所引起的静电屏蔽对库仑作用的击穿。随着插层阳离子的大小、化学计量比和携带电荷量的变化，钒骨架的价态比例(V^{4+}/V^{5+})相应改变，相应 V 点位的键长和键角随之变化，从而控制电 3d-2p 杂化程度及库仑带隙，从而改变静电击穿所需的载流子数量，这解释了阳离子种类及掺杂数量对 M$_x$V$_2$O$_5$ 金属-绝缘体相变特性的显著调控[68]。此外，Parija 等用小极化子模型解释 β'-Cu$_x$V$_2$O$_5$ 的相变。Cu 在插入 V$_2$O$_5$ 骨架后同时向晶格骨架提供价电子，电子在特定钒位点上的定位会引起明显的局部结构变形，局域电子和局域结构畸变之间的耦合称为小极化子。极化子在带正电的离子附近发生"自捕获"，即相邻钒位点之间的极化子振荡(往返扩散)与两个相邻晶体位点之间铜离子的实空间穿梭强烈耦合，这一运动缩小了 β'-Cu$_x$V$_2$O$_5$ 的有效带隙，并在高温下稳定金属态[69]。

2.6 钒基尖晶石氧化物

三组元钒基氧化物中同样存在尖晶石结构(AV_2O_4)，其可看作由 VO_6 八面体共用棱边，形成三维网络结构；A 位离子占据四面体间隙位置。当 A 位由 Mg^{2+}、Zn^{2+}、Cd^{2+} 等二价元素离子占据时，钒元素呈现+3 价($3d^2$)，其材料通常是以 V_2O_3 作为前驱体在真空环境中 720~900℃ 温度范围内通过固相反应合成。随着温度降低，MgV_2O_4、ZnV_2O_4、CdV_2O_4 分别在 65 K、52 K、97 K 发生从立方晶系(空间群为 $Fd\bar{3}m$)到四方晶系(空间群为 $I4_1/amd$)的结构转变，如图 2-21(a)所示；然而上述结构变化并未引起材料电阻率的明显突变，如图 2-21(c)所示(CdV_2O_4 为高阻绝缘体)。磁性方面，随着温度下降，AV_2O_4(A = Mg、Zn、Cd)分别在 65 K、52 K、97 K 发生结构转变，导致 CdV_2O_4 磁化率-温度曲线发生跳变，而 MgV_2O_4 和 ZnV_2O_4 未观察到跳变；随着温度进一步下降，AV_2O_4 (A = Mg、Zn、Cd)分别在 45 K、44 K、35 K 从(低温)反铁磁转变为(高温)顺磁。

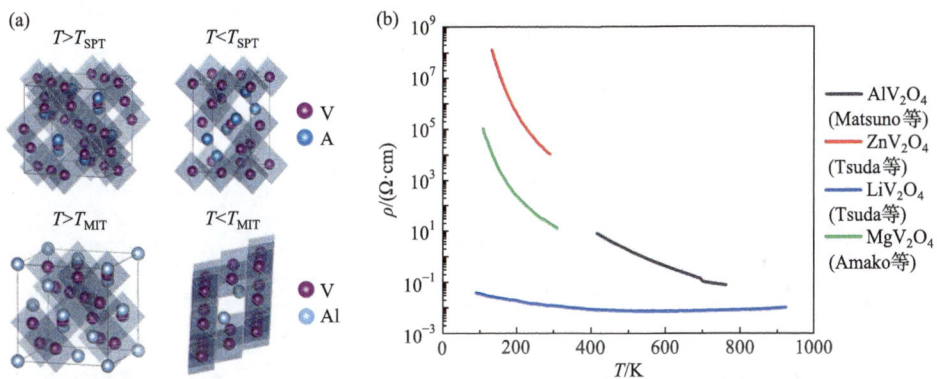

图 2-21 (a) AV_2O_4 (A = Mg、Zn、Cd)发生结构相变(SPT)前后的结构示意图，以及 AlV_2O_4 发生金属-绝缘体相变前后的结构变化示意图；(b) 具有尖晶石结构的钒基氧化物的变温电阻率曲线[70-73]

当上述尖晶石 A 位由+3 价的 Al 元素占据时，钒元素的平均价态为+2.5 价($3d^{2.5}$)，室温下仍保持尖晶石结构。AlV_2O_4 通常是以 Al、V_2O_3 和 V_2O_5 为前驱体在真空石英管中 1100℃ 固相反应合成。AlV_2O_4 在 700 K 附近发生(高温)金属-(低温)绝缘体相变，同时伴随(低温)反铁磁-(高温)顺磁转变，以及由三方(空间群为 $R\bar{3}m$)到立方(空间群为 $Fd\bar{3}m$)的结构相变。Matsuno 等[72]认为，AlV_2O_4 中的金属-绝缘体相变源于从 $V^{2.5+}$ 转变为 $V^{2.5-\delta}$ 和 $V^{2.5+3\delta}$ 的电荷有序转变；$V^{2.5-\delta}$ 形成笼目(Kamogé)亚晶格而 $V^{2.5+3\delta}$ 形成三角形亚晶格，并沿[111]晶向交错堆叠形成有序的电荷分布，从而驱动电输运关系由金属相转变为绝缘体相。Horibe 等[74]借助同步辐射衍射等技术，发现低温下 AlV$_2$O$_4$ 存在 3 种对称性不等效的离子占位 V1、V2、V3，其价态分别为+3(3d^2)、+2(3d^3)和+2.5(3d$^{2.5}$)，其中 1 个占据 V2 位置的钒离子和 6 个占据 V3 位置的钒离子发生团聚构成七聚体(heptamer)，并与 V1 交错排列实现电荷有序化排布。

当尖晶石结构 A 位由+1 价的锂元素占据时，钒元素的平均价态为+3.5 价(3d$^{1.5}$)。多晶 LiV$_2$O$_4$ 通常是以 Li$_3$VO$_4$、V$_2$O$_3$ 和 V$_2$O$_5$ 作为前驱体在真空石英管中 900℃固相反应 3 天合成，而前驱体之一的 Li$_3$VO$_4$ 需要以 Li$_2$CO$_3$、V$_2$O$_3$ 和 V$_2$O$_5$ 作为前驱体在空气气氛下 800℃固相反应 2 天制备。常压下，LiV$_2$O$_4$ 在测量温度范围始终为尖晶石结构(空间群为 $Fd\bar{3}m$)，并呈现顺磁金属性。值得注意的是，LiV$_2$O$_4$ 在压力触发下呈现结构与电阻率的突变。例如，Takeda 等[75]发现在 10 K 下，LiV$_2$O$_4$ 在 13 GPa 发生(低压)顺磁金属到(高压)非磁绝缘体的转变，并伴随从(低压)立方到(高压)三方晶系(空间群为 $R\bar{3}m$)的结构转变。但 Attfield 等[76]报道了低温下 LiV$_2$O$_4$ 在 11 GPa 发生(低压)立方到(高压)单斜晶系(空间群为 $C2/m$、$C2$ 或 Cm)的转变，并认为低温下随着压力增加，V 原子发生位移，使得原本等距的 V—V 键被打破并形成长短不一的 V—V 键，这导致 V$^{3.5+}$(3d$^{3.5}$)歧化为 V^{4+}(3d^1)和 V^{3+}(3d^2)，此时 LiV$_2$O$_4$ 表现为绝缘相。

2.7　LiVO$_2$ 与 Na$_x$VO$_2$

相比于 2.5 节、2.6 节中介绍的多组元钒基氧化物，具有更低价态钒元素(+3 价)的 LiVO$_2$、Na$_x$VO$_2$ 同样呈现出特征温度触发下的金属-绝缘体相变特性。如图 2-22(a)所示，室温下 LiVO$_2$ 属于三方晶系(空间群为 $R\bar{3}m$，晶格参数为 a = 2.83 Å，c = 14.87 Å)。其中，具有三重对称性的 VO$_6$ 八面体通过共享邻边的方式，组成三角形的 V 晶格；锂、钒和氧离子交错占据(111)晶面，并沿着 c 轴方向堆叠，每个平面中，离子都会形成一个三角形状的二维晶格。LiVO$_2$ 多晶粉体主要是以 Li$_2$CO$_3$ 和 V$_2$O$_3$ 作为前驱体，研磨混合后，在 Ar/H$_2$ 混合气氛中 625℃加热 24 h，待冷却至室温后，再次研磨并升温至 750℃，从而获得多晶粉末；利用 LiBO$_2$-Li$_2$O 熔盐可进一步在真空气氛下生长 LiVO$_2$ 单晶。

如图 2-22(c)所示，随着温度升高，LiVO$_2$ 在 500 K 发生(低温)非磁性半导体到(高温)顺磁性半导体转变，并存在较大滞回，但 LiVO$_2$ 是否发生结构转变有待进一步研究。Tian 等[77]利用电子衍射技术，发现室温下 LiVO$_2$ 存在超晶格衍射斑点；当温度高于 530 K 时，超晶格衍射斑点消失，且此过程可逆。LiVO$_2$ 的(低温)非磁性与钒离子形成三聚体(trimer)有关[79]。Kachi 等[80]认为，当温度在 500 K 附近时，钒离子团簇内部自旋之间的交换耦合作用强于相邻团簇之间自旋的交换耦合作用，LiVO$_2$ 会发生自旋单态三聚化(spin-singlet trimerization)，发生轨道有序化，导致非磁性，并带来电输运特性的突变。

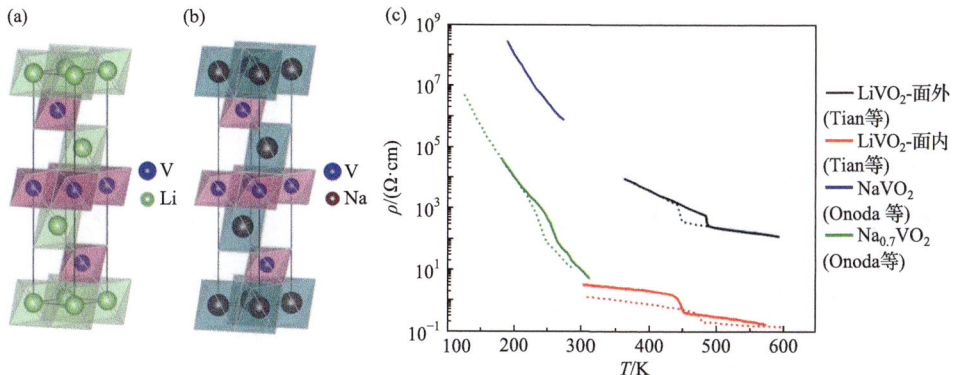

图 2-22　(a) 室温下 LiVO$_2$ 晶体结构示意图；(b) 室温下 NaVO$_2$ 晶体结构示意图；(c) LiVO$_2$、NaVO$_2$ 及 Na$_{0.7}$VO$_2$ 等材料的电阻率-温度曲线，其中 LiVO$_2$ 为单晶样品，NaVO$_2$ 和 Na$_{0.7}$VO$_2$ 为多晶样品，实线为升温过程，虚线为降温过程[77, 78]

NaVO$_2$ 与 LiVO$_2$ 具有类似结构，其同样是以 V$_2$O$_5$、Na$_2$CO$_3$ 为前驱体，在 H$_2$/Ar 混合气氛中，650℃固相反应获得；或是以 V$_2$O$_3$、Na$_2$CO$_3$ 为前驱体，在真空气氛中，650~750℃固相反应获得。室温下 NaVO$_2$ 属于三方晶系(空间群为 $R\bar{3}m$)，Chamberlan 等报道，随着温度升高至 115℃，NaVO$_2$ 发生结构相变并转变为六方晶系；Cava 等[81]报道，随着温度降低，NaVO$_2$ 在 98 K 转变为单斜晶系(空间群为 $C2/m$)。电输运关系方面，NaVO$_2$ 在 200~300 K 范围呈现半导体输运关系(图 2-22(b))；磁性方面，Chamberlan 等报道，在 80~600 K 范围内 NaVO$_2$ 保持顺磁性[77]。Onoda 等[78]以 V$_2$O$_5$ 为前驱体，在 N$_2$/H$_2$ 混合气氛中，908 K 固相反应获得 Na$_{0.7}$VO$_2$。Onoda 等报道，室温下 Na$_{0.7}$VO$_2$ 的 X 射线衍射谱可以用 $P6_3/mmc$ 或 $R\bar{3}c$ 两种空间群进行标定，并在 290~360 K 发生结构转变，从而引起电阻率、磁化率的突变。

2.8　钒基硫族化合物

除钒基氧化物以外，以 LiVS$_2$、BaVS$_3$ 为代表的钒基硫族化合物同样具有特征温度触发下的金属-绝缘体相变特性。其中，LiVS$_2$ 中钒元素的价态为+3(3d^2)，因其具有二维三角晶格的层状结构而受到关注。LiVS$_2$ 可由以下两种方法制备：①以 Li$_2$S、V、S 等作为前驱体，在充满 Ar 气的石英管中，700℃固相反应，获得 Li 缺失的 Li$_x$VS$_2$($x<1$)粉末，再将反应产物浸泡在 n-BuLi 已烷溶液中，获得 LiVS$_2$；②以 Li$_2$CO$_3$ 和 V$_2$O$_3$ 作为前驱体，在 H$_2$S 气氛下，500~700℃温度范围内，反复

加热研磨, 获得 LiVS$_2$。由图 2-23 所示的 LiVS$_2$ 的电阻率-温度关系可以看出, 其在 314 K 附近发生(高温)金属-(低温)绝缘体相变, 并伴随(高温)顺磁性到(低温)非磁性转变。Katayama 等[82]报道, 室温下 LiVS$_2$ 的空间群为 $P\bar{3}m1$; Sawa 等[85]利用同步辐射 X 射线衍射技术发现, 随着温度升高至 314 K, 由钒离子三聚化而产生的超结构彻底消失, 并出现额外的超结构; 当温度升高至 350 K 时, 超结构带来的衍射峰逐渐减弱并消失, 此时, LiVS$_2$ 的空间群是 $P31m$。因此, Katayama 等[86]认为, LiVS$_2$ 在 314 K 发生金属-绝缘体相变的原因是两种电荷密度波态在能量上的竞争。相比于 LiVS$_2$, LiVSe$_2$(空间群为 Pm)在 2~300 K 内呈现顺磁金属性。

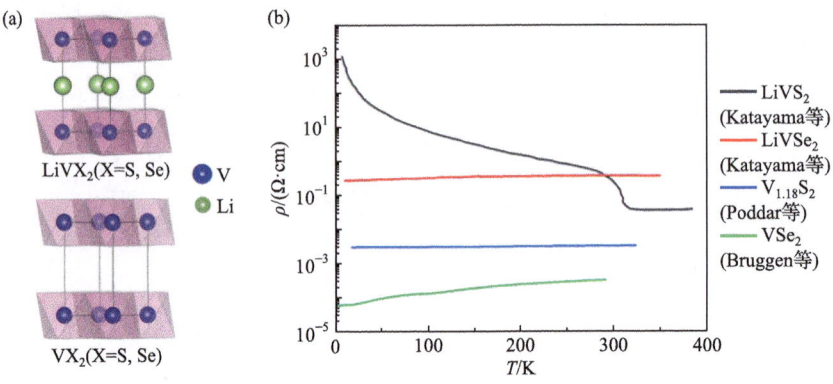

图 2-23 (a) 室温下, LiVX$_2$(X = S, Se)和 VX$_2$(X = S, Se)晶体结构示意图; (b) LiVX$_2$(X = S, Se)和 VX$_2$(X = S, Se)的变温电阻率曲线[82-84]

当层间无 Li$^+$时, VS$_2$ 和 VSe$_2$ 的空间群仍保持为 $P\bar{3}m$。例如, Murphy 等[87]利用 I$_2$ 溶液去除 LiVS$_2$ 中层间 Li$^+$, 获得了 VS$_2$; Gauzzi 等[88]利用元素单质, 在 5 GPa 压力下 700℃固相反应获得 VS$_2$; Yadav 等[89]利用 V 和 Se 元素单质作为前驱体, 在真空下 650℃固相反应获得多晶 VSe$_2$。VS$_2$ 在 5~300 K 温度范围内呈现金属性电输运关系(图 2-23); Murphy 等[87]报道在 305 K 附近 VS$_2$ 从(高温)顺磁性到(低温)非磁性转变, 但 Gauzzi 等[88]在 5~300 K 温度范围内仅观察到 VS$_2$ 维持顺磁性。VSe$_2$ 在 110 K 附近形成电荷密度波, 结构上产生周期性晶格畸变; 其在 5~300 K 范围为顺磁金属(图 2-23)。

如图 2-24(a)所示, 室温下 BaVS$_3$ 具有六方结构(空间群为 $P6_3/mmc$), a = 6.72 Å, c = 5.61 Å; 随着温度降低, BaVS$_3$ 在 100 K 时发生结构相变, V^{4+}-V^{4+}链产生轻微的"之"字形转变, 变为正交结构(空间群为 $Cmcm$), a = 6.76 Å, b = 11.49 Å, c = 5.60 Å。Takano 等[92]利用 BaCO$_3$ 和 V$_2$O$_5$ 作为前驱体, 在 H$_2$S 气氛下 900℃固相反应, 获得 BaVS$_3$ 粉末。电学方面, BaVS$_3$ 在 70 K 时发生(高温)金属-(低温)绝缘体相变。Gardner 等[93]报道 BaVS$_3$ 的电阻率-温度曲线在 130 K 附近获得最小值。当温度高于 130 K 时, 随着温度下降, 电阻率也趋向于下降, 表现为金属行

为。磁学方面，BaVS$_3$在$T_N = 74$ K由(高温)顺磁相转变为(低温)反铁磁相。

室温下，BaVSe$_3$与BaVS$_3$具有相同的晶体结构(空间群为$P6_3/mmc$)，Kelber等[94]利用元素单质在真空气氛下，700℃固相反应获得BaVSe$_3$单晶样品，发现其在303 K附近从(高温)六方晶系转变为(低温)正交晶系。电学方面，BaVSe$_3$在2~300 K范围内表现为金属性，如图2-24(b)所示；磁学方面，BaVSe$_3$在41 K附近由(高温)顺磁性转变为(低温)铁磁性。Poulsen等[91]通过制备不同掺杂比例的BaV(S$_{1-x}$Se$_x$)$_3$ ($0 \leqslant x \leqslant 1$)，发现随着Se掺杂比例增加，BaV(S$_{1-x}Se_x$)$_3$晶格发生膨胀，磁转变温度$T_C$逐渐增加，金属性增强，如图2-24(b)所示。此外，Poulsen等[91]制备了不同掺杂比例的Ba$_{1-x}$K$_x$VS$_3$ ($0 \leqslant x \leqslant 1$)，发现随着K元素的掺杂，晶格发生膨胀，相变温度和磁转变温度T_C均发生下降。Nakamizo等[90]利用Ti元素部分取代BaVS$_3$中V元素，发现当掺杂比例为5%时，BaV$_{0.95}$Ti$_{0.05}$S$_3$在4~300 K内表现为顺磁绝缘性，金属-绝缘体相变特性消失，说明BaVS$_3$发生金属-绝缘体相变与反铁磁有序存在联系，其相变机理有待进一步研究。

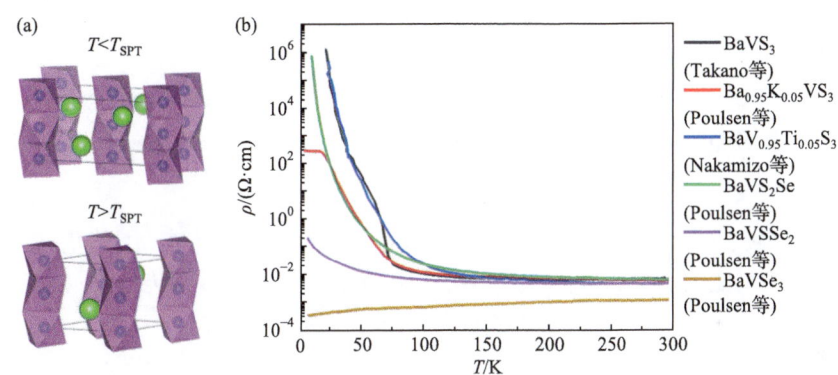

图2-24 (a) BaVS$_3$发生结构相变前后晶体结构示意图；(b) 本征BaVS$_3$和不同掺杂类型的BaVS$_3$变温电阻率曲线[90-92]

2.9 其他VB族化合物中的电子相变特性

除第三周期钒元素以外，VB族中第四周期的铌(Nb)、第五周期的钽(Ta)元素化合物同样具有潜在的电子相变特性；其中NbO$_2$、TaS$_2$呈现典型的金属-绝缘体相变特性，而NbSe$_2$、NbSe$_3$等化合物具有经典的电荷密度波调制特性。

其中，NbO$_2$在高温下($T_{MIT}=1070$ K)具有金属-绝缘体相变特性，并伴随有晶体结构的改变。在以往报道中，NbO$_2$的多晶材料合成主要是以Nb$_2$O$_5$、NbO为前驱体，通过其固相反应调节产物价态从而制备多晶NbO$_2$[95]。NbO$_2$的晶体结构如图2-25插图所示，其绝缘体相具有变形的金红石结构(以金红石亚晶胞构成的超结构，空间群为 $I4_1/a$，体心四方相)，而其金属相具有常规金红石结构(空间群为 $P4_2/mnm$)。随着温度升高，NbO_2 的晶格常数增大且 c/a 略有增加[96]。图 2-25 给出了 NbO_2 的电阻率-温度关系曲线；可以看出，在 $T_{MIT}=1070$ K 附近 NbO_2 的电输运特性由半导体输运关系转变为金属输运关系，此外，NbO_2 的绝缘体相在宽广温度范围内具有较大的电阻率温度系数(temperature coefficient of resistivity, TCR；简称阻温系数)。Shibuya 等认为，铌离子在体心四方相中沿[001]方向的二聚化导致在费米能级处形成带隙，这是导致 NbO_2 发生金属-绝缘体相变的机制[97]。

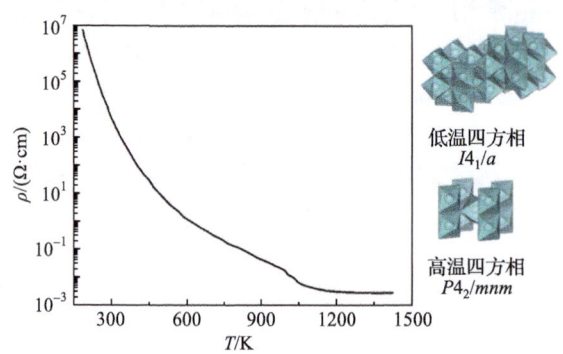

图 2-25　多晶 NbO_2 的电阻率-温度曲线，高温四方相($P4_2/mnm$)NbO_2(右下插图)，低温四方相($I4_1/a$)NbO_2(右上插图)[98]

2H-$NbSe_2$、$NbSe_3$ 均属于典型受电荷密度波调制的低维材料，因其基态结构形成二聚体(或多聚体)从而降低系统电子能量，并由此触发派尔斯转变。如图 2-26(a)所示，单晶 2H-$NbSe_2$ 的超导转变温度为 7.2 K，派尔斯转变温度为 33 K。H-$NbSe_2$ 常温常压下为六方晶系，空间群为 $P6_3/mmc$，在派尔斯转变前后以及超导转变前后空间群不变[101]。

如图 2-26(b)所示，单晶 $NbSe_3$ 沿 b 轴的电阻率-温度曲线表明[102]，$NbSe_3$ 在 142 K、49 K 处呈现极大值；上述电阻率"异常"转变的升降温测量未发现滞回现象，且空间群不变。$NbSe_3$ 在常温常压下为单斜相，空间群为 $P2_1/m$。$NbSe_3$ 通常以纤维的形式结晶，其纤维轴平行于其二重轴。$NbSe_3$ 的电阻率"异常"现象与电荷密度波的形成进而导致在费米面上打开带隙有关[103]。与 $NbSe_2$ 在常压 7.2 K 以下具有超导特性所不同，$NbSe_3$ 只有在高压下才表现出超导特性(例如，在 0.5 kbar (1 bar = 10^5 Pa)下其超导转变温度为 0.25 K)[100]。

1T-TaS_2 是电子相变材料家族中少见的二维材料[104]。如图 2-27(a)所示，TaS_2 在室温下一般以更稳定的 2H-TaS_2 相存在，属于六方晶系，空间群为 $P6_3/mmc$，在宽温区范围内均表现出金属导电行为，550 K 以上时转变为 1T-TaS_2 相，该相属于三方晶系，空间群为 $P\bar{3}m1$。1T-TaS_2 相随着温度的变化经历多个电荷密度波相变，最终在低温下表现为绝缘态。1T-TaS$_2$ 中存在多种相互作用，在低温下，层间跃迁占主导作用，体系发生层间二聚，处于能带绝缘态；随着温度的升高，在很小的温度窗口中，库仑相互作用占据主导，导致体系发生能带绝缘态到莫特绝缘态的转变；随着温度进一步地升高，面内电子跃迁占据主导，体系表现为金属导电行为[105]。1T-TaS$_2$ 相在室温下处于亚稳相，因此其制备工艺为先将 Ta 与 S 单质密封于真空石英管内，升温至 970℃反应 24 h 后立即置于冰水中淬火[106]。1T-TaS$_2$ 相的表面形貌如图 2-27(b)所示，呈现出多层薄片状结构。1T-TaS$_2$ 相的泽贝克系数-温度曲线如图 2-27(c)所示，伴随着低温绝缘相到高温金属相的转变，其泽贝克系数(Seebeck coefficient)发生由正值到负值的变化。1T-TaS$_2$ 相及不同元素掺杂后的阻温特性曲线如图 2-27(d)所示，1T-TaS$_2$ 在 166 K 与 351 K 处均出现金属-绝缘体相变特性，且热滞现象比较明显。S 位 Se 元素掺杂后低温区相变温度降低，高温区相变温度升高，且低温区热滞现象更加明显；Te 元素掺杂后低温区与高温区相变温度均降低[107]。Ta 位 V 与 Ti 元素掺杂后高温区相变温度降低，低温区相变行为几乎消失[108]。

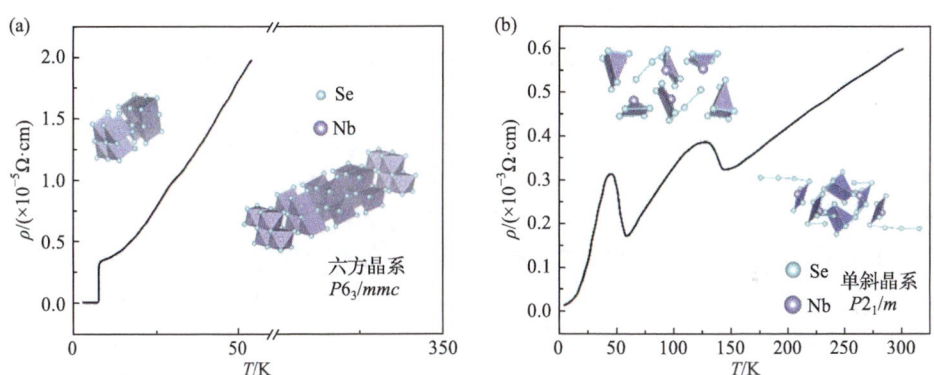

图 2-26 (a) 单晶 2H-NbSe$_2$ 的电阻率-温度曲线[99]，以及其在 15 K(左)、293 K(右)下的晶体结构示意图(如插图所示，空间群为 $P6_3/mmc$)；(b) 单晶 NbSe$_3$ 沿 b 轴方向的电阻率-温度曲线[100]，以及其在 100 K(左)、293 K(右)下的晶体结构示意图(如插图所示，空间群均为 $P2_1/m$)

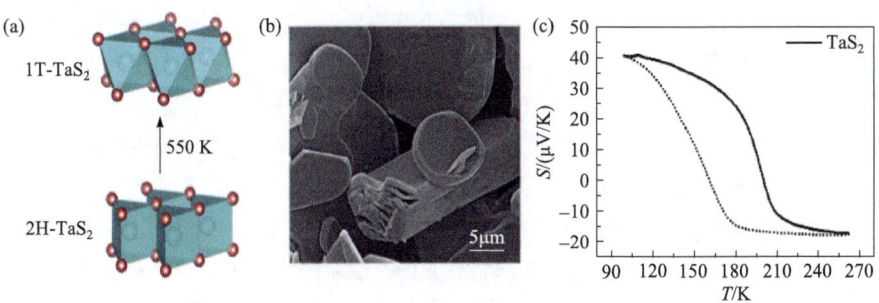

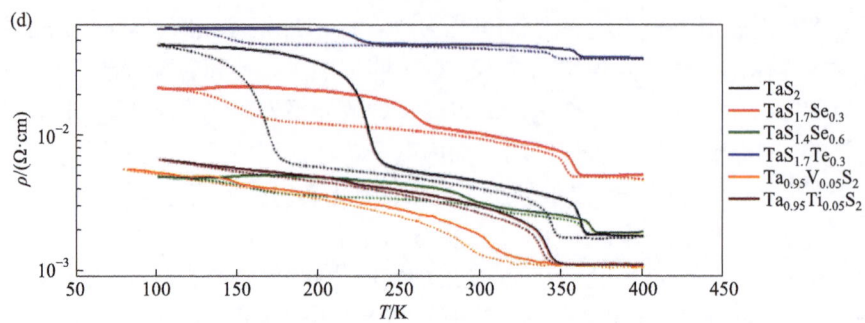

图 2-27 (a) 1T-TaS$_2$ 与相的晶体结构；(b) 1T-TaS$_2$ 相的表面形貌；(c) 1T-TaS$_2$ 相泽贝克系数-温度曲线；(d) 1T-TaS$_2$ 以及不同元素掺杂后的电阻率-温度曲线

2.10 本章小结

本章系统总结了以钒、铌、钽为代表的 VB 族元素化合物中具有电子相变特性的材料体系。在电子相变材料家族中钒元素的地位最为重要，因其在+2 至+5 价间所呈现的丰富平均价态，钒氧化物中可形成 VO、V_2O_3、V_nO_{2n-1}($3 \leqslant n \leqslant 9$) 玛格奈利相，以及 VO_2、V_nO_{2n+1}($n \geqslant 2$) 沃兹利相等多种材料。其中，V_2O_3(T_{MIT} 约 154 K)、V_3O_5(T_{MIT} 约 428 K)、V_4O_7(T_{MIT} 约 250 K)、V_5O_9(T_{MIT} 约 130 K)、V_6O_{11}(T_{MIT} 约 170 K)、V_8O_{15}(T_{MIT} 约 70 K)、V_9O_7(T_{MIT} 约 79 K)、VO_2(T_{MIT} 约 340 K)、V_6O_{13}(T_{MIT} 约 150 K) 等均呈现特征温度触发下的金属-绝缘体相变特性。

相比于其他价态的钒氧化物，VO_2 在室温附近具有优异的金属-绝缘体相变特性且材料毒性较低，因此在突变式热敏电阻、强关联逻辑器件、强光防护、热致变色、红外伪装等诸多方面具有可观的潜在应用价值。VO_2 因 Δ_{CT} 超过 U 以及具有接近 90°的 V—O—V 键角，其属于过渡族氧化物家族中为数不多的经典莫特-哈伯德绝缘体；而且可通过高价态元素取代来降低 VO_2 的 T_{MIT}，但电阻率突变程度随之亦减小。除传统的金属绝缘体相变外，VO_2 在铂催化剂协同下具有由氢气触发的双重氢致相变，并形成截然相反的高阻态或低阻态氢致电子相变产物。其中，使用高浓度氢气低温氢化条件，可有效提高氢元素(质子)摄入含量，从而提高 $d_{//}$ 轨道的占据程度，这将导致 d 轨道电子库仑作用增强并展宽 $d_{//}^*$、π^* 轨道间能隙(禁带宽度)，从而触发 VO_2 形成的电子局域态绝缘体相。而高温低浓度氢气气氛则触发 VO_2 形成金属相并具有较低的氢元素摄入量，其主要源于载流子(电子)掺杂下金属相相对稳定性的提高，并可能与氢化时材料中所产生的氧空位相关。

除二元钒氧化物外，钒基四重钙钛矿氧化物($Re_{1-\delta}Cu_3V_4O_{12}$)、钒基钡锰矿梯形氧化物($K_2V_8O_{16}$、$Rb_2V_8O_{16}$)、钒基青铜相氧化物(β-Li$_xV_2O_5$)、Li(Na)VO$_2$、LiVS$_2$、BaVS$_3$ 等其他钒基氧化物、硫族化合物同样具有金属-绝缘体相变特性。此外，如

TaS$_2$、NbO$_2$ 等钒基以外 VB 族元素化合物中的电子相变特性同样值得关注；例如，NbO$_2$ 的 T_{MIT} 高达 1070 K 且其绝缘体相具有较高的阻温系数；而具有层片状结构的 TaS$_2$ 在 T_{MIT}= 166 K 与 351 K 特征温度触发下呈现双重金属-绝缘体相变特性。

从应用角度看，由于钒基氧化物中钒元素大多处于中间价态，因此在大尺寸范围长时间维持钒元素价态的准确性，对材料制备、封装等方面均形成挑战。例如，VO$_2$ 直接暴露在空气中会缓慢氧化成剧毒的 V$_2$O$_5$，其直接表象为材料出现黄色并导致 T_{MIT} 升高以及电学、光学突变特性降低；而长期处于真空或还原性气氛同样会使 VO$_2$ 中钒元素向+3 价转变，从而使 T_{MIT} 移向低温范围并降低电学、光学突变特性。值得注意的是，应用于非制冷式焦平面红外探测的钒氧化合物并非基于其金属-绝缘体相变特性，而是利用了其室温附近绝缘体相的高阻温系数。此外，除+4 价以外的其他价态钒氧化合物大多为剧毒，这同样为氧化钒的民用带来更多困难。基于上述短期内难以解决的诸多问题，寻找与掺杂二氧化钒具有类似优异电子相变特性的低毒性高稳定性电子相变材料体系，同样具有重要的意义与价值。

参 考 文 献

[1] McWhan D B, Remeika J P. Metal-insulator transition in (V$_{1-x}$Cr$_x$)$_2$O$_3$ [J]. Physical Review B, 1970, 2(9): 3734-3750.

[2] Chandrashekhar G V, Shin S H, Jayaraman A, et al. Electrical properties of (Ti$_x$V$_{1-x}$)$_2$O$_3$ [J]. Physica Status Solidi (A), 1975, 29(1): 323-329.

[3] Kuwamoto H, Otsuka N, Sato H. Growth of single phase, single crystals of V$_9$O$_{17}$ [J]. Journal of Solid State Chemistry, 1981, 36(2): 133-138.

[4] Andreev V N, Klimov V A. Specific features of electrical conductivity of V$_3$O$_5$ single crystals [J]. Physics of the Solid State, 2011, 53(12): 2424-2430.

[5] Hodeau J L, Marezio M. The crystal structure of V$_4$O$_7$ at 120°K [J]. Journal of Solid State Chemistry, 1978, 23(3/4): 253-263.

[6] Okinaka H, Nagasawa K, Kosuge K, et al. Electrical properties of the V$_5$O$_9$ single crystals [J]. Journal of the Physical Society of Japan, 1970, 28(3): 803.

[7] Andreev V N, Klimov V A. Specific features of the electrical conductivity of V$_6$O$_{11}$ [J]. Physics of the Solid State, 2013, 55(9): 1829-1834.

[8] Okinaka H, Nagasawa K, Kosuge K, et al. Electrical properties of V$_6$O$_{11}$ and V$_7$O$_{13}$ single crystals [J]. Journal of the Physical Society of Japan, 1970, 29(1): 245-246.

[9] Okinaka H, Kosuge K, Kachi S, et al. Electrical properties of V$_8$O$_{15}$ single crystal [J]. Physics Letters A, 1970, 33(6): 370-371.

[10] MacChesney J B, Guggenheim H J. Growth and electrical properties of vanadium dioxide single crystals containing selected impurity ions [J]. Journal of Physics and Chemistry of Solids, 1969, 30(2): 225-234.

[11] Feinleib J, Paul W. Semiconductor-to-Metal transition in V_2O_3 [J]. Physical Review, 1967, 155(3): 841-850.

[12] Balog P, Orosel D, Cancarevic Z, et al. V_2O_5 phase diagram revisited at high pressures and high temperatures [J]. Journal of Alloys and Compounds, 2007, 429(1/2): 87-98.

[13] Safrany Renard M, Emery N, Baddour-Hadjean R, et al. γ'-V_2O_5: A new high voltage cathode material for sodium-ion battery [J]. Electrochimica Acta, 2017, 252: 4-11.

[14] Zibrov I P, Filonenko V P, Lyapin S G, et al. The high pressure phases β- and δ-V_2O_5: Structure refinement, electrical and optical properties, thermal stability [J]. High Pressure Research, 2013, 33(2): 399-408.

[15] Kawashima K, Ueda Y, Kosuge K, et al. Crystal growth and some electric properties of V_6O_{13} [J]. Journal of Crystal Growth, 1974, 26(2): 321-322.

[16] Eguchi R, Yokoya T, Kiss T, et al. Angle-resolved photoemission study of the mixed valence oxide V_6O_{13}: Quasi-one-dimensional electronic structure and its change across the metal-insulator transition [J]. Physical Review B, 2002, 65(20): 205124.

[17] Morin F J. Oxides which show a metal-to-insulator transition at the Neel temperature [J]. Physical Review Letters, 1959, 3(1): 34-36.

[18] Kachi S, Kosuge K, Okinaka H. Metal-insulator transition in V_nO_{2n-1} [J]. Journal of Solid State Chemistry, 1973, 6(2): 258-270.

[19] Nagata S, Griffing B F, Khattak G D, et al. Susceptibility and specific heat of insulating Magnéli phases V_nO_{2n-1} [J]. Journal of Applied Physics, 1979, 50(B11): 7575-7577.

[20] Shimizu Y, Aoyama S, Jinno T, et al. Site-selective mott transition in a quasi-one-dimensional vanadate V_6O_{13} [J]. Physical Review Letters, 2015, 114(16): 166403.

[21] Nagasawa K, Bando Y, Takada T. Growth and electrical properties of V_nO_{2n-1} (n=3, 4, ···, 8) single crystals [J]. Bulletin of the Institute for Chemical Research, Kyoto University, 1972, 49(5): 322-341.

[22] Futaki H. A new type semiconductor (critical temperature resistor) [J]. Japanese Journal of Applied Physics, 1965, 4(1): 28.

[23] Zhou X, Wu Y, Yan F, et al. Revealing the high sensitivity in the metal to insulator transition properties of the pulsed laser deposited VO_2 thin films [J]. Ceramics International, 2021, 47(18): 25574-25579.

[24] Zhou X, Cui Y, Shang Y, et al. Non-equilibrium spark plasma reactive doping enables highly adjustable metal-to-insulator transitions and improved mechanical stability for VO_2 [J]. The Journal of Physical Chemistry C, 2023, 127(5): 2639-2647.

[25] Zhou X, Li H, Meng F, et al. Revealing the role of hydrogen in electron-doping mottronics for strongly correlated vanadium dioxide [J]. J Phys Chem Lett, 2022, 13(34): 8078-8085.

[26] Fujioka J, Yasue T, Miyasaka S, et al. Critical competition between two distinct orbital-spin ordered states in perovskite vanadates[J]. Physical Review B, 2010, 82(14): 144425.1-144425.12.

[27] Sage M H, Blake G R, Marquina C, et al. Competing orbital ordering in RVO_3 compounds: High-resolution X-ray diffraction and thermal expansion [J]. Physical Review B, 2007, 76(19): 195102.1-195102.9.

[28] Miyasaka S, Okuda T, Tokura Y. Critical behavior of metal-insulator transition in $La_{1-x}Sr_xVO_3$ [J]. Physical Review Letters, 2000, 85(25): 5388-5391.

[29] Martínez-Lope M J, Alonso J A, Retuerto M, et al. Evolution of the crystal structure of RVO_3 (R = La, Ce, Pr, Nd, Tb, Ho, Er, Tm, Yb, Lu, Y) perovskites from neutron powder diffraction data [J]. Inorganic Chemistry, 2008, 47(7): 2634-2640.

[30] Blake G R, Palstra T T M, Ren Y, et al. Transition between orbital orderings in YVO_3 [J]. Physical Review Letters, 2001, 87(24): 245501.

[31] Miyasaka S, Okimoto Y, Iwama M, et al. Spin-orbital phase diagram of perovskite-type RVO_3 (R=rare-earth ion or Y) [J]. Physical Review B, 2003, 68(10): 100406.

[32] Miyasaka S, Yasue T, Fujioka J, et al. Magnetic field switching between the two orbital-ordered states in $DyVO_3$ [J]. Physical Review Letters, 2007, 99(21): 217201.

[33] Tung L D. Tunable temperature-induced magnetization jump in a $GdVO_3$ single crystal [J]. Physical Review B, 2006, 73(2): 024428.

[34] Blake G R, Nugroho A A, Gutmann M J, et al. Competition between Jahn-Teller coupling and orbital fluctuations in $HoVO_3$ [J]. Physical Review B, 2009, 79(4): 045101.

[35] Johnson R D, Tang C C, Evans I R, et al. X-ray diffraction study of the temperature-induced structural phase transitions in $SmVO_3$ [J]. Physical Review B, 2012, 85(22): 224102.

[36] Ren Y, Palstra T, Khomskii D I, et al. Magnetic properties of YVO_3 single crystals [J]. Phys Rev B, 2000, 62(10): 6577-6586.

[37] Lan Y C, Chen X L, He M. Structure, magnetic susceptibility and resistivity properties of $SrVO_3$ [J]. Journal of Alloys and Compounds, 2003, 354(1/2): 95-98.

[38] Zhou H D, Goodenough J B. X-ray diffraction, magnetic, and transport study of lattice instabilities and metal-insulator transition in $CaV_{1-x}Ti_xO_3$ ($0 \leqslant x \leqslant 0.4$) [J]. Physical Review B, 2004, 69(24): 245118.1-245118.5.

[39] García-Jaca J, Larramendi J I R, Insausti M, et al. Synthesis, crystal structure and transport properties of a new non-stoichiometric $CaVO_{3+\delta}$ phase [J]. Journal of Materials Chemistry, 1995, 5(11): 1995-1999.

[40] Berry T, Fry-Petit A M, Sinha M, et al. The role of phonons and oxygen vacancies in non-cubic $SrVO_3$ [J]. Inorganic Chemistry, 2022, 61(7): 3007-3017.

[41] Liu G, Greedan J E. Syntheses, structures, and characterization of 5-layer $BaVO_{3-x}$ (x = 0.2, 0.1, 0.0) [J]. J Solid State Chem (Print), 1994, 110(2): 274-289.

[42] Yamauchi T, Shimazu T, Nishio-Hamane D, et al. Contrasting pressure-induced metallization processes in layered perovskites, α-Sr_2MO_4 (M=V, Cr) [J]. Physical Review Letters, 2019, 123(15): 156601.

[43] Nozaki A, Yoshikawa H, Wada T, et al. Layered perovskite compounds $Sr_{n+1}V_nO_{3n+1}$ (n=1, 2, 3, and ∞) [J]. Physical Review B, 1991, 43(1): 181-185.

[44] Itoh M, Shikano M, Kawaji H, et al. Structural aspects on the variations of electric and magnetic properties of the layered compound system $Sr_{n+1}V_nO_{3n+1-\delta}$ (n = 1, 2, 3, ∞) [J]. Solid State Communications, 1991, 80(8): 545-548.

[45] Deslandes F, Nazzal A I, Torrance J B. Search for superconductivity in analogues of $La_{2-x}Sr_xCuO_4$:

Sr$_{2-x}$Ln$_x$VO$_4$ (Ln=La, Ce, Pr, Nd, Eu) [J]. Physica C: Superconductivity, 1991, 179(1-3): 85-90.

[46] Zhang S, Saito T, Chen W T, et al. Solid solutions of Pauli-paramagnetic CaCu$_3$V$_4$O$_{12}$ and antiferromagnetic CaMn$_3$V$_4$O$_{12}$ [J]. Inorg Chem., 2013, 52(18): 10610-10614.

[47] Zhang S, Saito T, Mizumaki M, et al. Site-selective doping effect in AMn$_3$V$_4$O$_{12}$ (A = Na$^+$, Ca^{2+}, and La^{3+}) [J]. J Am Chem Soc, 2013, 135(16): 6056-6060.

[48] Kadyrova N I, Zainulin Y G, Tyutyunnik A P, et al. High-pressure nonstoichiometric phase Sm$_x$Cu$_3$V$_4$O$_{12}$ [J]. Russian Journal of Inorganic Chemistry, 2011, 56(6): 919-923.

[49] Kadyrova N I, Zainulin Y G, Volkov V L, et al. High-pressure defect phase La$_x$Cu$_3$V$_4$O$_{12}$ [J]. Russian Journal of Inorganic Chemistry, 2007, 52(6): 825-828.

[50] Kadyrova N I, Zainulin Y G, Volkov V L, et al. High-pressure defect phase Ce$_x$Cu$_3$V$_4$O$_{12}$ [J]. Russian Journal of Inorganic Chemistry, 2008, 53(10): 1542-1545.

[51] Kadyrova N I, Zainulin Y G, Volkov V L, et al. High-pressure defect phase Nd$_x$Cu$_3$V$_4$O$_{12}$ [J]. Russian Journal of Inorganic Chemistry, 2009, 54(12): 1872-1875.

[52] Kadyrova N I, Zakharova G S, Korolev A V, et al. High-pressure defect lanthanide phases Ln$_x$Cu$_3$V$_4$O$_{12}$ (Ln = La, Eu, Ho) [J]. Doklady Chemistry, 2006, 409(1): 120-123.

[53] Kadyrova N I, Zaynulin Y G, Melnikova N V, et al. Synthesis of CeCu$_{3-x}$Mn$_x$V$_4$O$_{12}$ (x = 0-3) at high pressures and temperatures [J]. Bulletin of the Russian Academy of Sciences: Physics, 2018, 82(7): 804-806.

[54] Kadyrova N I, Zaynulin Y G, Tyutyunnik A P, et al. Synthesis and electrical properties of new perovskite-like AMn$_3$V$_4$O$_{12}$ (A = Ca, Ce, and Sm) compounds [J]. Bulletin of the Russian Academy of Sciences: Physics, 2016, 80(6): 620-623.

[55] Kaltak M, Fernández-Serra M, Hybertsen M S. Charge localization and ordering in A$_2$Mn$_8$O$_{16}$ hollandite group oxides: Impact of density functional theory approaches [J]. Physical Review Materials, 2017, 1(7): 075401.

[56] Hasegawa K, Isobe M, Yamauchi T, et al. Discovery of ferromagnetic-half-metal-to-insulator transition in K$_2$Cr$_8$O$_{16}$ [J]. Phys Rev Lett, 2009, 103(14): 146403.

[57] Isobe M, Koishi S, Ueda Y. Rb-substitution effect on the metal-insulator transition of hollandite vanadate, K$_2$V$_8$O$_{16}$ [J]. Journal of Physics: Conference Series, 2008, 121(3): 032007.

[58] Larson A M, Wilfong B, Moetakef P, et al. Metal-insulator transition tuned by magnetic field in Bi$_{1.7}$V$_8$O$_{16}$ hollandite [J]. Journal of Materials Chemistry C, 2017, 5(20): 4967-4976.

[59] Maignan A, Lebedev O I, van Tendeloo G, et al. Metal to insulator transition in the n-type hollandite vanadate Pb$_{1.6}$V$_8$O$_{16}$ [J]. Physical Review B, 2010, 82(3): 035122.

[60] Isobe M, Koishi S, Yamazaki S, et al. Substitution effect on metal-insulator transition of K$_2$V$_8$O$_{16}$ [J]. Journal of the Physical Society of Japan, 2009, 78(11): 114713.

[61] Isobe M, Koishi S, Kouno N, et al. Observation of metal-insulator transition in hollandite vanadate, K$_2$V$_8$O$_{16}$ [J]. Journal of the Physical Society of Japan, 2006, 75(7): 73801.1-73801.4.

[62] Das S, Niazi A, Mudryk Y, et al. Magnetic, thermal, and transport properties of the mixed-valent vanadium oxides LuV$_4$O$_8$ and YV$_4$O$_8$ [J]. Physical Review B, 2010, 81(10): 104432.1-104432.11.

[63] Yamauchi T, Ueda Y. Superconducting β(β′)-vanadium bronzes under pressure [J]. Physical Review B, 2008, 77(10): 104529.

[64] Yamada H, Ueda Y. Structural and electric properties of β′-$Cu_xV_2O_5$ [J]. Journal of the Physical Society of Japan, 2000, 69(5): 1437-1442.

[65] Onoda M, Hasegawa J. The spin-gap state and the phase transition in the δ-phase $Tl_xV_2O_5$ polaronic bronze [J]. Journal of Physics: Condensed Matter, 2002, 14(19): 5045.

[66] Yamauchi T, Isobe M, Ueda Y. Crystal growth and electromagnetic properties of β-vanadium bronzes, β-$A_{0.33}V_2O_5$ (A=Ca, Sr and Pb) [J]. Journal of Magnetism and Magnetic Materials, 2004, 272-276: 442-443.

[67] Yamada H, Ueda Y. Magnetic, electric and structural properties of β-$A_xV_2O_5$ (A= Na, Ag) [J]. Journal of the Physical Society of Japan, 1999, 68(8): 2735-2740.

[68] Marley P M, Singh S, Abtew T A, et al. Electronic phase transitions of δ-$Ag_xV_2O_5$ nanowires: Interplay between geometric and electronic structures [J]. The Journal of Physical Chemistry C, 2014, 118(36): 21235-21243.

[69] Parija A, Handy J V, Andrews J L, et al. Metal-insulator transitions in β′-$Cu_xV_2O_5$ mediated by polaron oscillation and cation shuttling [J]. Matter, 2020, 2(5): 1166-1186.

[70] Hayakawa T, Shimada D, Tsuda N. Metal-insulator transition in $LiTi_{2-x}V_xO_4$ [J]. Journal of the Physical Society of Japan, 1989, 58(8): 2867-2876.

[71] Kawakami K, Sakai Y, Tsuda N. Metal-insulator transition in $Li_xZn_{1-x}V_2O_4$ [J]. Journal of the Physical Society of Japan, 1986, 55(9): 3174-3180.

[72] Matsuno K I, Katsufuji T, Mori S, et al. Charge ordering in the geometrically frustrated spinel AlV_2O_4 [J]. Journal of the Physical Society of Japan, 2001, 70(6): 1456-1459.

[73] Sugimoto W, Yamamoto H, Sugahara Y, et al. The relationship between structural variation and electrical properties in the spinel $MgV_{2-x}Ti_xO_4$ ($0 \leqslant x \leqslant 1.8$) system [J]. Journal of Physics and Chemistry of Solids, 1998, 59(1): 83-89.

[74] Horibe Y, Shingu M, Kurushima K, et al. Spontaneous formation of vanadium "molecules" in a geometrically frustrated crystal: AlV_2O_4 [J]. Phys Rev Lett, 2006, 96(8): 086406.

[75] Takeda K, Hidaka H, Kotegawa H, et al. Pressure-induced charge ordering of LiV_2O_4 [J]. Physica B: Condensed Matter, 2005, 359-361: 1312-1314.

[76] Browne A J, Pace E J, Garbarino G, et al. Structural study of the pressure-induced metal-insulator transition in LiV_2O_4 [J]. Physical Review Materials, 2020, 4(1): 015002.

[77] Tian W, Chisholm M F, Khalifah P G, et al. Single crystal growth and characterization of nearly stoichiometric $LiVO_2$ [J]. Materials Research Bulletin, 2004, 39(9): 1319-1328.

[78] Onoda M. Geometrically frustrated triangular lattice system Na_xVO_2: Superparamagnetism in $x=1$ and trimerization in $x \approx 0.7$ [J]. Journal of Physics: Condensed Matter, 2008, 20(14): 145205.1-145205.8.

[79] Goodenough J B. Band structure of transition metals and their alloys [J]. Physical Review, 1960, 120(1): 67-83.

[80] Kobayashi K, Kosuge K, Kachi S. Electric and magnetic properties of $Li_xV_{2-x}O_2$ [J]. Materials Research Bulletin, 1969, 4(2): 95-106.

[81] McQueen T M, Stephens P W, Huang Q, et al. Successive orbital ordering transitions in $NaVO_2$ [J]. Phys Rev Lett, 2008, 101(16): 166402.

[82] Katayama N, Uchida M, Hashizume D, et al. Anomalous metallic state in the vicinity of metal to valence-bond solid insulator transition in LiVS$_2$ [J]. Phys Rev Lett, 2009, 103(14): 146405.

[83] van Bruggen C F, Haas C. Magnetic susceptibility and electrical properties of VSe$_2$ single crystals [J]. Solid State Communications, 1976, 20(3): 251-254.

[84] Poddar P, Rastogi A K. Metastability and disorder effects in nonstoichiometric VS$_2$ [J]. Journal of Physics: Condensed Matter, 2002, 14(10): 2677.

[85] Katayama N, Tamura S, Yamaguchi T, et al. Large entropy change derived from orbitally assisted three-centered two-electron σ bond formation in metallic Li$_{0.33}$VS$_2$ [J]. Physical Review B, 2018, 98(8): 081104.

[86] Katayama N, Kojima K, Yamaguchi T, et al. Slow dynamics of disordered zigzag chain molecules in layered LiVS$_2$ under electron irradiation [J]. npj Quantum Materials, 2021, 6(1): 1-7.

[87] Murphy D W, Cros C, Di Salvo F J, et al. Preparation and properties of Li$_x$VS$_2$ ($0 \leqslant x \leqslant 1$) [J]. Inorganic Chemistry, 1977, 16: 3027-3031.

[88] Gauzzi A, Sellam A, Rousse G, et al. Possible phase separation and weak localization in the absence of a charge-density wave in single-phase 1T-VS$_2$ [J]. Physical Review B, 2014, 89(23): 235125.

[89] Yadav C S, Rastogi A K. Electronic transport and specific heat of 1T VSe$_2$ [J]. Solid State Communications, 2010, 150(13-14): 648-651.

[90] Matsuura K, Wada T, Nakamizo T, et al. Magnetic and transport properties of BaV$_{1-x}$Ti$_x$S$_3$ ($0 \leqslant x \leqslant 0.2$) [J]. Physical Review B, 1991, 43(16): 13118-13123.

[91] Poulsen N J. Crystal structure, magnetic susceptibility, and electric resistivity of polycrystalline Ba$_{1-x}$K$_x$VS$_{3-\delta}$, Ba$_{1-x}$K$_x$VSe$_{3-\delta}$, and BaV(S,Se)$_3$ synthesized under high pressure [J]. Solid State Ionics, 1998, 108(1-4): 209-220.

[92] Takano M, Kosugi H, Nakanishi N, et al. Electrical, magnetic and structural transitions of BaVS$_3$ [J]. Journal of the Physical Society of Japan, 1977, 43(3): 1101-1102.

[93] Gardner R A, Vlasse M, Wold A. Preparation, properties and crystal structure of Barium vanadium sulfide, BaVS$_3$ [J]. Acta Crystallographica Section B, 1969, 25(4): 781-787.

[94] Kelber J, Reis A H, Aldred A T, et al. Structural and magnetic properties of "one-dimensional" Barium vanadium triselenide [J]. Journal of Solid State Chemistry, 1979, 30(3): 357-364.

[95] Janninck R F, Whitmore D H. Electrical conductivity and thermoelectric power of niobium dioxide [J]. Journal of Physics and Chemistry of Solids, 1966, 27(6/7): 1183-1187.

[96] Sakata K. Note on the phase transition in NbO$_2$ [J]. Journal of the Physical Society of Japan, 1969, 26(2): 582.

[97] Shibuya K, Sawa A. Epitaxial growth and polarized Raman scattering of niobium dioxide films [J]. AIP Advances, 2022, 12(5): 055103.

[98] Sakata K. Electrical and magnetic properties of NbO$_2$ [J]. Journal of the Physical Society of Japan, 1969, 26(3): 867.

[99] Cao Z Y, Zhang K, Goncharov A F, et al. Pressure effect of the charge density wave transition on Raman spectra and transport properties of 2H-NbSe$_2$ [J]. Physical Review B, 2023, 107(24): 245125.

[100] Ong N P, Monceau P. Anomalous transport properties of a linear-chain metal: NbSe$_3$ [J]. Physical Review B, 1977, 16(8): 3443-3455.

[101] Marezio M, Dernier P D, Menth A, et al. The crystal structure of NbSe$_2$ at 15 K [J]. Journal of Solid State Chemistry, 1972, 4(3): 425-429.

[102] Chaussy J, Haen P, Lasjaunias J C, et al. Phase transitions in NbSe$_3$[J]. Solid State Communications, 1976, 20(8): 759-763.

[103] Wilson J A, Di Salvo F J, Mahajan S. Charge-density waves and superlattices in the metallic layered transition metal dichalcogenides [J]. Advances in Physics, 1975, 24(2): 117-201.

[104] Sipos B, Kusmartseva A F, Akrap A, et al. From Mott state to superconductivity in 1T-TaS$_2$ [J]. Nature Materials, 2008, 7(12): 960-965.

[105] Wang Y D, Yao W L, Xin Z M, et al. Band insulator to Mott insulator transition in 1T-TaS$_2$ [J]. Nature Communications, 2020, 11(1): 4215.

[106] Wen W, Zhu Y, Dang C, et al. Raman spectroscopic and dynamic electrical investigation of multi-state charge-wave-density phase transitions in 1T-TaS$_2$ [J]. Nano Letters, 2019, 19(3): 1805-1813.

[107] Jarc G, Mathengattil S Y, Montanaro A, et al. Cavity-mediated thermal control of metal-to-insulator transition in 1T-TaS$_2$ [J]. Nature, 2023, 622(7983): 487-492.

[108] Thompson A H, Pisharody K R, Koehler R F. Experimental study of the solid solutions Ti$_x$Ta$_{1-x}$S$_2$ [J]. Physical Review Letters, 1972, 29(3): 163-166.

第 3 章 镍基(ⅧB 族-3d)化合物中的电子相变

在电子相变材料家族中,与钒同等重要的是位于第四周期(3d)的Ⅷ族元素镍(Ni: $3d^84s^2$)。在与氧元素键合中,镍元素可丢失 1~3 个电子从而表现出 Ni^{3+}、Ni^{2+}、Ni^+ 价态;高价镍(Ni^{3+})易发生价键歧化从而表现出金属-绝缘体相变特性。其中,113 型稀土镍基钙钛矿氧化物($ReNiO_3$)属于典型的高价镍 3d 轨道强关联氧化物,并能够在特征温度、极化电场、压力、化学/电化学氢化等外场触发下发生多重电子相变[1-4],而由此引起的材料物理性能突变在强关联逻辑器件、突变式敏感电阻器件、红外伪装等方面具有潜在应用价值[5-7]。由于镍元素排布在 3d 副族元素前列,NiO_6 八面体的电荷转移能($\varDelta_{CT}$)超过电子库仑排斥能(U),因此 $ReNiO_3$ 绝缘体相属于经典的电荷转移绝缘体。一方面,通过稀土元素调控 $ReNiO_3$ 中 Ni^{3+} 价键歧化与反歧化特性($Ni^{3+}\leftrightarrow Ni^{(3\pm\delta)+}$),可实现该体系材料金属-绝缘体特征触发温度($T_{MIT}$)在超过 500 K 的宽温区范围内的连续调控。另一方面,基于氢元素、锂元素的化学(电化学)电子掺杂(去掺杂)作用,可触发 $ReNiO_3$ 中镍元素价态在 Ni^{3+} 与 Ni^{2+} 之间的可逆变化,从而实现材料电子结构在电子巡游态与电子局域态的突变,引起材料电阻率的巨幅变化。上述氢触发下的电子相变特性,开启了人们对 $ReNiO_3$ 应用于类脑逻辑器件、仿生海洋电场传感、生物质传感等方面的新探索[8, 9]。然而,由于具有高价镍的 $ReNiO_3$ 通常处于热力学亚稳相状态,其相比于传统氧化物半导体在材料生长方面具有特殊性,须借助高氧压条件实现材料合成。

除 113 型稀土镍基钙钛矿氧化物外,镍元素亦可形成 RP 层状钙钛矿结构 $A_{n+1}Ni_nO_{3n+1}$(A 位可由稀土或稀土碱土元素混合占据;$n = 1,2,3,\cdots,\infty$);其中 $La_3Ni_2O_7$ 在高温范围内实现了比重稀土组分 113 型稀土镍基钙钛矿氧化物更为尖锐的温度触发下电阻率突变特性。进一步通过 Bi、Sr 等元素部分取代 $La_3Ni_2O_7$ 中的 La,可实现金属-绝缘体相变温度的略微降低。此外,以 NiS 为代表的镍基硫族化合物同样呈现出室温附近特征温度触发下的金属-绝缘体相变特性,并引起材料电阻率、热导率的双重突变。

本章将重点介绍上述镍基化合物的晶体结构、电输运与电子相变特性、磁性与磁转变特性等。首先主要介绍 $ReNiO_3$ 在特征温度、氢致触发下的电子相变特性,其次主要概述 $BiNiO_3$、镍基 RP 相氧化物中的电子相变特性,最后概述 NiS 的电子相变特性。钯、铂等第五、第六周期Ⅷ族元素(铂系元素)化合物的电子相变特性将在第 6 章中具体介绍。

3.1　113 型稀土镍基钙钛矿氧化物($ReNiO_3$)概述

处于热力学亚稳相状态的稀土镍基氧化物最早在 20 世纪 70 年代由法国科学家[10]合成,并在 20 世纪 90 年代后逐渐引起美国、欧洲、日本等国家和地区研究机构或电子元器件企业的研究兴趣。$ReNiO_3$ 具有典型的由特征温度(T_{MIT})触发的金属-绝缘体相变特性,其 T_{MIT} 以下具有单斜的晶体结构(空间群为 $P2_1/n$),而在 T_{MIT} 以上转变为正交结构(空间群为 $Pbnm$)。$ReNiO_3$ 中的镍元素处于最高价态(Ni^{3+}),其电子结构主要取决于 Ni-3d 与 O-2p 杂化轨道的交叠程度[1-4]。如图 3.1(a)所示,在 T_{MIT} 以上 $ReNiO_3$ 的晶体结构对称性相对较高,此时源于 Ni-3d 与 O-2p 杂化轨道的导带与价带相互交叠,因此材料呈现金属性。当温度降低至 T_{MIT} 以下时,材料在电子轨道间库仑排斥下发生镍元素价键歧化($Ni^{3+}t_{2g}^6e_g^1 \leftrightarrow Ni^{3\pm\delta}t_{2g}^6e_g^{1\pm\delta}$)并降低 NiO_6 结构对称性,从而引起能带劈裂(价带源于 O-2p,导带源于 Ni-3d 的 UHB),从而使得材料的电输运特性由金属转变为半导体(绝缘体)特性[1]。随着稀土离子半径的逐渐减小(或稀土元素原子序数的增加),$ReNiO_3$ 中 NiO_6 的扭曲程度逐渐增加,其导致 Ni-3d 与 O-2p 杂化轨道交叠程度减小,并提高材料绝缘体相(或半导体相)电子结构相对于金属相的稳定性,从而提高 T_{MIT}。因此,通过设计占据 $ReNiO_3$ 钙钛矿结构 A 位的稀土元素的平均离子半径,可以实现 T_{MIT} 在宽温区范围内的连续调节。

在 17 种稀土元素中,含有 Pr、Nd、Sm、Eu、Gd、Dy、Ho、Y、Er、Tm、Lu 等 11 种组分的 $ReNiO_3$ 已被合成,其 T_{MIT} 随稀土离子半径的减小而依次升高(图 3.1(a))。为在上述相邻稀土元素所对应的电子结构之间进一步实现对 T_{MIT} 的连续调节,可使用两种相邻的稀土元素按照一定比例共同占据 $Re_{1-x}Re'_xNiO_3$ 钙钛矿结构的 A 位,通过调控占位比例(x)来精细调节稀土元素的平均离子半径。与上述 11 种稀土元素相比,镧(La)元素因离子半径相对较大,难以在钙钛矿结构中有效扭曲 Ni—O—Ni 键角从而触发镍元素的价键歧化,因此 $LaNiO_3$ 在整个温区内均呈现金属相。此外,Ce、Tb 等稀土元素由于具有更高价态(+4 价),其离子半径太小而不能在高氧压下形成钙钛矿结构,因此 $CeNiO_3$、$TbNiO_3$ 不存在,且 Ce、Tb 同样不能与其他+3 价稀土元素共同占据钙钛矿结构稀土位。由于 Pm 具有放射性,因此 $PmNiO_3$ 尚未有研究;Sc 在稀土类元素中具有最小的离子半径,因此 $ScNiO_3$ 具有很高的正向合成自由能,从而尚未有成功的材料合成报道。

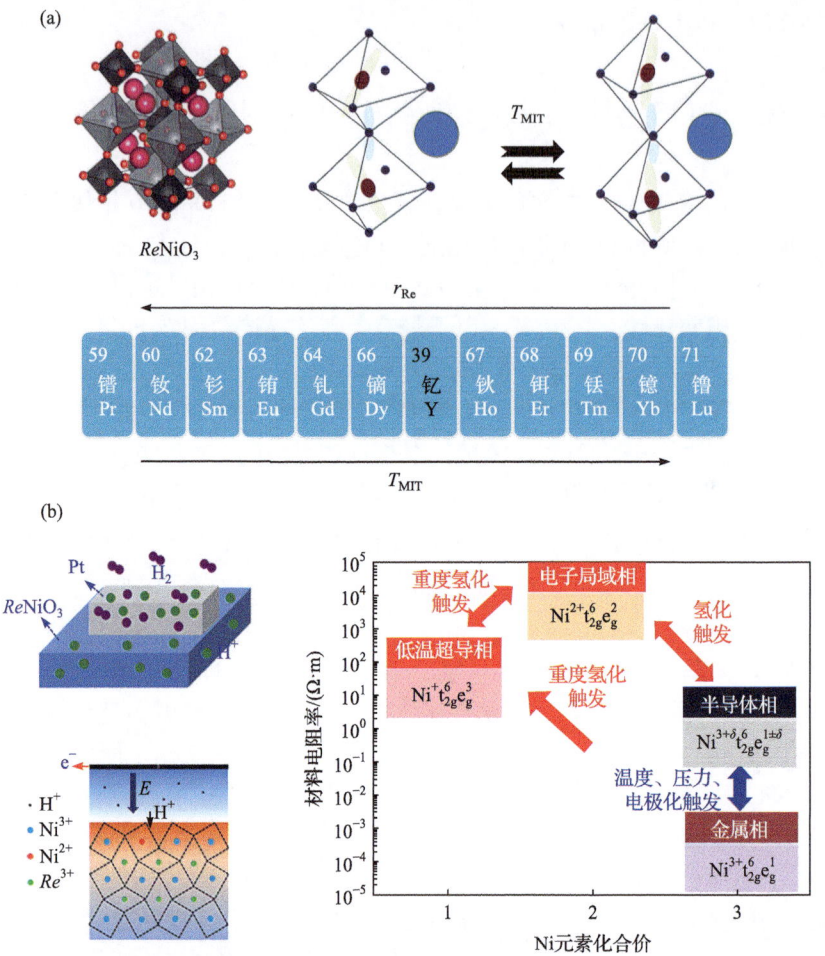

图 3-1 稀土镍基氧化物的结构与电子结构[11]。(a) 稀土元素离子半径对 $ReNiO_3$ 镍氧八面体结构以及电子结构的调控关系，r_{Re} 代表稀土元素离子半径；(b) 通过氢元素的可逆掺杂使 $ReNiO_3$ 中 Ni 的价态发生改变，以及 $ReNiO_3$ 的多重电子相变与电阻率关系示意图

除基于 Ni^{3+} 价键歧化(反歧化)的金属-绝缘体相变以外，$ReNiO_3$ 中的镍元素价态还可以通过氢、锂等元素的可逆掺杂过程直接调控从而触发其可逆的氢致电子相变(图 3-1(b))。例如，2014 年，美国哈佛大学的 Ramanathan 团队[12](2015 年移至美国普渡大学)报道了通过化学、电化学作用下触发的氢致电子相变，使 $ReNiO_3$ 在基于 Ni^{3+} 轨道构型的电子巡游态以及基于 Ni^{2+} 轨道构型的电子局域态电子相之间的可逆转变($Ni^{3+}t_{2g}^6e_g^1 \leftrightarrow Ni^{2+}t_{2g}^6e_g^2$)。上述 $ReNiO_3$ 的氢致电子相变特性可在不改变温度的情况下，通过化学、电化学方式触发材料电子电阻率的可逆急剧变化，并在此过程中维持一定的质子传导特性。稀土镍基氧化物氢致电子相变特性的发

现,开启了人们对 ReNiO$_3$ 应用于类脑逻辑器件、仿生海洋电场传感、生物质传感等前沿领域的新探索[8, 9]。更为值得关注的是,2019 年,美国斯坦福大学的 Hwang 团队[13-15]发现了 Nd$_{0.8}$Sr$_{0.2}$NiO$_3$/SrTiO$_3$ 异质结在 H$_2$Ca 中被还原成基于 Ni$^+$轨道构型的反常超导相,从而在凝聚态物理领域掀起了对 "镍基超导" 的探索热潮。同年,笔者在 SmNiO$_3$ 多晶薄膜中氢元素在晶界处的富集发现了基于 Ni$^+$轨道构型以及由此引发的材料室温电阻率的反常降低。

然而,除 LaNiO$_3$ 以外的其他稀土元素组分 ReNiO$_3$ 在合成温度下大多处于热力学亚稳相状态,其具有正向的吉布斯自由合成能(ΔG)而无法通过常规固相反应实现材料合成。目前 ReNiO$_3$ 的材料生长大多依赖于高压、高氧压等特殊技术,通过大幅提高氧分压来降低 ΔG 至负值,从而实现该亚稳相体系材料的合成[16-19]。如图 3-2(a)所示,随着稀土离子半径的减小(或稀土原子序数的增加),ReNiO$_3$ 的正向 ΔG 逐渐提高,因此材料合成难度逐渐增加。图 3-2(b)给出了具有不同稀土元素组分的 ReNiO$_3$ 在临界合成条件下(ΔG=0)所对应的温度与氧气压力关系(p_{O_2}-T 关系),可以看出,在高温下合成具有重稀土元素组分的 ReNiO$_3$,所对应的氧气压力在 GPa 级别以上,通常条件下其材料合成难度极大。

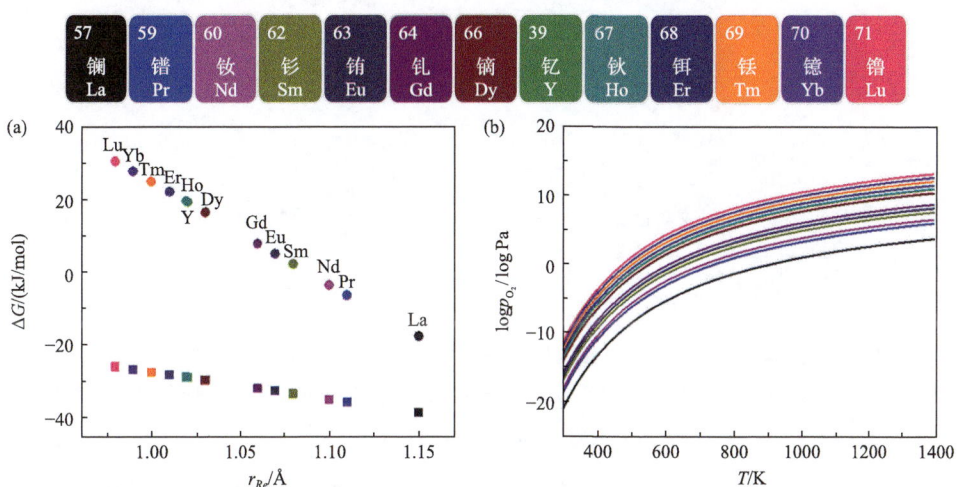

图 3-2 稀土镍基氧化物的合成。(a) 稀土元素离子半径对 ReNiO$_3$ 吉布斯自由合成能的影响;(b) ReNiO$_3$ 临界合成条件下温度与氧气压力的关系

3.2 ReNiO$_3$:特征温度触发下的金属-绝缘体相变

由特征温度触发的 ReNiO$_3$ 金属-绝缘体相变源于轨道间强关联作用下 Ni^{3+}的价键歧化与反歧化(Ni^{3+}t$_{2g}^6$e$_g^1$ ↔ Ni$^{3\pm\delta}$t$_{2g}^6$e$_g^{1\pm\delta}$),其伴随有镍氧八面体空间对称性的

微弱结构变化,并进一步触发材料电阻率、阻温关系、红外反射率(透射率)等物理性质的突变。图 3-3(a)给出了 $ReNiO_3$ 典型的电阻率-温度(ρ-T)变化关系,可以看出,在 T_{MIT} 以下,ρ-T 呈负阻温系数(negative temperature coefficient of resistivity, NTCR)关系;而当温度升高至 T_{MIT} 以上时,材料电阻率突然降低几个数量级,并随后呈现金属性的阻温关系。除上述特征温度引起的电子相变外,$ReNiO_3$ 在特征温度(T_N)触发下还将发生反铁磁(低温)与顺磁(高温)相之间的磁结构转变[1]。图 3-3(b)给出了 $ReNiO_3$ 的 T_{MIT}、T_N 与其钙钛矿结构容忍因子(受稀土离子半径调控)之间的基础关系。随着 $ReNiO_3$ 中稀土元素离子半径的逐渐减小(钙钛矿结构容忍因子的减小),其 T_{MIT} 逐渐升高,且由金属-绝缘体相变引起的电阻率突变程度逐渐减小。对于 $PrNiO_3$、$NdNiO_3$ 等轻稀土组分 $ReNiO_3$,其电子相变与磁转变的特征触发温度相同(T_{MIT}= T_N);而对于其他中、重稀土组分(Sm 以上)$ReNiO_3$,其 T_N 低于 T_{MIT} 且随稀土元素离子半径的减小 T_N 逐渐降低[1]。因此,通过选择 11 种不同稀土元素组分制备 $ReNiO_3$,可以在跨越 500 K 的宽广温区内实现 11 种分立的 T_{MIT}。

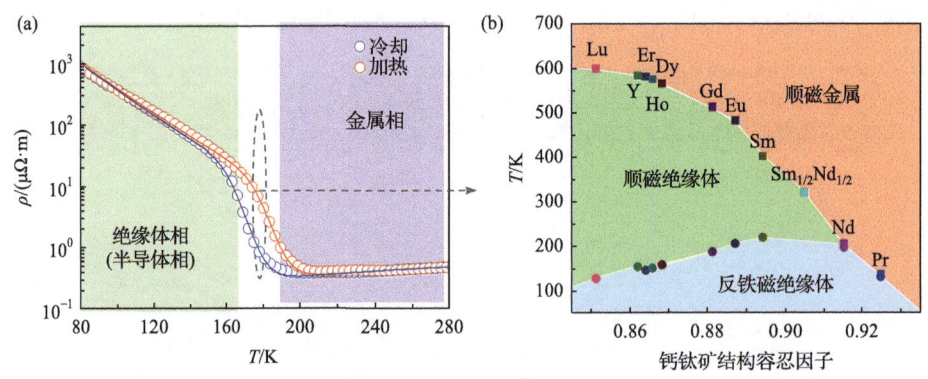

图 3-3　温度触发下稀土镍基氧化物的金属-绝缘体电子相变特性。(a) 特征温度触发下 $ReNiO_3$ 的金属-绝缘体相变所引起的电阻率突变关系[11];(b) $ReNiO_3$ 金属-绝缘体相变温度与钙钛矿结构容忍因子的关系[20]

在上述基础上,可以使用两种离子半径相近的稀土元素共同占据扭曲钙钛矿结构 A 位,并通过调控两种稀土元素的占位比例而实现对 T_{MIT} 的连续调控。例如,图 3-4(a)给出了由不同比例的 Sm、Nd 稀土元素共同占位的 $ReNiO_3$ 典型的阻温关系曲线;图 3-4(b)进一步总结了 T_{MIT} 与 Sm/Nd 稀土占位比例的关系。可以看出,通过调控 Sm/Nd 稀土占位比例,可实现 T_{MIT} 在 $NdNiO_3$ 与 $SmNiO_3$ 之间的连续设计,且所制备 $Sm_xNd_{1-x}NiO_3$ 材料在室温及以下范围内由金属-绝缘体相变温度触发下的电阻率突变程度较大,因此该材料在面向室温及以下低温范围的突变式热敏电阻器件中具有潜在的应用价值。

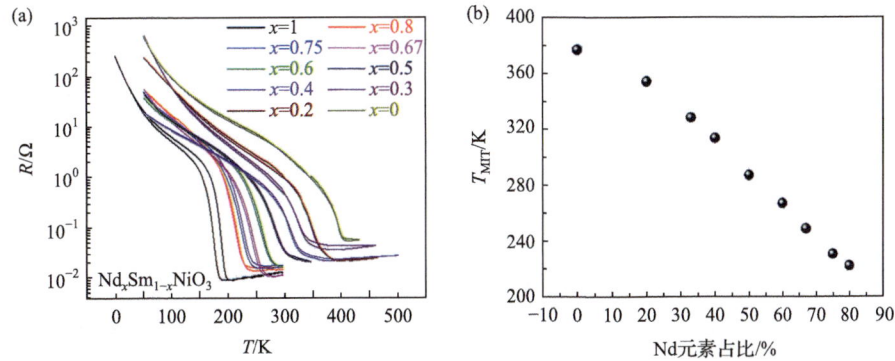

图 3-4 温度触发下 $Sm_xNd_{1-x}NiO_3$ 的金属-绝缘体电子相变特性。(a) 不同成分 $Sm_xNd_{1-x}NiO_3$ 的阻温关系曲线；(b) $Sm_xNd_{1-x}NiO_3$ 金属-绝缘体相变温度与 Nd 元素占比的关系

虽然 $LaNiO_3$ 不具有金属-绝缘体电子相变特性，但可以通过少量镧元素部分取代 $NdNiO_3$、$PrNiO_3$ 中钙钛矿结构 A 位而实现对稀土离子半径的略微增加，从而进一步拓展 T_{MIT} 至更低温度范围(如 100 K 以下)。图 3-5(a)、(b)给出了不同镧掺杂比例下 $La_xNd_{1-x}NiO_3$、$La_xPr_{1-x}NiO_3$ 典型的阻温曲线；图 3-5(c)、(d)中总结了镧元素取代比例对其所实现的 T_{MIT} 以及电阻率突变程度的调控关系。可以看出，虽然少量镧元素取代有效地降低了 T_{MIT}，但与此同时也降低了金属-绝缘体相变所触发的材料电阻变化率。由此可见，在维持金属-绝缘体相变所触发电阻突变率程度不小于一个数量级的前提下，通过镧元素掺杂所能实现的 T_{MIT} 的最低值约为 80 K。

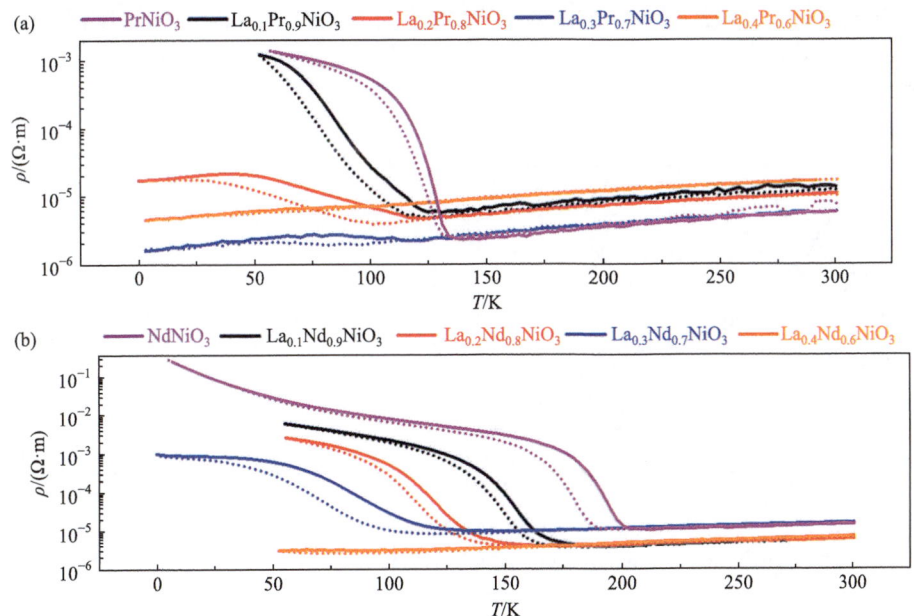

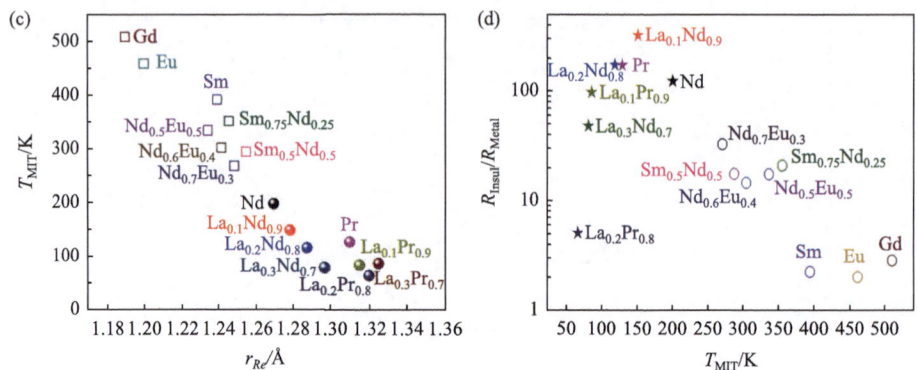

图 3-5 温度触发下 $La_xRe_{1-x}NiO_3$ 的金属-绝缘体电子相变特性(Re=Nd, Pr)[21]。(a) 不同成分 $La_xPr_{1-x}NiO_3$ 的阻温关系曲线；(b) 不同成分 $La_xNd_{1-x}NiO_3$ 的阻温关系曲线；(c) $Re_xRe'_{1-x}NiO_3$ 金属-绝缘体相变温度与稀土离子半径的关系；(d) $Re_xRe'_{1-x}NiO_3$ 电阻率突变程度与金属-绝缘体相变温度的关系

除上述金属-绝缘体相变特性外，$ReNiO_3$ 绝缘体相(半导体相)的负阻温系数热敏电阻特性同样值得关注。与传统半导体所不同，$ReNiO_3$ 绝缘体相中的载流子输运关系可以由其相邻镍氧八面体之间的跳跃模型描述，而跳跃能(带隙)同样随温度的变化而改变，从而能够在宽温域范围内实现较大的 TCR。图 3-6(a)给出了 $ReNiO_3$ 在宽温域范围内典型的阻温关系曲线，图 3-6(b)给出了其相应 TCR 随温度的变化关系。可以看出，$ReNiO_3$ 绝缘体相在 T_{MIT} 以下的整个温域范围内的 NTCR 绝对值均大于 2%/K，因此其在低温范围的宽温域热敏电阻应用中具有潜在价值。

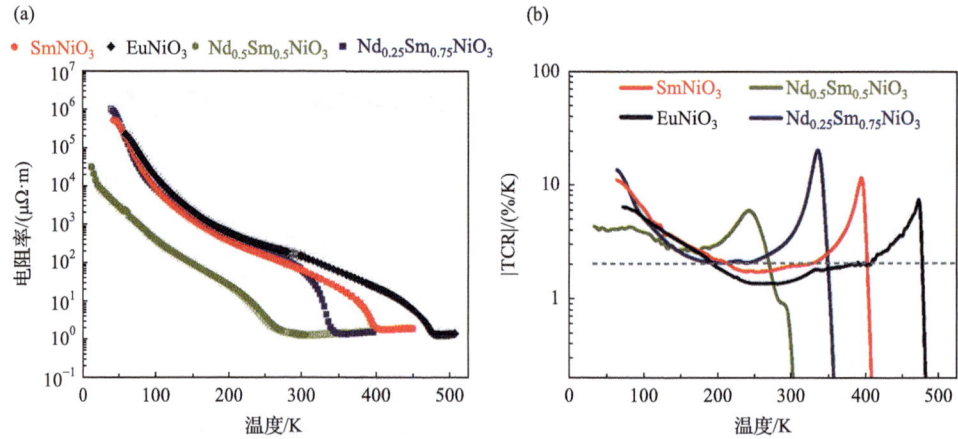

图 3-6 (a) 不同稀土元素 $ReNiO_3$ 电阻率随温度的变化关系；(b) 不同稀土元素 $ReNiO_3$ 阻温系数随温度的变化关系[20]

在具有较大 NTCR 的基础上，可进一步通过减小 ReNiO$_3$ 中稀土离子半径提高其绝缘体相中的电子局域特性，从而增加材料的泽贝克系数 S。如图 3-7(a)所示，与传统窄带隙热电材料相比，含有重稀土元素组分的 ReNiO$_3$ 绝缘体相可在室温附近同时实现较高的阻温系数和泽贝克系数。基于这一特性，可以在传统基于热敏电阻效应的热扰动的探测(有源探测)中，进一步协同探测由热扰动引起的泽贝克电压(无源探测)，这为降低热扰动探测噪声提供了新的探索自由度。图 3-7(b)进一步给出了重稀土组分 ReNiO$_3$ 绝缘体相的阻温系数和泽贝克系数随温度的变化关系，可以看出，随温度的进一步降低，材料的泽贝克系数与阻温系数均呈增加趋势，这表明上述热敏-热电复合功能特性可进一步拓展至室温以下宽温域范围。

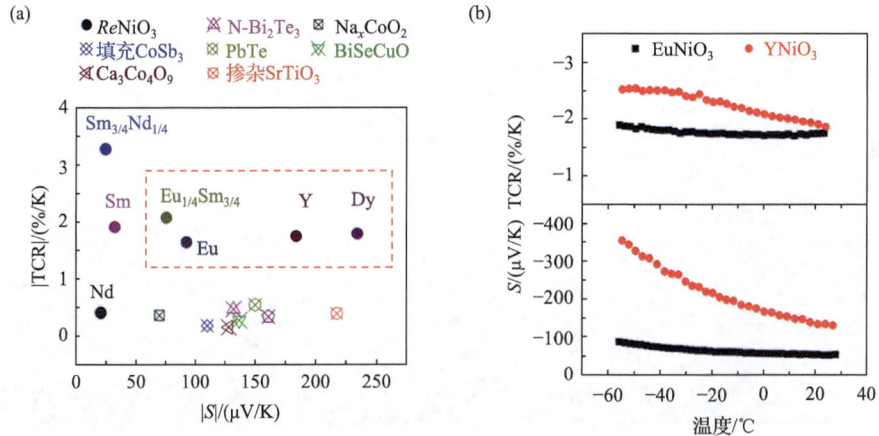

图 3-7 (a) 室温下 ReNiO$_3$/LaAlO$_3$ 和传统窄带系热电材料的阻温系数与泽贝克系数关系；(b) ReNiO$_3$ 的阻温系数和泽贝克系数随温度的变化关系(Re=Eu, Y)[22]

除调控稀土元素以外，还可通过构建薄膜与衬底间界面应力[23,24]、施加机械高压[25-28]、电场极化[29,30]、同位素置换[31]等方法实现对 ReNiO$_3$ 金属-绝缘体相变特性的小范围调节。例如，双向压缩界面应力将提高 ReNiO$_3$ 金属相对于绝缘体相的稳定性，从而降低 T_{MIT}[23-28]；而双向拉伸界面应力将增加绝缘体相的相对稳定性并抑制金属-绝缘体相变特性[23,24]。图 3-8(a)给出了处于双向拉伸、双向压缩界面应力以及应力松弛状态下的 SmNiO$_3$(SNO)薄膜材料的阻温关系图，可以看出，处于双向压缩应力状态的 SmNiO$_3$/LaAlO$_3$(LAO)薄膜具有相对最低的 T_{MIT} 以及最大的电阻率突变程度，而处于双向拉伸应力状态下的 SmNiO$_3$/SrTiO$_3$ 薄膜的金属-绝缘体相变温度被抑制。图 3-8(b)、(c)给出了上述三种典型应力状态下 SmNiO$_3$ 薄膜的透射电镜(SEM)照片以及 X 射线倒易空间成像(reciprocal space mapping, RSM)图谱；图 3-8(d)给出了处于双向拉伸应力状态的 SmNiO$_3$/SrTiO$_3$(STO)薄膜材料中的应力分布。

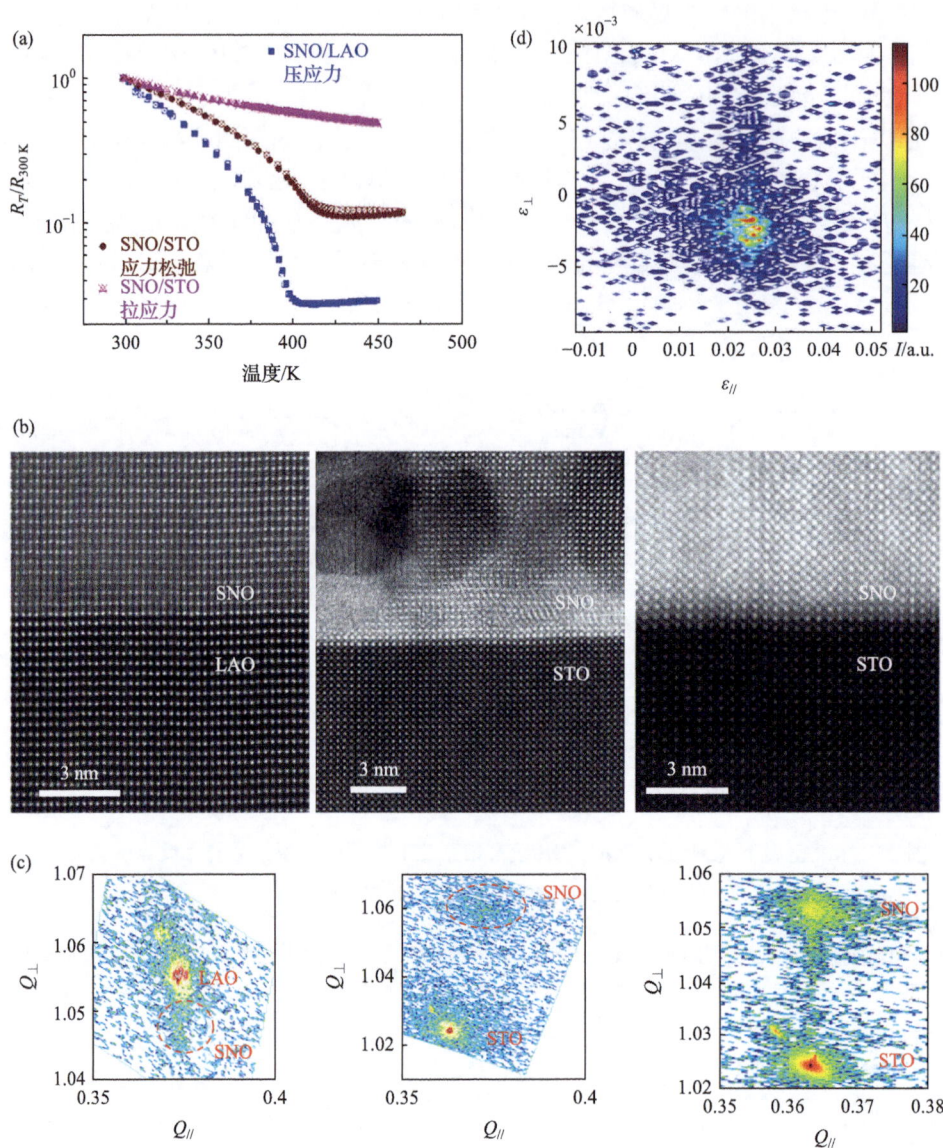

图 3-8 双向拉伸、双向压缩以及应力松弛状态下的 SmNiO$_3$ 薄膜的(a)阻温关系图,(b)高角环形暗场像照片[32],(c)X 射线倒易空间成像图谱[20];(d)双向拉伸应力状态下 SmNiO$_3$/SrTiO$_3$ 薄膜的应力分布图[32]

与构建薄膜与衬底间界面应力相类似,对 ReNiO$_3$ 施加 0.1~10 GPa 的机械高压或通过电极化向该材料中注入电子,同样将增加其金属相的相对稳定性并降低

T_{MIT}。基于上述原理并以 SmNiO$_3$ 作为强关联 MOSFET 的通道层,通过金属电极或离子液体所施加的电场向上述通道层中注入电子,可实现其 T_{MIT} 在室温上下的电控调节,从而实现对源极、漏极之间导通电流强度的突变式调控[29, 30]。此外,材料中的同位素含量将同样影响 ReNiO$_3$ 的电子相变特性,例如 ^{18}O 置换将导致 T_{MIT} 的略微提高[31]。

此外,在钙钛矿单晶氧化物衬底上生长的 ReNiO$_3$ 薄膜材料,其金属-绝缘体相变特性以及其绝缘体相的宽温域负阻温系数热敏电阻特性均表现出一定的各向异性。一方面,载流子(电子)在 ReNiO$_3$ 绝缘体相中的输运主要是在 NiO$_6$ 八面体间跳跃;值得注意的是,当薄膜厚度限制在几十纳米以下尺度时,其 NiO$_6$ 八面体在薄膜面内方向的排布具有不同的二维对称性,这将影响载流子的面内输运关系。如图 3-9 所示,在(001)、(110)、(111)等不同晶体取向的 LaAlO$_3$、SrTiO$_3$ 等单晶衬底上生长的 ReNiO$_3$ 薄膜中,镍氧八面体的面内分布均不相同;相比于(001)、(111)衬底取向,(110)取向衬底上生长的 ReNiO$_3$ 薄膜中的镍氧八面体具有最低的面内结构对称性。另一方面,ReNiO$_3$ 在不同晶体取向上的原子数密度不同,因此其在双向界面应力作用下法向因泊松比而发生的晶体应变亦有所不同。因此,在不同晶体取向且具有一定晶格失配度的钙钛矿氧化物单晶衬底上所外延生长的 ReNiO$_3$,其电子结构将存在差异从而引起电输运特性的各向异性。

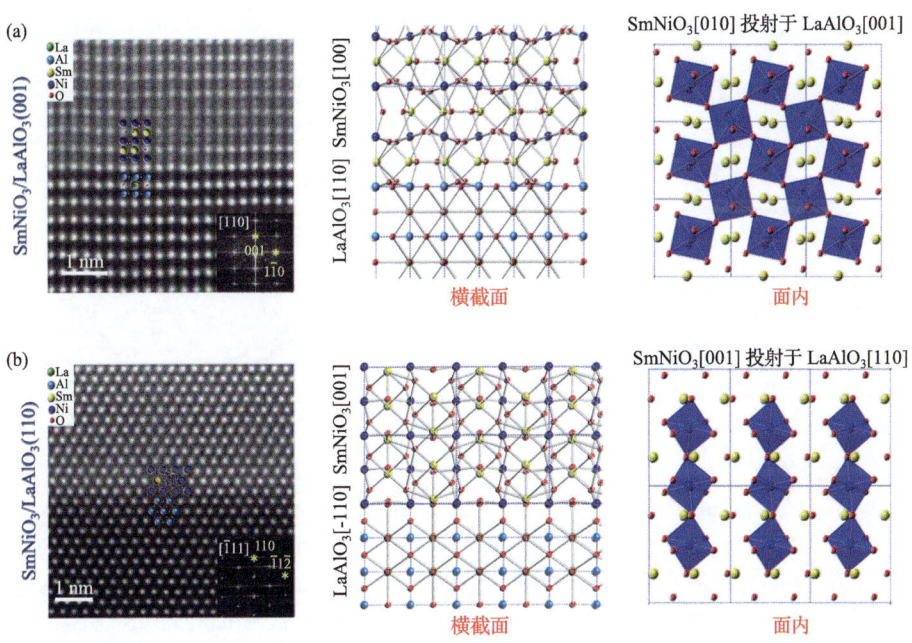

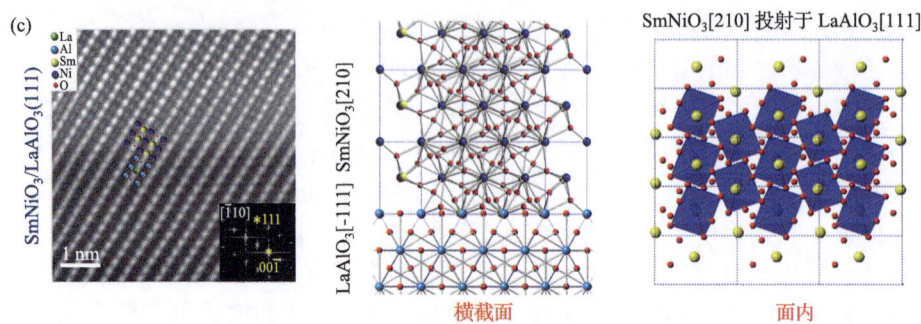

图3-9 在(a)(001)、(b)(110)、(c)(111)等不同晶体取向LaAlO₃单晶衬底上生长SmNiO₃薄膜的高角环形暗场像以及镍氧八面体的横截面模型和面内对称性模型[33]

如图3-10(a)、(b)所示的X射线倒易空间成像谱，在(001)、(110)、(111)等不同晶体取向的LaAlO₃单晶衬底上生长的SmNiO₃、NdNiO₃(NNO)薄膜均处于面内双向压缩界面应力状态，这导致了所生长薄膜材料在电阻率、阻温关系曲线上的各向异性。如图3-10(c)、(d)所示，相比于其他晶体取向，SmNiO₃/LaAlO₃(110)、NdNiO₃/LaAlO₃(110)在相同温度下具有最大的薄膜材料电阻率，且其 T_{MIT} 同样最高。值得注意的是，即使在界面应力松弛状态下生长的 ReNiO₃ 薄膜，其阻温特性同样具有各向异性。例如，生长于不同晶体取向SrTiO₃衬底上的SmNiO₃处于界面应力松弛状态，但其电阻率-温度变化关系仍表现出各向异性。

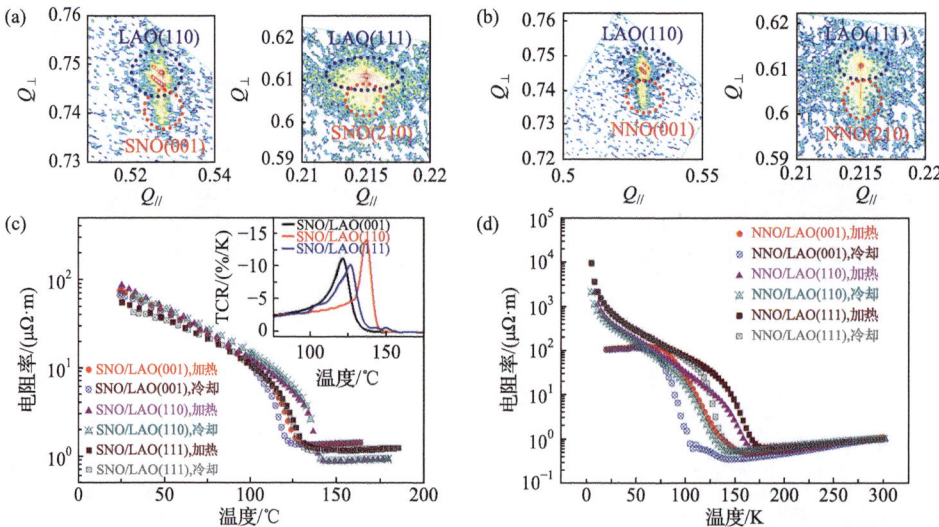

图3-10 在(001)、(110)、(111)等不同晶体取向LaAlO₃单晶衬底上生长的 ReNiO₃ 薄膜的电子结构和阻温特性(Re=Sm, Nd)[33]。(a)(110)、(111)取向LaAlO₃单晶衬底上生长的SmNiO₃薄膜的X射线倒易空间成像谱；(b)(110)、(111)取向LaAlO₃单晶衬底上生长的NdNiO₃薄膜的X射线倒易空间成像谱；(c)不同晶体取向LaAlO₃单晶衬底上生长的SmNiO₃薄膜的阻温特性曲线；(d)不同晶体取向LaAlO₃单晶衬底上生长的NdNiO₃薄膜的阻温特性曲线

与二氧化钒类似，稀土镍基氧化物的金属-绝缘体相变存在着电子结构与晶体结构的双重变化。例如，通过变温 X 射线衍射结合结构精修所得到的绝缘体(或半导体)相 $ReNiO_3$ 因镍元素的价键歧化而具有两个不同的 Ni—O 键长(Ni—O—Ni 键角)；而当 $ReNiO_3$ 转变为金属相后，其 Ni—O 键长(Ni—O—Ni 键角)因价键反歧化而变得相同。然而不同于二氧化钒的是，稀土镍基氧化物电子相变机理被公认为莫特相变，其并未引起类似于二氧化钒中可能存在的派尔斯、莫特混合相变机制的相关争论。

$ReNiO_3$ 在特征温度触发下由价键歧化/反歧化作用引起的电子结构变化，可以由同步 X 射线吸收谱表征。图 3-11(a)、(b)给出了 $NdNiO_3/LaAlO_3$(001)薄膜在处于金属相和绝缘体相时的 $Ni\text{-}L_3$ 边、O-K 边的同步 X 射线吸收谱；可以看出，相比于低温绝缘体相，$NdNiO_3$ 高温金属相 $Ni\text{-}L_3$ 边的右侧肩膀峰、O-K 边的前峰的相对强度略高，这表明材料中 Ni^{3+} 轨道构型的比例相比 Ni^{2+} 有所提高。但值得注意的是，上述由特征温度触发的 $ReNiO_3$ 电子结构变化远小于稀土元素种

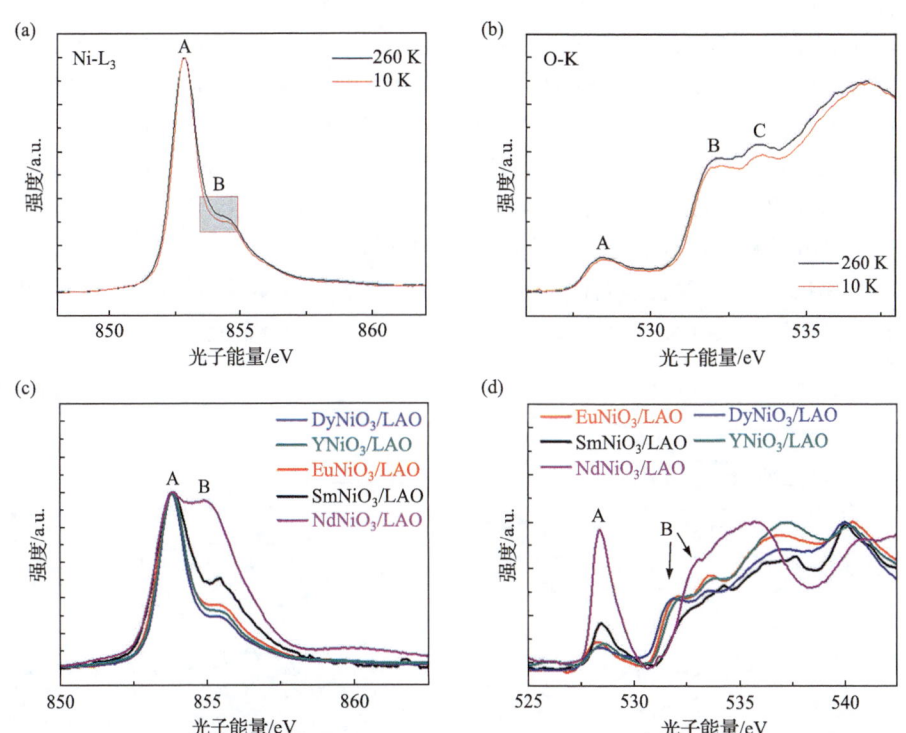

图 3-11 特征温度触发下稀土镍基氧化物的同步 X 射线吸收谱。(a) $NdNiO_3/LaAlO_3$ 薄膜处于金属相和绝缘体相时的 $Ni\text{-}L_3$ 边[34]；(b) $NdNiO_3/LaAlO_3$ 薄膜处于金属相和绝缘体相时的 O-K 边[34]；(c) 室温下不同稀土元素 $ReNiO_3/LaAlO_3$ 薄膜的 $Ni\text{-}L_3$ 边[22]；(d) 室温下不同稀土元素 $ReNiO_3/LaAlO_3$ 薄膜的 O-K 边[22]

类对其电子结构的影响。例如，图 3-11(c)、(d)给出了含有不同稀土元素的 ReNiO$_3$/LaAlO$_3$(001)薄膜在室温下的 Ni-L$_3$ 边、O-K 边的同步 X 射线吸收谱，可以看出，随着稀土离子半径的逐渐增加，材料 Ni-L$_3$ 边的右侧肩膀峰、O-K 边的前峰的相对强度逐渐提高，其表明，稀土离子半径的增加使得 ReNiO$_3$ 中 Ni^{3+} 轨道构型的相对比例提高。

3.3　ReNiO$_3$：氢致电子相变与镍基超导

除因 Ni^{3+} 价键歧化所触发的金属绝缘体相变外，通过化学或电化学氢化(去氢化)过程直接调控 ReNiO$_3$ 镍元素价态在 Ni^{3+} 的电子巡游态和 Ni^{2+} 的电子局域态间的可逆转变(Ni^{3+}t$_{2g}^6$e$_g^1$ ↔ Ni^{2+}t$_{2g}^6$e$_g^2$)，同样可实现其电子结构的氢触发相变。所述氢化(去氢化)过程可通过化学、电化学两种手段触发，例如，化学氢化(去氢化)主要是将表面生长铂、钯等非连续催化剂阵列的 ReNiO$_3$ 薄膜置于氢气(氧气)气氛中；而电化学氢化(去氢化)过程主要通过将 ReNiO$_3$ 置于含有氢离子或羟基官能团的电解液中，并施加从电解液指向薄膜材料(薄膜指向电解液)的电场。在氢致电子相变过程中，氢化所引起的电子掺杂作用将直接改变镍元素的价态与轨道构型，通过对原有 e$_g$ 空轨道的电子填充来增强对巡游态电子的库仑排斥作用，从而触发强电子局域相的形成[35]。因此，ReNiO$_3$ 的电子电阻率在氢致电子相变中陡峭提高，而其氢致电子相变产物可维持一定的质子传导特性[32, 36, 37]。

图 3-12 对比了含有不同稀土元素的 Pt/ReNiO$_3$ 以及生长有相同非连续铂电极的 n 型(SrTi$_{0.6}$Nb$_{0.4}$O$_3$)、p 型(Ca$_3$Co$_4$O$_9$)导电氧化物，在室温下置于 H$_2$/Ar(5%/95%)

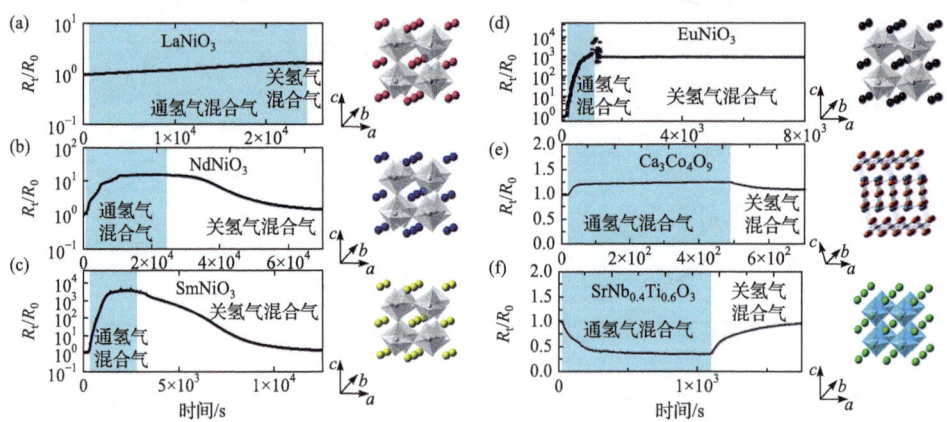

图 3-12　在表面负载非连续铂催化剂、H$_2$/Ar(5%/95%)混合气氛下(阴影范围内)，ReNiO$_3$ 薄膜电阻率随暴露在氢气中时间的变化关系[37]。(a) LaNiO$_3$；(b) NdNiO$_3$；(c) SmNiO$_3$；(d) EuNiO$_3$；(e) Ca$_3$Co$_4$O$_9$；(f) SrNb$_{0.4}$Ti$_{0.6}$O$_3$

混合气体后电阻率随时间的变化关系。可以看出,相比于轻稀土组分的 LaNiO$_3$、NdNiO$_3$(图 3-12(a)、(b)),具有较小稀土离子半径的 SmNiO$_3$、EuNiO$_3$ 等中稀土组分 ReNiO$_3$(图 3-12(c)、(d))在氢气气氛中的电阻率增加程度更为剧烈(可达到几个数量级)。值得注意的是,上述 ReNiO$_3$ 的主要载流子类型均为电子,因此上述现象区别于传统氧化物半导体的载流子(电子)掺杂效应。例如,p 型半导体 Ca$_3$Co$_4$O$_9$ 在相同氢气气氛中的电阻率因电子与空穴的复合而略微增加(图 3-12(e));而 n 型半导体 SrNb$_{0.4}$Ti$_{0.6}$O$_3$ 因氢化引起的载流子(电子)掺杂,其电阻率降低(图 3-12(f))。

除上述电阻率变化以外,氢致电子相变同样会引起 ReNiO$_3$ 光学特性的变化。如图 3-13(a)所示,对于氢致电子相变后发生较大电阻率变化的 SmNiO$_3$ 薄膜,其氢化后颜色变为透明状;而 LaNiO$_3$ 等轻稀土组分薄膜在氢致电子相变后的颜色无明显变化。图 3-13(b)、(c)列出了上述不同稀土组分 ReNiO$_3$ 在室温相同氢化条件下达到饱和状态时的电阻变化率以及动力学系数;其结果表明,减小稀土元素离子半径,引起了 ReNiO$_3$ 氢致电子相变速率以及所引发的电阻变化程度的双重增加。图 3-14(a)进一步给出了不同氢化温度下 Pt/SmNiO$_3$ 的电阻随时间的变化关系,可以看出,温度的升高加速了氢致电子相变所引起的材料电阻率变化。此外,高温氢化后的 SmNiO$_3$ 在空气中具有更高的电阻率稳定性,如图 3-14(b)所示,相比于室温氢化,在 150℃相同气氛下氢化所得的 SmNiO$_3$ 在空气中的电阻率衰减速率更慢。

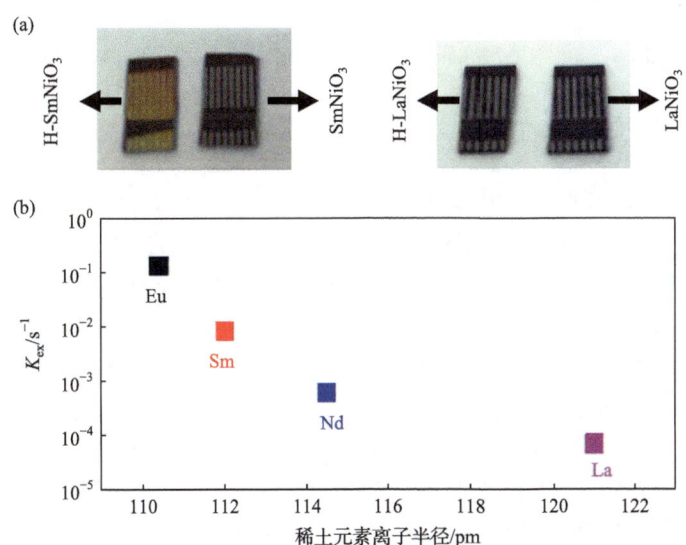

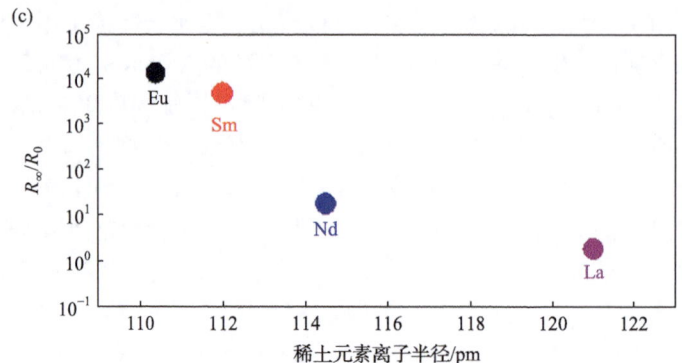

图 3-13 稀土元素离子半径对稀土镍基氧化物氢致电子相变的影响。(a)氢致电子相变前后 SmNiO$_3$、LaNiO$_3$ 薄膜的颜色变化[11];(b)稀土元素对 ReNiO$_3$ 在 H$_2$/Ar(5%/95%)混合气氛中发生氢致电子相变的电阻变化速率(K_{ex})[37];(c)电阻率变化程度(R_∞/R_0)的调控关系[37]

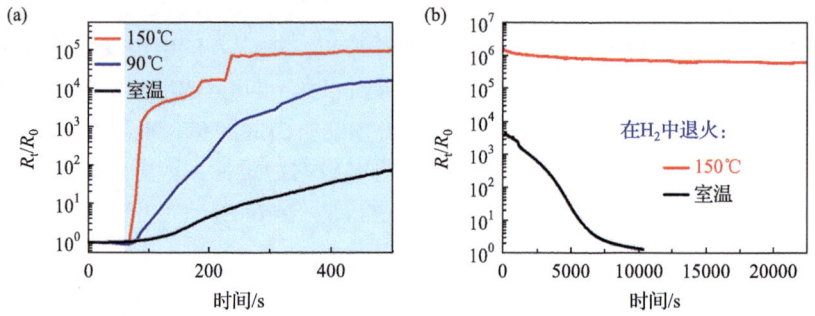

图 3-14 不同氢化温度下 Pt/SmNiO$_3$ 的电阻变化[37]。(a) 500 s 内室温、90℃、150℃下 Pt/SmNiO$_3$ 电阻的变化;(b) 室温和 150℃下氢化后的 Pt/SmNiO$_3$ 置于空气中时其电阻随时间的变化关系

上述稀土镍基氧化物氢致电子相变特性的发现,为基于质子电场调控触发电子结构相变原理设计制备新型强关联电子器件开启了新的探索方向。2014 年,美国哈佛大学 Ramanathan 团队利用电场调控质子或锂离子在 SmNiO$_3$ 通道层中的嵌入与脱出触发其电阻率突变,从而制备了非易失性强关联 MOSFET[12]。2015 年,该团队进一步利用 SmNiO$_3$ 氢致相变后的电子绝缘质子导通特性,实现了在固态燃料电池质子导体固态电解质中的应用[35]。2018 年,该团队基于 SmNiO$_3$ 在盐水电解液环境中由电场触发的氢致电子相变特性,模仿鲨鱼、电鳐等海洋生物壶腹器官对海洋中电场信号的感知原理,制备了强关联海洋电场传感器[8]。此外,利用 SmNiO$_3$ 由 Ni$^{3\pm\delta}$t$_{2g}^6$e$_g^{1\pm\delta}$ 转变为 Ni^{2+}t$_{2g}^6$e$_g^2$ 的氢致电子相变中复杂的中间态轨道能级占据方式与状态,该团队模拟脑结构神经元工作原理,制备了面向人工智能应用的强关联逻辑器件[9, 38]。

目前,稀土镍基氧化物氢致电子相变的研究方兴未艾;然而由于氢元素的定量探测较难,有关氢致电子相变的机理仍在进一步探索中。不可否认的是,无论是化学还是电化学氢化过程,都将无可避免地在稀土镍基氧化物中产生氧空位,因此触发电阻率突变的本质原因究竟是氢元素掺杂还是氧空位形成,尚无法分辨。目前实现氢元素(^{1}H)定量探测的最为可靠的技术方法是核反应探测(NRA)[39],其主要通过^{15}N^{2+}在约 6.385 MeV 动能附近与材料中的 ^{1}H 发生核反应并释放特征 γ 射线(图 3-15)。基于上述原理,逐渐增大 ^{15}N^{2+}粒子的初始动能,使其在一定穿透深度后的动能恰好等于 6.385 MeV,即可以通过对特征 γ 射线强度的探测表征相应深度的 ^{1}H 元素浓度。

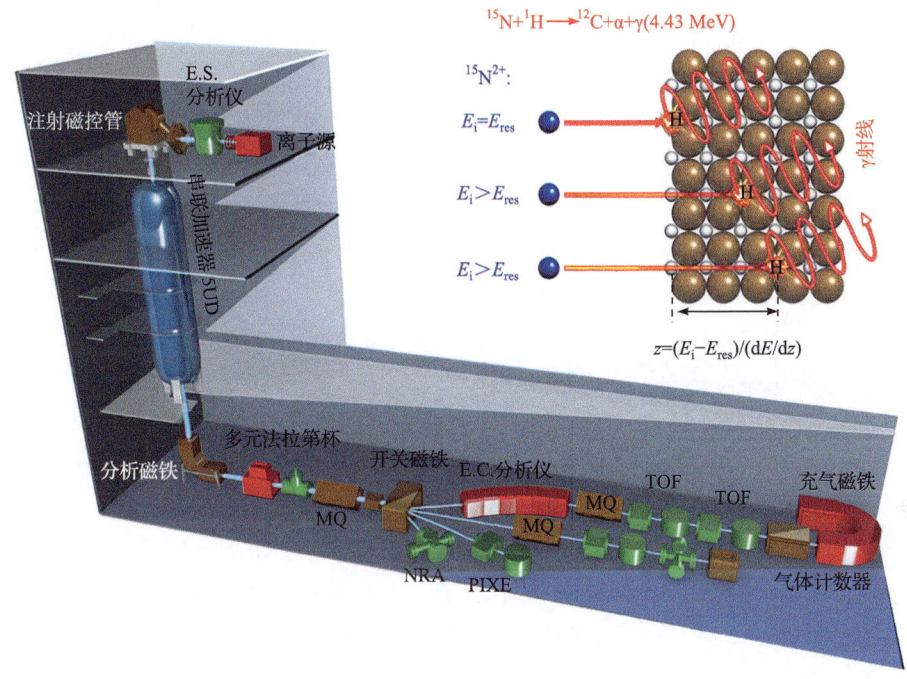

图 3-15　NRA 装置及原理示意图[32]

通过 NRA 对不同稀土组分、应力状态、氢化条件下的 ReNiO$_3$ 中氢元素含量的定量探测,可以为探索 ReNiO$_3$ 氢致电子相变机理提供实验佐证。例如,图 3-16(a)、(b)给出了利用脉冲激光沉积法在铝酸镧(LaAlO$_3$)、钛酸锶(SrTiO$_3$)单晶衬底上生长的 SmNiO$_3$ 薄膜,在铂点阵列催化剂辅助下,在 H$_2$/He(1%/99%)混合气体氢化不同时间后的 NRA 图谱[32]。NRA 图谱中左侧尖峰为表面共振峰,并非氢元素的真实信号;而其后的尾部曲线反映了材料中氢元素的深度分布。相比于 SmNiO$_3$/LaAlO$_3$,在相同氢化条件下的 SmNiO$_3$/SrTiO$_3$ 材料中的氢元素含量明显较低。通过进一步采用 X 射线倒易空间成像表征，其中 SmNiO$_3$/SrTiO$_3$ 中的薄膜与衬底衍射斑处于相同的面内倒易空间向量位置，因此 SmNiO$_3$ 处于面内双向拉伸应力状态；而 SmNiO$_3$/LaAlO$_3$ 中的薄膜与衬底衍射斑倒易空间向量的面内分量不同，因此处于应力松弛状态。

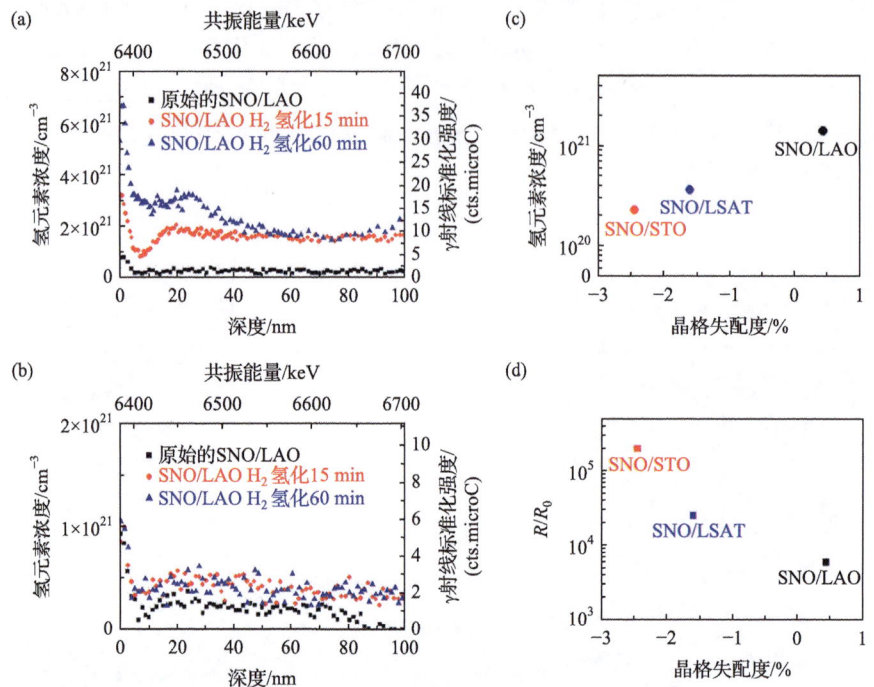

图 3-16 稀土镍基氧化物氢致电子相变中的氢元素浓度与电阻变化[32]。在 H$_2$/He(1%/99%)混合气体中不同氢化时间下，(a) SmNiO$_3$/LaAlO$_3$ 中氢元素深度分布的 NRA 图；(b) SmNiO$_3$/SrTiO$_3$ 中氢元素深度分布的 NRA 图；(c) 相同氢化条件下，不同衬底材料 SmNiO$_3$ 晶格失配度与氢元素浓度的关系；(d) 相同氢化条件下，不同衬底材料 SmNiO$_3$ 晶格失配度与电阻的关系

图 3-16(c)进一步给出了处于不同薄膜与衬底间晶格失配度下，生长于不同衬底材料的 SmNiO$_3$ 在相同氢化条件下材料中的氢元素含量；而图 3-16(d)给出了其在氢化前后的电阻变化程度。可以看出，虽然处于双向拉伸应力状态下的 SmNiO$_3$/SrTiO$_3$ 在氢致电子相变中所摄入的氢元素含量相比于处于应力松弛状态的 SmNiO$_3$/LaAlO$_3$ 更低，但其所引起的电阻率变化程度更高。上述实验结果表明，氢致电子相变引起 ReNiO$_3$ 电阻率剧增的本质原因并非氢元素的物理掺杂。不容否认，氢与氧化物材料的作用机制通常复杂，除简单地引入电子掺杂或直接改变过渡族元素价态外，其还可能引入氧空位或其他晶体缺陷；因此稀土镍基氧化物在氢致触发下电子相变的机理尚有待进一步探索。

尤其值得注意的是，氢元素在氢化 ReNiO$_3$ 中的物理聚集并不能够提高电子局域性；恰恰相反，氢元素聚集将通过触发 Ni$^+$ 的形成而破坏材料中的电子局域性，从而引起电阻率的降低。如图 3-17(a)所示，界面应力松弛的 SmNiO$_3$/LaAlO$_3$ 因界面共格性被破坏而具有较高的缺陷密度甚至产生晶界；而氢元素将在上述具有较高缺陷密度的界面处发生富集，并使得氢元素在晶界处的富集密度随氢化时间的增长而提高，其 NRA 图谱如图 3-17(b)所示[36]。可以看出，所有氢化时间下 SmNiO$_3$ 薄膜材料中的氢元素含量达到饱和，而 SmNiO$_3$/LaAlO$_3$ 界面处因缺陷富集的氢元素含量随氢化时间的延长而增加。图 3-17(c)总结了 SmNiO$_3$/LaAlO$_3$ 薄膜材料中以及界面处氢元素含量随氢化时间的变化关系，而图 3-17(d)给出了材料面内电导与界面处氢含量的线性关系。可以看出，氢元素的界面富集并未引起 SmNiO$_3$ 材料电阻率的增加，反而提高了材料的导电性。

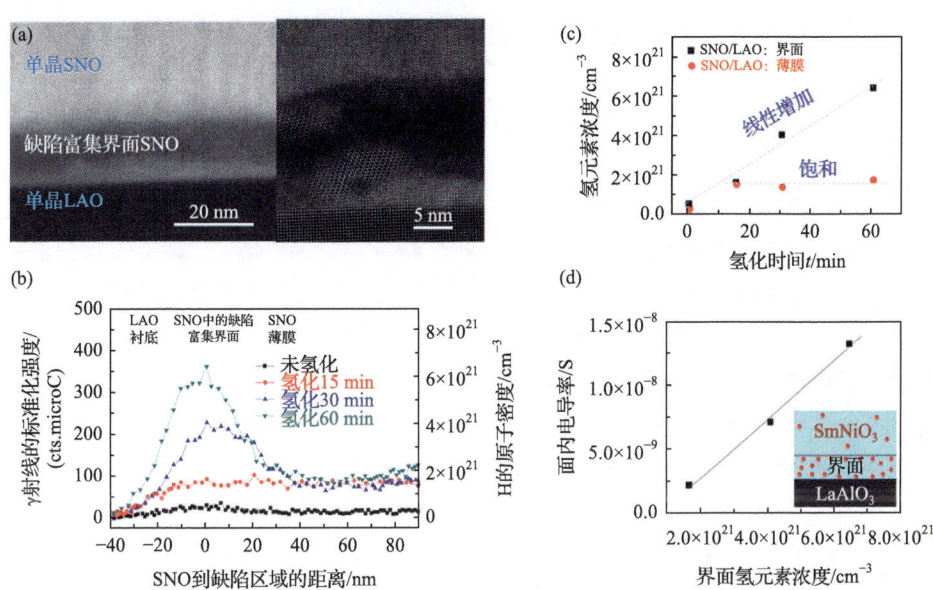

图 3-17 氢元素浓度与 SmNiO$_3$/LaAlO$_3$ 电导率的关系[36]。(a) 应力松弛状态下 SmNiO$_3$/LaAlO$_3$ 界面形貌的 TEM 图像；(b) 在 H$_2$/He(1%/99%)混合气体中不同氢化时间下 SmNiO$_3$/LaAlO$_3$ 界面处氢元素分布的 NRA 图；(c) SmNiO$_3$/LaAlO$_3$ 薄膜材料界面处测量的氢元素浓度与氢化时间的关系；(d) SmNiO$_3$/LaAlO$_3$ 面内电导与界面氢元素浓度的关系

上述实验现象表明，SmNiO$_3$ 材料因氢元素富集而转化为一种基于 Ni$^+$ 的新电子相 Ni^{1+}t$_{2g}^6$e$_g^3$，如图 3-18 所示[36]。在稀土镍基氧化物中因重度氢化作用而触发的基于 Ni$^+$ 的新电子相，同样在 2019 年由美国斯坦福大学 Hwang 团队[13-15]在 H$_2$Ca 氢化后的 Sr$_{0.2}$Nd$_{1-x}$NiO$_3$/SrTiO$_3$ 中发现；而尤其值得注意的是，所获得的氢化产物

$Sr_{0.2}Nd_{1-x}NiO_3/SrTiO_3$、$Sr_{0.2}Pr_{1-x}NiO_3/SrTiO_3$ 表现出反常超导特性，从而在铜基、铁基等超导氧化物之外又为高温超导材料添加了镍基超导这一新的成员。

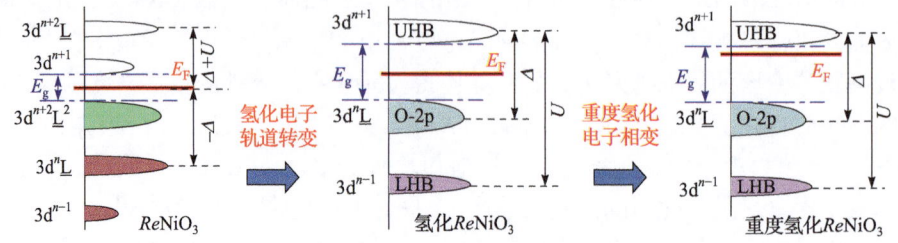

图 3-18 $ReNiO_3$ 基于 $Ni^{3+} \rightarrow Ni^{2+}$(氢致电子相变)以及 $Ni^{2+} \rightarrow Ni^{+}$(重度氢致电子相变)的电子结构变化示意图[36]

3.4 $BiNiO_3$ 与镍基层状钙钛矿氧化物

在上述 113 型稀土镍基钙钛矿氧化物中，扭曲钙钛矿结构中的 A 位还可以由 Bi、Tl 等其他+3 价元素所占据[40, 41]。其中，$BiNiO_3$ 是一类具有经典三斜结构的强关联氧化物，其通常由制氧剂存在下相关金属氧化物在 6 GPa 高压下的固相反应所合成。通常认为 $BiNiO_3$ 的理论电子相变触发温度为 740 K，高于该材料通常条件下的分解温度，因此 $BiNiO_3$ 在特征温度下的金属绝缘体相变特性难以被直接测量。在室温附近，通过金刚石对顶压砧所施加的 GPa 量级压力同样可以触发 $BiNiO_3$ 的金属绝缘体相变，实现其晶体结构从常压下的三斜相(空间群 $P\bar{1}$)向高压下的正交相(空间群 $Pbnm$)转变(图 3-19(a))，同时伴随着电荷从 Ni 到 Bi 的转移，$BiNiO_3$ 的电荷分布从常压下的 $Bi^{3+}_{0.5}Bi^{5+}_{0.5}Ni^{2+}O_3$ 转变为高压下的 $Bi^{3+}Ni^{3+}O_3$。图 3-19(b)给出了 $BiNiO_3$ 在高压下晶格参数的变化规律，随着压力的增大，晶格参数逐渐减小，这是由于 Ni^{2+} 被氧化成较小的 Ni^{3+}，其对晶格的影响程度超过了将 Bi^{5+} 还原成 Bi^{3+} 和 Ni—O—Ni 角增加的晶格膨胀效应。从图 3-19(c)中可以看

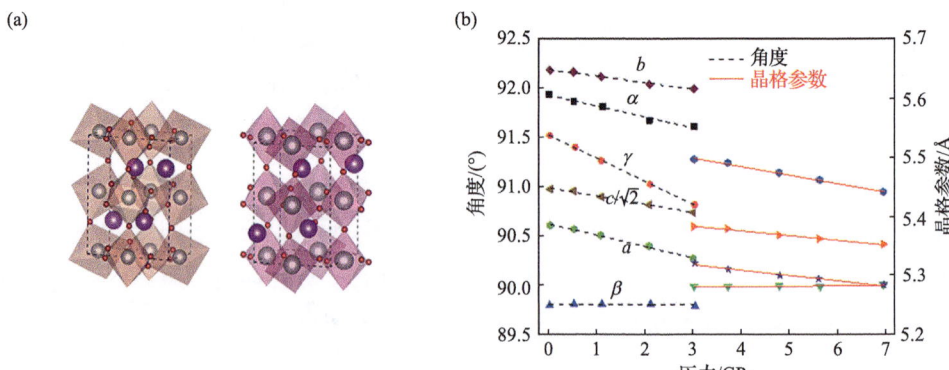

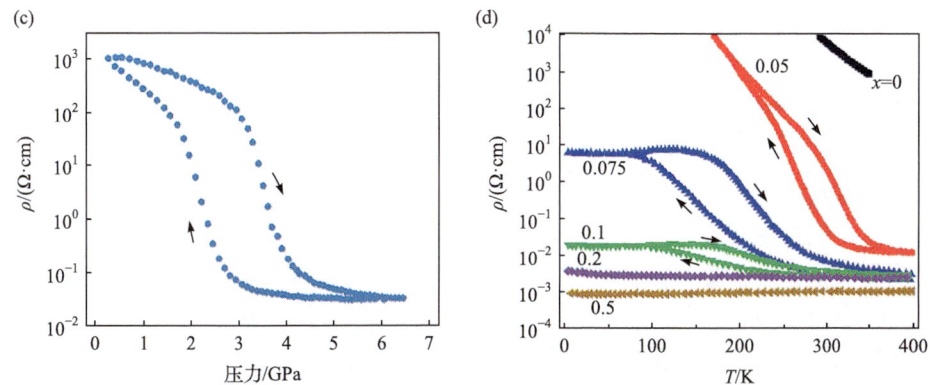

图 3-19 BiNiO$_3$ 的结构和性质。(a) BiNiO$_3$ 的晶体结构；(b) 不同压力下 BiNiO$_3$ 的键角和晶格参数；(c) 不同压力下 BiNiO$_3$ 的电阻变化；(d) 不同取代程度下 Bi$_{1-x}$La$_x$NiO$_3$ 的阻温关系曲线

出，在室温下 BiNiO$_3$ 电子相变的临界触发压力约为 3 GPa。此外，通过少量稀土元素取代 Bi 可以降低电子相变的特征触发温度；例如，图 3-19(d) 给出了 La 取代下 Bi$_{1-x}$La$_x$NiO$_3$ 的阻温关系曲线，可以看出，当 $x<0.1$ 时电子相变特征触发温度随 La 掺杂量的增加而逐渐降低，与此同时电阻率突变程度减小；而 $x>0.2$ 时材料完全转变为具有正交结构的金属相。

除上述 113 型简单钙钛矿以外，镍基氧化物还存在 Ruddlesden-Popper(RP)层状钙钛矿结构(以 S. N. Ruddlesden 和 P. Popper 的名字命名[42])，其主要由岩盐型层和钙钛矿类层组成[43]。RP 相的通式为 AX(ABX$_3$)$_n$，其中 A 和 B 为阳离子，X 为阴离子，n 表示类钙钛矿结构中八面体的层数。稀土镍基 RP 相的通式为 Re_{n+1}Ni$_n$O$_{3n+1}$($n=1,2,3,\cdots,\infty$)。如图 3-20 所示，Ni-O 层由共用角氧离子的 NiO$_6$ 八面体组成。$n=1$ 时有一个单一的 Ni-O 平面，相邻层之间沿垂直于平面的轴偏移，并由 Re-O 层隔开。同样，$n=2$($n=3$) 具有交替的双(三)耦合 Ni-O 平面，由 Re-O 层隔开。$n=\infty$ 时是一种扭曲的钙钛矿结构，具有连续堆叠的 Ni-O 平面，相邻层之间通过共用氧离子耦合。稀土镍基 RP 相通常由湿化学法制备：将相应的金属硝酸盐混合物溶解在硝酸中，待溶液缓慢蒸发后将剩余的硝酸盐粉末混合物在高温空气中烧结得到。

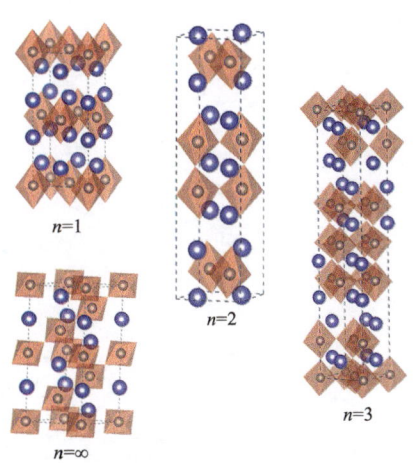

图 3-20 稀土镍基 RP 相晶体结构

Re_2NiO_4是一种单层RP型镍基氧化物($n=1$),报道的空间群包括$Bbcm$、$Bmab$、$Fmmm$、$I/4mmm$等,图3-21(a)展示了La_2NiO_4的$Bbcm$构型。Re_2NiO_4在室温以上存在金属-绝缘体相变,随着温度的升高,电阻率先减小后增大。随着A位稀土离子半径的减小,Re_2NiO_4的相变温度逐渐升高,如图3.21(b)所示。Re_2NiO_4的电阻率受载流子浓度以及载流子迁移率的共同影响。Bassat等[44]认为,由于RP相岩盐型层间隙氧的存在,部分Ni^{2+}被氧化为Ni^{3+},导致钙钛矿类层中存在很多电子、空穴,当温度低于相变温度时,随着温度的升高,电子、空穴的迁移率增加,Re_2NiO_4电阻率随之减小;当温度升至相变温度以上时,间隙氧从Re_2NiO_4晶格中迅速逸出,部分Ni^{3+}被还原为Ni^{2+},电子、空穴的浓度也迅速下降,Re_2NiO_4电阻率随着温度的升高而升高。此外,可以通过对A位进行碱土元素的共占位来调控材料的输运特性,其通式为$Re_{1-x}AE_xNiO_4(0 \leqslant x \leqslant 1)$,其中碱土元素可以为Ca、Sr、Ba等。图3-21(b)展示了不同稀土元素及掺杂条件下,$ReSrNiO_4$电阻率的变化,目前的数据无法呈现出电阻率随温度的规律变化。

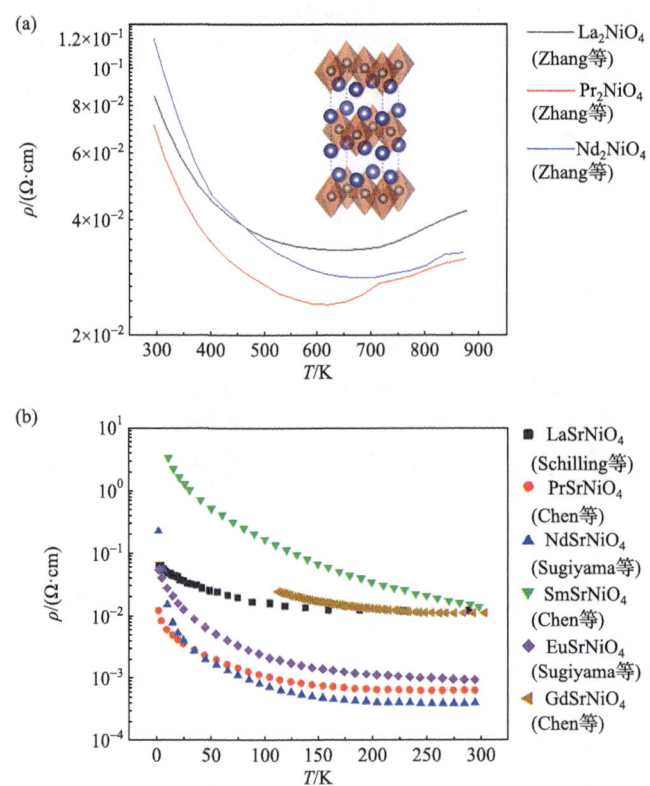

图3-21 $Re_{1-x}AE_xNiO_4$的结构和性质[45-47]。(a) Re_2NiO_4的阻温特性曲线,插图为La_2NiO_4的晶体结构;(b) 不同稀土元素$Re_{1-x}Sr_xNiO_4$的阻温特性曲线

$Re_3Ni_2O_7$ 是一种双层 RP 型镍基氧化物($n=2$)，报道的空间群包括 *Amam*、*Cmmm* 等，图 3-22(a)展示了 $La_3Ni_2O_7$ 的 *Amam* 构型。$Re_3Ni_2O_7$ 在室温附近存在金属-绝缘体相变，随着温度的升高，$Re_3Ni_2O_7$ 由半导体性转变为金属性。与 Re_2NiO_4 类似，可以对稀土位进行碱土元素或其他过渡族元素的共占位从而调控 $Re_3Ni_2O_7$ 的电学性质。如图 3-22(b)所示，随着 Bi 掺杂量的提高，$La_{3-x}Bi_xNi_2O_7$ 的金属-绝缘体相变温度逐渐降低。

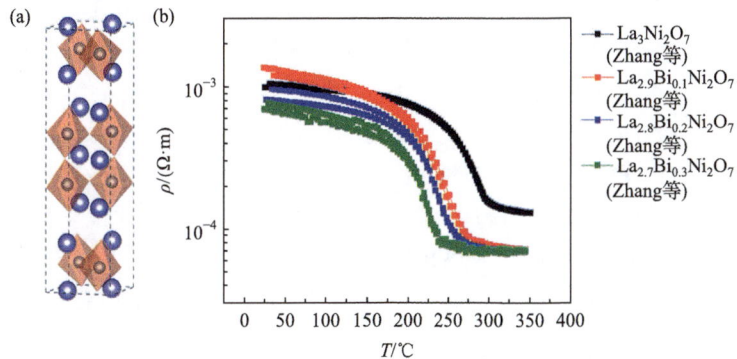

图 3-22 (a) $La_3Ni_2O_7$ 的晶体结构；(b) 不同取代程度下 $La_{3-x}Bi_xNi_2O_7$ 的阻温特性曲线[43]

$Re_4Ni_3O_{10}$ 是一种三层 RP 型镍基氧化物($n=3$)，其空间群主要为 $P2_1/a$，图 3-23(a)展示了 $La_4Ni_3O_{10}$ 的 $P2_1/a$ 构型。$La_4Ni_3O_{10}$ 在温度测量范围(0～300 K)内呈现低温金属相向高温金属相的转变。改变 A 位稀土元素的种类和比例，可以调控 $Re_4Ni_3O_{10}$ 的电输运特性。如图 3-23(b)所示，随着稀土离子半径的减小，相变温度逐渐升高，相变的突变程度也随之增大。Huangfu 等[48]认为，$Re_4Ni_3O_{10}$ 的相变温度受 Goldschmidt 容忍因子 t 的影响，随着 t 的增加，$Re_4Ni_3O_{10}$ 中 NiO_6 八面体的畸变逐渐减小，$Re_4Ni_3O_{10}$ 的导电性变强。

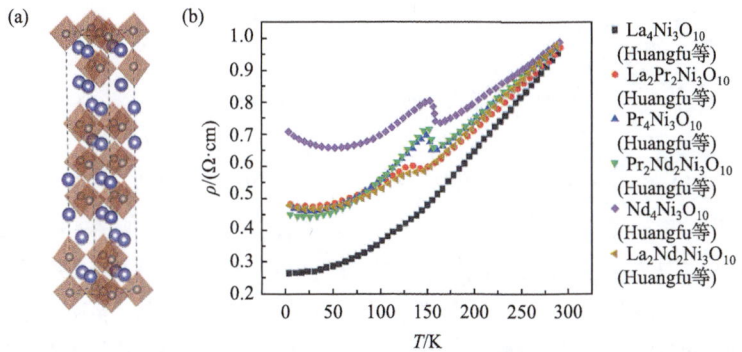

图 3-23 $Re_2Re'_2Ni_3O_{10}(Re, Re'=La, Pr, Nd)$的结构和性质[48]。(a) $La_4Ni_3O_{10}$ 的晶体结构；(b) $Re_2Re'_2Ni_3O_{10}(Re, Re'=La, Pr, Nd)$的阻温特性曲线

基于$Re_4Ni_3O_{10}$(Re=La,Pr,Nd)层状钙钛矿氧化物框架,并通过CaH_2、H_2、Ar/H_2等还原可获得基于低价态 Ni 的三层 T′-镍酸盐 $Re_4Ni_3O_8$。T′型盐由交替的 $Ln/O_2/Ln$ 氟石型层和 $Ln_{n-1}(NiO_2)_n$ 无限层状结构块构成,其通式为 $A_{n+1}Ni_nO_{2n+2}$(n=2,3,⋯,∞)。$Re_4Ni_3O_8$ 具有四方对称性,其空间群为 $I4/mmm$(如图 3-24(a)插图所示)。图 3-24(a)总结了 $Re_4Ni_3O_8$ 归一化电阻率随温度的变化关系,可以看出,$La_4Ni_3O_8$ 在 105 K 处发生金属-绝缘体相变,并且伴随着从高温顺磁性到低温反铁磁性的转变,而 $Pr_4Ni_3O_8$、$Nd_4Ni_3O_8$ 中并未观察到类似的电阻变化。Zhang 等[49]将 $La_4Ni_3O_8$ 的金属-绝缘体相变归因于 105 K 处发生的 Ni^+、Ni^{2+}电荷/自旋条带有序,电荷条带超晶格传播矢量 q=(2/3,0,1)的取向与 Ni—O 键呈 45°。$La_4Ni_3O_8$ 中的电荷条带沿 c 轴方向弱相关,形成交错的 ABAB 堆叠,减少了条带之间的库仑排斥。随着镨离子、钕离子掺杂含量的增多,$Re_4Ni_3O_8$ 的金属-绝缘体相变温度逐渐降低直至消失。图 3-24(b)总结了 $Re_4Ni_3O_8$ 相变温度随平均稀土离子半径的变化关系。Rout 等[50]结合相变过程的潜热和相变温度与平均稀土离子半径的拟线性拟合,推测在平均稀土离子半径小于 1.134~1.143 Å 时 $Re_4Ni_3O_8$ 的电荷有序将突然消失。

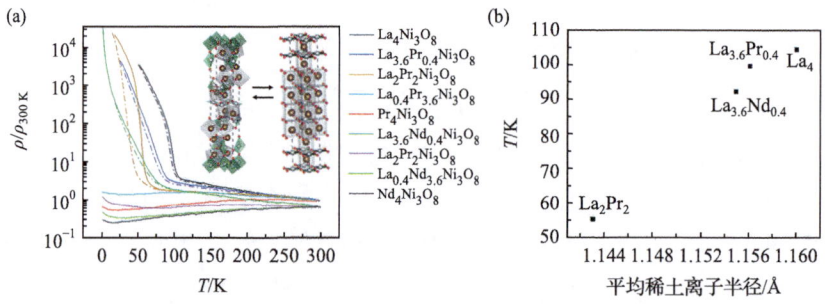

图 3-24 $Re_4Ni_3O_{10}$的结构、输运特性和相图。(a) $Re_4Ni_3O_{10}$归一化电阻率随温度的变化关系(插图为 $Re_4Ni_3O_{10}$ 和 $Re_4Ni_3O_8$ 的晶体结构);(b) $Re_4Ni_3O_{10}$相变温度随平均稀土离子半径的变化关系[50]

3.5 镍基硫族化合物:NiS

除上述镍基氧化物外,以β-NiS 为代表的镍硫化物也呈现金属-绝缘体相变特性,在特征温度触发下发生由低温绝缘相到高温金属相的转变,并伴随着反铁磁到顺磁的磁结构转变,而晶体结构对称性未发生变化。如图 3-25(a)所示,β-NiS 为六方晶系,空间群为 $P6_3/mmc$,由绝缘体相转变为金属相时,晶格参数 a 与 c 分别降低约 0.3%和 1%,晶胞体积收缩约 2%。β-NiS 在室温下处于亚稳相,一般通过淬火得到。图 3-25(b)给出了 NiS、$Ni_{1-x}Fe_xS$ 与 $Ni_{1-x}Co_xS$ 材料的电阻率-温度关系,273 K 附近 NiS 材料电阻率发生突变,且升降温过程中存在明显的热滞现象。

通过 Co 取代 NiS 中的 Ni 原子而降低了 T_{MIT}，而 Fe 掺杂后 T_{MIT} 呈现出升高的趋势。

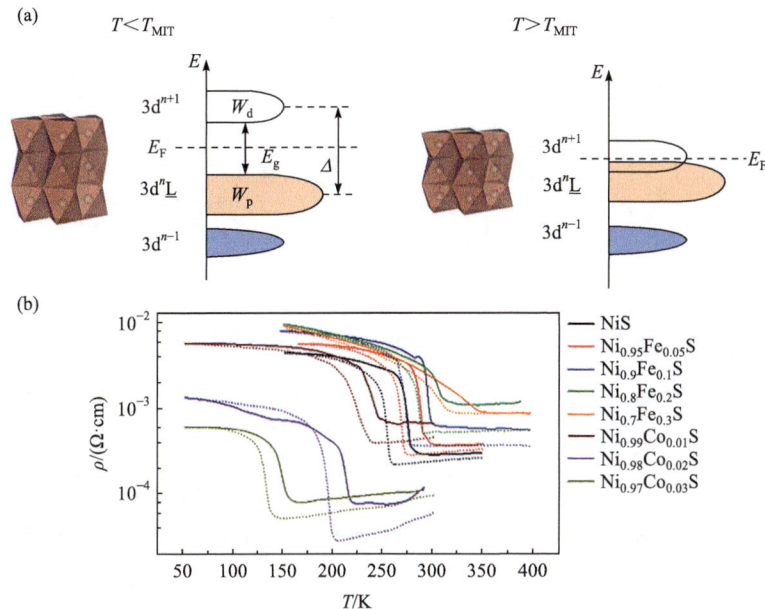

图 3-25 (a) NiS 相变前后的晶体结构与能带结构；(b) NiS、$Ni_{1-x}Fe_xS$ 与 $Ni_{1-x}Co_xS$ 的阻温特性曲线

图 3-26(a)进一步总结了 NiS 及掺杂材料相变温度与掺杂量的关系[51-53]。通过 Ni 位掺杂 Co、Ti 或 V 元素以及 S 位掺杂 Se 元素，均使 NiS 材料的 T_{MIT} 降低，这可能是由元素掺杂所引起的电子轨道杂化改变导致的。而当 Ni 位掺杂 Fe 元素后，掺杂引起的晶格畸变使带隙变宽，进而导致 T_{MIT} 升高。图 3-26(b)给出了 NiS 及掺杂材料电阻率突变程度与相变温度的关系[51-53]，可以看出，无论 T_{MIT} 升高还是降低，都伴随着电阻率突变程度的减小。

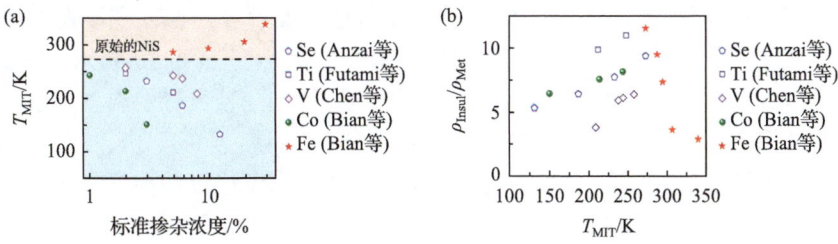

图 3-26 (a) NiS 及掺杂材料相变温度与掺杂量的关系；(b) NiS 及掺杂材料电阻率突变程度与相变温度的关系[51-53]

值得注意的是，除金属-绝缘体相变特性外，NiS 材料由低温升温至相变温度后其热导率增大约1.5倍，如图 3-27(a)所示，这可能是由相变时电子热导的突变导致的。T_MIT 所对应的热导突变程度可以描述为 $\dfrac{\kappa_\text{Met}-\kappa_\text{Ins}}{\kappa_\text{Ins}}=\dfrac{LT_\text{MIT}(\sigma_\text{Met}-\sigma_\text{Ins})}{\kappa_\text{L}+LT_\text{MIT}\sigma_\text{Ins}}$，其中 $\kappa_\text{Met}(\kappa_\text{Ins})$、$\sigma_\text{Met}(\sigma_\text{Ins})$ 分别代表材料金属相与绝缘相的热导值与电导值，L 代表洛伦兹常数，因此，$LT_\text{MIT}(\sigma_\text{Met}-\sigma_\text{Ins})$ 值反映了 T_MIT 所对应的热导率突变程度大小。图 3-27(b)给出了不同相变材料体系的 $LT_\text{MIT}(\sigma_\text{Met}-\sigma_\text{Ins})$ 值[21, 54-71]，可以看出，NiS 材料 T_MIT 处热导率变化幅度超过了许多传统相变材料，这为 NiS 材料在固态制冷及热二极管等领域的应用探索了新的空间。

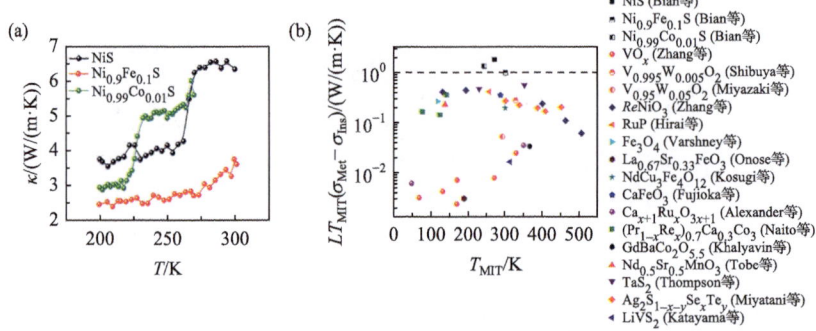

图 3-27 (a) NiS、$Ni_{0.9}Fe_{0.1}S$ 与 $Ni_{0.99}Co_{0.01}S$ 材料热导率与温度的关系；(b) 不同相变材料体系的 $LT_\text{MIT}(\sigma_\text{Met}-\sigma_\text{Ins})$ 值[21, 54-71]

3.6 本章小结

本章重点介绍了以 113 型稀土镍基钙钛矿氧化物、三斜相 $BiNiO_3$、稀土镍基层状钙钛矿 RP 相氧化物、硫镍化合物为代表的镍基化合物中由特征温度、氢化、压力等多场触发下的电子相变特性。其中，113 型稀土镍基钙钛矿氧化物 $ReNiO_3$ 具有宽范围可连续调节的金属-绝缘体相变特征触发温度，在低温型突变式热敏电阻、红外伪装等方面具有可观的应用价值。总体看来，通过 La/Pr、La/Nd 等轻稀土元素共占稀土位，可将 $ReNiO_3$ 的金属-绝缘体相变特征触发温度下限降低至 90 K 以下，并维持一个数量级以上的电阻突变率；而通过 Nd、Pr、Sm 等稀土元素混占稀土位，可控制稀土占位比例，将特征触发温度连续调控至 400 K，并维持一个数量级以上的电阻突变率。在更高温度范围(如 400~600 K)内，以 $La_3Ni_2O_7$ 为代表的稀土镍基层状钙钛矿氧化物 RP 相，相比于中重稀土组分 $ReNiO_3$(如 Eu 以上稀土)在相近的特征触发温度下具有更高的电阻率突变特性。除传统的金属-绝缘体相变特性外，通过化学/电化学氢化(去氢化)可触发基于镍的轨道构型在

Ni^{3+}、Ni^{2+}、Ni^+间发生可逆转变,从而通过质子触发电子相变、镍基超导转变等基于镍基钙钛矿基础结构框架的新功能特性,并在强关联电子器件、凝聚态物理等领域掀起新的研究热点。但值得注意的是,与后续章节中所介绍的锰、钴、钛、铂系等过渡族氧化物相比,由于镍元素的化合价通常难超过+3价,故其碱土占位钙钛矿氧化物、四重钙钛矿氧化物等尚未成功合成,这有待进一步探索。

相比于过渡族元素处于中间价态的掺杂二氧化钒或钒氧化合物玛格奈利相,由于 $ReNiO_3$ 中的镍元素处于最高价态(+3价),故在空气中500℃以下具有更高的材料稳定性;此外,稀土镍基氧化物的材料毒性远低于钒氧化合物。在金属-绝缘体相变性能方面,$ReNiO_3$ 相比于钒氧化合物的优势在于其电子相变特征温度的调控具有更好的连续性和可控性;而在深冷温区范围,$ReNiO_3$ 的电阻率突变程度高于掺杂二氧化钒。虽然处于热力学亚稳相的 $ReNiO_3$ 的材料合成依赖高氧压反应,但通过使用碱金属卤化物助溶剂触发的非均匀形核过程,已将多数稀土组分 $ReNiO_3$ 的材料合成压力降低至 10 MPa 氧压以下,从而可实现该体系材料的放量制备。因此,相比于后续章节中所介绍的稀土铁基四重钙钛矿氧化物等仅能依赖大压机技术在吉帕压力下合成的电子相变材料,$ReNiO_3$ 在分立式电子器件方面的潜在应用前景更为光明。

除上述稀土镍基钙钛矿氧化物、层状钙钛矿 RP 相氧化物以外,以 NiS 为代表的镍基硫族化合物在特征温度触发下电阻率与热导率的双重突变特性同样值得关注。由于 NiS 的金属相具有传统电子相变材料体系中较为罕见的高电导率特性,NiS 转变为金属相后其电子热导率的贡献与由晶格热导率主导的原绝缘体相热导率相当,因此将触发材料整体热导率的突变式升高;而上述由特征温度触发的电导率、热导率的协同突变式增加,将开启电子相变材料应用于智能热管理方向探索的新篇章。

参 考 文 献

[1] Catalan G. Progress in perovskite nickelate research [J]. Phase Transitions, 2008, 81(7-8): 729-749.

[2] Medarde M L. Structural, magnetic and electronic properties of RNiO₃ perovskites (R = rare earth) [J]. J Phys: Condens Matter, 1997, 9(8): 1679-1707.

[3] Catalano S, Gibert M, Fowlie J, et al. Rare-earth nickelates RNiO₃: Thin films and heterostructures [J]. Rep Prog Phys, 2018, 81(4): 046501.

[4] Varignon J, Grisolia M N, Íñiguez J, et al. Complete phase diagram of rare-earth nickelates from first-principles [J]. npj Quantum Materials, 2017, 2(1): 21.

[5] Shahsafi A, Roney P, Zhou Y, et al. Temperature-independent thermal radiation [J]. Proc Natl Acad Sci U S A, 2019, 116(52): 26402-26406.

[6] Torriss B, Chaker M, Margot J. Electrical and Fourier transform infrared properties of epitaxial SmNiO₃ tensile strained thin film [J]. Appl Phys Lett, 2012, 101(9): 091908.1-091908.3.

[7] Girardot C, Kreisel J, Pignard S, et al. Raman scattering investigation across the magnetic and MI transition in rare earth nickelate RNiO$_3$(R=Sm, Nd) thin films [J]. Phys Rev B, 2008, 78(10): 104101.

[8] Zhang Z, Schwanz D, Narayanan B, et al. Perovskite nickelates as electric-field sensors in salt water [J]. Nature, 2018, 553(7686): 68-72.

[9] Zhang H T, Park T J, Islam A N M N, et al. Reconfigurable perovskite nickelate electronics for artificial intelligence [J]. Science, 2022, 375(6580): 533-539.

[10] Demazeau G, Marbeuf A, Pouchard M, et al. Sur une série de composés oxygènes du nickel trivalent derivés de la perovskite [J]. J Solid State Chem, 1971, 3(4): 582-589.

[11] Chen J. Rare-earth nickelates: The metastable oxides exhibitingmultifold electronic phase transition functionalities [J]. Chin Sci Bull, 2022, 68(1): 100-111.

[12] Shi J, Zhou Y, Ramanathan S. Colossal resistance switching and band gap modulation in a perovskite nickelate by electron doping [J]. Nat Commun, 2014, 5: 4860.

[13] Li D, Lee K, Wang B Y, et al. Superconductivity in an infinite-layer nickelate [J]. Nature, 2019, 572(7771): 624-627.

[14] Osada M, Wang B Y, Goodge B H, et al. A superconducting praseodymium nickelate with infinite layer structure [J]. Nano Lett, 2020, 20(8): 5735-5740.

[15] Li D, Wang B Y, Lee K, et al. Superconducting dome in Nd$_{1-x}$Sr$_x$NiO$_2$ infinite layer films [J]. Phys Rev Lett, 2020, 125(2): 027001.

[16] Jaramillo R, Schoofs F, Ha S D, et al. High pressure synthesis of SmNiO$_3$ thin films and implications for thermodynamics of the nickelates [J]. Journal of Materials Chemistry C, 2013, 1(13): 2455-2462.

[17] Chen J, Bird A, Yan F, et al. Mechanical and correlated electronic transport properties of preferentially orientated SmNiO$_3$ films [J]. Ceram Int, 2020, 46(5): 6693-6697.

[18] Escote M T, da Silva A M L, Matos J R, et al. General properties of polycrystalline LnNiO$_3$ (Ln=Pr, Nd, Sm) compounds prepared through different precursors [J]. J Solid State Chem, 2000, 151(2): 298-307.

[19] Nikulin I V, Novojilov M A, Kaul A R, et al. Oxygen nonstoichiometry of NdNiO$_{3-\delta}$ and SmNiO$_{3-\delta}$ [J]. Mater Res Bull, 2004, 39(6): 775-791.

[20] Chen J, Hu H, Wang J, et al. Overcoming synthetic metastabilities and revealing metal-to-insulator transition & thermistor bi-functionalities for d-band correlation perovskite nickelates [J]. Materials Horizons, 2019, 6(4): 788-795.

[21] Zhong J, Li Z, Zheng Y, et al. Extending the metal to insulator transitions of rare-earth nickelates towards low temperature ranges [J]. J Amer Ceram Soc, 2023, 106(8): 5067-5077.

[22] Chen J, Hu H, Wang J, et al. A d-band electron correlated thermoelectric thermistor established in metastable perovskite family of rare-earth nickelates [J]. ACS Appl Mater Interfaces, 2019, 11(37): 34128-34134.

[23] Bruno F Y, Rushchanskii K Z, Valencia S, et al. Rationalizing strain engineering effects in rare-earth nickelates [J]. Phys Rev B, 2013, 88(19): 195108.

[24] Conchon F, Boulle A, Guinebretière R, et al. Effect of tensile and compressive strains on the

transport properties of SmNiO$_3$ layers epitaxially grown on (001) SrTiO$_3$ and LaAlO$_3$ substrates [J]. Appl Phys Lett, 2007, 91(19): 192110.

[25] Obradors X, Paulius L M, Maple M B, et al. Pressure dependence of the metal-insulator transition in the charge-transfer oxides RNiO$_3$ (R=Pr,Nd,Nd$_{0.7}$La$_{0.3}$) [J]. Phys Rev B Condens Matter, 1993, 47(18): 12353-12356.

[26] Medarde M, Mesot J, Lacorre P, et al. High-pressure neutron-diffraction study of the metallization process in PrNiO$_3$ [J]. Phys Rev B Condens Matter, 1995, 52(13): 9248-9258.

[27] Zhou J S, Goodenough J B, Dabrowski B. Pressure-induced non-fermi-liquid behavior of PrNiO$_3$ [J]. Phys Rev Lett, 2005, 94(22): 226602.

[28] Cheng J G, Zhou J S, Goodenough J B, et al. Pressure dependence of metal-insulator transition in perovskites RNiO$_3$(R=Eu, Y, Lu) [J]. Phys Rev B, 2010, 82(8): 085107.

[29] Shi J, Ha S D, Zhou Y, et al. A correlated nickelate synaptic transistor [J]. Nat Commun, 2013, 4: 2676.

[30] Scherwitzl R, Zubko P, Lezama I G, et al. Electric-field control of the metal-insulator transition in ultrathin NdNiO$_3$ films [J]. Adv Mater, 2010, 22(48): 5517-5520.

[31] Medarde M, Lacorre P, Conder K, et al. Giant ^{16}O-^{18}O isotope effect on the metal-insulator transition of RNiO$_3$ perovskites (R=rare earth) [J]. Phys Rev Lett, 1998, 80(11): 2397-2400.

[32] Chen J, Mao W, Ge B, et al. Revealing the role of lattice distortions in the hydrogen-induced metal-insulator transition of SmNiO$_3$ [J]. Nat Commun, 2019, 10(1): 694.

[33] Chen J, Hu H, Meng F, et al. Overlooked transportation anisotropies in d-band correlated rare-earth perovskite nickelates [J]. Matter, 2020, 2(5): 1296-1306.

[34] Chen J, Li H, Wang J, et al. Frequency switchable correlated transports in perovskite rare-earth nickelates [J]. Journal of Materials Chemistry A, 2020, 8(27): 13630-13637.

[35] Zhou Y, Guan X, Zhou H, et al. Strongly correlated perovskite fuel cells [J]. Nature, 2016, 534(7606): 231-234.

[36] Chen J, Mao W, Gao L, et al. Electron-doping mottronics in strongly correlated perovskite [J]. Adv Mater, 2020, 32(6): e1905060.

[37] Zhou Y, Middey S, Jiang J, et al. Self-limited kinetics of electron doping in correlated oxides [J]. Appl Phys Lett, 2015, 107(3): 031905.1-031905.5.

[38] Zuo F, Panda P, Kotiuga M, et al. Habituation based synaptic plasticity and organismic learning in a quantum perovskite [J]. Nat Commun, 2017, 8(1): 240.

[39] Wilde M, Fukutani K. Hydrogen detection near surfaces and shallow interfaces with resonant nuclear reaction analysis [J]. Surf Sci Rep, 2014, 69(4): 196-295.

[40] Ishiwata S, Azuma M, Hanawa M, et al. Pressure/temperature/substitution-induced melting of A-site charge disproportionation in Bi$_{1-x}$La$_x$NiO$_3$ (0<x<0.5) [J]. Phys Rev B, 2005, 72(4): 045104.

[41] Korosec L, Pikulski M, Shiroka T, et al. New magnetic phase in the nickelate perovskite TlNiO$_3$ [J]. Phys Rev B, 2017, 95(6): 060411.

[42] Ruddlesden S N, Popper P. New compounds of the K$_2$NIF$_4$ type [J]. Acta Crystallographica, 1957, 10(8): 538-539.

[43] Zhang H, Gao J, Bian Y, et al. Continuously adjustable metal to insulator transitions within high

temperature range for $La_{3-x}Bi_xNi_2O_7$ layered perovskite nickelates[J]. Scripta Materialia, 2025, 264: 116720.

[44] Bassat J M, Odier P, Loup J P. The Semiconductor-to-metal transition in question in $La_{2-x}NiO_{4+\delta}$ ($\delta > 0$ or $\delta < 0$) [J]. J Solid State Chem, 1994, 110(1): 124-135.

[45] Chen S C, Ramanujachary K V, Greenblatt M. Investigations on the structural, electrical and magnetic properties of sr substituted Ln_2NiO_4 (Ln = Pr, Sm, Gd) [J]. J Solid State Chem, 1993, 105(2): 444-457.

[46] Schilling A, Dell'Amore R, Karpinski J, et al. $LaBaNiO_4$: A Fermi glass [J]. J Phys: Condens Matter, 2009, 21(1): 015701.1-015701.7.

[47] Sugiyama K, Nozaki H, Takeuchi T, et al. Transport properties and mangetoresistance of $(RE,Sr)_2NiO_4$ (RE=Pr, Nd, Sm and Eu) [J]. Journal of Physics and Chemistry of Solids, 2002, 63(6-8): 979-982.

[48] Huangfu S, Zhang X, Schilling A. Correlation between the tolerance factor and phase transition in $A_{4-x}B_xNi_3O_{10}$ (A and B=La,Pr,and Nd;x=0,1,2,and 3) [J]. Physical Review Research, 2020, 2(3): 033247.

[49] Zhang J, Chen Y S, Phelan D, et al. Stacked charge stripes in the quasi-2D trilayer nickelate $La_4Ni_3O_8$ [J]. Proceedings of the National Academy of Sciences, 2016, 113(32): 8945-8950.

[50] Rout D, Mudi S R, Karmakar S, et al. Investigating the cause of crossover from chargespin stripe insulator to correlated metallic phase in layered T′ nickelates-$R_4Ni_3O_8$ [J]. Physical Review B, 2024, 110: 094412.

[51] Anzai S, Matoba M, Hatori M, et al. Effect of se-substitution on the magnetic and electrical transition in the nias-type NiS [J]. J Phys Soc Jpn, 1986, 55: 2531-2534.

[52] Futami T, Anzai S. Impurity effects of the 3d transition metal atoms on the first-order magnetic and electrical transition in NiS [J]. J Appl Phys, 1984, 56(2): 440-447.

[53] Chen P, Du Y W. Large magnetoresistance in $Ni_{1-x}V_xS$ [J]. Journal of Magnetism and Magnetic Materials, 2001, 232(3): 151-154.

[54] Zhang R, Fu Q S, Yin C Y, et al. Understanding of metal-insulator transition in VO_2 based on experimental and theoretical investigations of magnetic features [J]. Scientific Reports, 2018, 8(1): 17093.

[55] Zhou X, Cui Y, Shang Y, et al. Non-equilibrium spark plasma reactive doping enables highly adjustable metal-to-insulator transitions and improved mechanical stability for VO_2 [J]. The Journal of Physical Chemistry C, 2023, 127(5): 2639-2647.

[56] Adler D, Feinleib J. Semiconductor-to-metal transition in V_2O_3 [J]. Phys Rev Lett, 1964, 12(25): 700-703.

[57] Alexander C S, Cao G, Dobrosavljević V, et al. Destruction of the mott insulating ground state of Ca_2RuO_4 by a structural transition [J]. Phys Rev B, 1999, 60: R8422-R8425.

[58] Alexander C S, Cao G H, Dobrosavljević V, et al. Destruction of the Mott insulating ground state of Ca_2RuO_4 by a structural transition [J]. Physical Review B, 1999, 60: R8422.

[59] Fujioka J, Ishiwata S, Kaneko Y, et al. Variation of charge dynamics upon the helimagnetic and metal-insulator transitions for perovskite $AFeO_3$ (A = Sr and Ca) [J]. Phys Rev B, 2012, 85(15):

155141.

[60] Hirai D, Takayama T, Hashizume D, et al. Metal-insulator transition and superconductivity induced by Rh doping in the binary pnictides RuPn (Pn=P, As, Sb) [J]. Phys Rev B, 2012, 85(14): 140509.

[61] Hodeau J L, Marezio M. The crystal structure of V_4O_7 at 120°K [J]. J Solid State Chem, 1978, 23(3/4): 253-263.

[62] Katayama N, Uchida M, Hashizume D, et al. Anomalous metallic state in the vicinity of metal to valence-bond solid insulator transition in $LiVS_2$ [J]. Phys Rev Lett, 2009, 103(14): 146405.

[63] Khalyavin D D, Barilo S N, Shiryaev S V, et al. Anisotropic magnetic, magnetoresistance, and electrotransport properties of $GdBaCo_2O_{5.5}$ single crystals [J]. Phys Rev B, 2003, 67(21): 214421.

[64] Kosugi Y, Goto M, Tan Z, et al. Colossal barocaloric effect by large latent heat produced by first-order intersite-charge-transfer transition [J]. Adv Funct Mater, 2021, 31(25): 2009476.

[65] Miyatani S Y. Electrical properties of pseudo-binary systems of $Ag_2VI's$; $Ag_2Te_xSe_{1-x}$, $Ag_2Te_xS_{1-x}$, and $Ag_2Se_xS_{1-x}$ [J]. J Phys Soc Jpn, 1960, 15(9): 1586-1595.

[66] Naito T, Sasaki H, Fujishiro H. Simultaneous metal-insulator and spin-state transition in $(Pr_{1-y}RE_y)_{1-x}Ca_xCoO_3$ (RE=Nd, Sm, Gd, and Y) [J]. J Phys Soc Jpn, 2010, 79(3): 034710.

[67] Onose M, Takahashi H, Sagayama H, et al. Complete phase diagram of $Sr_{1-x}La_xFeO_3$ with versatile magnetic and charge ordering [J]. Phys Rev Mater, 2020, 4(11): 114420.

[68] Thompson A H, Gamble R F, Revelli J F. Transitions between semiconducting and metallic phases in 1-T TaS_2 [J]. Solid State Commun, 1971, 9(13): 981-985.

[69] Tobe K, Kimura T, Tokura Y. Anisotropic optical spectra of doped manganites with pseudocubic perovskite structure [J]. Phys Rev B, 2004, 69(1): 014407.

[70] Varshney D, Yogi A. Structural and transport properties of stoichiometric Mn^{2+}-doped magnetite: $Fe_{3-x}Mn_xO_4$ [J]. Mater Chem Phys, 2011, 128(3): 489-494.

[71] Zhang H, Bian Y, Xia Y, et al. Correlated perovskite nickelates with valence variable rare-earth compositions [J]. J Rare Earths, 2024, 42(4): 743-748.

第4章　铁基(ⅧB族-3d)化合物中的电子相变

与钴、镍类似，在地壳中储量第四丰富的铁(Fe: $3d^64s^2$)同属Ⅷ族元素，其可在氧化物中呈现如 $Fe^{2+}(t_{2g}^4e_g^2, s=2)$、$Fe^{3+}(t_{2g}^3e_g^2, s=5/2)$、$Fe^{4+}(t_{2g}^3e_g^1, s=2$；或 $t_{2g}^3e_g^2\underline{L})$、$Fe^{5+}(t_{2g}^3e_g^0, s=3/2$；或 $t_{2g}^3e_g^2\underline{L}^2)$ 等多种价态。通过这些价态的组合形成不同的平均价态(如 $Fe^{2.5+}$、$Fe^{2.67+}$、$Fe^{3.67+}$、$Fe^{3.75+}$ 等)，而在特征温度等外场触发下，由于晶格中铁价态的电荷有序(或无序)转变，铁基氧化物呈现出丰富的金属-绝缘体相变与磁转变特性。与其他电子相变材料体系相比，以 Fe_3O_4 为代表的铁基氧化物的电荷有序转变(Verwey转变)较为独特，例如 FeO_6 八面体(或 FeO_5 金字塔体)中相关的 Fe 价态分裂为两个不同的能级(如+2 和+3，或+3 和+5)，并在低温绝缘阶段达到有序排列。此外，以 $ReCu_3Fe_4O_{12}$ 等四重钙钛矿为代表的铁基氧化物同样表现出晶格位点元素间电荷转移、过渡族元素价态歧化等特性，并由此触发金属-绝缘体相变特性。在以往报道中，$ReFe_2O_4(Fe^{2.5+})$、$ReBaFe_2O_5(Fe^{2.5+})$、$Fe_3O_4(Fe^{2.67+})$、$Re_{1/3}Sr_{2/3}FeO_3(Fe^{3.67+})$、$ReCu_3Fe_4O_{12}(Fe^{3.75+})$、$Ca_{1-x}Sr_xFeO_3(Fe^{4+})$ 等六种铁基氧化物均呈现特征温度触发下的金属-绝缘体相变温度的可调控范围。这些材料中，仅 Fe_3O_4 是天然存在的，其中铁元素价态处于+2 与+3 价之间(+2.67 价)；$ReFe_2O_4$ 和 $ReBaFe_2O_5$ 中的铁元素具有更低的平均价态(+2.5)，其通常在真空或还原性气氛下制备；而 $Re_{1/3}Sr_{2/3}FeO_3$、$ReCu_3Fe_4O_{12}$ 和 $Ca_{1-x}Sr_xFeO_3$ 中的铁元素价态较高(+3.67～+4)，其通常需要在兆帕乃至吉帕高氧压下生长。Fe^{4+}、Fe^{5+} 等高价铁离子在八面体晶体场中的电荷转移能 Δ_{CT} 较小或为负值，因此其易导致 O-2p 轨道中形成空穴；而空穴的引入可大幅降低晶格中不同价态铁元素间(或铁元素与其他元素间)的电荷转移能，从而使得电荷转移更易发生。本章将介绍上述高、低价态铁基氧化物及铁基硫族化合物的晶体结构、电子相变特性，以及调控规律与相变原理、磁转变特性等；而钌、锇等第五、第六周期Ⅷ族元素(铂系元素)化合物的电子相变特性将在第 8 章中具体介绍。

4.1　低价铁基氧化物：$ReFe_2O_4$、$ReBaFe_2O_5$、Fe_3O_4

平均价态在+2 与+3 之间的铁基氧化物大多可以在空气、氧气或还原性气体等常压条件下合成，其中具有电子相变特性的材料体系主要包括稀土铁基反尖晶石氧化物($ReFe_2O_4$)、A 位有序铁基层状双钙钛矿氧化物($ReBaFe_2O_5$)、磁性氧化铁(Fe_3O_4)等。其中，Fe_3O_4 是自然界中存在的，也是最早发现的由电荷有序引起金属−绝缘体相变的材料，其铁元素平均价态为+2.67。早在 1939 年，Verwey[1]发现，当温度降低至 120 K(T_{CO})以下时，这种材料的电阻率急剧增加两个数量级，并从金属相转变为绝缘相；与此同时，材料的磁性能发生从亚铁磁(高温)到反铁磁(低温)的转变。而当温度高于 858 K 时，材料会发生亚铁磁到顺磁性的转变[2]。Fe_3O_4 可写为 $Fe^{3+}_A[Fe^{2+}Fe^{3+}]_BO_4$，其中 Fe^{3+}_A 是四面体配位，$[Fe^{2+}Fe^{3+}]_B$ 占据八面体位点。如图 4-1(a)所示，室温下 Fe_3O_4 为立方反尖晶石结构，空间群为 $Fd\bar{3}m$ [3,4]。A 位阳离子磁矩与两个 B 位离子磁矩反平行而不完全抵消，从而导致亚铁磁性；而 B 位两个离子共用一个 t_{2g} 电子，t_{2g} 电子在 Fe^{2+}、Fe^{3+} 之间进行迁移，导致 Fe_3O_4 在 T_{CO} 以上表现为金属性。当温度降低到 T_{CO} 以下时，由于电荷有序，铁离子按 Fe^{2+}-Fe^{2+}/Fe^{2+}-Fe^{3+}/Fe^{3+}-Fe^{3+} 的结构排列[4]，晶体结构的对称性降低，由立方晶系转变为单斜(或正交)结构。电荷有序和结构畸变的共同作用将打开一个带隙，使其转变为绝缘态。

通过固相反应混合 Fe_2O_3 与 FeO 可制备 Fe_3O_4 多晶样品，而 Fe_3O_4 单晶通常利用浮区法[5]或布里奇曼法[6]生长。图 4-1(b)[2,7,8]为文献中报道的 Fe_3O_4 单晶、多晶与薄膜(衬底 Mg(001))样品的电阻率与温度的关系曲线，可以看出，在 120 K 左右具有尖锐的金属−绝缘体相变，插图中也可以在 858 K 附近观察到异常，对应于亚铁磁(低温)到顺磁(高温)的转变[2]。Fe_3O_4 的金属−绝缘体相变主要是由于 Verwey 转变的电荷有序机制源于库仑相互作用，因此通过元素取代或 Fe 空位改变八面体位点上 Fe^{2+}/Fe^{3+} 比率，可以调控其转变温度[3]。图 4-1(c)[3,9]总结了文献中报道的 Mg、Co、Ni、Ti、Al、Zn 与 Ga 掺杂的 $Fe_{3-x}M_xO_4$ 以及具有 Fe 空位的 $Fe_{3-\delta}O_4$ 样品的阻温关系。对于纯 Fe_3O_4 样品，T_V 约为 123 K，当铁离子被其他阳离子取代时，相变温度均向低温区移动，且对掺杂(或空位)浓度较为敏感。随着掺杂浓度提高，T_V 降低程度增大，相变也逐渐由一级相变演化为二级相变。这可能是因为任何取代都可能破坏 B 位内 Fe^{2+} 和 Fe^{3+} 的比例，从而降低电荷序绝缘相的相对稳定性。

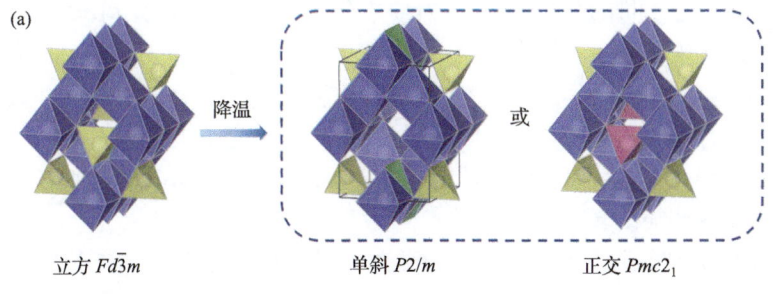

(a) 立方 $Fd\bar{3}m$ 降温 单斜 $P2/m$ 或 正交 $Pmc2_1$

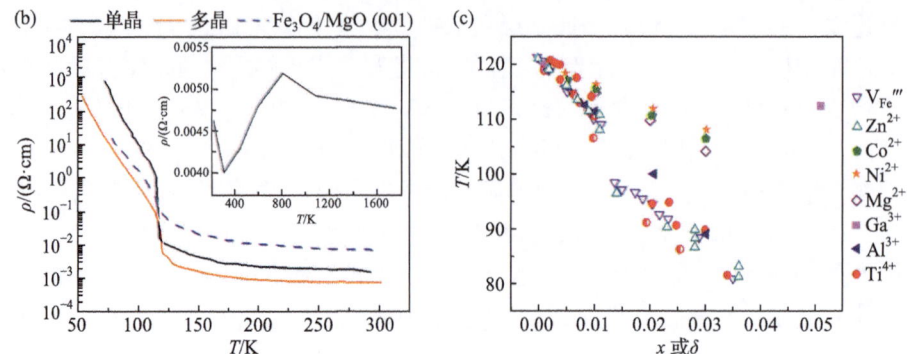

图 4-1 (a) Fe_3O_4 中可能存在的结构，左侧为高温下的晶体结构，即立方 $Fd\bar{3}m$，右侧为低温下两种可能的晶体结构，分别为单斜 $P2/m$、正交 $Pmc2_1$；(b) Fe_3O_4 电阻率与温度的关系，单晶与薄膜的数据来自文献[7]，多晶数据来自文献[8]，插图中的数据来自文献[2]；(c) $Fe_{3-x}M_xO_4$(M= Zn[9]、Co[3]、Ni[3]、Mg[3]、Ga[3]、Al[3]和Ti[3, 9])与 $Fe_{3-\delta}O_4$[9]的 Verwey 转变温度(T_V)随掺杂(或空位)浓度的关系，随着掺杂(空位)浓度提高，T_{CO} 逐渐降低

与 Fe_3O_4 相似，$ReFe_2O_4$ 也是混合价氧化物，其铁元素平均价态为+2.5，在高温下具有六方结构，Fe^{2+} 和 Fe^{3+} 占据等效结晶位置，空间群为 $R\bar{3}m$[10]。如图4-2(a)所示，Re-O 单层和 Fe-O 双层沿 c 轴交替堆叠而成。冷却至某一温度(记为 T_{CO})时，化合物中发生了电荷有序的转变，原六方相中的 $Fe^{2.5+}$ 混合价态转变为均匀的 Fe^{2+} 和 Fe^{3+} 混合物，$ReFe_2O_4$ 的空间结构也发生了扭曲，由六方转变为三斜结构，空间群为 $P\bar{1}$[11, 12]。而在 $LuFe_2O_4$ 中，当温度降低到 320 K 时，电荷有序使得 c 轴扩展，晶体结构从 $R\bar{3}m$ 转变为 $C2/m$；温度进一步降低至 180 K 时，$LuFe_2O_4$ 结构发生进一步的转变，空间群转变为三斜 $P\bar{1}$[12]。在 YFe_2O_4 中存在两次结构转变，在 230 K 时晶体结构从六方晶格转变为高温三斜相(HTT)；随着温度的进一步降低，在 180 K 左右时部分 HTT 转变为低温三斜相(LTT)，两种不同的三斜晶相在很宽的温度范围内实现共存[11]。

Re^{3+} 半径会影响这种由电荷有序的发生，进而引起结构与电输运性能的转变。由此我们可将 $ReFe_2O_4$ 分为三种类型，图 4-2(b)[13, 14]展示了不同稀土元素与不同氧含量 $ReFe_2O_{4+x}$ 的阻温关系。A 类对应于化学计量的 YFe_2O_{4+x}($|x|\leq0.03$)，表现出两个连续的转变，晶体结构在低温下具有两种三斜晶系。B 类对应于 YFe_2O_{4+x}($x=-0.04$)和化学计量的 $ErFe_2O_4$，这种类型在室温和 90 K 之间仅表现出一次转变，伴随着电阻率不连续变化。C 类对应于离子半径更小的 $LuFe_2O_{4+x}$、$YbFe_2O_{4+x}$、$TmFe_2O_{4+x}$ 和非化学计量的 YFe_2O_{4+x}、$ErFe_2O_{4+x}$($x=-0.085$)，当温度低于室温时没有明显的转变[14]。

随着温度的降低，所有化合物的磁性能也会发生转变，但磁转变温度一般低于 T_{CO}，如图 4-2(c)[12, 13, 15]所示。对于 A 类化合物，高温下表现为顺磁性，当温度降低到某个特殊值(T_N)时,磁性转变为反铁磁性;对于 C 类化合物,随着温度的降低,化合物从顺磁性转变为亚铁磁性(特征温度记为 T_C);而对于 B 类化合物,低温下的磁性能与氧含量密切相关。如在 YFe_2O_{4+x} 中,当 $x=-0.03$,随着温度的降低,化合物发生反铁磁转变;而当 $x=-0.09$ 时,低温下表现出亚铁磁性[11]。

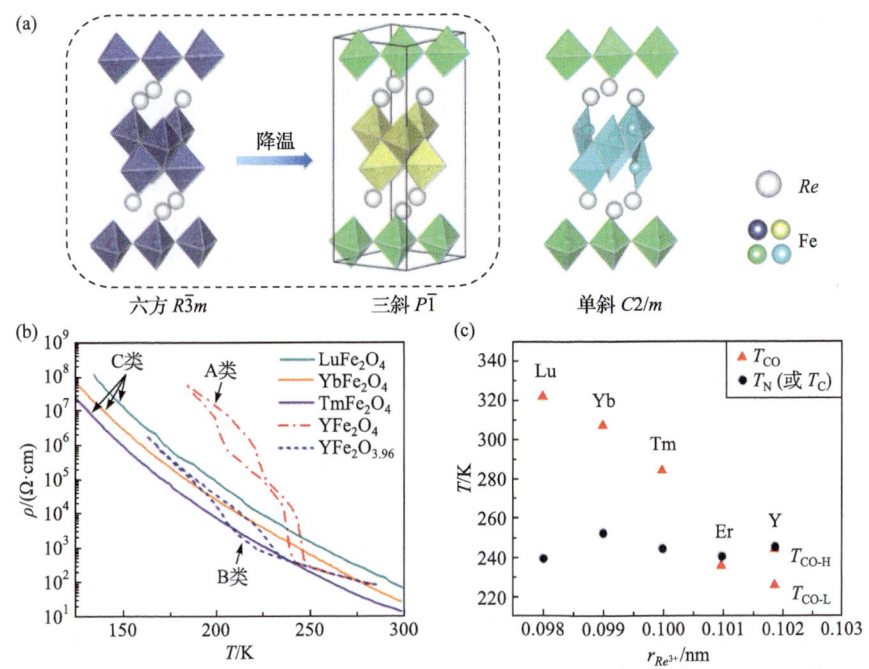

图 4-2 (a) $ReFe_2O_4$ 晶体结构,对于 $Re=$Tm、Yb,高温下原子按六方 $R\bar{3}m$ 结构排列,低温下晶体结构转变为三斜 $P\bar{1}$ 结构,而 $Re=$Lu 时,观察到单斜 $C2/m$ 中间态,随着温度的降低,晶体结构从六方 $R\bar{3}m$ 转变为单斜 $C2/m$,温度持续降低,转变为三斜 $P\bar{1}$;(b) 三种类型的 $ReFe_2O_{4+x}$ 电阻率与温度曲线,当温度低于室温时,YFe_2O_4(A 类)存在两次转变,$YFe_2O_{3.96}$(B 类)仅存在一次转变,而 $LuFe_2O_{4+x}$、$YbFe_2O_{4+x}$、$TmFe_2O_{4+x}$(C 类)在低温下没有转变;(c) 电荷有序转变温度(T_{CO})和磁转变温度(T_N 或 T_C)与离子半径的关系,其中 $Re=$Lu、Yb、Tm 来自文献[12],$Re=$Er 来自文献[15],$Re=$Y 来自文献[13]

具有与 $ReFe_2O_4$ 相同低平均价态铁元素的 $ReBaFe_2O_5$ 是一种 A 位有序的双层类钙钛矿结构氧化物,其中 Fe 与 O 原子构成 FeO_5 氧四面体而非传统钙钛矿结构的 MO_6 氧八面体。$ReBaFe_2O_5$ 中存在两次电荷有序转变,高温下铁离子平均价态为+2.5;随着温度的降低,转变为 $Fe^{2.5\pm\delta}$(前兆转变);当温度进一步降低时,转变为 Fe^{2+} 和 Fe^{3+}(主转变或 Verwey 转变)[16]。除上述电子相变外,$ReBaFe_2O_5$ 同样存在特征温度触发下的反铁磁(低温)-顺磁(高温)转变[16, 17]。由于铁离子价态较低,$ReBaFe_2O_5$ 通常是通过固相反应在还原气氛下进行烧结获得,如 Ar、H_2 和 H_2O 混合气氛[18]。关于 $ReBaFe_2O_5$ 单晶、多晶与薄膜的制备方法均有报道[17-19]。

$ReBaFe_2O_5$ 中存在与 Fe_3O_4 相似的由电荷有序驱动的相变(Verwey 转变)，随温度的变化呈现出两种电荷无序相(CD1、CD2)和两种电荷有序相(CO1、CO2)[16]。以 $GdBaFe_2O_5$ 为例，如图 4-3(a)所示，高温下为顺磁金属相(CD1)，其具有四方 $P4/mmm$ 结构，晶格参数为 $a_p \times b_p \times 2c_p$，其中 a_p、b_p、c_p 为原始钙钛矿晶格参数。当温度降低到 390 K 时，CD1 相发生正交畸变，晶体结构对称性降低并转变为正交 $Pmmm$(CD2)，晶格参数为 $a_p \times b_p \times 2c_p$。相比于 CD1 相，CD2 相开始出现磁有序结构。当温度进一步降低至电荷有序前兆特征温度(T_{Pr-CO})时，$GdBaFe_2O_5$ 中发生电荷有序而使得处于电荷无序状态的 CD2 相转变为具有棋盘式电荷有序的 CO1 相(空间群为 $Cmma$，晶格参数为 $2a_p \times 2b_p \times 2c_p$)，而此时材料的晶体结构变化相对较小，晶格参数变化连续(图 4-3(b))[16]。当温度进一步降低到电荷有序主转变温度(T_{M-CO})以下时，CO1 相发生晶体结构突变并转变为具有条纹型电荷有序的反铁磁绝缘相 CO2(空间群为 $Pmma$，晶格参数为 $2a_p \times b_p \times 2c_p$)。其中，CO1 相中 $Fe^{2+\delta}$ 与 $Fe^{2-\delta}$ 呈棋盘状排列，$Fe^{2+\delta}$ 将 $Fe^{2-\delta}$ 包围起来；CO2 相中 Fe^{2+} 和 Fe^{3+} 呈条纹状排布，具有反铁磁绝缘性能。CO1 和 CO2 相之间由于电荷有序的不同而发生金属-绝缘体相变，且为一级相变，在 260~270 K 的温度区间内两相共存[16]。

图 4-3(c)[16,17,20,21]总结了 $ReBaFe_2O_5$(Re=Sm, Gd, Tb)的电阻率与温度的关系曲线，可以看出，材料在 T_{M-CO} 触发下 CO2 到 CO1 相转变中的电阻率发生了 1~2 个数量级的突变式降低，且存在热滞现象，其反映了电子由条纹型电荷有序到棋盘式电荷有序的一级相变[16]。与之相比，在 T_{Pr-CO} 触发下 CO1 到 CD2 相转变中仅能观察到电阻率相对连续变化，这说明前兆转变为二级相变，对应于棋盘式电荷有序到电荷无序的转变。除上述电子相变外，$ReBaFe_2O_5$ 的磁转变温度(T_N)在电荷有序转变温度附近，其磁化率-温度曲线在 T_{M-CO} 处的非连续转变温度点如图 4-3(c)插图所示。$ReBaFe_2O_5$ 的电荷有序转变温度与正交畸变有关，因此稀土离子半径较大的 $ReBaFe_2O_5$ 的正交绝缘相更加稳定[18,22]。如图 4-3(d)[16-18]所示，随着稀土离子半径的减小，$ReBaFe_2O_5$ 的 T_{Pr-CO}、T_{M-CO} 均呈现升高趋势。此外，氧化学计量比的改变同样将影响电荷有序，进而引起 $ReBaFe_2O_5$ 的电子相变与磁转变特性的变化，氧含量的增加使得转变温度 T_{M-CO} 逐渐降低且电阻率变化程度减小[18]。

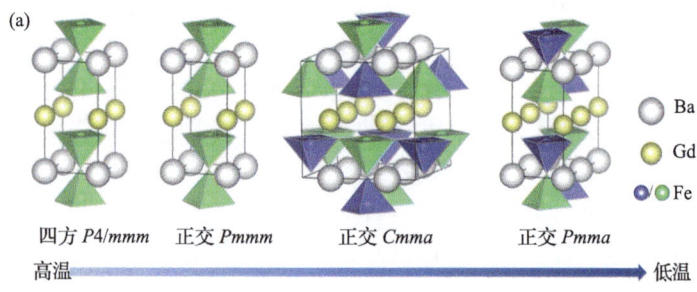

(a) 四方 $P4/mmm$　　正交 $Pmmm$　　正交 $Cmma$　　正交 $Pmma$

高温 ──────────────────────────→ 低温

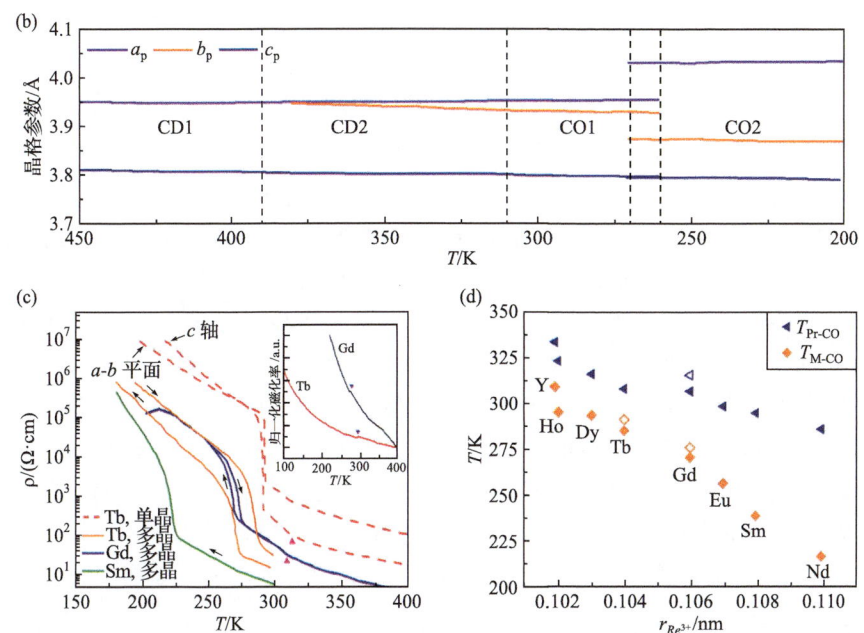

图 4-3 (a) GdBaFe$_2$O$_5$ 晶体结构，随着温度的降低，材料晶体结构发生正交畸变，四方 P4/mmm 结构转变为正交 Pmmm 结构，同时磁有序开始出现，温度进一步降低，材料发生棋盘式电荷有序，晶体结构转变为正交 Cmma，最后低温下转变为正交 Pmma，具有条纹型电荷有序；(b) GdBaFe$_2$O$_5$ 晶格参数随温度的变化曲线，随着温度的降低，从电荷无序相 CD1 转变为电荷无序相 CD2，再转变为电荷有序相 CO1(前兆转变)，晶格参数连续变化，而当温度进一步降低时，电荷有序相 CO1 转变为电荷有序相 CO2(主转变)，晶格参数发生不连续变化，在 260～270 K 两相共存[16]；(c)$ReBaFe_2O_5$(Re=Sm，Gd，Tb)电阻率与温度的关系曲线，红色标记点为前兆转变温度，其中多晶样品数据分别来自文献[16](Gd)、文献[20](Tb)和文献[21](Sm，富氧 w=0.030)，单晶曲线来自文献[17](Tb)，插图为 $ReBaFe_2O_5$(Re=Gd，Tb)的归一化磁化率与温度曲线，紫色标记点为主转变温度，对于 GdBaFe$_2$O$_5$，磁化率曲线在 270 K 附近出现异常[16]，而对 TbBaFe$_2$O$_5$ 单晶，其磁化率曲线在 290 K 处存在小幅度波动[17]；(d) $ReBaFe_2O_5$ 中前兆转变温度(T_{Pr-CO})和主转变温度(T_{M-CO})与稀土离子半径的关系，其中实心数据来自文献[18]，空心数据来自文献[17](Tb)、文献[16](Gd)

4.2 中高价铁基氧化物：$Re_{1/3}Sr_{2/3}FeO_3$、$ACu_3Fe_4O_{12}$、$Ca_{1-x}Sr_xFeO_3$

与 4.1 节所述处于+2 到+3 价之间的低价铁氧化物电子相变材料不同，以稀土锶共占位铁基钙钛矿氧化物 ($Re_{1/3}Sr_{2/3}FeO_3$)、铁基四重钙钛矿氧化物

($ReCu_3Fe_4O_{12}$)、钙锶铁氧钙钛矿氧化物($Ca_{1-x}Sr_xFeO_3$)为代表的铁基氧化物电子相变材料中,铁元素处于+3 到+4 价之间的中高价态,其材料合成大多需要借助高氧压条件。其中,$Re_{1/3}Sr_{2/3}FeO_3$ 具有钙钛矿晶体结构,高温下 Fe 的平均价态为+3.67,在特征温度(T_{CO})触发下发生电荷有序,由混合价态转变为 Fe^{3+} 和 Fe^{5+},并伴随有顺磁(高温)-反铁磁(低温)转变。$Re_{1-x}Sr_xFeO_3$ 材料制备可首先在常压下通过固相反应生长其相应缺氧状态下的钙钛矿氧化物($Re_{1-x}Sr_xFeO_{3-\delta}$),之后通过高氧压下固相反应补氧从而制备其单晶或多晶材料[23-25]。

如图 4-4(a)所示,Sr 含量的增加使得 $Re_{1-x}Sr_xFeO_3$ 晶体结构对称性提高。以 $La_{1-x}Sr_xFeO_3$ 为例,当 Sr 掺杂较少时($0 \leqslant x<1/3$),$La_{1-x}Sr_xFeO_3$ 是具有正交畸变的钙钛矿结构(空间群为 $Pbnm$);随着 A 位原子 La 逐渐被 Sr 取代,化合物的晶体结构为菱面体(空间群为 $R\bar{3}c$);而当较多的 Sr 取代 La 时($3/4 \leqslant x \leqslant 1$),材料晶体结构为与 $SrFeO_3$ 相似的立方相(空间群为 $Pm\bar{3}m$)。对于 $La_{1/3}Sr_{2/3}FeO_3$($x=2/3$),当温度降低时发生明显的电荷有序,Fe^{3+} 和 Fe^{5+} 的比例为 2:1[26]。图 4-4(b)[23, 25, 27]给出了 $La_{1-x}Sr_xFeO_3$ 的阻温关系,可以看出,当 $x=2/3$ 时材料由电荷有序而引起的电阻率突变最为明显。

图 4-4(c)[23]给出了 $Re_{1/3}Sr_{2/3}FeO_3$(Re=La、Pr、Nd、Sm、Eu、Gd 和 Dy)单晶、多晶样品的电阻率与温度的关系,可以看出,对于 Re=La、Pr、Nd 等轻稀土元素组分,$Re_{1/3}Sr_{2/3}FeO_3$ 的电阻率在特征温度(T_{CO})处具有明显的突变(一阶相变);随着稀土离子半径的减小,材料的 T_{CO} 降低,电阻率的突变程度亦减小。而对于 Sm、Gd 等较重的中稀土元素组分,$Re_{1/3}Sr_{2/3}FeO_3$ 中无电荷有序转变,其阻温特性在全温度范围内呈现半导体输运关系。上述变化规律与稀土镍基氧化物等由电子轨道间库仑作用主导其电子结构的强关联氧化物相反,其反映出上述铁基钙钛矿氧化物由带宽主导的电子相变特性。例如,随着稀土离子半径的减小(从 La 到 Gd),$Re_{1/3}Sr_{2/3}FeO_3$ 钙钛矿结构中的 FeO_6 氧八面体畸变程度增加而 Fe—O—Fe 键角减小,这将减小 O-2p 与 Fe-3d 轨道间的电子杂化程度并使材料能带变窄,这使得材料发生电荷有序转变的特征触发温度降低[23]。伴随上述由电荷有序转变引起的金

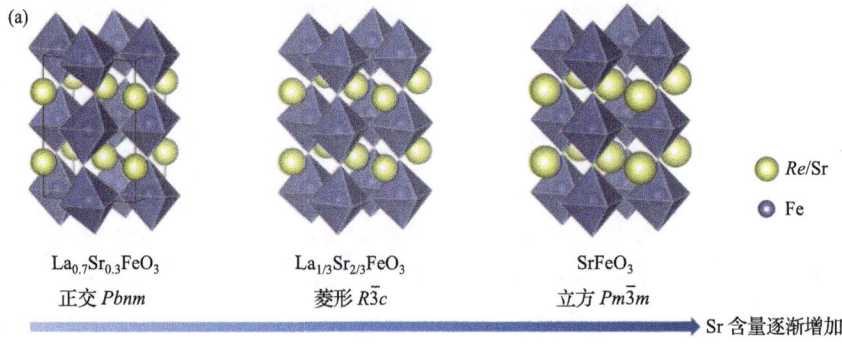

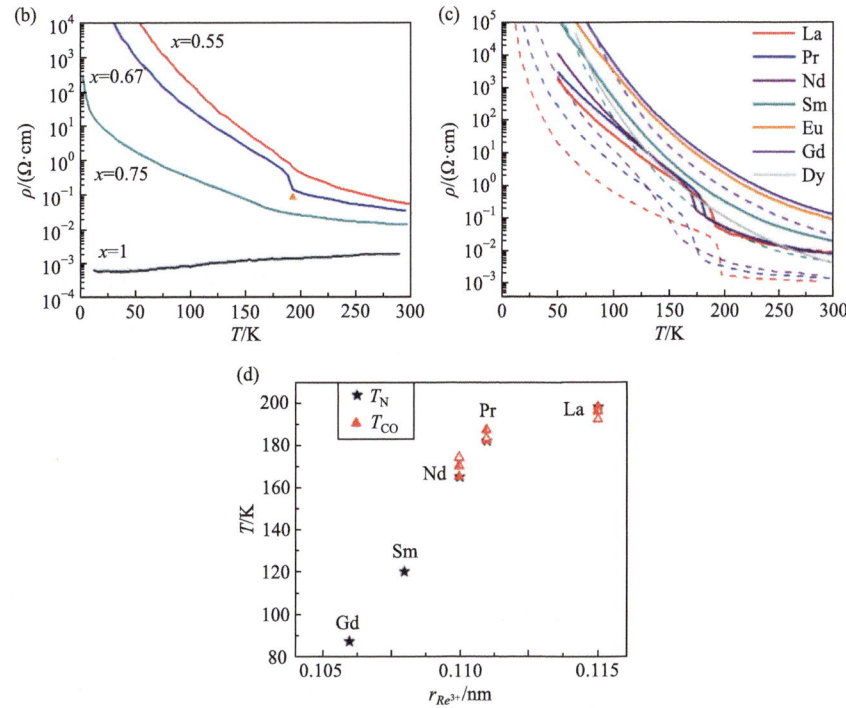

图 4-4 (a) $La_{1-x}Sr_xFeO_3$ 晶体结构，当 Sr 掺杂量 $0 \leqslant x < 1/3$ 时，化合物晶体结构保持正交 $Pbnm$，而随着 Sr 掺杂量的增大，当 $1/3 \leqslant x \leqslant 2/3$ 时，化合物晶体结构转变为菱形 $R\bar{3}c$，当 $3/4 \leqslant x \leqslant 1$ 时，化合物表现为立方 $Pm\bar{3}m$ 结构；(b) $La_{1-x}Sr_xFeO_3$(x=0.55[23]、0.67[25]、0.75[25]和 1[27])多晶样品的电阻率对温度的依赖关系；(c) $Re_{1/3}Sr_{2/3}FeO_3$(Re=La、Pr、Nd、Sm、Eu、Gd 和 Dy)电阻率随温度的变化曲线，其中虚线来自文献[23]；(d) $Re_{1/3}Sr_{2/3}FeO_3$(Re=La、Pr、Nd、Sm 和 Gd)电荷有序温度和奈尔温度与稀土离子半径的关系，其中实心来自文献[23]，半实心来自文献[24]，空心为本书实验数据

属-绝缘体相变，$Re_{1/3}Sr_{2/3}FeO_3$ 同样具有特征温度触发下的反铁磁(低温)-顺磁(高温)转变，其奈尔温度(T_N)取决于稀土元素，如图 4-4(d)[23,24]所示。对于 La、Pr、Nd 等轻稀土元素组分，$Re_{1/3}Sr_{2/3}FeO_3$ 的奈尔温度与电荷有序温度大致相同；而对于 Sm、Gd 等中稀土组分，$Re_{1/3}Sr_{2/3}FeO_3$ 仅表现出磁结构转变而不再具有电荷有序转变。

与 113 型铁基钙钛矿氧化物相比，基于高价铁的 A 位有序的稀土铁基四重钙钛矿氧化物($ReCu_3Fe_4O_{12}$)具有更为复杂的晶体结构。如图 4-5(a)所示，类比于传统钙钛矿结构(ABO_3)，$ReCu_3Fe_4O_{12}$ 的 A 位演变为立方配位的 Re 和赝立方配位的 Cu，B 位由 Fe 原子所占据，O 原子占据铁氧八面体顶点。由于 $ReCu_3Fe_4O_{12}$ 通常处于热力学亚稳相状态，其材料合成需要使用立方砧型压机在 9 GPa 高压下合成[28]。在特征温度触发下，ReCu$_3$Fe$_4$O$_{12}$呈现金属(高温)-绝缘体(低温)电子相变特性，并伴随有从顺磁(高温)向反铁磁性/亚铁磁(低温)的磁结构转变。在转变温度以上，ReCu$_3$Fe$_4$O$_{12}$中$Re(Re\neq Ce)$为+3价，Cu为+2价，Fe为+3.75价，为顺磁金属相(空间群为$Im\bar{3}$)。当温度降低至转变温度以下时，ReCu$_3$Fe$_4$O$_{12}$可发生以下两种方式的电子相变：①基于铁、铜离子间的A′-B位间电荷转移；②铁离子电荷歧化。

对于含有中、轻稀土元素组分(如La、Pr、Nd、Sm、Eu、Gd、Tb)的ReCu$_3$Fe$_4$O$_{12}$，其在特征温度(T_{CT})触发下将发生A′-B位间的电荷转移(3Cu^{2+} + 4Fe$^{3.75+}$ → 3Cu^{3+} + 4Fe^{3+})，并引起晶格参数的膨胀且晶体对称性维持不变[29]。上述A′-B位间电荷转移转变引起材料阻温关系以及电阻率的突变，并伴随有顺磁(高温)-反铁磁(低温)转变($T_{CT} = T_N$)。此外，稀土元素位同样可由Bi元素完全取代，而BiCu$_3$Fe$_4$O$_{12}$呈现出相似的铜、铁元素间电荷转移特性[30]。而含有重稀土元素组分(如Dy、Ho、Y、Er、Tm、Yb、Lu)的ReCu$_3$Fe$_4$O$_{12}$在250~260 K的特征温度(T_{CD})下发生Fe元素间的电荷歧化(8Fe$^{3.75+}$→5Fe^{3+}+3Fe^{5+})，并伴随有结构对称性的降低(空间群由$Im\bar{3}$转变为$Pn\bar{3}$)但晶胞体积无明显突变[29]，同时材料的磁性也发生顺磁(高温)-亚铁磁(低温)转变($T_{CD} = T_C$)。与三价稀土元素组分不同，CeCu$_3$Fe$_4$O$_{12}$中Ce元素在高氧压合成条件下将呈现+4价，其在270 K以下发生Fe的电荷歧化(4Fe$^{3.5+}$→3Fe^{3+}+Fe^{5+})但无结构突变(空间群维持$Im\bar{3}$)，并引起电阻率-温度关系的转变以及顺磁(高温)-反铁磁(低温)转变($T_{CD} = T_N$)[31]。此外，稀土元素位同样可以由其+2价碱土金属元素取代，例如在CeCu$_3$Fe$_4$O$_{12}$中铁元素处于+4价，在210 K临界温度以下发生铁元素的电荷歧化(2Fe^{4+}→Fe^{3+}+Fe^{5+}或2Fe^{3+}$\underline{L}$→Fe^{3+}+Fe^{3+}$\underline{L}^2$)以及岩盐型电荷有序化，并伴随顺磁(高温)-亚铁磁(低温)转变；在此过程中，其晶体结构从$Im\bar{3}$(高温)变为$Pn\bar{3}$(低温)，晶胞体积突然减小[32]。

图4-5(b)[29,30]、(c)[29,31-34]总结了基于A′-B位间电荷转移、电荷歧化转变原理的ReCu$_3$Fe$_4$O$_{12}$(或Re位由Bi、碱土元素替代)的电阻率-温度关系。相比于电荷歧化，由铜、铁元素间电荷转移引起的电阻率突变更为明显，且随着稀土元素离子半径的减小(从La到Tb)，其T_{CT}从360 K降低至240 K；而由铁离子电荷歧化引起的电子相变仅呈现出阻温关系的改变，且T_{CD}均为250 K左右。图4-5(d)[29-32,34]进

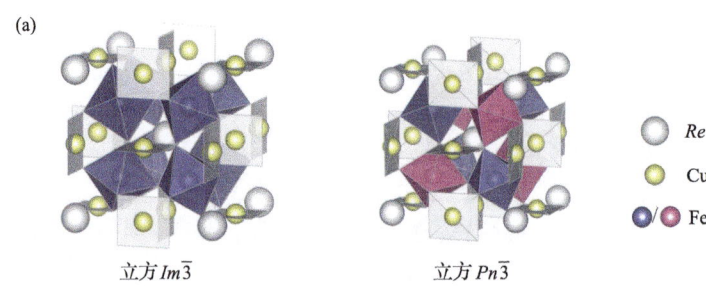

立方$Im\bar{3}$　　　　　立方$Pn\bar{3}$

第 4 章 铁基(ⅧB 族-3d)化合物中的电子相变 · 93 ·

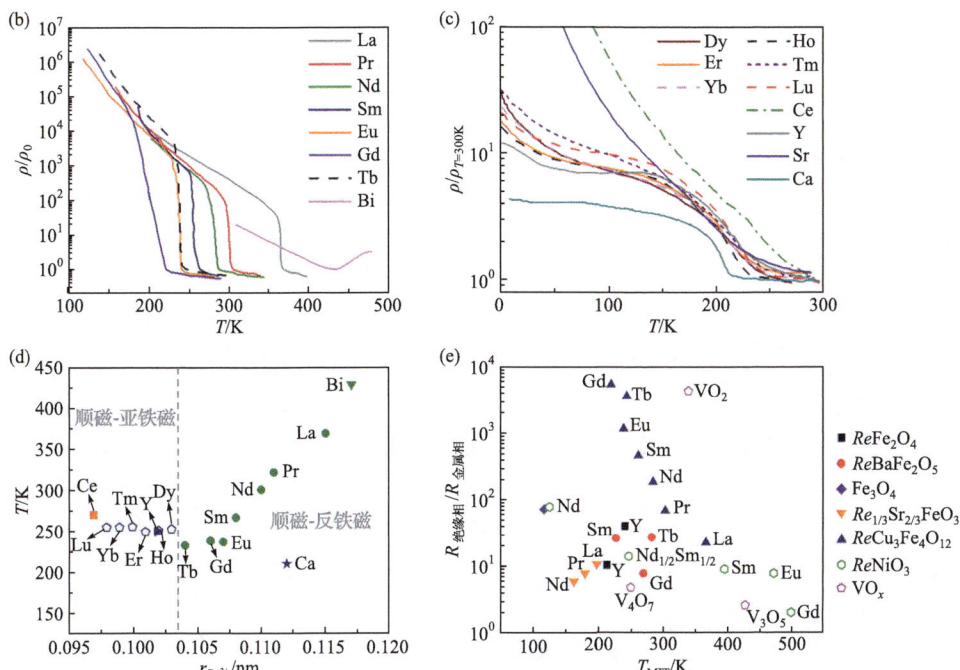

图 4-5 (a) ReCu$_3$Fe$_4$O$_{12}$ 晶体结构，高温下均为顺磁金属态，晶体结构为 $Im\bar{3}$，随着温度的降低，对于 Re=La、Pr、Nd、Sm、Eu、Gd、Tb 的化合物，低温下转变为反铁磁绝缘态，晶格膨胀但仍保持 $Im\bar{3}$ 结构，对于 Re= Dy、Ho、Er、Tm、Yb、Lu 的化合物，低温下转变为亚铁磁绝缘态，晶体结构转变为 $Pn\bar{3}$；(b) ACu$_3$Fe$_4$O$_{12}$(A=La、Pr、Nd、Sm、Eu、Gd、Tb、Bi)的电阻率与温度的关系，其中 ρ_0 分别为 473K(Bi)、400K(La)、350K(Pr、Nd)和 300K(其他)时的电阻率，A=La~Tb 来自文献[29]，A=Bi 来自文献[30]；(c) ACu$_3$Fe$_4$O$_{12}$(A=Dy、Ho、Er、Tm、Yb、Lu、Ce、Y、Sr、Ca)的电阻率与温度的关系，其中 ρ_0 为 300K 时的电阻率，A=Dy~Lu 来自文献[29]，A=Ce 来自文献[31]，A=Y 来自文献[34]，A=Sr 来自文献[33]，A=Ca 来自文献[32]；(d) ACu$_3$Fe$_4$O$_{12}$(A=La、Ce、Pr、Nd、Sm、Eu、Gd、Tb、Dy、Ho、Er、Tm、Yb、Lu、Y、Bi、Sr、Ca)转变温度与离子半径的关系，其中绿色圆点[29]和绿色三角[30]为顺磁-反铁磁转变温度(T_N)，对应 A'-B 位间电荷转移转变温度(T_{CT})，橙色方块[31]为顺磁-反铁磁转变温度(T_N)，对应电荷歧化温度(T_{CD})，蓝色五边形[29]、蓝色三角[34]与蓝色星形[32]为顺磁-亚铁磁转变温度(T_C)，对应电荷歧化温度(T_{CD})；(e) 六种铁基氧化物金属-绝缘体相变温度及电阻突变率与稀土镍基氧化物 ReNiO$_3$、钒氧化物的对比，参考文献：YFe$_2$O$_4$[13]；SmBaFe$_2$O$_5$[21]；GdBaFe$_2$O$_5$[16]；TbBaFe$_2$O$_5$[20]；Fe$_3$O$_4$[7]；$Re_{1/3}$Sr$_{2/3}$FeO$_3$(Re=La~Nd)[23]；ReCu$_3$Fe$_4$O$_{12}$(Re=La~Tb)[29]；ReNiO$_3$(Re=Nd~Gd)[35]；VO$_2$[36]；V$_3$O$_5$[37]；V$_4$O$_7$[38]

一步总结了 Re 位(包括 Bi、碱土)元素对铁基四重钙钛矿氧化物金属-绝缘体相变特征触发温度(T_{CT}、T_{CD})的调节关系，可以看出，虽然 Re 位不参与电荷转移但其

对 T_{CT} 具有明显的调控。图 4-5(e)对比了 $ReCu_3Fe_4O_{12}$ 与其他铁基氧化物以及常见金属-绝缘体相变材料在不同 T_{MIT} 下所触发的电阻率突变程度，可以看出，含有中、轻稀土元素组分的 $ReCu_3Fe_4O_{12}$ 在 200～350 K 范围内具有相对较高的特征温度触发电阻突变率，且其电阻突变率随 T_{MIT} 的降低而增加。

与上述 $La_{1-x}Sr_xFeO_3$、$ReCu_3Fe_4O_{12}$ 相比，当钙钛矿 A 位完全由+2 价元素占据时，将实现铁元素更高的+4 价态；而其中典型的代表是 $Ca_{1-x}Sr_xFeO_3$。图 4-6(a)示意了 $Ca_{1-x}Sr_xFeO_3$ 的晶体结构；当 $0 \leqslant x \leqslant 0.4$(Sr 比例较低)时，$Ca_{1-x}Sr_xFeO_3$ 具有明显的电荷歧化特性而发生金属-绝缘体相变($2Fe^{4+} \to Fe^{3+}+Fe^{5+}$ 或 $2Fe^{3+}\underline{L} \to Fe^{3+}+Fe^{3+}\underline{L}^2$)，并伴随有从高温正交结构向低温单斜($P2_1/n$)结构的转变。由于 Sr^{2+} 半径(1.44Å)大于 Ca^{2+} 半径(1.34Å)，随着 Sr 掺杂量的增加，$Ca_{1-x}Sr_xFeO_3$ 结构中的正交畸变程度逐渐减小并引起钙钛矿晶胞的膨胀。在 $x \sim 0.6$ 时，正交相和立方相共存；当掺杂浓度 $0.8 \leqslant x \leqslant 1$ 时，FeO_6 八面体倾斜被抑制，这使得 $Ca_{1-x}Sr_xFeO_3$ 更加趋近于立方结构[27]。在立方相结构中，Fe^{4+} 的 3d 与 O 的 2p 之间的相互作用足够强并将稳定金属相。$SrFeO_3$ 可以通过固相反应在常压下烧结获得[39]，而合成 $CaFeO_3$ 需要依赖大压机技术在吉帕压力下实现[40]。

图 4-6(b)[27, 41, 42]总结了不同 Ca/Sr 比例下 $Ca_{1-x}Sr_xFeO_3$ 的电阻率-温度关系曲线，可以看出，$CaFeO_3$ 在 290 K 的特征温度(T_{CD})触发下因 Fe 发生电荷歧化而发生金属-绝缘体相变。随 Sr 掺杂量的增加，T_{CD} 逐渐降低，当 Sr 含量增加到 $x=0.4$ 时对应的电荷歧化温度(T_{CD})为 200 K，而进一步增加 Sr 含量将抑制金属-绝缘体相变特性。除上述金属-绝缘体相变外，$Ca_{1-x}Sr_xFeO_3$ 还具有特征温度触发下的反铁磁(低温)-顺磁(高温)转变特性，其奈尔温度(T_N)与 Sr/Ca 比例无关，T_N 在 116～135 K 范围内，并整体低于电荷歧化温度，如图 4-6(c)[27, 41, 43]所示。$Ca_{1-x}Sr_xFeO_3$ 的低温反铁磁性源于螺旋自旋结构，其与电荷歧化无直接关联[43]，因此 T_N 随 Sr/Ca 比例无明显变化。

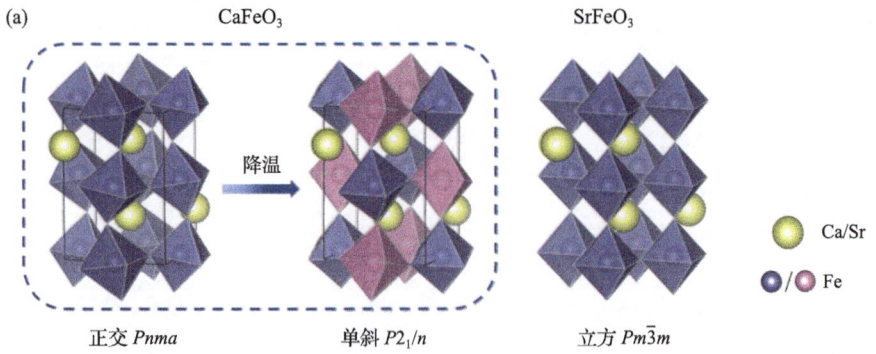

(a) $CaFeO_3$　　　　　　　　　　　　$SrFeO_3$

降温

正交 $Pnma$　　　　单斜 $P2_1/n$　　　　立方 $Pm\bar{3}m$

Ca/Sr　　○/● Fe

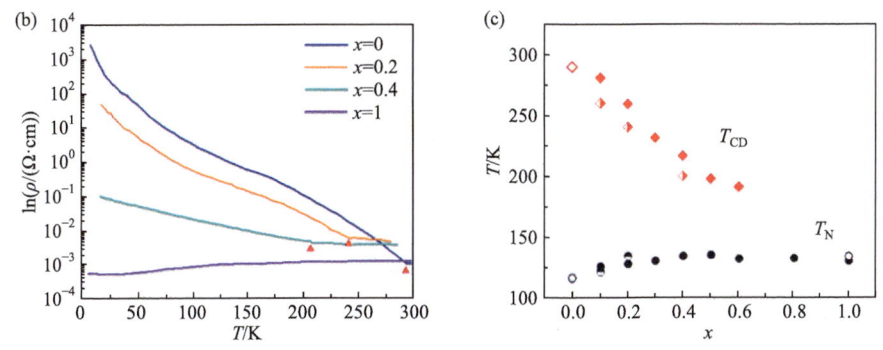

图 4-6 (a) $Ca_{1-x}Sr_xFeO_3$ 的晶体结构，当 $0 \leqslant x \leqslant 0.4$(Sr 比例较低)时，材料在高温下呈 $Pnma$ 金属态，在低温下转变为 $P2_1/n$ 绝缘态，随着 Sr 含量的增多，晶体结构转变 $Pm\bar{3}m$ 金属态，且不随温度发生变化；(b) $Ca_{1-x}Sr_xFeO_3$ 电阻率与温度的关系曲线，其中 $x=0$ 来自文献[41]，$x=0.2$ 与 0.4 来自文献[27]，$x=1$ 来自文献[42]；(c) $Ca_{1-x}Sr_xFeO_3$ 的奈尔温度(T_N)和电荷歧化温度(T_{CD}) 的成分依赖性，其中实心点来自文献[43]，半空心点来自文献[27]，空心点来自文献[41]

4.3 铁基硫族化合物

除上述氧化物外，铁元素同样可形成丰富的硫族化合物，其中，FeS 具有 NiAs 型密切相关的三硅石晶体结构，在 T_N=589 K 以下为反铁磁半导体[44]。如图 4-7(a)[45]所示，FeS 单晶的电输运特性呈现各向异性，例如，当温度降低到 420 K 左右时，在平行于 c 轴方向存在电阻率的突变，而垂直于 c 轴方向的电阻率并无明显突变。上述电阻率的突变伴随着晶体结构由高温 NiAs 型(空间群为 $P6_3mc$)转变为低温三黄铁矿结构(空间群为 $P\bar{6}2c$)[44]，其晶体结构如图 4-7(b)所示。除温度触发外，在室温下施加高压同样会诱导 FeS 发生两重电子相变。例如，压力增加到 3.5 GPa 时，FeS 转变为 MnP 型结构(空间群为 $Pnma$)，并引起电阻率的突然降低(图 4-7(b)插图)；而当压力进一步升高至 6.5 GPa 时，FeS 转变为单斜相(空间群为 $P2_1/a$)且晶胞体积减小了约 7%，其电阻率略有增加[44]。

FeSe 是晶格结构简单的铁基超导体，在常温常压条件下 FeSe 的四方相(空间群为 $P4/nmm$)与六方相(空间群为 $P6_3/mmc$)两种晶体结构均有报道，如图 4-7(c)所示。当温度降低至约 8.5 K 时，FeSe 的电阻率突然降低而出现超导性(图 4-7(a))；而施加压力可以提高其超导转变温度[46]。如图 4-7(d)所示，Fe_3S_4 具有尖晶石结构(空间群为 $Fd\bar{3}m$)，并大体呈现金属性输运关系(图 4-7(a))[47]。如图 4-7(e)所示，Fe_3Se_4 室温下具有单斜晶结构(空间群为 $C2/m$)，其在约 450 K 发生金属-绝缘体相变(一级相变)，并伴随铁磁-顺磁转变[48]。

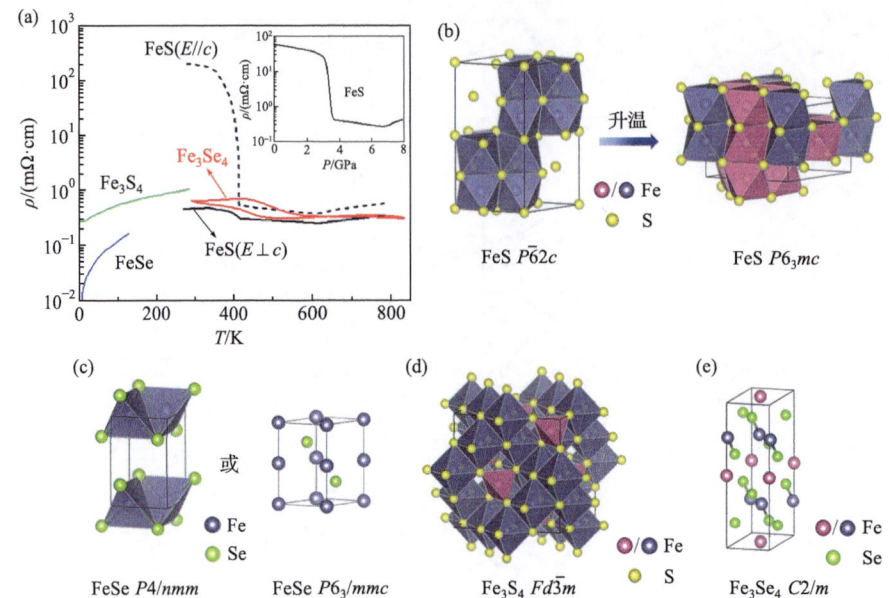

图 4-7 (a) FeS[45]、FeSe[46]、Fe$_3$S$_4$[47]与 Fe$_3$Se$_4$[48]四种化合物电阻率随温度的变化曲线，插图为施加不同压力 FeS 的电阻率变化曲线[44]；(b) FeS 在温度触发变温前后的晶体结构示意图，其中，左侧为 293 K 下的晶体结构，右侧为 530 K 下的晶体结构；(c) FeSe 的晶体结构示意图；(d) Fe$_3$S$_4$ 的晶体结构示意图；(e) Fe$_3$Se$_4$ 的晶体结构示意图

4.4 本章小结

本章介绍了以往报道的七类具有电子相变特性的铁基氧化物。驱动铁基氧化物的电子相变的机理包括电荷有序(ReFe$_2$O$_4$、ReBaFe$_2$O$_5$、Fe$_3$O$_4$ 和 $Re_{1/3}$Sr$_{2/3}$FeO$_3$)、电荷转移($Re_{1/4}$Cu$_{3/4}$FeO$_3$，Re=La～Tb)、电荷歧化($Re_{1/4}$Cu$_{3/4}$FeO$_3$，Re=Dy～Lu，Y 和 Ca$_{1-x}$Sr$_x$FeO$_3$)等。这些转变都伴随着两种不同价态 Fe 在低温绝缘相中的有序排列，同时晶体结构从金属相向绝缘相对称性降低。值得注意的是，FeO$_6$ 八面体(或 FeO$_5$ 金字塔体)的进一步扭曲会提高 ReFe$_2$O$_4$、ReBaFe$_2$O$_5$、Ca$_{1-x}$Sr$_x$FeO$_3$ 的 T_{MIT}，而 $Re_{1/3}$Sr$_{2/3}$FeO$_3$、ReCu$_3$Fe$_4$O$_{12}$ 的 T_{MIT} 会随铁氧多面体的扭曲而降低。此外，大多数铁基氧化物的 MIT 都伴随着磁转变。例如，ReFe$_2$O$_4$(A 类)、ReBaFe$_2$O$_5$、$Re_{1/3}$Sr$_{2/3}$FeO$_3$、$Re_{1/4}$Cu$_{3/4}$FeO$_3$(Re= La～Tb，Ce)和 Ca$_{1-x}$Sr$_x$FeO$_3$ 表现出反铁磁-顺磁转变，而 ReFe$_2$O$_4$(C 类)和 $Re_{1/4}$Cu$_{3/4}$FeO$_3$(Re=Dy～Lu，Y)为亚铁磁-顺磁转变。除氧化物外，FeS、Fe$_3$Se$_4$ 等铁基硫族化合物同样呈现特征温度触发下的金属-绝缘体相变特性。

相比于钒氧化合物、稀土镍基氧化物等电子相变材料，多数铁基氧化物在金属-绝缘体相变中所触发的电阻率突变程度不高,例如 ReFe$_2$O$_4$(Re=Tm~Lu)、ReCu$_3$Fe$_4$O$_{12}$(Re=Dy~Lu, Y)、$Re_{1/3}$Sr$_{2/3}$FeO$_3$(Re=Sm, Gd)和 Ca$_{1-x}$Sr$_x$FeO$_3$ 的金属-绝缘体相变为二级转变;而尽管 YFe$_2$O$_4$、ReBaFe$_2$O$_5$、$Re_{1/3}$Sr$_{2/3}$FeO$_3$(Re=La~Nd)被认为属于一级相变,但其电阻率突变程度普遍低于镍基氧化物或钒氧化合物。虽然 $Re_{1/4}$Cu$_{3/4}$FeO$_3$(Re= La~Tb)具有一级金属-绝缘体相变特性并可触发较大的电阻率突变程度,但其材料合成依赖大压机技术,因此目前难以实现材料的放量制备。总体来看,关于铁基氧化物电子相变材料的研究仍处于基础探索阶段;而利用高压合成技术已实现具有更高铁元素价态(+4 价以上)的新氧化物体系,因此更多具有潜在电子相变与磁转变特性的铁基氧化物有待发现。

参 考 文 献

[1] Verwey E. Electronic conduction of magnetite (Fe$_3$O$_4$) and its transition point at low temperatures [J]. Nature, 1939, 144(3642): 327-328.

[2] Adler D. Mechanisms for metal-nonmental transitions in transition-metal oxides and sulfides [J]. Rev Mod Phys, 1968, 40(4): 714-736.

[3] Brabers V, Walz F, Kronmüller H. Impurity effects upon the Verwey transition in magnetite [J]. Phys Rev B, 1998, 58(21): 14163-14166.

[4] Wright J P, Attfield J P, Radaelli P G. Charge ordered structure of magnetite Fe$_3$O$_4$ below the Verwey transition [J]. Phys Rev B, 2002, 66(21): 214422.

[5] Delille F, Dieny B, Moussy J B, et al. Study of the electronic paraprocess and antiphase boundaries as sources of the demagnetisation phenomenon in magnetite [J]. J Magn Magn Mater, 2005, 294(1): 27-39.

[6] Matsui M, Todo S, Chikazumi S. Specific heat and electrical conductivity of low temperature phase of magnetite [J]. J Phys Soc Japan, 1977, 42(5): 1517-1524.

[7] Ziese M, Blythe H. Magnetoresistance of magnetite [J]. J Phys Condens Matter, 2000, 12(1): 13-28.

[8] Varshney D, Yogi A. Structural and transport properties of stoichiometric Mn^{2+}-doped magnetite: Fe$_{3-x}$Mn$_x$O$_4$ [J]. Mater Chem Phys, 2011, 128(3): 489-494.

[9] Kąkol Z, Owoc D, Przewoźnik J, et al. The effect of doping on global lattice properties of magnetite Fe$_{3-x}$Me$_x$O$_4$ (Me=Zn, Ti and Al) [J]. J Solid State Chem, 2012, 192: 120-126.

[10] Yamada Y, Kitsuda K, Nohdo S, et al. Charge and spin ordering process in the mixed-valence system LuFe$_2$O$_4$: Charge ordering [J]. Phys Rev B, 2000, 62(18): 12167-12174.

[11] Blasco J, Lafuerza S, García J, et al. Characterization of competing distortions in YFe$_2$O$_4$ [J]. Phys Rev B, 2016, 93(18): 184110.

[12] Blasco J, Lafuerza S, García J, et al. Structural properties in RFe$_2$O$_4$ compounds (R=Tm, Yb, and Lu) [J]. Phys Rev B, 2014, 90(9): 094119.

[13] Tanaka M, Akimitsu J, Inada Y, et al. Conductivity and specific heat anomalies at the low temperature transition in the stoichiometric YFe$_2$O$_4$ [J]. Solid State Commun, 1982, 44(5): 687-690.

[14] Kishi M, Nakagawa Y, Tanaka M, et al. Low-temperature transitions of RFe$_2$O$_4$ [J]. J Magn Magn

Mater, 1983, 31: 807-808.

[15] Kim D H, Hwang J, Lee E, et al. Interplay between R 4f and Fe 3d states in charge-ordered $R\text{Fe}_2\text{O}_4$(R=Er, Tm, Lu) [J]. Phys Rev B, 2013, 87(18): 184409.1-184409.6.

[16] Urushihara D, Matsumura T, Nakajima K, et al. Charge ordering and successive phase transitions of mixed-valence iron oxide $\text{GdBaFe}_2\text{O}_5$ [J]. J Solid State Chem, 2020, 282: 121069.

[17] Pratt D K, Chang S, Tian W, et al. Checkerboard to stripe charge ordering transition in $\text{TbBaFe}_2\text{O}_5$ [J]. Phys Rev B, 2013, 87(4): 045127.1-045127.5.

[18] Karen P. Chemistry and thermodynamics of the twin charge-ordering transitions in $R\text{BaFe}_2\text{O}_{5+w}$ series [J]. J Solid State Chem, 2004, 177(1): 281-292.

[19] Lindén J, Karen P, Kjekshus A, et al. Valence-state mixing and separation in $\text{SmBaFe}_2\text{O}_{5+w}$ [J]. Phys Rev B, 1999, 60(22): 15251-15260.

[20] Karen P, Woodward P M, Lindén J, et al. Verwey transition in mixed-valence $\text{TbBaFe}_2\text{O}_5$: Two attempts to order charges [J]. Phys Rev B, 2001, 64(21): 214405.

[21] Karen P, Woodward P M, Santhosh P N, et al. Verwey transition under oxygen loading in $R\text{BaFe}_2\text{O}_{5+w}$ (R=Nd and Sm) [J]. J Solid State Chem, 2002, 167(2): 480-493.

[22] Woodward P M, Suard E, Karen P. Structural tuning of charge, orbital, and spin ordering in double-cell perovskite series between $\text{NdBaFe}_2\text{O}_5$ and $\text{HoBaFe}_2\text{O}_5$ [J]. J Am Chem Soc, 2003, 125(29): 8889-8899.

[23] Park S, Ishikawa T, Tokura Y, et al. Variation of charge-ordering transitions in $R_{1/3}\text{Sr}_{2/3}\text{FeO}_3$ (R=La, Pr, Nd, Sm, and Gd) [J]. Phys Rev B, 1999, 60(15): 10788.

[24] Blasco J, Sánchez M C, García J, et al. Growth of $\text{Sr}_{2/3}Ln_{1/3}\text{FeO}_3$ (Ln=La, Pr, and Nd) single crystals by the floating zone technique [J]. J Cryst Growth, 2008, 310(13): 3247-3250.

[25] Onose M, Takahashi H, Sagayama H, et al. Complete phase diagram of $\text{Sr}_{1-x}\text{La}_x\text{FeO}_3$ with versatile magnetic and charge ordering [J]. Phys Rev Mater, 2020, 4(11): 114420.

[26] Matsuno J, Mizokawa T, Fujimori A, et al. Different routes to charge disproportionation in perovskite-type Fe oxides [J]. Phys Rev B, 2002, 66(19): 193103.

[27] Takeda T, Kanno R, Kawamoto Y, et al. Metal-semiconductor transition, charge disproportionation, and low-temperature structure of $\text{Ca}_{1-x}\text{Sr}_x\text{FeO}_3$ synthesized under high-oxygen pressure [J]. Solid State Sci, 2000, 2(7): 673-687.

[28] Long Y W, Hayashi N, Saito T, et al. Temperature-induced A-B intersite charge transfer in an A-site-ordered $\text{LaCu}_3\text{Fe}_4\text{O}_{12}$ perovskite [J]. Nature, 2009, 458(7234): 60-63.

[29] Yamada I, Etani H, Tsuchida K, et al. Control of bond-strain-induced electronic phase transitions in iron perovskites [J]. Inorg Chem, 2013, 52(23): 13751-13761.

[30] Long Y, Saito T, Tohyama T, et al. Intermetallic charge transfer in A-site-ordered double perovskite $\text{BiCu}_3\text{Fe}_4\text{O}_{12}$ [J]. Inorg Chem, 2009, 48(17): 8489-8492.

[31] Yamada I, Etani H, Murakami M, et al. Charge-order melting in charge-disproportionated perovskite $\text{CeCu}_3\text{Fe}_4\text{O}_{12}$ [J]. Inorg Chem, 2014, 53(21): 11794-11801.

[32] Yamada I, Takata K, Hayashi N, et al. A perovskite containing quadrivalent iron as a charge-disproportionated ferrimagnet [J]. Angew Chem Int Ed, 2008, 47(37): 7032-7035.

[33] Yamada I, Shiro K, Etani H, et al. Valence transitions in negative thermal expansion material

SrCu$_3$Fe$_4$O$_{12}$ [J]. Inorg Chem, 2014, 53(19): 10563-10569.

[34] Etani H, Yamada I, Ohgushi K, et al. Suppression of intersite charge transfer in charge-disproportionated perovskite YCu$_3$Fe$_4$O$_{12}$ [J]. J Am Chem Soc, 2013, 135(16): 6100-6106.

[35] Chen J, Hu H, Wang J, et al. Overcoming synthetic metastabilities and revealing metal-to-insulator transition & thermistor bi-functionalities for d-band correlation perovskite nickelates [J]. Mater Horizons, 2019, 6(4): 788-795.

[36] Nakano M, Shibuya K, Okuyama D, et al. Collective bulk carrier delocalization driven by electrostatic surface charge accumulation [J]. Nature, 2012, 487(7408): 459-462.

[37] Andreev V, Klimov V. Specific features of electrical conductivity of V$_3$O$_5$ single crystals [J]. Phys Solid State, 2011, 53(12): 2424-2430.

[38] Hodeau J L, Marezio M. The crystal structure of V$_4$O$_7$ at 120° K [J]. J Solid State Chem, 1978, 23(3/4): 253-263.

[39] Watanabe H. Magnetic properties of perovskites containing strontium I. Strontium-rich ferrites and cobaltites [J]. J Phys Soc Japan, 1957, 12(5): 515-522.

[40] Kanamaru F, Miyamoto H, Mimura Y, et al. Synthesis of a new perovskite CaFeO$_3$ [J]. Mater Res Bull, 1970, 5(4): 257-261.

[41] Fujioka J, Ishiwata S, Kaneko Y, et al. Variation of charge dynamics upon the helimagnetic and metal-insulator transitions for perovskite AFeO$_3$(A= Sr and Ca) [J]. Phys Rev B, 2012, 85(15): 155141.1-155141.5.

[42] Matsuno J, Mizokawa T, Fujimori A, et al. Photoemission and Hartree-Fock studies of oxygen-hole ordering in charge-disproportionated La$_{1-x}$Sr$_x$FeO$_3$ [J]. Phys Rev B, 1999, 60(7): 4605-4608.

[43] Kawanaka H, Kawawa E, Nishihara Y, et al. Magnetic properties of perovskite Ca$_{1-x}$Sr$_x$FeO$_3$ [J]. AIP Adv, 2018, 8(10): 101418.

[44] Kobayashi H, Takeshita N, Môri N, et al. Pressure-induced semiconductor-metal-semiconductor transitions in FeS [J]. Phys Rev B, 2001, 63(11): 115203.

[45] Murakami M. Anisotropy of electrical conduction in iron sulfide single crystal [J]. J Phys Soc Japan, 1961, 16(2): 187-192.

[46] Tanatar M A, Böhmer A E, Timmons E I, et al. Origin of the resistivity anisotropy in the nematic phase of FeSe [J]. Phys Rev Lett, 2016, 117(12): 127001.

[47] Nozaki H. Galvanomagnetic properties of Fe$_3$S$_4$ [J]. J Appl Phys, 1980, 51(1): 486-489.

[48] Snyder G, Caillat T, Fleurial J P. Thermoelectric properties of Cr$_3$S$_4$-type selenides [J]. MRS Proceedings, 2011, 545: 333-338.

第 5 章 钴基(ⅧB 族-3d)化合物中的电子相变

钴(Co: $3d^74s^2$)元素是除镍、铁以外第四周期 3d 轨道Ⅷ族元素中的最后一员，其通常以+2、+3、+4 及其中间价态形成氧化物。与铁元素相似，钴元素同样可形成如稀土钴基钙钛矿(ReCoO$_3$)、碱土钴基钙钛矿(AECoO$_3$)、稀土碱土共占位钴基钙钛矿($Re_{1-x}AE_x$CoO$_3$)、缺氧型 A 位有序钴基层状双钙钛矿(ReBaCo$_2$O$_{5.5}$)、钴基四重钙钛矿(ReCu$_3$Co$_4$O$_{12}$、AECu$_3$Co$_4$O$_{12}$)、RP 相层状钙钛矿氧化物(AE_2CoO$_4$、$ReAE$Co$_2$O$_4$)等丰富的钙钛矿家族氧化物。其中，ReCoO$_3$、ReBaCo$_2$O$_{5.5}$ 在室温附近及以上呈现出金属-绝缘体相变特性，其被认为与钴元素在低($t_{2g}^6e_g^0$, $s=0$)、中($t_{2g}^5e_g^1$, $s=1$)、高($t_{2g}^4e_g^2$, $s=2$)等自旋态间的转变密切相关。而稀土碱土共占位钴基钙钛矿中的金属-绝缘体相变特性仅在 Pr$_{1-x}$Ca$_x$CoO$_3$ 或 (Pr$_{1-y}Re_y$)$_{1-x}$Ca$_x$CoO$_3$ 体系中观察到并大多出现于低温范围，其主要源于 Pr、Co 元素位间的电荷转移(Pr^{3+}/Co^{4+}→Pr^{4+}/Co^{3+})，这与在稀土碱土共占位的锰基、铁基 113 型钙钛矿氧化物中的金属-绝缘体相变完全不同。与第 3、4 章所介绍的镍、铁等元素相比，钴元素在钙钛矿氧化物结构中更易实现+4 价，因此在钴基钙钛矿氧化物的电子相变特性设计中，应协同考虑价态、八面体扭曲等因素对轨道构型与填充的综合影响。本章将重点介绍上述钴基钙钛矿体系氧化物中的潜在电子相变与磁转变特性；而铑、铱等第五、第六周期Ⅷ族元素(铂系元素)化合物的电子相变特性将在第 6 章中具体介绍。

5.1　113 型钴基钙钛矿氧化物

当 113 型钴基钙钛矿氧化物 A 位由稀土(Re)、Bi 等+3 价元素占据时，同为+3 价的钴元素 d 轨道中的电子排布方式可呈现低($t_{2g}^6e_g^0$, $s=0$)、中($t_{2g}^5e_g^1$, $s=1$)、高($t_{2g}^4e_g^2$, $s=2$)等自旋态，并在外场触发下实现多种自旋态间的可逆转变。如图 5-1(a)所示，在 ReCoO$_3$ 体系中，LaCoO$_3$ 为菱形结构(空间群为 $R\bar{3}C$)，而含有其他稀土元素的 ReCoO$_3$ 为正交结构(空间群为 $Pbnm$)。A 位为中、轻稀土组分的 ReCoO$_3$ 通常可以在空气或常压氧气气氛下通过 Re_2O$_3$、Co$_3$O$_4$ 等前驱体间的高温固相反应生长，且可通过浮区法生长其单晶；而当 A 位为重稀土组分时，ReCoO$_3$ 通常需要借助高氧压等条件实现材料生长。图 5-1(b)总结了含有不同稀土元素的 ReCoO$_3$ 其单、多晶样品的电阻率-温度曲线[1]，可以看出，ReCoO$_3$ 的金属-绝缘体相变温度在高温范围，其仅引起阻温关系的改变而无电阻率的明显突变，并且晶格效应对于 $ReCoO_3$(Re=Sm、Tb、Dy、Ho 和 Er)的自旋和荷序性质起着重要作用，它们通常由 CoO_6 八面体的 Jahn-Teller 型畸变及其倾斜度相关的应变来描述。随着稀土离子半径的减小，$ReCoO_3$ 中钴氧八面体扭曲程度增加，使得 p-d 轨道杂化程度降低，从而稳定材料绝缘体相并提高金属-绝缘体相变温度。除金属-绝缘体相变以外，$ReCoO_3$ 在低温范围还存在非磁(低温)-顺磁(高温)转变，且随着稀土离子半径的减小，$ReCoO_3$ 非磁-顺磁转变温度升高。图 5-1(c)中的实线总结了 $ReCoO_3$ 金属-绝缘体相变温度、磁转变温度随稀土离子半径的变化关系[2]。

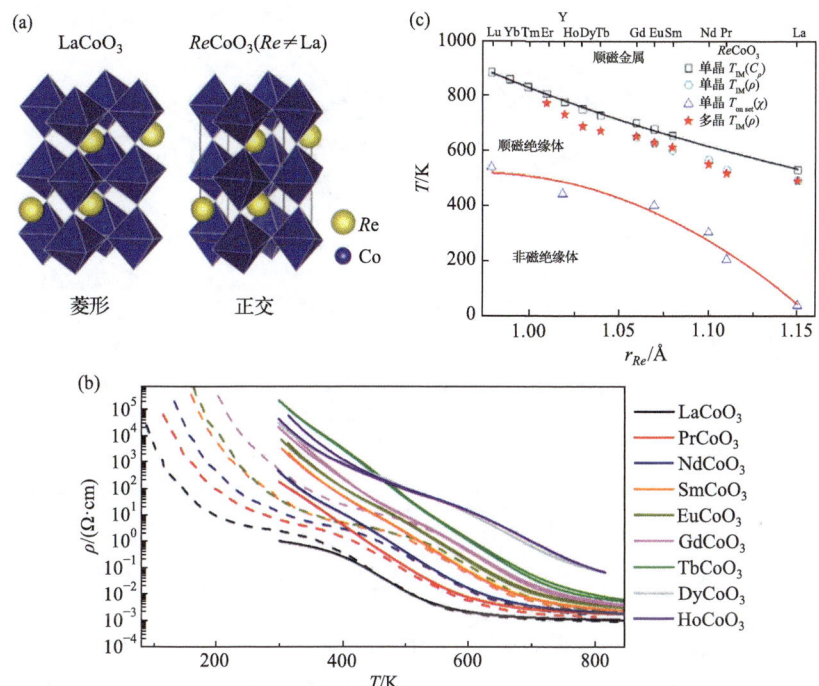

图 5-1 (a) $LaCoO_3$ 和 $ReCoO_3$($Re\neq La$)的晶体结构；(b) $ReCoO_3$ 单、多晶样品的电阻率-温度曲线[1]；(c) $ReCoO_3$ 金属-绝缘体相变温度、磁转变温度随稀土离子半径的变化关系[2]

与 $ReCoO_3$ 相比，$BiCoO_3$ 具有更高的四方畸变程度，即在高 c/a(1.267)下 Co^{3+} 从八面体中心偏移导致金字塔配位而不是八面体配位，从而引起与 $PbTiO_3$ 相似的极性结构畸变。与可在空气中合成的 $ReCoO_3$ 不同，$BiCoO_3$ 的材料合成需要依赖立方砧型大压机在 6 GPa 高压下 $KClO_4$ 等制氧剂共存的贵金属胶囊中实现。$BiCoO_3$ 在分解温度(733 K)以下始终呈现半导体相(绝缘体相)电输运关系，并在 420 K(T_N)以下表现出 C 型反铁磁有序性。值得注意的是，$BiCoO_3$ 在 45 K 以下的有序磁矩为 3.24 μ_B，表明 Co^{3+} 处于高自旋(HS)$t_{2g}^4 e_g^2$[3]，这区别于 $LaCoO_3$ 中 Co^{3+}

在低温度下处于低自旋(LS)态。

虽然 $BiCoO_3$ 的电子相变难以在分解温度以下由特征温度触发，但可通过在室温附近施加高压而触发。图 5-2(b)给出了 $BiCoO_3$ 在室温附近晶胞体积随压力的变化关系，可以看出，在吉帕范围的特征压力将引起其晶胞体积约 13%的突变，并伴随从低压四方 $PbTiO_3$ 型(空间群为 $P4mm$)到高压斜方晶系 $GdFeO_3$ 型(空间群为 $Pbnm$)的一级结构相变。图 5-2(c)总结了压力触发下 $BiCoO_3$、$BiCo_{1-x}Ti_xO_3$ 的电阻率变化关系，可以看出，压力触发相变引起了电阻率约 3 个数量级的降低，并被归结于结构转变所引起的 Co^{3+} 的自旋态由高压下的高自旋(HS)态向低压下的中自旋(IS)态转变[3]。

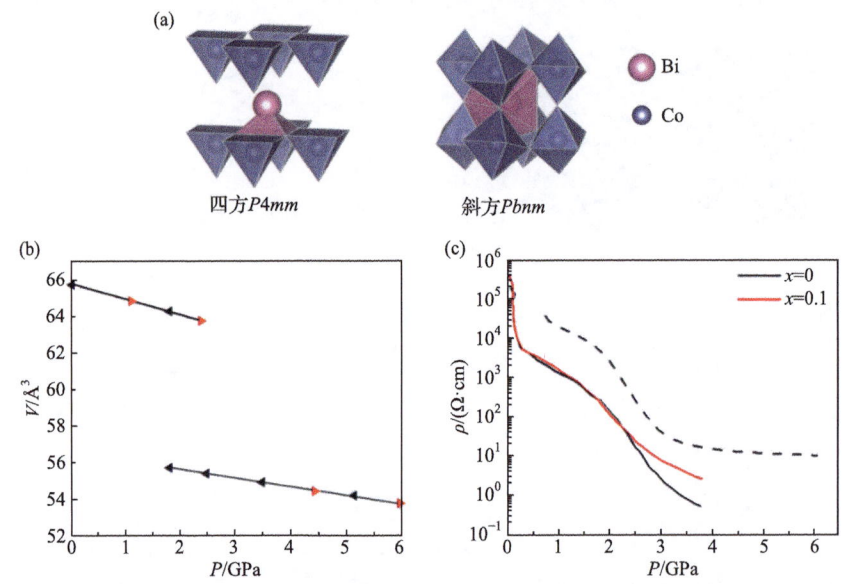

图 5-2 (a) $BiCoO_3$ 的晶体结构，0.1 MPa 下时为四方 $PbTiO_3$ 型(空间群为 $P4mm$，左图)，在 5.8 GPa 下为斜方晶系 $GdFeO_3$ 型(空间群为 $Pbnm$，右图)；(b) $BiCoO_3$ 晶胞体积的压力依赖性，实线和空心符号分别表示升压和降压下的数据[3]；(c) 在 300 K 时 $BiCo_{1-x}Ti_xO_3$(x=0、0.1)的电阻率与压力的关系，其中虚线来自文献[3]，实线来自文献[4]

以往研究发现，$BiCoO_3$ 的四方相对于少量元素掺杂是相对稳定的，即用少量稀土元素取代 Bi 或少量 Ti 取代 Co 均可以维持材料的四方相结构；然而当取代量达到临界值时，将触发材料晶体结构从四方相到正交相的剧烈转变。例如，对于 Ti^{4+} 取代 Co^{3+} 得到的 $BiCo_{1-x}Ti_xO_3$，当 $x \leqslant 0.2$ 时四方相的 c/a 值几乎保持不变，电阻率随着 Ti^{4+} 取代 Co^{3+} 的增加而逐渐增加；而在 x=0.2~0.25 时材料发生了从四方相到正交相的剧烈结构变化，c/a 显著下降。磁性测量表明，Co^{3+} 在四方相中处于高自旋态，在正交相中处于低自旋态，表明 Co^{3+} 的自旋态与结构转变之间存在强耦合[4]。

Shimakawa 等提出一种假设，Co^{3+} 的 HS d^6 电子排布增强了 $BiCoO_3$ 的结构畸变。假设六个电子中的五个电子分别进入五个 d 轨道中，则会引起四方畸变，以便最后一个电子进入能量最低的非简并 d_{xy} 轨道。由于 d_{xy} 轨道距较短的顶端氧化物阴离子较远，因此 d_{xy} 轨道的能量比简并的 d_{yz} 和 d_{zx} 轨道低得多。因此，锥体配位在 HS d^6 系统中稳定，以解除轨道简并性[3]。该模型类似于在 $V^{4+}(d^1)$ 氧化物中常见的偏心氧钒畸变，并且似乎是由 $BiCoO_3$ 中的 Bi^{3+} 畸变共同驱动的。然而，根据结构分析结果，$BiCoO_3$ 的高压相中 Co^{3+} 处于低自旋状态。这种结构分析结果与同步辐射测量得到的结果相矛盾，后者显示 Co^{3+} 处于中间自旋状态。目前还不清楚这种差异的原因。总的来说，$BiCoO_3$ 的磁性变化与 Co^{3+} 的自旋态变化密切相关。然而，关于 $BiCoO_3$ 高压相的磁性和自旋态仍需要进一步的研究。

除上述稀土、铋等正三价元素外，钴基 113 型钙钛矿 A 位还可以由碱土元素 (AE) 等正二价元素占据；钴因呈现更高价态 Co^{4+} (或 $Co^{3+}\underline{L}$) 而导致电荷转移能的降低 ($\Delta_{CT}<0$ 或 ~ 0)。此时，具有较高价态的 Co^{4+} 更倾向于呈现低自旋电子排布 $Co^{3+}(t_{2g}^6 e_g^0, s=0)\underline{L}(s=1/2)$，其等效于 $Co^{4+}(t_{2g}^5 e_g^0, s=1/2)$。由此引起的氧元素 p 轨道中的空穴形成将可能作为巡游态载流子而使材料呈现金属性电输运关系。图 5-3(a) 示意了 $CaCoO_3$、$SrCoO_3$、$BaCoO_3$ 等碱土钴基钙钛矿氧化物的晶体结构，其中 $CaCoO_3$ 在室温下为正交结构(空间群为 $Pbnm$)，$SrCoO_3$ 为立方结构(空间群为 $Pm\bar{3}m$)，$BaCoO_3$ 为六方结构(空间群为 $P6_3/mmc$)。由于 $AECoO_3$ 中的钴元素处于 +4 价，其材料合成大多需要借助高氧压环境。例如，Osaka 首先将 $CaCO_3$、Co_3O_4 等前驱体在氧气流中煅烧并水淬而得到缺氧钙钛矿 $Ca_2Co_2O_{5+w}$，再将其与制氧剂 $NaClO_3$ 封入金胶囊中，在 8 GPa、480℃条件下退火 1 h 合成 $CaCoO_3$。Sakurai 等[5]利用 SrO_2 和 Co 粉在 6 GPa 高压、1000～1500℃条件下合成 $SrCoO_3$；而 Taguchi 等在常压氧气流中通过前驱体间固相反应，大多仅能合成存在氧空位的 $SrCoO_{2.96}$、$SrCoO_{2.93}$、$SrCoO_{2.85}$、$SrCoO_{2.7}$[6]等材料。Yamaura 等[7]利用 $BaCO_3$、Co_3O_4 为前驱体首先在空气中煅烧，并进一步在 38 MPa 氧压、700℃条件下退火后合成 $BaCoO_3$。图 5-3(b)总结了 $CaCoO_3$、$SrCoO_3$、$BaCoO_3$ 的电阻率-温度曲线，可以看出，在低温范围内 $CaCoO_3$ 和 $SrCoO_3$ 均呈类金属输运关系，$BaCoO_3$ 呈现半导体输运特性。磁性方面，$CaCoO_3$ 基态处于中自旋态($t_{2g}^4 e_g^1, s=3/2$)，在 $T_N=95K$ 时呈现反铁磁(低温)-顺磁(高温)转变特性；$SrCoO_3$ 基态处于中自旋态($t_{2g}^4 e_g^1, s=3/2$)，在 $T_C=175$ K 时呈现铁磁(低温)-顺磁(高温)转变特性；$BaCoO_3$ 具有超顺磁性，处于低自旋态($t_{2g}^5 e_g^0, s=1/2$)。

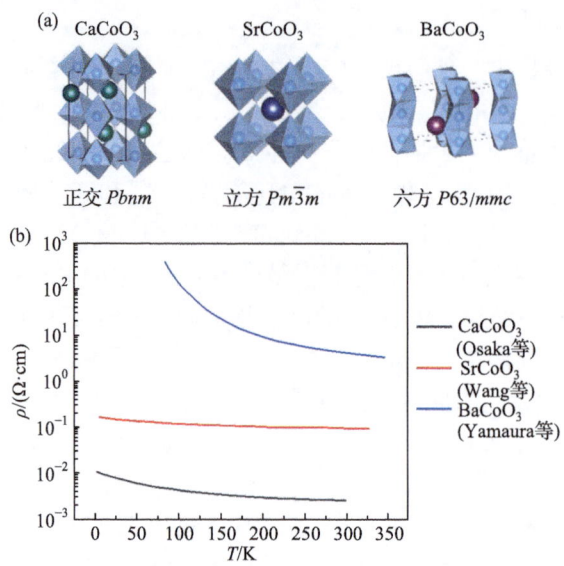

图 5-3 (a) AECoO$_3$ 的晶体结构；(b) AECoO$_3$ 的电阻率-温度关系曲线[5-7]

可见，当钴基钙钛矿 A 位由稀土元素占据时，钴元素为+3 价的材料的低温基态呈现中、低自旋态绝缘体相；而 A 位为 Sr、Ca 等碱土元素占据时，钴元素为+4 价，材料低温基态呈现低自旋态，并因氧 p 轨道所形成的巡游态空穴而倾向于呈现类金属相。然而，当 A 位由稀土碱土共同占据时，$Re_{1-x}AE_x$CoO$_3$ 因 p 轨道空穴的影响未呈现出类似 $Re_{1-x}AE_x$MnO$_3$ 的金属-绝缘体、绝缘体-金属相变特性(详见第 8 章)。此外，与 $Re_{1-x}AE_x$MnO$_3(x<0.5)$ 由双交换作用引起的铁磁性不同，以 La$_{0.2}$Sr$_{0.8}$CoO$_3$ 为代表的空穴掺杂 $Re_{1-x}AE_x$CoO$_3(x<0.5)$ 所呈现的铁磁金属性源于其中的高自旋 Co^{3+}($t_{2g}^5 e_g^1$, $s=1$)与低自旋 Co^{4+}($t_{2g}^5 e_g^0$, $s=1/2$)间的 e_g-e_g 轨道电子跳跃。

但值得注意的是，在与 PrCoO$_3$ 具有类似正交结构的 Pr$_{1-x}$Ca$_x$CoO$_3$(空间群为 $Pnma$)中，Pr-4f 与 O-2p 轨道间杂化导致 Pr 与 Co 格点的 AB 位电荷转移特性 (Pr^{3+}/Co^{4+}→Pr^{4+}/Co^{3+})[8]，并因此呈现特征温度触发下的金属-绝缘体相变特性。另外值得注意的是，具有金属-绝缘体相变的 Pr$_{1-x}$Ca$_x$CoO$_3$ 或 (Pr$_{1-y}$Re$_y$)$_{1-x}$Ca$_x$CoO$_3$ 的合成大多依赖于氧气流或高氧压气氛；这区别于 La$_{1-x}$Ca$_x$CoO$_3$、Gd$_{1-x}$Ca$_x$CoO$_3$、Dy$_{1-x}$Ca$_x$CoO$_3$、Ho$_{1-x}$Ca$_x$CoO$_3$ 等可在空气中合成的其他稀土元素的传统 113 型稀土碱土共占位钴基钙钛矿氧化物材料。图 5-4(a)总结了 Pr$_{1-x}$Ca$_x$CoO$_3$ 及 (Pr$_{0.8}$Sm$_{0.2}$)$_{0.7}$Ca$_{0.3}$CoO$_3$ 的电阻率-温度关系曲线[9, 10]。可以看出，少量 Ca 的取代使得 Pr$_{1-x}$Ca$_x$CoO$_3$ 的电输运关系由绝缘体相迅速转变为金属相(或类金属相)。当 $x=0.5$、0.55 时，样品分别在 80 K、105 K 呈现金属-绝缘体相变特性，并同时发生铁磁(低温)-顺磁(高温)转变。而当 x 偏离上述组分时，Pr$_{1-x}$Ca$_x$CoO$_3$ 的金属-绝

缘体相变特性迅速消失，但依然存在铁磁-顺磁转变(例如，当 $x = 0.4$ 时，$T_c = 70$ K；当 $x = 0.3$ 时，$T_c = 50$ K；当 $x = 0.2$ 时，$T_c = 15$ K)；而 $Pr_{0.5}Ca_{0.5}CoO_3$ 并未呈现类似于 $Pr_{0.5}Ca_{0.5}MnO_3$ 的明显电荷有序转变特性。此外，氧元素组分同样将影响 $Pr_{0.5}Ca_{0.5}CoO_3$ 的金属-绝缘体相变特性；如图 5-4(a)所示，氧空位的产生使 $Pr_{0.5}Ca_{0.5}CoO_{3-w}$ 金属-绝缘体相变消失，并在测量温度范围内始终呈现金属态。Peng 等[11]认为，一方面氧空位的产生会降低 Co 的价态并增加电子对 e_g 轨道的占据，另一方面氧空位的产生还将减弱 CoO_6 八面体的畸变程度以及电子-晶格耦合作用；上述两方面均破坏电子局域态并提高金属相的相对稳定性。

为实现对金属-绝缘体相变特征触发温度的进一步调节，可维持 $(Pr_{1-y}Re_y)_{1-x}Ca_xCoO_3$ 相同的稀土碱土比例(x 不变)并用其他稀土元素部分取代 Pr (调节 y)。例如，图 5-4(b)总结了 $(Pr_{1-y}Re_y)_{0.7}Ca_{0.3}CoO_3$(Sm 之前)的典型阻温关系曲线[10]，从插图中可以看出，当稀土、碱土比例接近 7:3 时，随着 Sm 对 Pr 取代量的增加，金属-绝缘体相变温度增大，且由相变引起的电阻率突变程度减小。图 5-4(c)总结了 $(Pr_{0.8}Re_{0.2})_{0.7}Ca_{0.3}CoO_3$($Re$=Sm、Gd、Tb、Y)和 $(Pr_{0.78}Eu_{0.22})_{0.7}Ca_{0.3}CoO_3$ 的电阻率-温度关系曲线[10,12-14]，可以从插图中看出，随着稀土离子半径逐渐减小，金属-绝缘体相变温度增大，且由相变引起的电阻率突变程度减小。值得注意的是，A 位由具有变价特性的稀土元素 Pr 占据是实现电荷转移与金属-绝缘体相变特性的关键因素。如图 5-4(d)所示，具有相同化学计量比而稀土位由其他元素占据的 $Re_{1-x}Ca_xCoO_3$ 中均未观察到金属-绝缘体相变特性[15-19]。此外，具有较小离子半径的碱土元素 Ca 的引入，同样对维持钴氧八面体畸变从而实现有效电荷转移起到了关键作用。如图 5-4(e)、(f)所示，由离子半径较大的 Sr 元素取代稀土位的 $Pr_{1-x}Sr_xCoO_3$、$Re_{1-x}Sr_xCoO_3$ 中均未观察到类似的金属-绝缘体相变特性[20-25]。

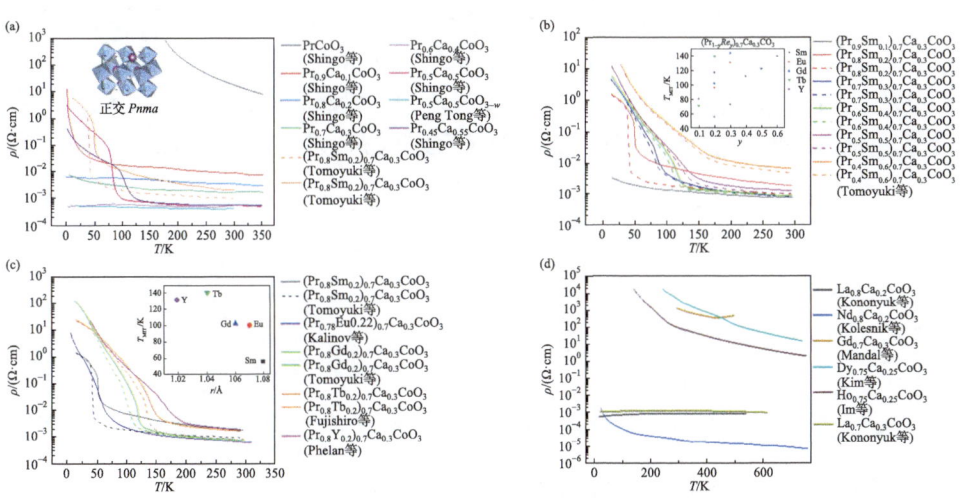

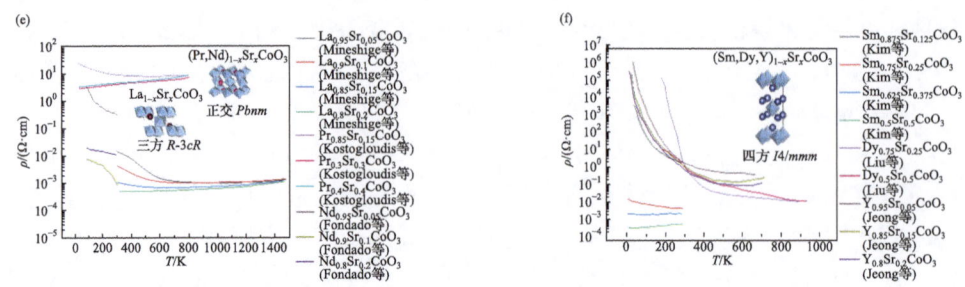

图 5-4 (a) $Pr_{1-x}Ca_xCoO_3$ 及 $(Pr_{0.8}Sm_{0.2})_{0.7}Ca_{0.3}CoO_3$ 的电阻率-温度关系曲线,插图为 $Re_{1-x}Ca_xCoO_3$ 体系的晶体结构[9, 10];(b) $(Pr_{1-y}Sm_y)_{0.7}Ca_{0.3}CoO_3$ 的电阻率-温度关系曲线[8],插图为 $(Pr_{1-y}Re_y)_{0.7}Ca_{0.3}CoO_3$ 的转变温度和 Re 位(Re=Sm、Eu、Gd、Tb、Y)掺杂量的关系曲线;(c) $(Pr_{0.8}Re_{0.2})_{0.7}Ca_{0.3}CoO_3$($Re$=Sm、Gd、Tb、Y)和 $(Pr_{0.78}Eu_{0.22})_{0.7}Ca_{0.3}CoO_3$ 的电阻率-温度关系曲线,插图为 $(Pr_{0.8}Re_{0.2})_{0.7}Ca_{0.3}CoO_3$($Re$=Sm、Gd、Tb、Y)和 $(Pr_{0.78}Eu_{0.22})_{0.7}Ca_{0.3}CoO_3$ 的转变温度与 Re 位离子半径的关系曲线[10, 12-14],其中虚线为降温曲线,实线为升温曲线;(d) $Re_{1-x}Ca_xCoO_3$ 的电阻率-温度关系曲线[15-19];(e) $Pr_{1-x}Sr_xCoO_3$ 的电阻率-温度关系曲线[20-22],插图为 $Re_{1-x}Ca_xCoO_3$(Re = La、Pr、Nd)体系的晶体结构;(f) $Re_{1-x}Sr_xCoO_3$ 的电阻率-温度关系曲线[23-25],插图为 $Re_{1-x}Ca_xCoO_3$(Re = Sm、Dy、Y)体系的晶体结构,其中虚线为降温曲线,实线为升温曲线

5.2 钴基层状钙钛矿与四重钙钛矿氧化物

除 113 型钙钛矿外,钴基氧化物中存在具有层状钙钛矿结构的 RP 相,其化学通式可写作 $A_{n+1}Co_nO_{3n+1}$。然而,常见的钴基 RP 相大多为 214 型(n=2),其中 A 位可由碱土元素占据,或由碱土、稀土元素混合占据。例如,A 位由碱土元素完全占据的 214 型钴基 RP 相层状钙钛矿氧化物为 Sr_2CoO_4,其合成须依赖大压机技术在 6 GPa 压力下实现[5]。如图 5-5(a)所示,Sr_2CoO_4 具有四方结构(空间群为 $I4/mmm$),在其测量温区范围内呈现低阻类金属电输运特性,并在 T_C=165 K 下发生铁磁(低温)-顺磁(高温)转变。虽然 Ba_2CoO_4 可以通过固相反应合成,但其具有

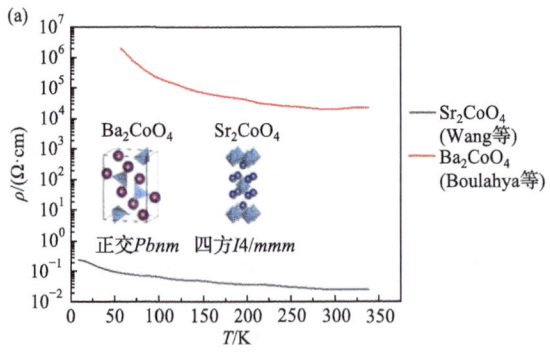

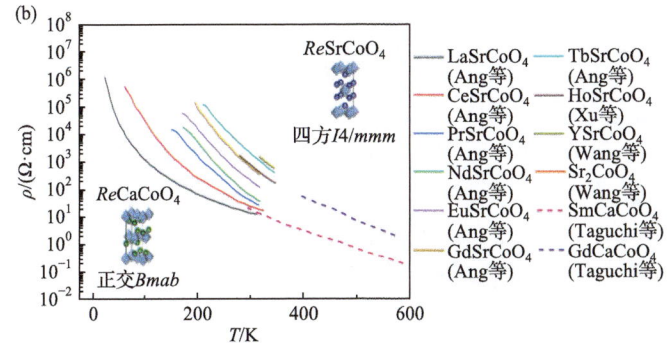

图 5-5 (a) AE_2CoO_4 的电阻率-温度关系曲线[5, 26]，插图为 AE_2CoO_4 体系的晶体结构；(b) $ReAECoO_4$ 的电阻率-温度关系曲线[27-30]，插图为 $ReAECoO_4$ 体系的晶体结构，其中 $ReCaCoO_4$ 为虚线，$ReCaCoO_4$ 为实线

正交结构(空间群为 $Pbnm$)而并非 214 型 RP 相[26]。如图 5-5(a)所示，Ba_2CoO_4 呈现半导体相电输运关系，且在 $T_N=23$ K 时具有反铁磁(低温)-顺磁(高温)转变。

上述 214 型钴基钙钛矿氧化物 A 位还可由稀土、碱土元素共同占位，即 $ReAECoO_4$(Re = La、Ce、Pr、Nd、Sm、Eu、Gd、Tb、Ho、Y；AE=Ca、Sr)。其中，$ReCaCoO_4$(Re = Sm、Gd)具有正交晶体结构(空间群为 $Bmab$)，其通过溶胶-凝胶法在空气中 900~950℃加热分解前驱体，并在氧气的氛围中 700℃下退火合成[27]。$ReSrCoO_4$(Re = La、Ce、Pr、Nd、Eu、Gd、Tb)具有四方结构(空间群为 $I4/mmm$)，其主要通过空气气氛 1100℃下的常规固相反应并在氧气氛围 800℃下退火合成[28]。而对于含有 Ho、Y 等重稀土组分的 $ReSrCoO_4$，其材料合成须依赖大压机技术在 6 GPa 压力下 1000~1350℃实现(报道中未使用 $KClO_4$ 等制氧剂)[29, 30]。图 5-5(b) 总结了 $ReAECoO_4$ 的电阻率-温度关系，总体看来，其均呈现半导体电输运关系[27-30]，且随着稀土离子半径的减小，CoO_6 氧八面体畸变程度增加而使材料电阻率呈现增加趋势。磁性方面，$ReAECoO_4$ 在所测量温区范围内均呈现顺磁性。

与锰基、铁基氧化物类似，钴元素同样可形成 A 位有序的四重钙钛矿氧化物结构 $ACu_3Co_4O_{12}$，其中 A 位可由+2 至+4 价的 Cu^{2+}、Y^{3+}、Ce^{4+} 等离子占据，钴基四重钙钛矿氧化物通常具有立方结构(空间群为 $Im\bar{3}$)。$ACu_3Co_4O_{12}$ 的合成通常依赖大压机技术，将各氧化物前驱体与 $KClO_4$ 等制氧剂封入金胶囊或铂胶囊中，在 9 GPa、1000℃等极端条件下的固相反应实现[31]。与前文所述的锰基、铁基四重钙钛矿不同，以往报道中钴基四重钙钛矿氧化物中的 Cu 元素为+3 价，由于 CuO_4 单元在空间上彼此孤立分布，其对材料电输运特性贡献可以忽略，因此材料的电输运特性主要由钴元素价决定。

在 $CaCu_3Co_4O_{12}$ 中，Co 元素的平均价态为+3.25 价，其因部分填充的 e_g 而呈现金属相电输运关系，这与图 5-6(a)所示的阻温关系实验测量相一致。同理，在

$YCu_3Co_4O_{12}$ 中 Co 元素的平均价态为+3 价，其因 t_{2g} 轨道满填而呈现绝缘体相电输运关系；而在 $CeCu_3Co_4O_{12}$ 中 Co 元素的平均价态为+2.75 价，其 t_{2g} 轨道未满填，因此预期呈现金属相电输运关系。由此可见，通过 A 位元素价态可以调控钴基四重钙钛矿氧化物的电子结构与电输运关系，其能带结构变化如图 5-6(b)所示。在此基础上，理论上可通过二价碱土、三价稀土共 A 占位而构建处于金属与绝缘体之间的临界电子结构；但以往文献报道的 $Ca_{1-x}Y_xCu_3Co_4O_{12}$ 的阻温关系(图 5-6(a))中尚未实现明显的金属-绝缘体相变特性。

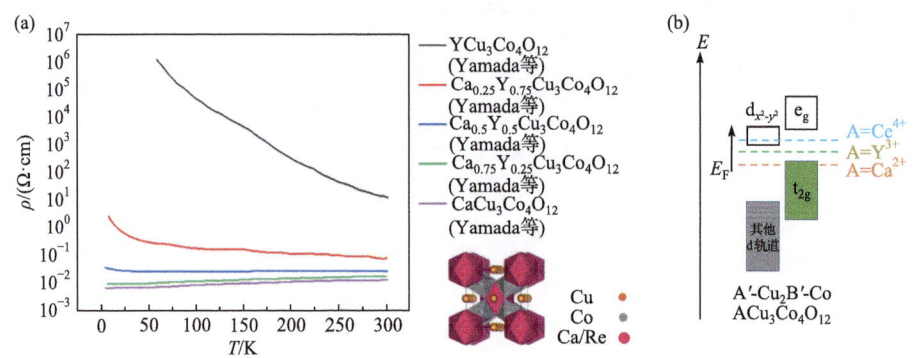

图 5-6 (a) $Ca_{1-x}Y_xCu_3Co_4O_{12}$ 的电阻率-温度关系曲线，插图为 $Ca_{1-x}Y_xCu_3Co_4O_{12}$ 体系的晶体结构；(b) $ACu_3Co_4O_{12}(A = Ca^{2+}、Y^{3+}、Ce^{4+})$中 A 位元素价态对钴基四重钙钛矿氧化物电子结构的调控关系[31]

5.3 缺氧态钴基层状双钙钛矿氧化物

与铁基、锰基氧化物类似，当尝试利用 Ba 元素取代 $ReCoO_3$ 中一半的稀土元素时，由于钡离子半径远大于稀土，将会形成沿晶体"c 轴"方向的有序层状双钙钛矿结构 $[CoO_2]$-$[BaO]$-$[CoO_2]$-$[ReO_{0.5}]$-$[CoO_2]$，其化学通式为 $ReBaCo_2O_{5.5+\delta}$ ($-0.5 \leqslant \delta \leqslant 0.5$)。调控该材料体系中的氧元素含量可实现钴元素价态从+2.5($\delta=-0.5$)到+3.5($\delta=0.5$)间的变化[33]。当 δ 绝对值较小时(例如小于 0.05)，$ReBaCo_2O_{5.5+\delta}$ 呈现正交晶体结构($Pmmm$)；而当氧空位较高时，材料晶体结构转变为四方相，而当氧化学计量比较高时，材料呈现出四方与正交的混合相[33]。

当 $\delta=0$ 时 $ReBaCo_2O_{5.5}$ 中的钴元素处于+3 价，Re-O 层中的氧离子沿"b 轴"的交替填位和空位导致钴离子处于八面体和金字塔的交替环境；而基于这一复杂的结构周期性畸变使得 Co^{3+} 轨道填充在不同温度范围内在低自旋($t_{2g}^6e_g^0$)、中自旋($t_{2g}^5e_g^1$)和高自旋($t_{2g}^4e_g^2$)等状态之间转变。例如，在低温下倾向于形成低-中自旋态轨道填充，而高温下倾向于形成中-高自旋态轨道填充[33]。因此，$ReBaCo_2O_{5.5}$ 呈现出由特征温度触发的金属-绝缘体相变与多重磁转变特性。例如,随温度逐渐降低,$ReBaCo_2O_{5.5}$ 将首先在 T_{MIT} 处由顺磁-金属相(PM-M)转变为顺磁-绝缘体相(PM-I);当温度进一步降低至 T_C 时,将由顺磁相(PM)转变为铁磁相(FM);其后在 T_{N1} 处由铁磁相(FM)转变为反铁磁相(AFM1);最后伴随着强各向异性磁阻效应在 T_{N2} 处由反铁磁相(AFM1)转变为反铁磁相(AFM2)[34]。在以往通过中子衍射对 $HoBaCo_2O_{5.5}$ 金属-绝缘体相变前后结构的测量中发现,在由绝缘体转变为金属相时,晶体对称性不变(始终维持 Pmmm)但晶格参数发生突变(例如,b、c 增加,a 减小)[35]。

值得注意的是,由于钴基氧化物中的钴元素大多处于中间价态,其钴元素价态及电子填充状态强烈依赖于合成条件。图 5-7 总结了空气条件下合成的 $ReBaCo_2O_{5.5+\delta}$ 以及部分样品在氧气(或高压氧气)、Ar 等条件下退火后的电阻率-温度曲线[32]。可以看出,直接在空气气氛中合成的含有 Gd、Eu、Tb 等重稀土元素组分的 $ReBaCo_2O_{5.5+\delta}$ 呈现出金属绝缘体相变特性;而空气中合成的 Ho 等重稀土组分的 $ReBaCo_2O_{5.5+\delta}$ 呈现绝缘体相输运关系,Sm、Pr 等中、轻稀土组分的 $ReBaCo_2O_{5.5+\delta}$ 呈现金属相电输运关系。然而,将上述 $HoBaCo_2O_{5.5+\delta}$ 在高氧压下退火或将上述 $PrBaCo_2O_{5.5+\delta}$ 在氩气中退火后,样品均出现金属-绝缘体相变特性;将上述 $GdBaCo_2O_{5.5+\delta}$ 在氧气中退火后电输运关系转变为金属相,而在氩气中退火后转变为绝缘体相。上述实验现象表明,与合成气氛相关的氧元素化学计量比强烈影响 $ReBaCo_2O_{5.5+\delta}$ 的电子结构,而该体系材料的金属-绝缘体相变特性仅能在较窄的钴元素价态范围内实现。磁性方面,$ReBaCo_2O_{5.5+\delta}$ 的反铁磁-铁磁、铁磁-顺磁转变温度同样可以通过稀土元素组分、氧元素组分、钴替代等进行小范围调节。图 5-8 总结了稀土元素替换以及碱土掺杂对 $ReBaCo_2O_{5+\delta}$ 磁性的影响关系。例如,在空气中合成的 $ReBaCo_2O_{5.5+\delta}$ 的 T_C、T_N 均随稀土离子半径的减小而升高,且室温附近的铁磁温区变窄[36];利用钙元素少量取代钴元素,使得 $Nd_{1-x}Ca_xBaCo_2O_{5.5}$ 的 T_C 略微升高而 T_N 降低,且室温附近铁磁温区展宽[37];而氧元素含量过高或过低(δ 绝对值过大)时,室温附近铁磁性减弱或消失[38]。

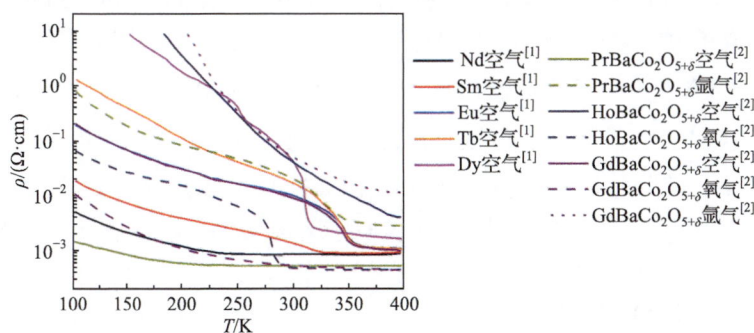

图 5-7 不同合成条件下 $ReBaCo_2O_{5+\delta}$ 样品的电阻率-温度曲线[32]

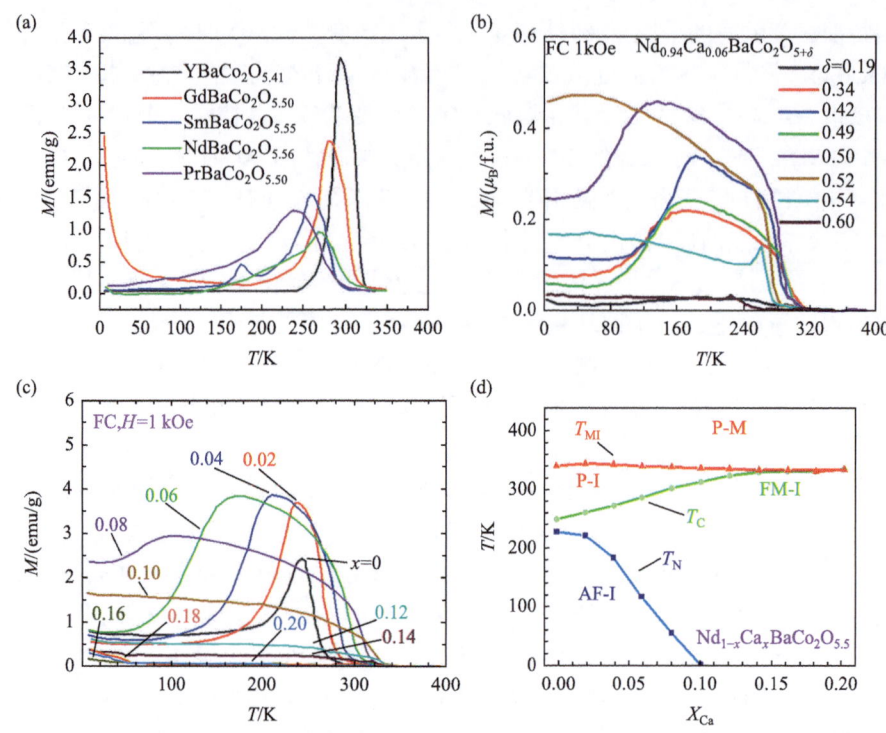

图 5-8 (a) $ReBaCo_2O_{5+\delta}$ 的磁性-温度曲线[36]；(b) $Nd_{0.94}Ca_{0.06}BaCo_2O_{5+\delta}$ 随氧含量变化的磁性-温度曲线[38]；(c) $Nd_{1-x}Ca_xBaCo_2O_{5.5}$ 随 Ca 含量变化的磁性-温度曲线[37]；(d) $Nd_{1-x}Ca_xBaCo_2O_{5.5}$ 的反铁磁-铁磁、铁磁-顺磁转变温度随 Ca 含量变化的相图[37]。1 Oe=1 Gb/cm

5.4 本章小结

本章介绍了第四周期(3d)Ⅷ族元素的最后成员钴的氧化物中的电子相变与磁转变特性。在 3d 过渡族元素中，钴基氧化物的重要特征在于，可通过钴元素 d 电子轨道中电子填充方式的改变而实现高、低自旋态间的转变；其中最典型的代表是 $ReCoO_3$、$BiCoO_3$ 中 Co^{3+} 电子在 d 轨道中的排布方式在低($t_{2g}^6 e_g^0$, $s=0$)、中($t_{2g}^5 e_g^1$, $s=1$)、高($t_{2g}^4 e_g^2$, $s=2$)等自旋态间的可逆转变。与铁、锰等 3d 过渡族元素类似，钴元素在钙钛矿氧化物中的平均价态同样可以通过稀土、碱土元素占位比在+3 与+4 价间调控，从而形成 113 型钙钛矿、A 位有序层状双钙钛矿(缺氧型)，以及四重钙钛矿等丰富晶体结构。其中，最为值得关注的是在 $Pr_{1-x}Ca_xCoO_3$ 或 $(Pr_{1-y}Re_y)_{1-x}Ca_xCoO_3$ 体系中由 Pr 与 Co 之间的 A'-B 位电荷转移而引起的低温下金属-绝缘体相变特性。与前文所述的钒氧化合物、稀土镍基氧化物、铁基氧化物等电子相变材料家族相比,$(Pr_{1-y}Re_y)_{1-x}Ca_xCoO_3$体系可实现更低的$T_{MIT}$,并在50~100 K的低温范围实现超过两个数量级的电阻率突变特性,这很好地弥补了之前在同等低温范围内电子相变材料体系的缺失。Co^{4+}(或$Co^{3+}\underline{L}$)具有较低的电荷转移能并导致O-p轨道中易形成巡游态空穴,因此,$Re_{1-x}AE_xCoO_3$未呈现类似$Re_{1-x}AE_xMnO_3$的金属-绝缘体相变($x>0.5$)或绝缘体-金属相变($x<0.5$)。虽然$ReCoO_3$在高温范围内呈现金属-绝缘体相变特性,但其仅引起电输运关系的变化而未触发电阻率突变。除113型钙钛矿外,A位有序层状双钙钛矿钴基氧化物同样具有室温附近的金属-绝缘体相变特性,但其T_{MIT}的可调控范围相对有限。从材料制备角度看,由于多数具有电子相变特性的钴基氧化物中钴元素处于其中间价态,因此钴基氧化物的电子结构与电输运关系易受氧分压等材料合成条件影响。除上述钴基氧化物外,还存在如CoS(空间群为$P63/mmc$,金属特性[39])、CoSe(空间群为$P63/mmc$,金属特性[40])、$CoSe_2$(空间群为$Pa\bar{3}$,金属特性[41])、$CoSn_{1.5}Se_{1.5}$(空间群为$R\bar{3}H$,半导体特性[42])、$NbCoTe_2$(空间群为$P2/c$,金属特性[43])、$CoTeO_8$等钴基硫族化合物,但其大多未呈现金属-绝缘体相变特性。

参 考 文 献

[1] Yamaguchi S, Okimoto Y, Tokura Y. Bandwidth dependence of insulator-metal transitions in perovskite cobalt oxides [J]. Physical Review B, 1996, 54(16): R11022-R11025.

[2] Tachibana M, Yoshida T, Kawaji H, et al. Evolution of electronic states in $RCoO_3$(R=rare earth): Heat capacity measurements [J]. Physical review B, Condensed matter, 2008, 77(9): 094402.

[3] Oka K, Azuma M, Chen W T, et al. Pressure-induced spin-state transition in $BiCoO_3$ [J]. J Am Chem Soc, 2010, 132(27): 9438-9443.

[4] Ishizaki H, Yamamoto H, Nishikubo T, et al. Robust giant tetragonal distortion coupled with high-spin Co^{3+} in electron-doped $BiCoO_3$ [J]. Inorg Chem, 2019, 58(23): 16059-16064.

[5] Wang X L, Sakurai H, Takayama-Muromachi E. Synthesis, structures, and magnetic properties of novel Roddlesden-Popper homologous series $Sr_{n+1}ConO_{3n+1}$ (n=1,2,3,4, and ∞) [J]. Journal of Applied Physics, 2005, 97(10): 10M519.

[6] Taguchi H, Shimada M, Koizumi M. The effect of oxygen vacancy on the magnetic properties in the system $SrCoO_{3-\delta}$ ($0<\delta<0.5$) [J]. Journal of Solid State Chemistry, 1979, 29: 221-225.

[7] Yamaura K, Cava R J. Magnetic, electric and thermoelectric properties of the quasi-1D cobalt oxides $Ba_{1-x}La_xCoO_3$ (x=0, 0.2) [J]. Solid State Communications, 2000, 115(6): 301-305.

[8] Barón-González A J, Frontera C, García-Muñoz J L, et al. Role of A-site cations in the metal-insulator transition in $Pr_{0.5}Ca_{0.5}CoO_{3-\gamma}$($\gamma\approx0$) [J]. Physical Review B, 2010, 81(5): 054427.

[9] Tsubouchi S, Kyômen T, Itoh M, et al. Electric, magnetic, and calorimetric properties and phase diagram of $Pr_{1-x}Ca_xCoO_3$($0<x<0.55$) [J]. Physical Review B, 2004, 69(14): 144406.

[10] Naito T, Sasaki H, Fujishiro H. Simultaneous metal-insulator and spin-state transition in $(Pr_{1-y}RE_y)_{1-x}Ca_xCoO_3$ (RE=Nd, Sm, Gd, and Y) [J]. Journal of the Physical Society of Japan, 2010, 79(3): 034710.

[11] Peng T, Wu Y, Kim B, et al. Neutron scattering study of coo6 distortion and its relation to the spin-state transition in $Pr_{0.5}Ca_{0.5}CoO_3$ [J]. Journal of the Physical Society of Japan, 2009, 78(3): 034702.

[12] Fujishiro H, Naito T, Takeda D, et al. Simultaneous valence shift of Pr and Tb ions in $(Pr_{1-y}Tb_y)_{0.7}Ca_{0.3}CoO_3$ around M-I transition [J]. Phys Rev B, 2013, 87: 155153.

[13] Hejtmánek J, Šantavá E, Knížek K, et al. Metal-insulator transition and the Pr^{3+}/Pr^{4+} valence shift in $(Pr_{1-y}Y_y)_{0.7}Ca_{0.3}CoO_3$ [J]. Physical Review B, 2010, 82(16): 165107.

[14] Kalinov A V, Gorbenko O Y, Taldenkov A N, et al. Phase diagram and isotope effect in $(PrEu)_{0.7}Ca_{0.3}CoO_3$ cobaltites exhibiting spin-state transitions [J]. Physical Review B, 2010, 81(13): 134427.

[15] Kononyuk I F, Tolochko S P, Lutsko V A, et al. Preparation and properties of $La_{1-x}Ca_xCoO_3$ (0,2 ⩽ x ⩽ 0,6) [J]. Journal of Solid State Chemistry, 1983, 48(2): 209-214.

[16] Vasiliev A N, Vasilchikova T M, Volkova O S, et al. Spin-state transition, magnetism and local crystal structure in $Eu_{1-x}Ca_xCoO_{3-\delta}$ [J]. Journal of the Physical Society of Japan, 2013, 82: 044714.

[17] Kolesnik S, Dabrowski B, Chmaissem O, et al. Comparison of magnetic and thermoelectric properties of $(Nd,Ca)BaCo_2O_{5.5}$ and $(Nd,Ca)CoO_3$ [J]. Journal of Applied Physics, 2012, 111(7): 07D727.

[18] Im Y S I, Ryu K H, Kim K H, et al. Structural, magnetic, and electrical properties of nonstoichiometric perovskite $Ho_{1-x}Ca_xCoO_{3-y}$ system [J]. Journal of Physics and Chemistry of Solids, 1997, 58(12): 2079-2083.

[19] Kim M G, Im Y S, Oh E J, et al. The substitution effect of Ca^{2+} ion on the physical properties in nonstoichiometric $Dy_{1-x}Ca_xCoO_{3-y}$ system [J]. Physica B: Condensed Matter, 1997, 229(3/4): 338-346.

[20] Mineshige A, Inaba M, Yao T, et al. Crystal structure and metal-insulator transition of $La_{1-x}Sr_xCoO_3$ [J]. Journal of Solid State Chemistry, 1996, 121(2): 423-429.

[21] Fondado A, Breijo M P, Rey-Cabezudo C, et al. Synthesis, characterization, magnetism and transport properties of $Nd_{1-x}Sr_xCoO_3$ perovskites [J]. Journal of Alloys and Compounds, 2001, 323-324: 444-447.

[22] Kostogloudis G C, Vasilakos N, Ftikos C. Crystal structure, thermal and electrical properties of $Pr_{1-x}Sr_xCoO_{3-\delta}$ (x=0, 0.15, 0.3, 0.4, 0.5) perovskite oxides [J]. Solid State Ionics, 1998, 106(3/4): 207-218.

[23] Kim B, Ali A, Kim B, et al. Electrical and magnetic properties of $Sm_{1-x}Sr_xCoO_3$ [J]. Journal of the Korean Physical Society, 2006, 49: S657-S661.

[24] Cheong S, Kim M G, Yo C. Physical properties of the nonstoichiometric perovskite $Dy_{1-x}Sr_xCoO_{3-y}$ System [J]. Bulletin of the Korean Chemical Society, 1996, 17: 794-798.

[25] Liu Y, Li H, Li Y, et al. Effect of Sr substitution on electrical transport and thermoelectric properties of $Y_{1-x}Sr_xCoO_3$ (0⩽x⩽0.2) prepared by sol-gel process-ScienceDirect [J]. Ceramics International, 2013, 39(7): 8189-8194.

[26] Boulahya K, Parras M, Gonzalez-Calbet J, et al. Structural, magnetic, and electrical behavior of low dimensional Ba_2CoO_4 [J]. Chemistry of Materials-Chem Mater, 2006, 18: 3898-3903.

[27] Taguchi H, Nakade K, Hirota K. Synthesis and characterization of K_2NiF_4-type $CaLnCoO_4$ (Ln =

Sm and Gd) [J]. 2007, 42(4): 649-656.

[28] Ang R, Sun Y P, Luo X, et al. Studies of structural, magnetic, electrical and thermal properties in layered perovskite cobaltite SrLnCoO$_4$ (Ln = La, Ce, Pr, Nd, Eu, Gd and Tb) [J]. Journal of Physics D Applied Physics, 2008, 41(4): 652-663.

[29] Xu M, Balamurugan S, Takayama-Muromachi E. Magnetic and transport properties and spin states of layered cobalt oxides Sr$_{2-x}$Ho$_x$CoO$_4$ ($0 \leqslant x \leqslant 1.0$) [J]. Progress of Theoretical Physics Supplement, 2005, 159: 349-354.

[30] Wang X L, Takayama-Muromachi E. Magnetic and transport properties of the layered perovskite system Sr$_{2-y}$Y$_y$CoO$_4$ ($0 \leqslant y \leqslant 1$) [J]. Physical Review B, 2005, 72(6): 064401.

[31] Chin Y Y, Hu Z, Shimakawa Y, et al. Charge and spin degrees of freedom in A-site ordered YCu$_3$Co$_4$O$_{12}$ and CaCu$_3$Co$_4$O$_{12}$ [J]. Physical Review B, Covering Condensed Matter and Materials Physics, 2021, (11): 103.

[32] Maignan A, Martin C, Pelloquin D, et al. Structural and magnetic studies of ordered oxygen-deficient perovskites LnBaCo$_2$O$_{5+\delta}$, Closely Related to the "112" Structure [J]. Journal of Solid State Chemistry, 1999, 142(2): 247-260.

[33] Yasodha P, Premila M, Bharathi A, et al. Infrared spectroscopic study of the local structural changes across the metal insulator transition in nickel-doped GdBaCo$_2$O$_{5.5}$ [J]. Journal of Solid State Chemistry, 2010, 183(11): 2602-2608.

[34] Luetkens H, Stingaciu M, Pashkevich Y G, et al. Microscopic evidence of spin state order and spin state phase separation in layered cobaltites RBaCo$_2$O$_{5.5}$ with R=Y, Tb, Dy, and Ho [J]. Physical Review Letters, 2008, 101: 017601.

[35] Pomjakushina E, Conder K, Pomjakushin V. Orbital order-disorder transition with volume collapse in HoBaCo$_2$O$_{5.5}$: A high-resolution neutron diffraction study [J]. Physical Review B, Condensed Matter and Materials Physics, 2006, 73(11): 113105.1-113105.4.

[36] Ganorkar S, Priolkar K R, Sarode P R, et al. Effect of rare earth size on structural, magnetic and transport properties of RBaCo$_2$O$_{5.5}$ [J]. AIP Conference Proceedings, 2012, 1447(1): 1141-1142.

[37] Kolesnik S, Dabrowski B, Chmaissem O, et al. Enhancement of the Curie temperature in NdBaCo$_2$O$_{5.5}$ by A-site Ca substitution [J]. Phys Rev B, 2012, 86(6): 4583-4586.

[38] Pietosa J, Kolesnik S, Puzniak R, et al. Magnetic properties of (Nd,Ca)(Ba,La)Co$_2$O$_{5+\delta}$ tuned by the site-selected charge doping, oxygen disorder, and hydrostatic pressure [J]. Phys Rev Materials, 2017, 1: 064404.

[39] Ashok Kumar K, Pandurangan A, Arumugam S, et al. Effect of Bi-functional hierarchical flower-like CoS nanostructure on its interfacial charge transport kinetics, magnetic and electrochemical behaviors for supercapacitor and dssc applications [J]. Scientific Reports, 2019, 9(1): 1228.

[40] Purwar S, Routh S, Thirupathaiah S. Single crystal growth, electrical, and magnetic properties studies on hexagonal CoSe [J]. Materials Today: Proceedings, 2022, 65: 332-334.

[41] Zhao X, Zhang H, Yan Y, et al. Engineering the electrical conductivity of lamellar silver-doped cobalt(Ⅱ) selenide nanobelts for enhanced oxygen evolution [J]. Angewandte Chemie International Edition, 2017, 56: 328-332.

[42] Laufek F, Navrátil J, Plášil J, et al. Synthesis, crystal structure and transport properties of

skutterudite-related CoSn$_{1.5}$Se$_{1.5}$ [J]. Journal of Alloys and Compounds, 2010, 479(1/2): 102-106.

[43] Li J, Badding M E, Disalvo F J. New layered ternary niobium tellurides: Synthesis, structure, and properties of NbMTe$_2$ (M = Fe, Co) [J]. Inorganic Chemistry; (United States), 1992, 31(6): 1050-1054.

第 6 章 铂系(ⅧB 族-4d、5d)化合物中的电子相变

元素周期表中Ⅷ族第五、第六周期的钌(Ru: 4d^{7}5s^1)、锇(5d^{6}6s^2)、铑(4d^{8}5s^1)、铱(5d^{7}6s^2)、钯(4d^{10})、铂(5d^{9}4s^1)等 6 种贵金属元素统称为铂系元素(图 6-1(a))。相比于钒、铁、镍等 3d 过渡族元素相比,其氧化物的轨道库仑排斥能(U)减小,而自旋轨道耦合(λ)作用随元素原子序数的增加而增强。对于镍基、钒基等 3d 轨道过渡族金属氧化物莫特绝缘体,其轨道库仑排斥能(U)超过能带(W),即 $U/W>1$,因此其电输运关系主要决定于轨道库仑排斥能。与 3d 过渡族氧化物相比,铂系金属氧化物中由于 4d、5d 轨道电子产生的库仑排斥能较小,因此其能带间隙减小。在这种情况下,铂系金属氧化物的轨道库仑排斥能与带隙相近,即 $U/W\approx1$,因此材料的电子结构大多处于金属与绝缘体的交界范围。在这种情况下,源于铂系元素 d 电子的自旋轨道耦合对能带的调控作用将逐渐显著,这为材料电子结构以及强关联电输运特性的调控提供了新的自由度。

图 6-1(b)给出了通过 d 电子自旋轨道耦合作用对未被满填的能带结构的调控方式。当自旋轨道耦合起主导作用且电子库仑作用与带宽对电子结构的影响关系相当时($U/W\approx1$),在自旋轨道耦合作用的协同作用下,较小的电子库仑作用即可实现对能带的劈裂。与之相比,当带宽起主导作用时,自旋轨道耦合作用不足以实现能带的完全劈裂,此时部分重叠的导带与价带使得材料呈现金属相输运特性。由此可见,能带带宽、电子间库仑排斥能、自旋轨道耦合作用三个方面对电子结构的综合影响,为在 4d、5d 轨道铂系强关联氧化物中实现丰富的电输运关系以及

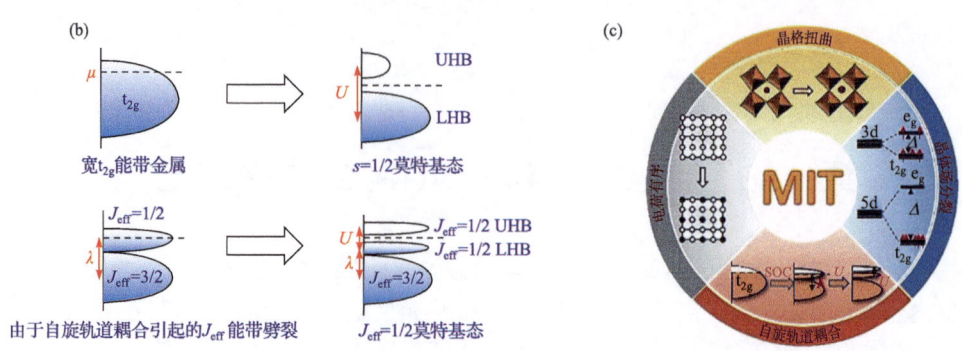

图 6-1 (a) 红色标注为元素周期表中的铂系元素；(b) $5d^5(t_{2g}^5)$电子带结构示意图(如 Sr_2IrO_4)；(c) 可影响 3d、4d、5d 过渡族金属材料的金属-绝缘体相变特性的因素举例

电子相变特性提供了丰富的设计空间(图 6-1(c))。本章将重点介绍铂系元素中具有潜在电子相变特性的氧化物、硫族化合物、磷化物等。

6.1 二元铂系氧化物

与 3d 过渡族氧化物相比，由于原子核对 4d、5d 轨道束缚作用的降低，二元铂系氧化物多为导体材料，且一些铂系过渡族元素通常具有变价特性。图 6-2(a)总结了典型二元铂系氧化物的晶体结构；图 6-2(b)给出了其典型的电阻率-温度关系曲线。其中，处于+4 价的铂系金属二氧化物，如 $RuO_2(4d^4)$、$IrO_2(5d^5)$、$OsO_2(5d^4)$等，大多具有金红石结构[1,2](四方晶系)，并呈现低阻金属性电输运关系；其原因在于上述二元氧化物的 d 电子未能将 t_{2g} 轨道(M-O π)满填，使得费米能级将处于未填满的能带之间。与之相比，具有扭曲的金红石结构[3](正交晶系)的 $PtO_2(5d^6)$，因其+4 价 Pt 的 d 电子使得 t_{2g} 轨道(M-O π)满填，因此费米能级处于 t_{2g}(M-O π)、e_g(M-O σ)轨道之间，使得材料呈现半导体输运特性[4]。

除上述基于+4 价铂系元素的金红石氧化物外，Rh、Pt 等铂系元素还可形成其他价态与晶体结构的二元氧化物。例如，Rh_2O_3 通常具有正交结构(图 6-2(a))以及半导体输运关系(图 6-2(b))。此外，在高温高压条件下合成的 Rh_2O_3 具有正交结构并具有半导体相的输运关系，低温低压条件下合成的 Rh_2O_3 还具有刚玉结构，其电输运关系还未有具体报道[5-7]。PtO 通常具有四方结构(图 6-2(a))，并具有金属相的输运关系[8](图 6-2(b))。PdO 通常具有四方结构(图 6-2(a))，并具有半导体相的输运关系[9](图 6-2(b))。

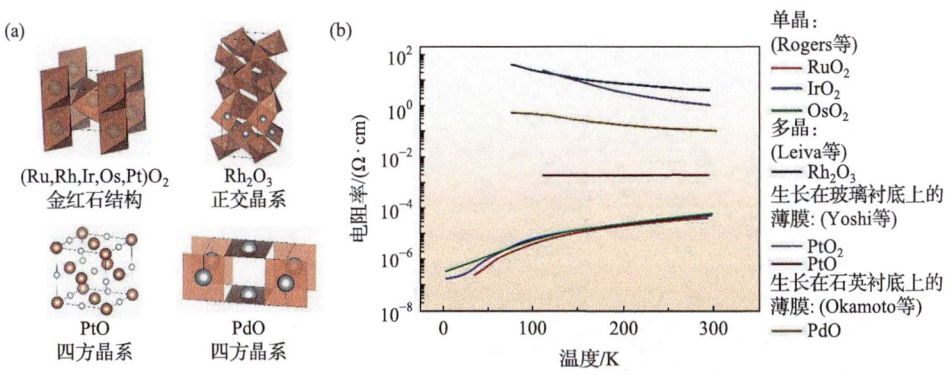

图 6-2 (a) 典型二元铂系氧化物晶体结构示意图；(b) 典型二元铂系氧化物电阻率-温度曲线图[4,5,8,9]

上述铂系金属氧化物由于其特殊的 d 轨道结构和一定的吸附能，可应用于电解水催化剂、甲烷燃烧催化剂等方面。例如，RuO_2 与 IrO_2 常被用于催化电解水的析氧反应电极($2OH^- \rightarrow \frac{1}{2}O_2+H_2O+2e^-$)，是电解水析氧反应最高活性的 OER(oxygen erolution reaction)催化剂[10]；Pt/C 在电解水析氢反应中也作为有优异活性的 HER(hydrogen evolution reaction)催化剂($2H_2O+2e^- \rightarrow H_2+2OH^-$)；Pd 是 CH_4 燃烧反应中使用最广泛的催化剂($CH_4+2O_2 \rightarrow CO_2+H_2O$)，其具有较低的催化温度。然而，由于铂系材料价格昂贵，则通过材料改性以进一步提高其催化活性或寻找其廉价的替代材料均成为基础研究中的热点。

与上述二元氧化物相比，铂系元素还可形成如层状钙钛矿及四重钙钛矿(如 Ca_2RuO_4、$CaCu_3Ru_4O_{12}$ 等)、烧绿石(如 $Nd_2Ir_2O_7$、$Cd_2Os_2O_7$ 等)、钙钛矿(如 $NaOsO_3$ 等)等结构更为复杂的多组元氧化物，以及硫族尖晶石($CuIr_2S_4$、$CuRh_2S_4$、$CuRh_2Se_4$ 等)、MnP 型磷化物(如 RuP、RuAs 等)、稀土铂系方钴矿磷化物(如 $PrRu_4P_{12}$ 等)等硫族、磷族化合物。以下将重点讨论具有金属-绝缘体相变特性的铂系多组元氧化物、硫化物、磷化物。

6.2 铂系层状钙钛矿与四重钙钛矿氧化物

铂系层状钙钛矿氧化物(Ruddlesden-Popper)的化学通式可写为 $AE_{n+1}Pg_nO_{3n+1}$，其中 AE 为 Ca、Sr 等碱土金属(少数情况下亦可为碱金属)，Pg 为 Ru、Ir 等铂系元素。按照 n 的不同，铂系层状钙钛矿氧化物主要包括 AE_2PgO_4 ($n=1$)、$AE_3Pg_2O_7$ ($n=2$)、$AEPgO_3$ ($n=\infty$)等，其晶体结构如图 6-3(a)~(c)内插图所示[11]。

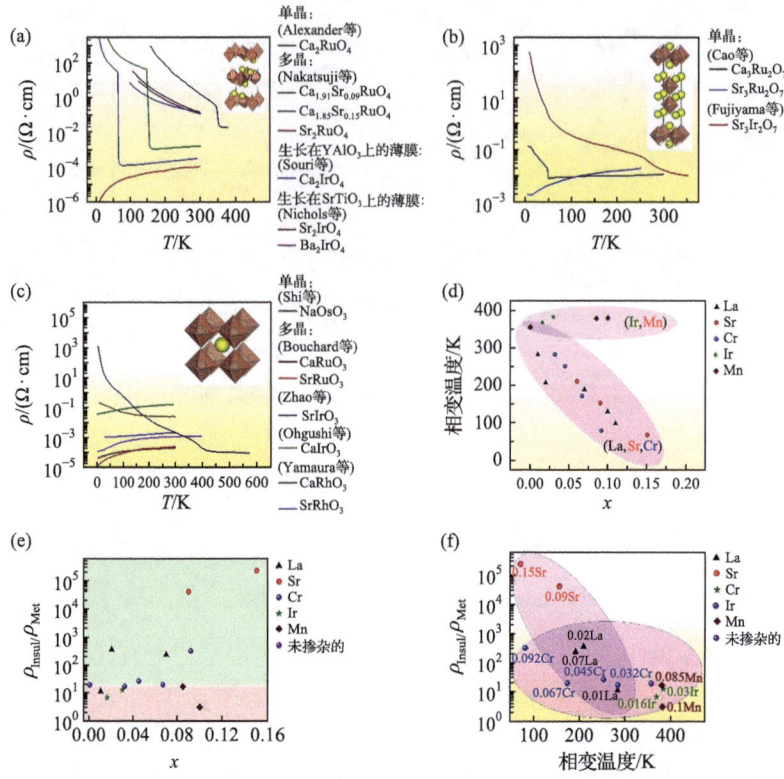

图6-3 (a) $n=1$ 时 AE_2PgO_4 的电阻率-温度曲线图[12, 22, 35](插图为 AE_2PgO_4 的晶体结构示意图); (b) $n=2$ 时 $AE_3Pg_2O_7$ 的电阻率-温度曲线图[23-25](插图为 $AE_3Pg_2O_7$ 的晶体结构示意图); (c) $n=1$ 时 $AEPgO_3$ 的电阻率-温度曲线图[27, 29, 30, 32](插图为 $AEPgO_3$ 的晶体结构示意图); (d) Ca_2RuO_4 的金属-绝缘体相变温度随 Ca 位、Ru 位取代量的变化图; (e) Ca_2RuO_4 的金属-绝缘体相变电阻率突变程度随 Ca 位、Ru 位取代量的变化图; (f) Ca 位、Ir 位部分取代的 Ca_2RuO_4 的金属-绝缘体相变温度与电阻率突变程度的趋势图

当 $n=1$ 时，AE_2PgO_4 具有层状钙钛矿结构，其中 AE 位可由 Ca、Sr 等碱土金属元素占据，Pg 位可由 Ru、Ir 等元素占据。图6-3(a)总结了 AE_2PgO_4 的典型阻温关系，其中，Ca_2RuO_4 具有特征温度触发下的电子相变特性；而 Sr_2RuO_4、Ca_2IrO_4 呈现金属性。以 Ca_2RuO_4 为例，在跨越其金属-绝缘体相变温度($T_{MIT}=357$ K)时，材料结构将从低温的正交绝缘相转变为高温的四方金属相[12](对称性升高)，晶胞体积呈现负膨胀[13]。Ca_2RuO_4 的金属-绝缘体相变源于其 t_{2g} 轨道中的能量关系以及 4 个 d 电子在其中的占据状态的突变[14]。低温下，d_{xy} 轨道能量低于 d_{xz}/d_{yz}，因晶体场分离能相对电子间排斥起主导，Ru^{4+} 的 4d 轨道上的 4 个电子会优先成对占据 d_{xy}(满填)，并分别占据 d_{xz}、d_{yz} 轨道(半满填)，而电子间库仑排斥能作用使得材料呈现绝缘体(半导体)输运。在温度超过 $T_{MIT}=357$ K 时发生的结构变化将使得原

本扁平的 RuO_6 八面体纵向伸长,此时 d_{xz}/d_{yz} 满填,而 d_{xy} 为空带(产生空穴)因而呈现金属相[15]。除上述金属-绝缘体相变外,Ca_2RuO_4 还可在特征温度触发下发生反铁磁(低温)-顺磁(高温)转变,其奈尔温度(T_N=110 K)不同于金属-绝缘体相变温度(T_{MIT}=357 K)。此外值得注意的是,除温度触发外,施加强度不大的电场(如 40 V/cm)同样可以触发 Ca_2RuO_4 由绝缘体相向金属相的转变,其原因在于,电场作用抑制了 RuO_6 八面体结构的扁平化从而转变为金属相[16-19]。

相比于 Ca_2RuO_4,具有四方结构的 Sr_2RuO_4 具有更大的 Ru—O—Ru 键角增大,且其 RuO_6 八面体扭曲程度相对降低,这降低了电子间库仑作用并稳定材料金属相[20],因此 Sr_2RuO_4 在较宽的温度范围内具有金属相电输运关系,并在低温下表现出反常超导特性[21]。与上述情况相反,用离子半径更大的 Ir 替换 Ru 原子位将增加具有四方结构的 Ca_2IrO_4、Sr_2IrO_4 中 RuO_6 八面体的扭曲程度并引起 Ru—O—Ru 键角的减小,从而增强电子轨道间库仑排斥能并稳定绝缘体相(半导体相)。此时,较高的 RuO_6 八面体扭曲程度同样降低了 Ca_2IrO_4 的热力学稳定性,因此通常利用 $YAlO_3$(110)单晶衬底的晶格模板效应外延生长其薄膜材料,其表现出半导体相输运关系[22]。

当 n=2 时,$AE_3Pg_2O_7$ 具有四方结构,其中 AE 位可由 Ca、Sr 等碱土金属元素占据,Pg 位可由 Ru、Ir 等元素占据。图 6-3(b)总结了 $AE_3Pg_2O_7$ 的典型阻温关系。其中,具有四方结构的 $Ca_3Ru_2O_7$ 同样在 T_{MIT}=48 K 具有金属-绝缘体相变特性,其所引起的电阻率突变程度小于 Ca_2RuO_4。此外,$Ca_3Ru_2O_7$(110)取向的低温绝缘体相电阻率随磁场的增加而减小;但(001)取向的电阻率不随磁场变化[23]。与 AE_2PgO_4 类似,当用 Sr 替换 Ca 时,将增加 Ru—O—Ru 键角并提高金属相的相对稳定性,因此具有四方结构的 $Sr_3Ru_2O_7$ 在较宽温度范围内呈现出金属性阻温关系[24];而用 Ir 替代 Ru 时,将减小 Ru—O—Ru 键角从而提高绝缘体相(半导体相)的相对稳定性,因此具有四方结构的 $Sr_3Ir_2O_7$ 表现出随温度从绝缘体相(低温)向半金属相(高温)的转变特性[25]。

当 n=∞时,$AEPgO_3$ 具有扭曲钙钛矿结构,其中 AE 位可由 Ca、Sr 等碱土金属元素或 Na 等碱金属元素占据,Pg 位可由 Ru、Ir、Os、Rh 等元素占据。图 6-3(c)总结了 $AEPgO_3$ 的典型阻温关系,可以看出,$CaRuO_3$(正交结构)、$CaRhO_3$(正交结构)、$SrRuO_3$(正交结构)、$SrRhO_3$(正交结构)、$SrIrO_3$(正交结构)等在较宽广温区范围内均具有金属相电输运关系。在上述 $AEPgO_3$ 扭曲钙钛矿中,铂系元素的电子轨道构型分别为 $Ru^{4+}(4d^4)$、$Rh^{4+}(4d^5)$、$Ir^{4+}(5d^5)$。在钙钛矿结构中过渡族元素阳离子的 t_{2g} 轨道倾向于与 O-2p 轨道重叠(π 重叠),其价带、导带可认为由 π、π*轨道构成;而 π*轨道中未满填的电子导致其金属性输运关系[26]。磁性方面,$CaRuO_3$ 在 T_N=110 K 时发生反铁磁(低温)-顺磁(高温)转变[27];$SrRuO_3$ 在 T_C=160 K 时发生铁磁(低温)-顺磁(高温)转变;而 $CaRhO_3$、$SrRhO_3$、$SrIrO_3$ 在整个温度范围内为顺磁性[28-30]。

与上述材料的金属性相比,具有正交结构以及$Ir^{4+}(5d^5)$电子构型的$CaIrO_3$有绝缘体特性,并在115 K时发生反铁磁(低温)-顺磁(高温)转变[31]。$NaOsO_3$(正交结构,空间群为$Pnma$)在特征温度为410 K时发生金属(高温)-绝缘体(低温)相变,并伴随有反铁磁(低温)-顺磁(高温)转变。值得注意的是,$NaOsO_3$中Os^{5+}的电子轨道构型为$5d^3$,其绝缘体相的形成可看作因自旋作用以及轨道间库仑排斥,t_{2g}三个轨道均处于半满填状态而等同于三维金属-绝缘体相变或Slater相变[32-34]。

除同族元素完全替换外,通过对碱土位、铂系金属位的部分取代,可实现对上述铂系层状钙钛矿氧化物的电输运关系的精细调控。一方面,在Ca_2RuO_4中的碱土位掺杂Sr或La等可以降低金属-绝缘体相变温度,在铂系金属位掺杂Ir可提高材料的金属-绝缘体相变温度。如图6-3(d)所示,通过用Sr或者La对Ca进行碱土位的掺杂,可以看到,在掺杂量少于0.2时,少量的Sr掺杂可以显著改变其相变温度,在$Ca_{2-x}Sr_xRuO_4(0<x<0.2)$中,随着掺杂量$x$的增加,金属-绝缘体相变温度$T_{MIT}$从357 K($x=0$)减小至70 K($x=0.15$),因为具有更大离子半径的$Sr^{2+}(r_{Sr}=1.18Å)$去替代$Ca^{2+}(r_{Ca}=1.00Å)$时,会增大Ru—O—Ru键角从而降低相变温度$T_{MIT}$。而当Sr的掺杂量过大时($0.5<x<2$),$Ca_{2-x}Sr_xRuO_4$将完全转变为顺磁金属相,而值得注意的是,当$x=2$时$Sr_2RuO_4$表现为金属相,并在$T_c=1.5$ K时出现超导现象[35]。与Sr取代Ca相似,用离子半径较大的La部分替代Ca,同样将增大Ru—O—Ru键角并降低RuO_6八面体的扭曲程度,其引起W和U的减小,从而降低T_{MIT}。例如,$Ca_{2-x}La_xRuO_4$中随着La含量增加,将有效降低T_{MIT}。除上述晶体结构变化对电子构型的影响外,La^{3+}中的额外电子(相比于Sr取代)进一步填充t_{2g}从而降低金属-绝缘体相变温度[36]。除影响电子相变温度外,La、Sr部分取代Ca原子位将略微降低T_N。

另一方面,对铂系金属原子位进行元素替代,同样可以实现对Ca_2RuO_4金属-绝缘体相变特性的调控。如图6-3(d)所示,用四价的Ir^{4+}替代Ru^{4+},将会改变Ru—O—Ru键角,$Ca_2Ru_{1-x}Ir_xO_4$随着Ir掺杂量x的增大,Ru—O—Ru键角将会逐渐减小,Ru-4d轨道与O-2p轨道重叠减少,导致相变温度T_{MIT}随之增大[37]。用离子半径较小的Cr^{3+}取代Ru^{4+},将使得Ru—O—Ru键角增大并降低RuO_6八面体扭曲程度(其等效于Ca位用大离子半径元素取代),从而降低T_{MIT}。当掺杂Mn^{3+}时,对于$x=0.085$、0.1,相变温度T_{MIT}轻微地增大至380 K左右,而在$x=0.145$时金属-绝缘体相变明显减弱,到$x=0.25$时完全消失,但与掺杂Sr和La的效果有所不同的是,掺杂Cr含量增大时不会导致其转变为金属相[38]。此外,在铂系元素位掺杂Ir和Cr时将同样降低T_N,并使材料在一定范围内出现弱铁磁分量。如图6-3(e)所示,当La、Sr部分取代Ca原子位时增加了跨越金属-绝缘体相变温度点时的电阻率突变程度，而 Mn、Ir 部分取代 Ru 原子位时则减小其突变程度。图 6-3(f)展示了电阻率突变程度与金属-绝缘体相变温度的趋势关系。

铂系元素同样可形成如图 6-4(a)所示的四重钙钛矿氧化物结构，其化学通式为 $ACu_3B_4O_{12}$，其中 A 位通常由碱土、稀土元素占据，B 位通常由 Ru、Rh、Ir、Pt 等铂系元素占据。当 A 位为二价碱土元素离子如 Ca^{2+} 占据时，Cu 表现为正二价，B 位元素通常表现为正四价，可表示为 $Ca^{2+}Cu_3^{2+}B_4^{4+}O_{12}$；而当 A 位为三价稀土元素离子如 La^{3+} 占据时，Cu 表现为正二价，B 位元素通常表现为小于正四价，可表示为 $La^{3+}Cu_3^{2+}B_4^{3.75+}O_{12}$[39]。除钌基四重钙钛矿氧化物可在空气中合成以外，含有其他铂系元素的四重钙钛矿大多需要借助大压机技术在吉帕压力下合成；以往报道中的铂系四重钙钛矿氧化物的合成条件总结于表 6-1。图 6-4(b)总结了以往报道中铂系四重钙钛矿氧化物的电阻率-温度关系，可以看出，$CaCu_3Ru_4O_{12}$、$NaCu_3Ru_4O_{12}$、$LaCu_3Ru_4O_{12}$、$NdCu_3Ru_4O_{12}$、$CaCu_3Ir_4O_{12}$、$LaCu_3Ir_4O_{12}$ 等化合物在其测量温区范围内均呈现金属相输运关系。磁性方面，除 $CaCu_3Pt_4O_{12}$ 在 $T_N \approx 50$ K 下具有反铁磁(低温)-顺磁(高温)转变外，图 6-4(b)中所示其余铂系钙钛矿氧化物均为顺磁相且无磁转变[40-44]。

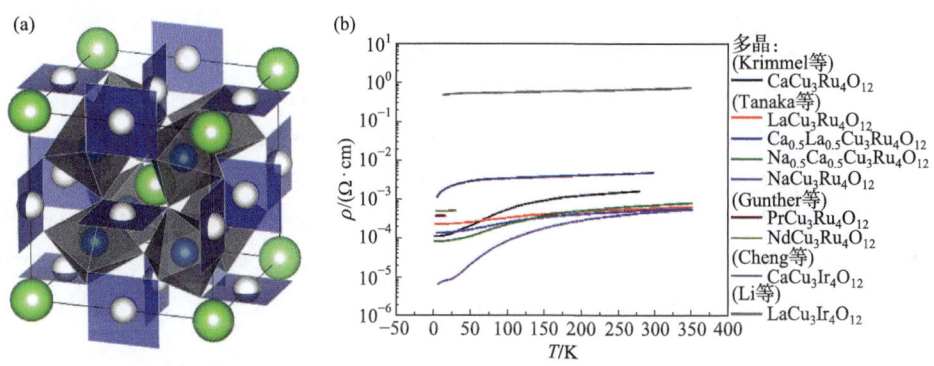

图 6-4 (a) $ACu_3B_4O_{12}$ 的晶体结构示意图；(b) $ACu_3B_4O_{12}$ 的电阻率-温度曲线图[40-43]

表 6-1 $ACu_3B_4O_{12}$ 的合成条件及电学与磁学特性

$ACu_3B_4O_{12}$	合成压力	输运特性	磁学特性
$CaCu_3Ru_4O_{12}$	常压	金属相	顺磁
$NaCu_3Ru_4O_{12}$	常压	金属相	顺磁
$SrCu_3Ru_4O_{12}$	常压	—	—
$LaCu_3Ru_4O_{12}$	常压	金属相	顺磁
$NdCu_3Ru_4O_{12}$	常压	金属相	顺磁

续表

$ACu_3B_4O_{12}$	合成压力	输运特性	磁学特性
$CeCu_3Ru_4O_{12}$	12 GPa	—	—
$CaCu_3Rh_4O_{12}$	9 GPa	金属相	顺磁
$CaCu_3Ir_4O_{12}$	9 GPa	金属相	顺磁
$LaCu_3Ir_4O_{12}$	9 GPa	金属相	顺磁
$CaCu_3Pt_4O_{12}$	12 GPa	—	反铁磁($T_N \approx 50$ K)
$LaCu_3Pt_{3.75}O_{12}$	15 GPa	—	顺磁

除上述层状钙钛矿外，$La_4Ru_2O_{10}$ 是一种可在空气中合成的层状钌酸盐，其中 Ru 为四价(Ru^{4+}电子轨道构型为 d^4)，La 为三价。$La_4Ru_2O_{10}$ 的晶体结构如图 6-5(a) 所示，双层 RuO_6 八面体为主要结构特征，每层 RuO_6 八面体之间空隙由 La 和 O 原子占据，每个 RuO_6 八面体都与周围 RuO_6 八面体具有角共享连接。

图 6-5(b)总结了 $La_4Ru_2O_{10}$ 的电阻-温度曲线，可以看出，单晶 $La_4Ru_2O_{10}$ 在 160 K 处发生了电阻率-温度关系的突变，其同时伴随着晶体结构从(高温)单斜到(低温)三斜相的转变，但晶胞体积和尺寸变化较小(小于 0.5%)。与 Ca_2RuO_4 类似，$La_4Ru_2O_{10}$ 的电子相变与轨道占据密切相关，高温(160 K 以上)时轨道构型为 $d_{xy}^2 d_{xz}^1 d_{yz}^1, d_{xy}^1 d_{xz}^2 d_{yz}^1$ 或 $d_{xy}^1 d_{xz}^1 d_{yz}^2$，低温(160 K 以下)时轨道构型为 $d_{xy}^2 d_{xz}^2$。在 160 K 时 Ru—O 键存在巨大的变化，这也对应了轨道占据结构的变化。在低温三斜相时，在 x 轴方向具有较长的 Ru—O 键，在 y 轴方向具有较短的 Ru—O 键，这表明 d_{xz} 轨道电子占据的增加和 d_{yz} 轨道电子占据的减少，而当 d_{yz} 轨道未被电子占据时，沿 y 轴的 Ru—O 键长将压缩到最短[45, 46]。

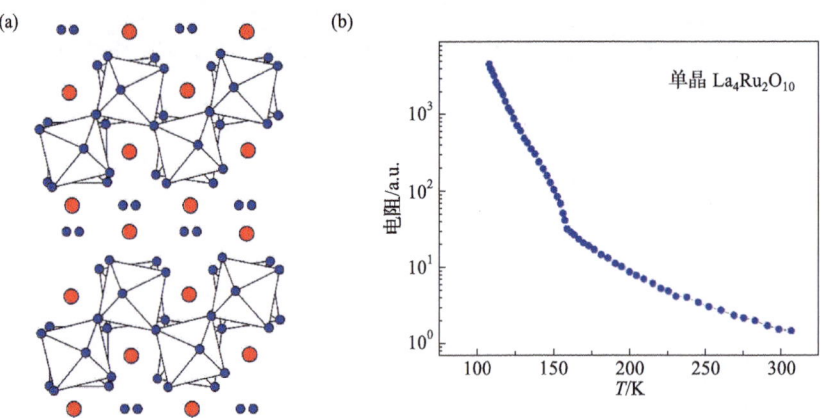

图 6-5 (a) $La_4Ru_2O_{10}$ 的晶体结构示意图；(b) $La_4Ru_2O_{10}$ 的电阻-温度曲线图

6.3 铂系烧绿石氧化物

除上述层状钙钛矿氧化物外，铂系氧化物通常还可以形成烧绿石结构，其化学通式为 $A_2Pg_2O_7$，其中 A 位为稀土元素 Re 以及 Cd、Pb、Bi 等元素，Pg 位为 Ru、Ir、Os 等铂系元素。图 6-6(a)内插图示意了铂系烧绿石氧化物的晶体结构，其主要由相互贯穿的 Pg_2O_6 以及 A_2O' 构成：在 Pg_2O_6 中，PgO_6 八面体中的 O 被角共享而 Pg 形成规则四面体；在 A_2O' 中的 O' 被 A 原子四配位并形成另一个四面体结构网络。因此，$A_2Pg_2O_7$ 中的 A 原子周围有 6 个 O 和两个 O'，而每个 O 被由 2 个 A 和 2 个 Pg 组成的四面体所环绕。

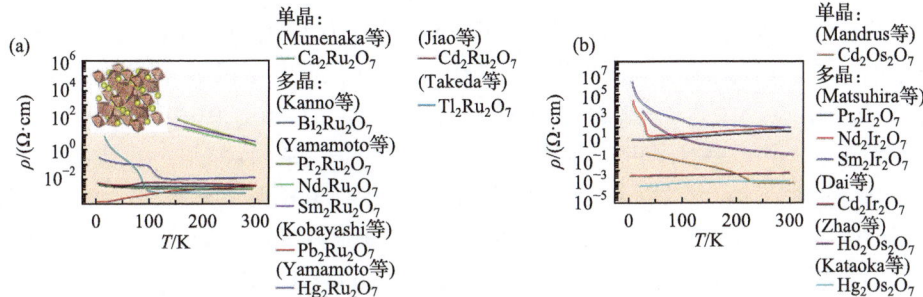

图 6-6　(a) $A_2Ru_2O_7$ 烧绿石氧化物电阻率-温度曲线图，A=Re、Bi、Pb、Hg、Cd 等(插图为烧绿石结构晶体结构示意图)；(b) $A_2Ir_2O_7$、$A_2Os_2O_7$ 烧绿石氧化物电阻率-温度曲线图[47, 50, 51, 54, 55-58]

图 6-6(a)总结了铂系元素原子位为钌时，$A_2Ru_2O_7$ 烧绿石氧化物的电阻率-温度关系特性，可以看出，当 A 位为稀土元素时，具有立方结构的 $Re_2Ru_2O_7$ 在全温度范围内为绝缘相。在烧绿石结构中，Re、Ru($4d^4 t_{2g}^4 e_g^0$)竞争与 O-2p 轨道的杂化使得 t_{2g} 轨道难以展宽至费米面，因此材料呈现绝缘体相输运关系[47]。与稀土元素相比，当 A 位为 Bi、Pb、Ca 等元素时，$Bi_2Ru_2O_7$、$Pb_2Ru_2O_7$、$Ca_2Ru_2O_7$ 在全温度范围内为金属相。其中，Pb、Bi 较深的 6s 轨道难以与费米能级附近的 Ru-4d 轨道交叠，而 Pb、Bi 的未满填的 6p 轨道接近费米能级并通过氧原子与 Ru-4d 轨道交叠，从而实现金属性输运关系[48]；而 $Ca_2Ru_2O_7$ 的金属性与 $Ru^{5+}(4d^3)$ 本征特性相符。基于上述金属、绝缘体态的电子轨道构型，当用稀土元素部分取代 $Bi_2Ru_2O_7$ 或 $Pb_2Ru_2O_7$ 时，可实现对电子结构在上述的绝缘体、金属两种状态之间调控，并在一定的取代量下实现金属-绝缘体相变特性。例如，当 Y 部分取代 $Bi_2Ru_2O_7$ 时，随着 Y 取代量的增加，$Bi_{2-x}Y_xRu_2O_7$ 的电输运特性逐渐从金属转变为半导体；取代量 $x<1.4$ 时表现为金属相，取代量 $x\geq1.4$ 时表现为半导体相。此外，轻稀土元素的 $Bi_{0.6}Re_{1.4}Ru_2O_7$(Re=Sm、Pr)表现出一定的金属-绝缘体相变特性；而重稀土

$Bi_{0.6}Re_{1.4}Ru_2O_7$(Re=Dy、Y)在全温度范围内为半导体相。当 Sm 或 Eu 部分取代 $Pb_2Ru_2O_{6-\delta}$ 时，取代量 $x<0.4$ 时表现为金属相，取代量 $x \geqslant 0.4$ 时表现为半导体相[49]。

当钌基烧绿石结构铂系氧化物 A 位为 Cd(+2 价)、Hg(+2 价)、Tl(+3 价)时，$A_2Ru_2O_7$ 烧绿石氧化物具有特征温度触发下的电子相变特性。其中，$Cd_2Ru_2O_7$ 在 85 K 特征温度下电阻率发生小幅度突变并伴随反铁磁有序转变，突变前后材料的电阻率较低，且均随温度的升高而小幅降低[50]。相比之下，$Hg_2Ru_2O_7$、$Tl_2Ru_2O_7$ 在特征温度为 107 K、120 K 下具有更为明显的金属-绝缘体相变特性[51]，并伴随反铁磁(低温)-顺磁(高温)转变[52]。在电子相变过程中，$Hg_2Ru_2O_7$(Ru^{5+}：t_{2g}^3)的晶体结构由低温单斜相转变为高温立方相；而 $Tl_2Ru_2O_7$ 中(Ru^{4+}：t_{2g}^4)由低温正交结构转变为高温立方结构[53]。$Hg_2Ru_2O_7$、$Cd_2Ru_2O_7$(Ru^{5+})电子相变特性源于 Hg^{2+}、Cd^{2+} 共价性的提高，由于 Hg、Cd 与 O-2p 轨道杂化作用的增强，Ru-O 作用所衍生的 t_{2g} 轨道宽度减小从而更有利于维持 Ru-4d 轨道电子局域态，从而促使金属-绝缘体相变与反铁磁-顺磁转变的协同发生。而 $Tl_2Ru_2O_7$(Ru^{4+})的电子相变原理更为复杂，其中磁有序转变协同结构转变被认为是关键因素[50]。

与 4d 轨道 Ru 基烧绿石氧化物相比，当 $A_2Pg_2O_7$ 铂系元素原子位由具有 5d 电子轨道的 Ir、Os 等元素占据时，将弱化电子轨道间的库仑排斥能(U)，与此同时加强自旋轨道耦合作用(λ)对电子结构的影响。图 6-6(b)总结了 $A_2Ir_2O_7$ 在不同 A 位元素组分下典型的电阻率-温度关系。与在全温度范围内处于绝缘体相(半导体相)的 $Re_2Ru_2O_7$ 相比，U 的减小使得中、轻稀土组分 $Re_2Ir_2O_7$($5d^5$)(如 Re=Nd、Sm)在低温范围具有二阶金属-绝缘体相变特性(升降温无热滞回，电阻率变化较缓)。减小稀土离子半径，将减小 Ir—O—Ir 键角，提高 $Re_2Ir_2O_7$ 并逐渐增加材料绝缘体相的相对稳定性，从而提高 $Re_2Ir_2O_7$ 金属-绝缘体相变温度[54]。除稀土元素占据外，$A_2Ir_2O_7$ 中 A 位还可以由 Cd 占据；而 $Cd_2Ir_2O_7$($5d^4$)在全温度范围内表现为反铁磁金属相，其原因在于，$Cd_2Ir_2O_7$ 中 IrO_6 八面体更为强烈的结构扭曲使得晶体场对电子结构的贡献超过自旋轨道耦合作用[55]。

图 6-6(b)同时总结了 $A_2Os_2O_7$ 在不同 A 位元素组分下典型的电阻率-温度关系，值得注意的是，Os 与 Ru 具有相近的外层电子轨道构型，其中，具有立方结构的 $Ho_2Os_2O_7$、$Y_2Os_2O_7$ 中的 Os 为+4 价($5d^4$)，并表现为绝缘体(半导体)输运特性，其原因与稀土钌基烧绿石氧化物大致相同[56]。与之相比，具有立方结构的 $Hg_2Os_2O_7$ 中的 Os 为+5 价($5d^3$)，Hg 为+2 价，其在全温度范围内表现为金属相[57]。而具有立方结构的 $Cd_2Os_2O_7$ 在 T_{MIT}=226 K 发生金属(高温)-绝缘体(低温)二阶相变(升降温无热滞回)，与此同时其晶胞体积略有下降(小于 0.05%)，并发生反铁磁(低温)-顺磁(高温)转变[58]，其中，Os 为+5 价($5d^3$)，Cd 为+2 价，因此其电子相变机理与前文所述 $NaOsO_3$ 相似(Slater 转变)，即因反铁磁有序在半填充的三

维金属体系中打开了带隙。但 $Cd_2Os_2O_7$ 相变时体积变化很小，与这 Slater 相变中所伴随的明显结构变化不符；其更可能源于"全进全出"磁诱导的 Lifshitz 相变机制[59]。

6.4 铂系硫族、磷族化合物

如图 6-7(a)所示，在铂系硫族化合物中具有尖晶石结构的 $CuPg_2X_4$(空间群为 $Fd\bar{3}m$)所表现出的电输运特性最为丰富，其中 Pg 为 Rh、Ir 等铂系元素，X 为 S、Se 等硫族元素。图 6-7(b)给出了 $CuIr_2S_4$、$CuIr_2Se_4$、$CuRh_2S_4$、$CuRh_2Se_4$ 等材料典型的电阻率-温度关系，其中 $CuIr_2S_4$ 具有特征温度触发下的金属-绝缘体相变特性，在 T_{MIT}=227 K 附近材料电阻率有超过 3 个数量级的突变，并伴随有三斜绝缘体相(低温)向立方金属相(高温)的结构变化以及抗磁性(低温)向顺磁性(高温)的磁转变[60]。$CuIr_2S_4$ 中的 Cu 为+1 价；Ir 在 T_{MIT} 以上具有平均价态+3.5($5d^{5.5}$)，而在 T_{MIT} 以下则为+3($5d^6$)与+4($5d^5$)的混合价态。对比于 $CuIr_2S_4$，同样为尖晶石结构的 $CuIr_2Se_4$ 在 0.5 K 以上始终保持金属相[61]；而 $CuRh_2S_4$ 和 $CuRh_2Se_4$ 在 4.7 K 和 3.84 K 具有反常超导特性[62]。

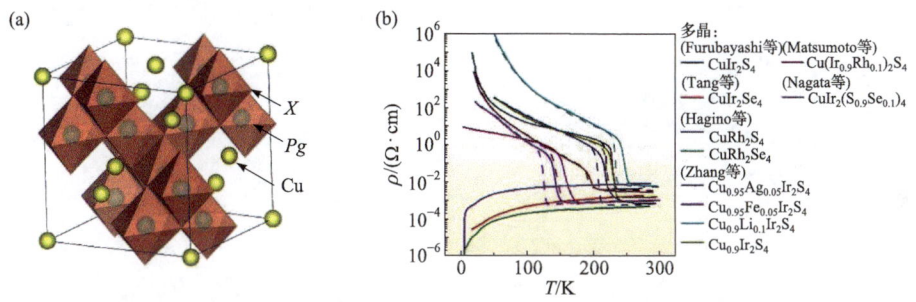

图 6-7 (a) $CuPg_2X_4$ 晶体结构示意图；(b) $CuPg_2X_4$ 及部分取代的电阻率-温度曲线图，Pg=Rh、Ir，X=S、Se[61, 62, 65-67, 69, 71]

值得注意的是，$CuIr_2S_4$ 的金属-绝缘体相变机理区别于传统的强关联氧化物，其特殊之处在于，施加压力会提高 $CuIr_2S_4$ 绝缘体相的相对稳定性并引起金属-绝缘体相变温度的升高[63]，这与传统强关联氧化物在压力下趋于金属相的现象正好相反。$CuIr_2S_4$ 三斜晶胞的 8 个 Ir 原子中，有 4 个 Ir 原子具有较小的 Ir—Ir 间距(约 3.0 Å)，而另外 4 个 Ir 原子的 Ir—Ir 键长较大(3.43~3.66 Å)，这种二聚化结构引起 Ir 元素价态的分离(其中 Ir^{4+} 二聚化而 Ir^{3+} 未二聚化)并打开能隙[64]。一般认为，$CuIr_2S_4$ 的金属-绝缘体相变属于类派尔斯相变，因此当通过施加应力或元素取代使材料晶格参数变小时将提高 T_{MIT}；反之亦然。

图 6-8 总结了部分取代 Cu 位(图 6.8(a), (b))以及 Ir 位、S 位(图 6.8(c), (d))时 $CuIr_2S_4$ 的电阻率-温度关系，以及不同取代元素含量对 T_{MIT} 的调控关系。例如，通过 Ag 替换 Cu 或用 Se 取代 S，均可引起晶格膨胀并增加 Ir—S—Ir 键键长(等同于释放压力)，这减弱了 Ir-5d 与 S-3p 间轨道杂化，并抑制其类派尔斯相变从而降低了相变温度[65, 66]。此外，通过 Fe[67]、Ni[68](+2 价)取代 Cu，两者的金属-绝缘体相变温度 T_{MIT} 都将随取代含量的增加而减少，在跨越相变温度点时电阻率突变程度也减小。与之相比，除施加压力外，通过碱性金属 Li[69]、K[70]的离子掺杂，可以增加结构扭曲程度以增强过渡族金属离子与 S 的轨道杂化，提高

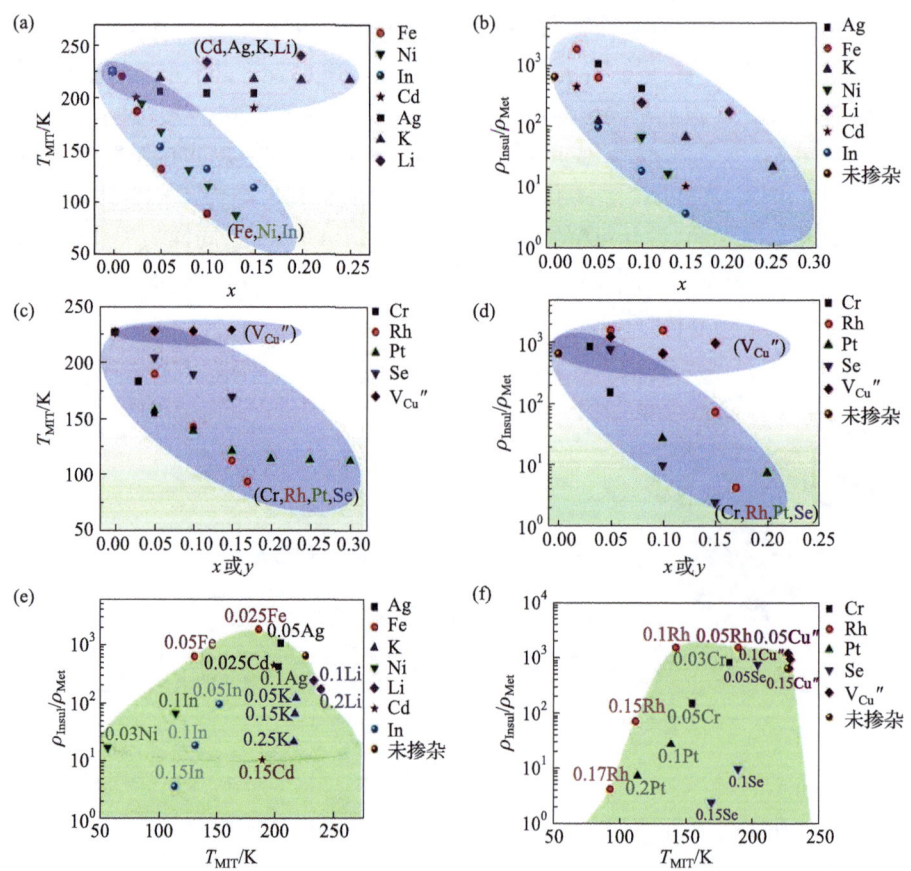

图 6-8 (a) $CuIr_2S_4$ 的金属-绝缘体相变温度随 Cu 位取代量变化图；(b) $CuIr_2S_4$ 的金属-绝缘体相变电阻率突变程度随 Cu 位取代量变化图；(c) $CuIr_2S_4$ 的金属-绝缘体相变温度随 Ir 位、S 位取代量变化图；(d) $CuIr_2S_4$ 的金属-绝缘体电阻率突变程度随 Ir 位、S 位取代量变化图；(e) Cu 位部分取代的 Ca_2RuO_4 的金属-绝缘体相变温度与电阻率突变程度的趋势图；(f) Ir 位、S 位部分取代的 Ca_2RuO_4 的金属-绝缘体相变温度与电阻率突变程度的趋势图

CuIr$_2$S$_4$的金属-绝缘体相变温度。除上述Cu位、S位元素取代外，Ir位取代同样影响CuIr$_2$S$_4$的金属-绝缘体相变特性。例如，利用Rh、Cr、Pt等元素取代Ir都引起了CuIr$_2$S$_4$金属-绝缘体相变温度的降低。例如，在Cu(Ir$_{1-x}$Rh$_x$)$_2$S$_4$、Cu(Ir$_{1-x}$Cr$_x$)$_2$S$_4$、Cu(Ir$_{1-x}$Pt$_x$)$_2$S$_4$中，随Rh、Cr、Pt元素取代含量的增加，金属-绝缘体相变温度T_{MIT}及跨越相变温度点时的电阻率突变程度降低[71-73]。如图6-8(e)、(f)所示，在跨越金属-绝缘体相变温度点时，电阻率的突变程度随不同替代含量的增加而减小。

除硫族化合物外，铂系磷化物同样具有丰富的电子结构与电输运关系，其代表为具有MnP型正交晶系结构的RuPn(Pn为P、As、Sb等磷族元素)，其晶体结构如图6-9(a)内插图所示。图6-9(a)总结了RuPn典型的电阻率-温度关系。在RuPn中，RuP、RuAs具有特征温度触发下的金属-绝缘体特性，其T_{MIT}分别为270 K和200 K[74]。在电子相变的同时，RuP、RuAs的晶体结构发生从单斜结构(低温)到正交结构(高温)的转变，并伴随抗磁性(低温)到顺磁性(高温)的转变。以往报道认为，RuPn电子相变可能源于结构对称性改变所引起的费米能级附近Ru-3d$_{xy}$轨道的劈裂，其类似于派尔斯转变[75]。此外，RuP与RuAs的金属相分别在特征温度T_S=330 K和280 K处发生较弱的前兆相变(亦称为赝隙(pseudogap)转变)，其表现为T_S处的电阻率曲线出现最小值，且磁化率出现峰值。与之相比，RuSb始终维持金属相，其原因在于材料禁带宽度随磷族元素的原子半径的增加而减小，从而金属性增强。

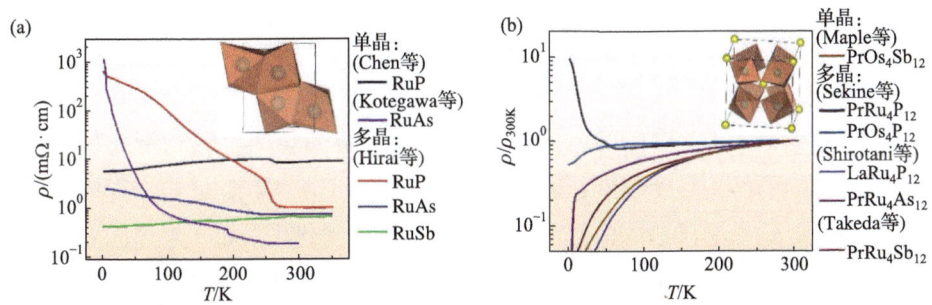

图6-9 (a) RuPn电阻率-温度曲线图，Pn=P、As、Sb[74-76](插图为晶体结构示意图)；
(b) RePg$_4$Pn$_{12}$电阻率、归一化温度曲线图[84, 86, 88, 89]

通过少量Rh取代RuP、RuAs中的Ru原子(取代量在10%以内)，可降低T_{MIT}；当Rh取代量超过10%时，材料在T_{MIT}处的金属-绝缘体相变完全消失，但T_S处的相变仍然存在。Ru$_{0.55}$Rh$_{0.45}$P、Ru$_{0.75}$Rh$_{0.25}$As在3.7 K和1.8 K时出现超导特性。此外，与CuIr$_2$S$_4$相类似，RuP、RuAs在吉帕压力下的T_{MIT}、T_S两个电子相变特征温度均有所提高，这进一步印证其相变机理可能源于类派尔斯转变[76]。

除上述二元铂系元素磷化物外，具有由镧系原子填充式方钴矿(filled

skutterudite)结构的 $RePg_4Pn_{12}$(Re 为稀土元素，Pg 为 Ru、Os 铂系元素，Pn 为 P、As 等磷族元素)同样呈现出丰富的电输运关系，其晶体结构如图 6.9(b)内插图所示。

图 6-9(b)总结了具有不同稀土元素组分的 $ReRu_4P_{12}$ 典型的电阻率-温度曲线，其中 $PrRu_4P_{12}$ 在 T_{MIT}=63 K 时的金属-绝缘体相变特性最为显著。伴随金属-绝缘体相变，$PrRu_4P_{12}$ 的晶体结构发生从简单立方(低温)到体心立方结构(高温)的非磁转变[77]。以往研究将 $PrRu_4P_{12}$ 金属相变特性的原因归结于晶体场分裂能协同作用下导带电子与 Pr-4f 电子杂化的改变(由高温下 c-f 杂化转变为低温下的局域态)，属于由电荷密度波调制的金属-绝缘体相变。对 $PrRu_4P_{12}$ 施加压力，将使其电输运特性逐渐变为金属，并在 12 GPa 压力下表现出反常超导特性[78, 79]。用轻稀土元素(La、Ce)替代或部分替代 $PrRu_4P_{12}$ 中的 Pr，将引起金属-绝缘体相变温度降低，其原因被归结为稀土 4f 电子态的改变以及晶格参数的减小[78, 80]。值得注意的是，$LaRu_4P_{12}$ 在低温下具有反常超导特性[81]。此外，利用 Rh 部分取代 Ru 同样将引起材料电输运关系向金属相转变[82]。当 $ReRu_4P_{12}$ 中稀土元素为 Gd、Tb 等中、重稀土组分时，材料表现出金属性输运[83]。

图 6-9(b)同时总结了其他五族元素占据 $ReRu_4P_{12}$ 中 P 原子位以及含有 Os、Ru 等其他铂系元素的铂族磷族填充式方钴矿材料典型的阻温关系曲线，可以看出，$PrOs_4P_{12}$ 表现为金属相特性[77]；$LaRu_4P_{12}$、$PrRu_4As_{12}$、$PrRu_4Sb_{12}$、$PrOs_4Sb_{12}$ 具有反常超导特性[84-87]。

6.5 本章小结

本章总结了第五、六周期Ⅷ族元素 Ru、Rh、Pd、Os、Ir、Pt 等 6 种铂系化合物及其所伴随的结构转变与潜在磁转变特性。与铁、钴、镍等 3d 电子Ⅷ族元素相比，铂系化合物原子层数更多，而使得外层电子束缚作用及电子轨道间库仑排斥作用均减弱，因此二元铂系氧化物大多呈现金属性电输运关系。但与此同时，随着电子层数的增加，铂系化合物具有更强的自旋耦合作用，而自旋轨道耦合作用的增强使其在电子相变中的协同或主导作用逐渐增加，因此铂系化合物的电子相变机理相比 3d 电子过渡族元素化合物更为复杂。目前已报道的具有金属-绝缘体相变的铂系化合物主要包括：$NaOsO_3$、Ca_2RuO_4、$Ca_3Ru_2O_7$ 等铂系层状钙钛矿氧化物，$Hg_2Ru_2O_7$、$Tl_2Ru_2O_7$、$Re_2Ir_2O_7$、$Cd_2Os_2O_7$ 等铂系烧绿石氧化物，Cu_2IrS_4 等铂系硫化物，RuP、RuAs、$PrRu_4P_{12}$ 等铂系磷化物等。其中，$(Ca_{1-x}Sr_x)_2RuO_4$、Cu_2IrS_4 具有宽范围可调的金属-绝缘体相变特性，并可触发较大的电阻率突变。与之相比，其他大多数已知铂系化合物的由特征温度触发的电阻率突变程度较低，因此从电阻率突变调控角度，其相比于其他电子相变材料体系并不具有明显优势。但是，将铂系化合物丰富的电子相变与磁转变特性综合应用自旋电子器件的设计，可能会开启基础研究中新的探索方向。

参 考 文 献

[1] Lin J J, Huang S M, Lin Y H, et al. Low temperature electrical transport properties of RuO_2 and IrO_2 single crystals [J]. Journal of Physics: Condensed Matter, 2004, 16(45): 8035-8041.

[2] Hayakawa Y, Kohiki S, Arai M, et al. Electronic structure and electrical properties of amorphous OsO_2 [J]. Physical Review B, 1999, 59(17): 11125-11127.

[3] Shannon R D. Synthesis and properties of two new members of the rutile family RhO_2 and PtO_2 [J]. Solid State Communications, 1968, 6(3): 139-143.

[4] Rogers D B, Shannon R D, Sleight A W, et al. Crystal chemistry of metal dioxides with rutile-related structures [J]. Inorganic Chemistry, 1969, 8(4): 841-849.

[5] Leiva H, Kershaw R, Dwight K, et al. Magnetic and electrical properties of rhodium(Ⅲ)oxide(Ⅲ) [J]. Materials Research Bulletin, 1982, 17(12): 1539-1544.

[6] Zhuo S, Sohlberg K. Origin of stability of the high-temperature, low-pressure Rh_2O_3 Ⅲ form of rhodium sesquioxide [J]. Journal of Solid State Chemistry, 2006, 179(7): 2126-2132.

[7] Abe Y A, Kato K K, Kawamura M K, et al. Electrical properties of amorphous rh oxide thin films prepared by reactive sputtering [J]. Japanese Journal of Applied Physics, 2000, 39(1R): 245.

[8] Abe Y A, Kawamura M K, Sasaki K S. Preparation of PtO and α-PtO_2 thin films by reactive sputtering and their electrical properties [J]. Japanese Journal of Applied Physics, 1999, 38(4R): 2092.

[9] Okamoto H, Asô T. Formation of thin films of PdO and their electric properties [J]. Japanese Journal of Applied Physics, 1967, 6(6): 779.

[10] Stoerzinger K A, Qiao L, Biegalski M D, et al. Orientation-dependent oxygen evolution activities of rutile IrO_2 and RuO_2 [J]. The Journal of Physical Chemistry Letters, 2014, 5(10): 1636-1641.

[11] Maeno Y, Nakatsuji S, Ikeda S. Metal-insulator transitions in layered ruthenates [J]. Materials Science and Engineering: B, 1999, 63(1): 70-75.

[12] Alexander C S, Cao G, Dobrosavljevic V, et al. Destruction of the Mott insulating ground state of Ca_2RuO_4 by a structural transition [J]. Physical Review B, 1999, 60(12): R8422-R8425.

[13] Qi T F, Korneta O B, Parkin S, et al. Magnetic and orbital orders coupled to negative thermal expansion in Mott insulators $Ca_2Ru_{1-x}M_xO_4$(M= Mn and Fe) [J]. Physical Review B, 2012, 85(16): 165143.

[14] Jung J H, Fang Z, He J P, et al. Change of electronic structure in Ca_2RuO_4 induced by orbital ordering [J]. Physical Review Letters, 2003, 91(5): 056403.

[15] Cirillo C, Granata V, Avallone G, et al. Emergence of a metallic metastable phase induced by electrical current in Ca_2RuO_4 [J]. Physical Review B, 2019, 100(23): 235142.

[16] Nakamura F, Sakaki M, Yamanaka Y, et al. Electric-field-induced metal maintained by current of the Mott insulator Ca_2RuO_4 [J]. 2013, 3(1): 1-6.

[17] Sakaki M, Nakajima N, Nakamura F, et al. Electric-field-induced insulator-metal transition in Ca_2RuO_4 probed by X-ray absorption and emission spectroscopy [J]. Journal of the Physical Society of Japan, 2013, 82(9): 093707.

[18] Okazaki R, Kobayashi K, Kumai R, et al. Current-induced giant lattice deformation in the mott insulator Ca_2RuO_4 [J]. Journal of the Physical Society of Japan, 2020, 89(4): 044710.

[19] Okazaki R, Nishina Y, Yasui Y, et al. Current-induced gap suppression in the mott insulator Ca_2RuO_4 [J]. Journal of the Physical Society of Japan, 2013, 82(10): 103702.

[20] Nakatsuji S, Ikeda S I, Maeno Y. Ca_2RuO_4: New Mott insulators of layered ruthenate [J]. Journal of the Physical Society of Japan, 1997, 66(7): 1868-1871.

[21] Upward M D, Kouwenhoven L P, Morpurgo A F, et al. Direct observation of the superconducting gap of Sr_2RuO_4 [J]. Physical Review B, 2002, 65(22): 220512.

[22] Souri M, Gruenewald J H, Terzic J, et al. Investigations of metastable Ca_2IrO_4 epitaxial thin-films: Systematic comparison with Sr_2IrO_4 and Ba_2IrO_4 [J]. Sci Rep, 2016, 6(1): 25967.

[23] Cao G, Mccall S, Crow J E, et al. Observation of a metallic antiferromagnetic phase and metal to nonmetal transition in $Ca_3Ru_2O_7$ [J]. Physical Review Letters, 1997, 78(9): 1751-1754.

[24] Cao G, Mccall S C, Crow J E, et al. Multiple magnetic phase transitions in single-crystal $(Sr_{1-x}Ca_x)_3Ru_2O_7$ for $0<x<1$ [J]. Physical Review B, 1997, 56(9): 5387-5394.

[25] Fujiyama S, Ohashi K, Ohsumi H, et al. Weak antiferromagnetism of $J_{eff}=1/2$ band in bilayer iridate $Sr_3Ir_2O_7$ [J]. Physical Review B, 2012, 86(17): 174414.

[26] Callaghan A, Moeller C W, Ward R J I C. Magnetic interactions in ternary ruthenium oxides [J]. Inorganic Chemistry, 1966, 5(9): 1572-1576.

[27] Bouchard R J, Gillson J L. Electrical properties of $CaRuO_3$ and $SrRuO_3$ single crystals [J]. Materials Research Bulletin, 1972, 7(9): 873-878.

[28] Zhao J G, Yang L X, Yu Y, et al. High-pressure synthesis of orthorhombic $SrIrO_3$ perovskite and its positive magnetoresistance [J]. Journal of Applied Physics, 2008, 103(10): 103706.

[29] Yamaura K, Shirako Y, Kojitani H, et al. Synthesis and magnetic and charge-transport properties of the correlated 4d post-perovskite $CaRhO_3$ [J]. Journal of the American Chemical Society, 2009, 131(7): 2722-2726.

[30] Yamaura K, Takayama-Muromachi E. Enhanced paramagnetism of the 4d itinerant electrons in the rhodium oxide perovskite $SrRhO_3$ [J]. Physical Review B, 2001, 64(22): 224424.

[31] Ohgushi K, Gotou H, Yagi T, et al. Metal-insulator transition in $Ca_{1-x}Na_xIrO_3$ with post-perovskite structure [J]. Physical Review B, 2006, 74(24): 241104.

[32] Shi Y G, Guo Y F, Yu S, et al. Continuous metal-insulator transition of the antiferromagnetic perovskite $NaOsO_3$ [J]. Physical Review B, 2009, 80(16): 161104.

[33] Vecchio I L, Perucchi A, Di Pietro P, et al. Infrared evidence of a Slater metal-insulator transition in $NaOsO_3$ [J]. Scientific Reports, 2013, 3(1): 2990.

[34] Calder S, Garlea V O, Mcmorrow D F, et al. Magnetically driven metal-insulator transition in $NaOsO_3$ [J]. Physical Review Letters, 2012, 108(25): 257209.

[35] Nakatsuji S, Maeno Y. Quasi-two-dimensional Mott transition system $Ca_{2-x}Sr_xRuO_4$ [J]. Physical Review Letters, 2000, 84(12): 2666-2669.

[36] Cao G, Mccall S, Dobrosavljevic V, et al. Ground-state instability of the Mott insulator Ca_2RuO_4: Impact of slight la doping on the metal-insulator transition and magnetic ordering [J]. Physical Review B, 2000, 61(8): R5053-R5057.

[37] Yuan S J, Terzic J, Wang J C, et al. Evolution of magnetism in single-crystal $Ca_2Ru_{1-x}Ir_xO_4$ ($0 \leq x \leq 0.65$) [J]. Physical Review B, 2015, 92(2): 024425.

[38] Qi T. Magnetic and orbital orders coupled to negative thermal expansion in Mott insulators, $Ca_2Ru_{1-x}M_xO_4$(M=3d transition metal ion) [D]. Lexington: University of Kentucky, 2012.

[39] Labeau M, Bochu B, Joubert J C, et al. Synthèse et caractérisation cristallographique et physique d'une série de composés $ACu_3Ru_4O_{12}$ de type perovskite [J]. Journal of Solid State Chemistry, 1980, 33(2): 257-261.

[40] Tanaka S, Shimazui N, Takatsu H, et al. Heavy-mass behavior of ordered perovskites $ACu_3Ru_4O_{12}$ (A = Na, Ca, La) [J]. Journal of the Physical Society of Japan, 2009, 78(2): 024706.

[41] Günther A, Riegg S, Kraetschmer W, et al. Electronic correlations and crystal-field effects in $RCu_3Ru_4O_{12}$(R=La, Pr, Nd) [J]. Physical Review B, 2020, 102(23): 235136.

[42] Li M R, Retuerto M, Deng Z, et al. Strong electron hybridization and Fermi-to-non-Fermi liquid transition in $LaCu_3Ir_4O_{12}$ [J]. Chemistry of Materials, 2015, 27(1): 211-217.

[43] Cheng J G, Zhou J S, Yang Y F, et al. Possible Kondo physics near a metal-insulator crossover in the A-site ordered perovskite $CaCu_3Ir_4O_{12}$ [J]. Phys Rev Lett, 2013, 111(17): 176403.

[44] Yamada I, Ochi M, Mizumaki M, et al. High-pressure synthesis, crystal structure, and unusual valence state of novel perovskite oxide $CaCu_3Rh_4O_{12}$[J]. Inorg Chem, 2014, 53(14): 7089-7091.

[45] Khalifah P, Osborn R, Huang Q, et al. Orbital ordering transition in $La_4Ru_2O_{10}$ [J]. Sience, 2002, 297(5590): 2237-2240.

[46] Rivas-Murias B, Zhou H D, Rivas J, et al. Rapidly fluctuating orbital occupancy above the orbital ordering transition in spin-gap compounds [J]. Physical Review B, 2011, 83(16): 165131.

[47] Kanno R, Takeda Y, Yamamoto T, et al. Crystal structure and electrical properties of the pyrochlore ruthenate $Bi_{2-x}Y_xRu_2O_7$ [J]. Journal of Solid State Chemistry, 1993, 102(1): 106-114.

[48] Yamamoto T, Kanno R, Takeda Y, et al. Crystal structure and metal-semiconductor transition of the $Bi_{2-x}Ln_xRu_2O_7$ Pyrochlores (*Ln* = Pr-Lu) [J]. Journal of Solid State Chemistry, 1994, 109(2): 372-383.

[49] Masaki K, Imamaura T, Fukatsu M, et al. Crossover from metallic to semiconducting in $Pb_{2-x}Ln_xRu_2O_{7-\delta}$(*Ln* = Eu, Sm) compounds with pyrochlore structure [J]. Materials Science Forum, 2010, 631-632: 483-488.

[50] Jiao Y Y, Sun J P, Shahi P, et al. Effect of chemical and hydrostatic pressure on the cubic pyrochlore $Cd_2Ru_2O_7$ [J]. Physical Review B, 2018, 98(7): 075118.

[51] Takeda T, Nagata M, Kobayashi H, et al. High-pressure synthesis, crystal structure, and metal-semiconductor transitions in the $Tl_2Ru_2O_{7-\delta}$ pyrochlore [J]. Journal of Solid State Chemistry, 1998, 140(2): 182-193.

[52] Chainani A, Yamamoto A, Matsunami M, et al. Quantifying covalency and metallicity in correlated compounds undergoing metal-insulator transitions [J]. Physical Review B, 2013, 87(4): 045108.

[53] Lee S, Park J G, Adroja D T, et al. Spin gap in $Tl_2Ru_2O_7$ and the possible formation of Haldane chains in three-dimensional crystals [J]. Nature Materials, 2006, 5(6): 471-476.

[54] Matsuhira K, Wakeshima M, Hinatsu Y, et al. Metal-insulator transitions in pyrochlore oxides

$Ln_2Ir_2O_7$ [J]. Journal of the Physical Society of Japan, 2011, 80(9): 094701.

[55] Dai J, Yin Y, Wang X, et al. Pentavalent iridium pyrochlore $Cd_2Ir_2O_7$: A prototype material system for competing crystalline field and spin-orbit coupling [J]. Physical Review B, 2018, 97(8): 085103.

[56] Zhao Z Y, Calder S, Aczel A A, et al. Fragile singlet ground state magnetism in pyrochlore osmates $R_2Os_2O_7(R=Y$ and Ho) [J]. Physical Review B, 2016, 93(13): 134426.

[57] Kataoka K, Hirai D, Koda A, et al. Pyrochlore oxide $Hg_2Os_2O_7$ on verge of metal-insulator boundary [J]. Journal of Physics: Condensed Matter, 2022, 34(13): 135602.

[58] Mandrus D, Thompson J R, Gaal R, et al. Continuous metal-insulator transition in the pyrochlore $Cd_2Os_2O_7$ [J]. Physical Review B, 2001, 63(19): 195104.

[59] Hiroi Z, Yamaura J, Hirose T, et al. Lifshitz metal-insulator transition induced by the all-in/all-out magnetic order in the pyrochlore oxide $Cd_2Os_2O_7$ [J]. APL Materials, 2015, 3(4): 041501.

[60] Ito M, Sonoda K, Nagata S. Temperature dependence of thermodynamic properties of spinel $CuIr_2S_4$ [J]. Solid State Communications, 2017, 265: 23-26.

[61] Hagino T, Seki Y, Nagata S. Metal-insulator transition in $CuIr_2S_4$: Comparison with $CuIr_2Se_4$ [J]. Physica C: Superconductivity, 1994, 235-240: 1303-1304.

[62] Kholil M I, Bhuiyan M T H. Physical properties of spinel-type superconductors $CuRh_2S_4$ and $CuRh_2Se_4$: A DFT study [J]. Results in Physics, 2019, 12: 73-82.

[63] Oomi G, Kagayama T, Yoshida I, et al. Effect of pressure on the metal-insulator transition temperature in thiospinel $CuIr_2S_4$ [J]. Journal of Magnetism and Magnetic Materials, 1995, 140-144: 157-158.

[64] Radaelli P G, Horibe Y, Gutmann M J, et al. Formation of isomorphic Ir^{3+} and Ir^{4+} octamers and spin dimerization in the spinel $CuIr_2S_4$ [J]. Nature, 2002, 416(6877): 155-158.

[65] Zhang L, Ling L, Tan S, et al. The effect of equivalent pressure and localized magnetism in $Cu_{1-x-y}Ag_xIr_2S_4$ system [J]. Journal of Physics: Condensed Matter, 2008, 20(25): 255205.

[66] Nagata S, Matsumoto N, Kato Y, et al. Metal-insulator transition in the spinel-type $CuIr_2(S_{1-x}Se_x)_4$ [J]. Physical Review B, 1998, 58(11): 6844-6854.

[67] Zhang L, Ling L, Tan S, et al. The great effect of magnetic Fe^{2+} ions on electromagnetic behavior in the $Cu_{1-x}Fe_xIr_2S_4$ system [J]. Journal of Physics: Condensed Matter, 2009, 21(2): 026021.

[68] Endoh R, Matsumoto N, Chikazawa S, et al. Metal-insulator transition in the spinel-type $Cu_{1-x}Ni_xIr_2S_4$ system [J]. Physical Review B, 2001, 64(7): 075106.

[69] Zhang L, Ling L, Qu Z, et al. Enhancement of the Peierls-like phase transition in the $Cu_{1-x}Li_xIr_2S_4$ system [J]. Europhysics Letters, 2011, 94(3): 37003.

[70] Zhang L, Ling L, Zhang R, et al. Effect of K-dopant on the electro-magnetic behaviors in $Cu_{1-x}K_xIr_2S_4$ [J]. Journal of the Physical Society of Japan, 2014, 83(2): 024602.

[71] Matsumoto N, Endoh R, Nagata S, et al. Metal-insulator transition and superconductivity in the spinel-type $Cu(Ir_{1-x}Rh_x)_2S_4$ system [J]. Physical Review B, 1999, 60(8): 5258-5265.

[72] Matsumoto N, Yamauchi Y, Awaka J, et al. Metal–insulator transition in the spinel-type $Cu(Ir_{1-x}Pt_x)_2S_4$ system [J]. International Journal of Inorganic Materials, 2001, 3(7): 791-795.

[73] Endoh R, Awaka J, Nagata S. Ferromagnetism and the metal-insulator transition in the thiospinel

Cu(Ir$_{1-x}$Cr$_x$)2S4 [J]. Physical Review B, 2003, 68(11): 115106.

[74] Hirai D, Takayama T, Hashizume D, et al. Metal-insulator transition and superconductivity induced by Rh doping in the binary pnictides RuPn (Pn=P, As, Sb) [J]. Physical Review B, 2012, 85(14): 140509.

[75] Chen R Y, Shi Y G, Zheng P, et al. Optical study of phase transitions in single-crystalline RuP [J]. Physical Review B, 2015, 91(12): 125101.

[76] Kotegawa H, Takeda K, Kuwata Y, et al. Superlattice formation lifting degeneracy protected by nonsymmorphic symmetry through a metal-insulator transition in RuAs [J]. Physical Review Materials, 2018, 2(5): 055001.

[77] Shirotani I, Hayashi J, Adachi T, et al. Metal to insulator transition of filled skutterudite PrRu$_4$P$_{12}$ at low temperatures and high pressures [J]. Physica B: Condensed Matter, 2002, 322(3/4): 408-412.

[78] Sekine C, Takusari M, Yagi T. Magnetic phase diagram of (Pr$_{1-x}$Ce$_x$)Ru$_4$P$_{12}$ [J]. Journal of the Physical Society of Japan, 2011, 80(Suppl.A): SA024.

[79] Miyake A, Holmes A T, Kagayama T, et al. Electrical resistivity and AC-calorimetric measurements of PrRu$_4$P$_{12}$ under pressure [J]. Physica B: Condensed Matter, 2008, 403(5/6/7/8/9): 1298-1300.

[80] Sekine C, Inaba T, Kihou K, et al. Magnetic and electrical properties of (Pr$_x$La$_{1-x}$)Ru$_4$P$_{12}$ [J]. Physica B: Condensed Matter, 2000, 281-282: 300-302.

[81] Shirotani I, Adachi T, Tachi K, et al. Electrical conductivity and superconductivity of metal phosphides with skutterudite-type structure prepared at high pressure [J]. Journal of Physics and Chemistry of Solids, 1996, 57(2): 211-216.

[82] Sekine C, Hoshi N, Shirotani I, et al. Magnetic and transport properties of Pr(Ru$_{1-x}$Rh$_x$)$_4$P$_{12}$ [J]. Physica B: Condensed Matter, 2006, 378-380: 211-212.

[83] Sekine C, Uchiumi T, Shirotani I, et al. Magnetic properties of the filled skutterudite-type structure compounds GdRu$_4$P$_{12}$ and TbRu$_4$P$_{12}$ synthesized under high pressure [J]. Physical Review B, 2000, 62(17): 11581-11584.

[84] Uchiumi T, Shirotani I, Sekine C, et al. Superconductivity of LaRu$_4$X$_{12}$ (X=P, As and Sb) with skutterudite structure [J]. Journal of Physics and Chemistry of Solids, 1999, 60(5): 689-695.

[85] Takeda N, Ishikawa M. Superconducting and magnetic properties of filled skutterudite compounds RERu$_4$Sb$_{12}$ (RE=La, Ce, Pr, Nd and Eu) [J]. Journal of the Physical Society of Japan, 2000, 69(3): 868-873.

[86] Shirotani I, Uchiumi T, Ohno K, et al. Superconductivity of filled skutterudites LaRu$_4$As$_{12}$ and PrRu$_4$As$_{12}$ [J]. Physical Review B, 1997, 56(13): 7866-7869.

[87] Frederick N A, Maple M B. Crystalline electric field effects in the electrical resistivity of PrOs$_4$Sb$_{12}$ [J]. Journal of Physics: Condensed Matter, 2003, 15(27): 4789-4795.

[88] Sekine C, Inoue M, Inaba T, et al. Magnetic and electrical properties of the filled skutterudite-type compound EuRu$_4$P$_{12}$ [J]. Physica B: Condensed Matter, 2000, 281-282: 308-310.

[89] Shirotani I, Ohno K, Sekine C, et al. Electrical conductivity and superconductivity of LaT$_4$As$_{12}$(T=Fe, Ru and Os) with skutterudite-type structure [J]. Physica B: Condensed Matter, 2000, 281-282: 1021-1023.

第7章 钛基(ⅣB族)化合物中的电子相变

以钛为代表的ⅣB族元素包括第四周期的钛(Ti：$3d^24s^2$)、第五周期的锆(Zr：$4d^25s^2$)、第六周期的铪(Hf：$5d^26s^2$)，以及第七周期的𬬻(Rf, 放射性元素)；其中，钛、锆、铪等元素通常以最高价态(+4价)形成氧化物或硫化物。然而，由于+4价ⅣB族元素化合物的杂化轨道中没有填充电子，其通常处于绝缘态而不具有本书所关注的电子相变及磁转变等特性。为在ⅣB族化合物体系中引入潜在的金属特性，须降低ⅣB元素价态从而在t_{2g}空杂化轨道中引入填充电子；而相比于锆、铪等电子层数较多的元素，更小的钛元素容易实现低化合价。值得注意的是，二元钛氧化物与钒氧化物晶体结构相近，且钛元素仅比钒元素少一个价电子，因此含有Ti^{n+}与$V^{(n+1)+}$中心离子的二元氧化物应具有相近的轨道排布与电子填充态。例如，与钒氧化物类似，钛氧化物同样可形成通式为Ti_nO_{2n-1}的玛格奈利相，其中$Ti_5O_9(n=5)$、$Ti_6O_{11}(n=6)$、$Ti_7O_{13}(n=7)$等在140 K、130 K、122 K等特征温度触发下均呈现金属-绝缘体相变特性，其主要原因归结为低温下Ti_2^{6+}/Ti^{4+}电荷有序引起的电子局域化。特别地，$Ti_4O_7(n=4)$的价态构成为$Ti^{3+}/Ti^{4+}=1:1$，具有最强烈的电荷有序现象，并在135 K及150 K特征温度触发下展现多阶段相变特性。除二元钛氧化物外，以$MgTi_2O_4$等为代表的尖晶石氧化物同样表现出Ti_2^{6+}二聚体电荷有序诱导的半导体-半导体转变现象，以及$Re_xCa_{1-x}TiO_3$中Ti^{3+}相分离所引起的低温金属-高温绝缘体相变特性。此外，在准一维二元硫化物TiS_2中观察到由电荷密度波引起的电阻率跃迁，三元硫化物$BaTiS_3$亦表现出240 K特征温度下电荷密度波触发的半导体-半导体转变，伴随巨大的光学响应。本章将重点介绍上述低价态钛基氧化物体系的晶体结构、电输运与电子相变特性、磁性与磁转变特性等。

7.1 二元钛氧化合物

与第2章所述的二元钒氧化物类似，二元钛氧化物同样具有丰富的物质组成与热力学相图，并呈现潜在的金属-绝缘体相变特性。图7-1(a)~(d)分别示意了TiO_2、Ti_2O_3、Ti_3O_5以及玛格奈利相$Ti_nO_{2n-1}(n \geq 3)$的晶体结构；图7-2总结了Ti_2O_3、Ti_3O_5的电阻率-温度关系；图7-3总结了Ti_nO_{2n-1}玛格奈利相($n=4$~9)的电阻率-温度关系。

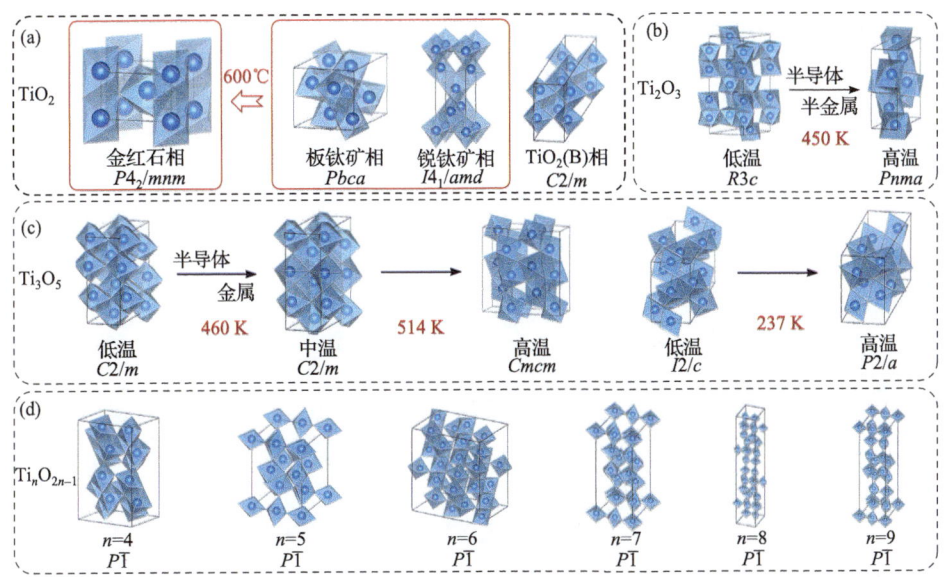

图 7-1 Ti-O 体系二元化合物的结构

如图 7-1(a)所示，TiO_2 具有四种天然矿物形式，即金红石结构($P4_2/mnm$)、锐钛矿结构($I4_1/amd$)、板钛矿结构($Pbca$)、类青铜相 $TiO_2(B)$($C2/m$)；锐钛矿及板钛矿型 TiO_2 均在约 600℃时转化为金红石结构[1]。此外，在高压下，TiO_2 还能以类斜锆石($P2_1/c$)、α-PbO_2($Pbcn$)、氯铅矿($Pnma$)等状态存在。TiO_2(Ti^{4+}，$3d^0$)因无 d 轨道电子而在稳定温度范围内表现为绝缘体(半导体)并呈现顺磁性；通过 Nb^{5+} 取代 Ti^{4+} 可实现类似于能带半导体中的巡游电子掺杂效应[2]。相比于 TiO_2，Ti_2O_3 (Ti^{3+}，$t_{2g}^1 e_g^0$)因 t_{2g} 轨道部分占有电子故而电阻率有所降低。如图 7-1(b)所示，Ti_2O_3 在低温下具有三方结构($R3c$)，即沿 c 轴的 Ti-O 八面体成对出现，彼此共享沿 c 轴的一个面和 aOb 平面中的三个边；而 450 K 以上转变为正交相，并发生(非磁)半导体向半金属的转变(图 7-2)[3, 4]。

Ti_3O_5 是一种多态氧化物，其具有四种单斜结构相(β-Ti_3O_5、γ-Ti_3O_5、δ-Ti_3O_5、λ-Ti_3O_5)及一种正交相(α-Ti_3O_5)。如图 7-1(c)所示，β-Ti_3O_5 在室温下具有单斜结构($C2/m$)，由三种不同 Ti 环境的扭曲 TiO_6 八面体组成。在 460 K 时，β 相通过一阶相变转变为单斜 λ 金属相($C2/m$)，伴随着电阻率的突变(图 7-2)。当温度升高到 514 K 时，λ 相发生二阶相变转变为正交 α 相($Cmcm$)，但磁序、电阻率均未发生突变[5]。γ 相是另一种室温单斜 $I2/c$ 稳定结构，具有两条特征 TiO_6 链，一条是由角共享的标准 Ti(1)O_6 八面体组成，另一条是由边共享的扭曲 Ti(2)O_6 八面体组成。在冷却过程中，γ 相在约 237 K 时转变为低温单斜 δ 相($P2/a$)，由于一维导电通道的断裂，发生莫特-哈伯德型金属-半导体转变[6]。图 7-2 展示了 Ti_2O_3 及多种异构体 Ti_3O_5

单晶的电阻率-温度关系。

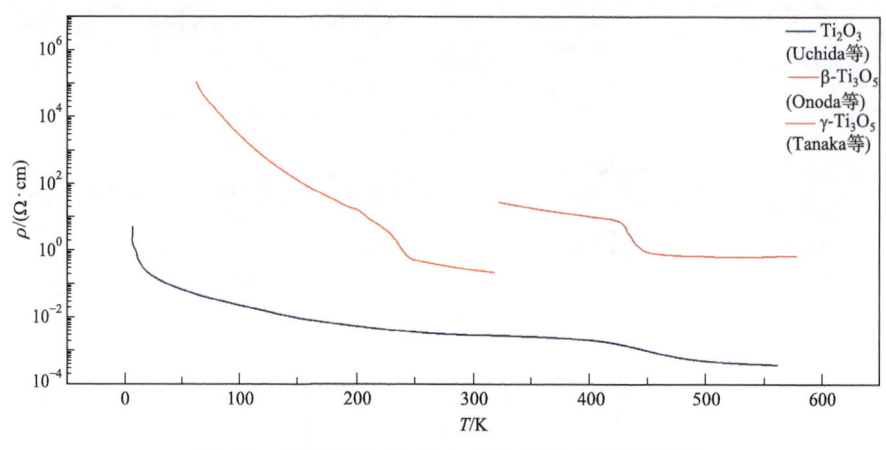

图 7-2　单晶 Ti_2O_3 及 Ti_3O_5 的电阻率-温度关系[4-6]

钛氧化物还包含一系列通式为 Ti_nO_{2n-1} 的亚氧化物，$n>3$ 时统称为玛格奈利相，通常由金红石型 TiO_2 在氢气气氛下还原获得。如图 7-1(d)所示，玛格奈利相 Ti_nO_{2n-1} 具有以金红石型 TiO_2 晶格为基础的缺陷结构，其中第 n 层的氧空位导致其晶胞中出现剪切面，剪切面上 Ti-O 八面体的二维链共享一个平面，因此玛格奈利相普遍具有对称性较低的三斜结构($P\bar{1}$)。Ti_nO_{2n-1} 是具有两个 $Ti^{3+}(3d^1)$ 和 $n-2$ 个 $Ti^{4+}(3d^0)$ 的混合价化合物，n 的变化对化合价及 Ti-O 八面体畸变没有显著影响。Ti_nO_{2n-1} 玛格奈利相通常由金红石型 TiO_2 还原制备；例如，在氢气气氛中 1050℃还原 4 h、加入 4.0 wt%碳粉 1025℃还原 2 h 均能获得纯相 Ti_4O_7 粉体。此外，使用 TiH_2 作为还原剂在 720℃下可以获得包括 γ-Ti_3O_5、Ti_4O_7、Ti_8O_{15} 在内的各种亚氧化物；以纯钛为原料可以通过控制氧化、物理气相沉积等方法制备不同维度的玛格奈利相[7]。

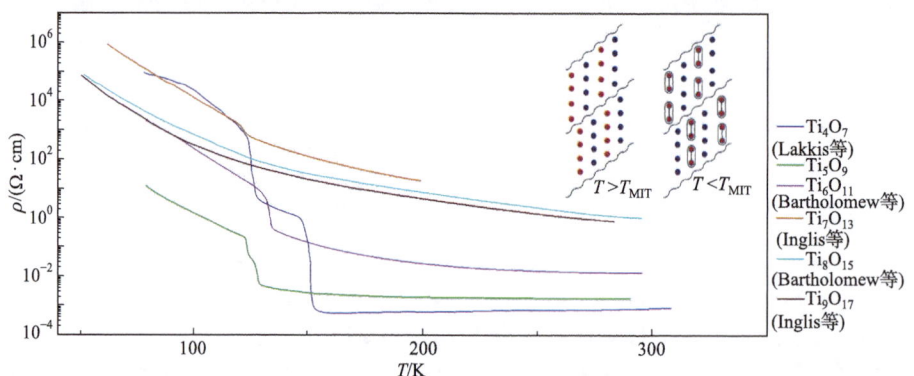

图 7-3　单晶 $Ti_nO_{2n-1}(n=4\sim9)$的电阻率-温度关系[8-10]，插图为 Ti_4O_7 低温二聚体结构的示意图，蓝色圆点代表 Ti^{4+}，红色圆点代表 Ti^{3+}

图 7-3 总结了玛格奈利相的电阻率-温度关系。当 $n=4$ 时，单晶 Ti_4O_7 呈现两级电子相变，即 130～140 K 温度范围内的半导体-半导体转变以及 150 K 左右的半导体-金属相变。在低温相中，Ti 3d 电子局域化形成共价键合的 Ti^{3+}-Ti^{3+} 二聚体，晶格由 Ti^{4+} 和 Ti_2^{6+} 二聚体交替排布的有序 Ti 链构成，如图 7-3 插图所示。二聚体在中温相中仍然存在，但逐步失去长程有序，高温相转变为顺磁性金属[8]。当 $n=5$～7 时，玛格奈利相的半导体-金属(半金属)转变均可归因于 Ti^{4+}/Ti_2^{6+} 二聚体的电荷有序。随着 n 的增大，Ti 链的有序程度逐渐降低(例如 Ti_6O_{11} 仅包含 2/3 的电荷有序)，电阻率突变程度大幅下降，相变温度略有降低，分别为 140 K($n=5$)、130 K($n=6$)、122 K($n=7$)[9, 10]。当 $n>7$ 时，Ti_nO_{2n-1} 低温电荷有序程度已不足以支持电子相变的发生。几乎所有玛格奈利相都会在相变温度附近发生反铁磁性-顺磁性转变[10]。

此外，通过静水压力、化学掺杂抑制二聚体的形成可以有效调控玛格奈利相的电子相变。Tonogai 等观察到，Ti_4O_7 的低温相变在 0.3 GPa 时即被完全抑制[11]。Acha 等证实，高于 3 GPa 时 Ti_4O_7 在 5～300 K 温度范围内表现为金属态[12]。图 7-4 总结了 Ti_4O_7、Ti_2O_3 及 Ti_3O_5 体系中元素掺杂对电性能的影响。Schlenker 和 Marezio 在 Ti_4O_7 中掺杂至多 1.64% 的钒，随着掺杂量的提高，低温相被迅速抑制，最终在 0.35% 掺杂时一级相变消失；二级金属-绝缘体相变温度逐步降低，1.6% 掺杂时 T_{MIT-2} 下降至 130 K[13]。在其他体系中，观察到 Fe 掺杂 Ti_3O_5 及 V 掺杂 Ti_2O_3 都能显著降低其相变温度[4, 14]。

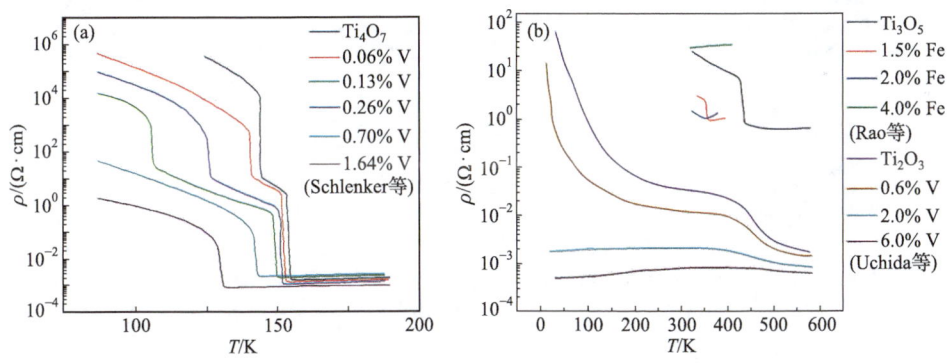

图 7-4 (a) 单晶 $V_xTi_{4-x}O_7$ 的电阻率-温度关系[13]；(b) 单晶 $V_xTi_{2-x}O_3$ 及 $Fe_xTi_{3-x}O_5$ 的电阻率-温度关系[4, 14]

7.2 钛基钙钛矿与四重钙钛矿氧化物

对于 113 型钛基钙钛矿氧化物($ATiO_3$)，当 A 位由碱土元素占据时，Ti^{4+}($3d^0$) 由于 d 轨道无填充电子而多呈现绝缘体相特性。例如，$CaTiO_3$ 具有正交结构

($Pnma$)，由连续的角共享扭曲 Ti-O 八面体组成并呈现绝缘体性质。$CaTiO_3$ 在高温时存在可逆的结构转变过程，Ali 和 Yashima 证实，其在 1498 K 附近转变为四方相($I4/mcm$)，并在 1634 K 时转变为具有理想钙钛矿结构的立方相($Pm\bar{3}m$)[17]。当 A 位由稀土元素占据时，虽然 $ReTiO_3$ 的电阻率由于 $Ti^{3+}(3d^1)$ 中 t_{2g} 轨道电子的引入而相比 $AETiO_3$ 有所降低，但 TiO_6 八面体的晶格发生扭曲所导致的轨道有序(Jahn-Teller 效应)使其呈现半导体输运特性[18]。

当 A 位由稀土、碱土元素共同占据时，Ti 元素的平均价态介于+3 价与+4 价之间；图 7-5(a)示意了其晶体结构，图 7-5(b)总结了不同 Ca 掺杂量下 $Re_{1-x}Ca_xTiO_3$ 的电阻率-温度关系。Ca 的掺入对 $ReTiO_3$ 形成空穴掺杂效应，引发富空穴区域(金属相)和贫空穴区域(莫特绝缘体相)的电子相分离，同时通常伴随结构相变。例如，Hameed 等在 $Y_{0.6}Ca_{0.4}TiO_3$ 中观察到了 100 K 附近的绝缘体(高温)-金属(低温)转变，其伴随着低温正交金属相 $Pbnm$ 与高温绝缘单斜相 $P2_1/n$ 的结构相分离[15]。随着掺杂量的增多，富空穴电子相逐渐稳定，$x\geq0.7$ 时表现为纯金属相。但类似现象并未在 $Pr_{1-x}Ca_xTiO_3$、$Nd_{1-x}Ca_xTiO_3$、$Sm_{1-x}Ca_xTiO_3$ 等类似材料中观察到[16]。

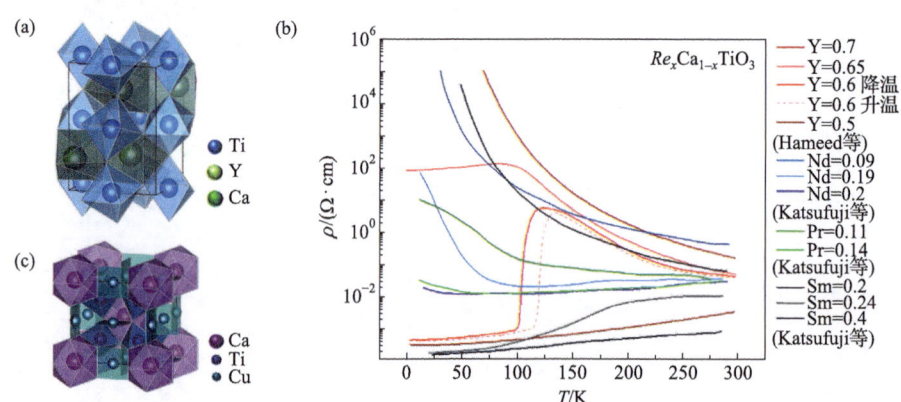

图 7-5 (a) $Y_{0.66}Ca_{0.34}TiO_3$ 的晶体结构；(b)$Re_xCa_{1-x}TiO_3$(Y=0.5、0.6、0.65、0.7；Nd=0.09、0.19、0.2；Pr=0.11、0.14；Sm=0.2、0.24、0.4)的电阻率-温度关系[15, 16]；(c)钛基四重钙钛矿氧化物 $CaCu_3Ti_4O_{12}$ 的晶体结构

除 113 型钙钛矿结构外，Ti 可以参与形成四重钙钛矿结构 $ACu_3Ti_4O_{12}$，其中 A 位为碱土或稀土元素，如图 7-5(c)所示。$CaCu_3Ti_4O_{12}$ 具有准立方($A'A''$)(BO_3)型钙钛矿结构，空间群为 $Im3$，晶格参数为 7.391 Å。Ca^{2+} 和 Cu^{2+} 共用 A 位点，Ti^{4+} 占据 B 位点，位于氧晶格八面体间隙中心。TiO_6 八面体是扭曲的，为 Cu^{2+} 提供一个方形平面。每个 Cu 连接四个氧原子，而较大的 Ca 原子则位于角和中心位置[19]。$CaCu_3Ti_4O_{12}$ 陶瓷具有巨大的介电常数，但其本身是非铁电性的，近年来引起了人

们广泛的研究兴趣。钛基四重钙钛矿氧化物可通过常压下固相反应直接合成，这在四重钙钛矿氧化物材料体系中较为罕见[20]。

7.3 钛基尖晶石与钙铁矿氧化物

尖晶石氧化物 AB_2O_4 由 AO_4 四面体和边共享的 BO_6 八面体构成，氧离子呈立方最密堆积排列，A^{3+} 和 B^{2+} 分别占据氧晶格的四面体空隙和八面体空隙。$MgTi_2O_4$、$MnTi_2O_4$ 是一种具有几何阻挫轨道有序性的反铁磁性尖晶石，结构为立方结构，空间群为 $Fd\bar{3}m$（图 7-6(a)），其中 Ti^{3+} 占据 B 位，电子构型为 $3d^1$。多晶 $MgTi_2O_4$ 样品一般使用放电等离子体烧结(SPS)方法制备，常发生少数 Mg^{2+} 占据 B 位八面体间隙的情况，出现四聚化模式的纳米畴结构，在高分辨透射电子显微镜(HRTEM)下呈现花呢晶格[21]。$MnTi_2O_4$ 由固相反应合成多晶样品。图 7-6 总结了 $MgTi_2O_4$、$MnTi_2O_4$ 的电阻率-温度关系，其中 $MnTi_2O_4$ 在 180 K 附近出现电阻率异常，但高温相仍表现为半导体[22]。$MgTi_2O_4$ 在 260 K 附近发生从低温四方晶系向高温立方晶系的结构相变，同时伴随金属-绝缘体相变及泡利顺磁性-反铁磁性转变。在低温绝缘相中，Ti^{3+} 形成 Ti_2^{6+} 二聚体并呈螺旋型排列，发生 t_{2g} 轨道有序导致的 3d 电子局域化。随着温度升高，二聚体的长程有序不断削弱，最终完全转变为四方金属相[21]。Khomskii 和 Mizokawa 将这一转变过程归类为三维系统中轨道驱动的派尔斯转变，t_{2g} 发生 d_{zx}-d_{zx}-d_{yz}-d_{yz} 四聚化，在[011]或[101]方向沿 Ti 链排列[23]。

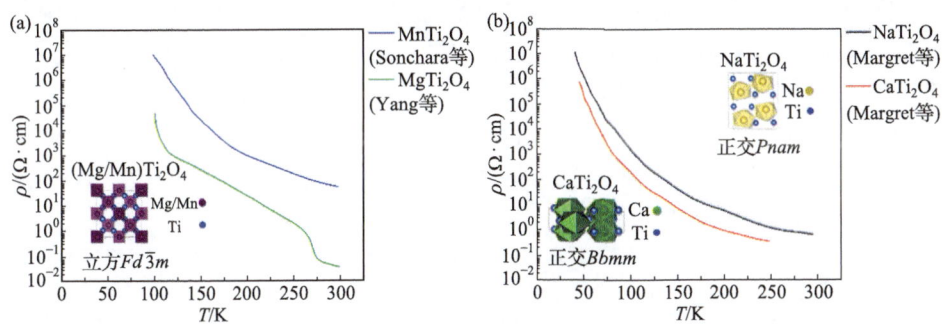

图 7-6　(a) $MgTi_2O_4$ 及 $MnTi_2O_4$ 单晶的电阻率-温度关系，插图示意了其晶体结构[21, 22]；
(b) $NaTi_2O_4$ 及 $CaTi_2O_4$ 单晶的电阻率-温度关系，插图示意了其晶体结构[24]

对于 $NaTi_2O_4$、$CaTi_2O_4$，由于 A 位离子半径过大，无法维持尖晶石结构而呈现钙铁矿结构。如图 7-6(b)插图所示，在 $NaTi_2O_4$ 钙铁矿型结构中，钠离子位于双金红石型链通过共享角形成的一维隧道中，其结构为正交结构，空间群为 $Pnam$；而 $CaTi_2O_4$ 具有类似的结构，双金红石型链通过共享边和角链接，其结构为正交结构，空间群为 $Bbmm$。由图 7-6(b)所总结的电阻率-温度关系可以看出，$NaTi_2O_4$

及 $CaTi_2O_4$ 在 50～300 K 范围内均表现为半导体[24]。

7.4 钛基硫族化合物

准一维过渡族硫化物中常观察到由电荷密度波(CDW)引起的金属-绝缘体相变特性,例如具有 $3d^1$ 电子排布的钒基三元硫化物 $BaVS_3$。CDW 是电子密度的周期性调制,常具有下列特征中的一种或几种:①电子结构出现嵌套费米面;②声子谱 Kohn 反常;③具有周期性晶格畸变的结构转变;④电输运性质的金属-绝缘体相变。CDW 通常在低维导体中出现,例如 $NbSe_3$、$1T\text{-}TaS_2$ 等[25]。

在钛的硫化物中也发现了 CDW 态的存在。例如在层状准二维材料 $TiSe_2$ 中由 CDW 发现了 600 K 附近的电阻率变化,如图 7-7(a)所示[26]。在 $1T\text{-}TiS_2$ 也观察到 530 K 附近低温金属-高温绝缘体相变的存在,这一转变通常对硫空位非常敏感,在 $Ti_{1.17}S_2$ 中仅能观察到 530 K 附近电阻率的波动,而不再出现电输运性质的变化[27]。在 $TiSe_2$ 中还观察到 Cu 或 Pd 插层诱导的超导性以及由 Pt 掺杂引起的绝缘 Luttinger 液相,展示了低维钛硫化物的丰富前景[28]。

Chen 等在三元硫化物单晶 $BaTiS_3$ 中亦发现了 CDW 转变,准一维硫化合物 $BaTiS_3$ 是一种窄带隙半导体($E_g\sim 0.3$ eV),具有六方晶体结构($P6_3cm$),由 TiS_6 八面体的一维链堆叠在 Ba 链之间(图 7-7(b)插图)。Ti 的宏观价态为+4,具有 $3d^0$ 电子排布[25]。

图 7-7(b)展示了单晶 $BaTiS_3$ 的电阻率-温度特性。在 100～300 K 范围内,$BaTiS_3$ 表现出两种不同的相变。随着温度的降低,在 240 K 发生第一个转变,高温半导体相($P6_3cm$)的单胞加倍,转变为 $P3c1$ 结构,出现 CDW 电子有序态。$P6_3cm$ 和 $P3c1$ 为群/亚群关系,这一相变过程为位移相变(二阶相变),仅出现较小的热滞。$BaTiS_3$ 中的单胞加倍发生在 ab 平面,而不是沿着 c 轴,这不同于经典的准一维 CDW 材料 $NbSe_3$ 和 $BaVS_3$[25]。

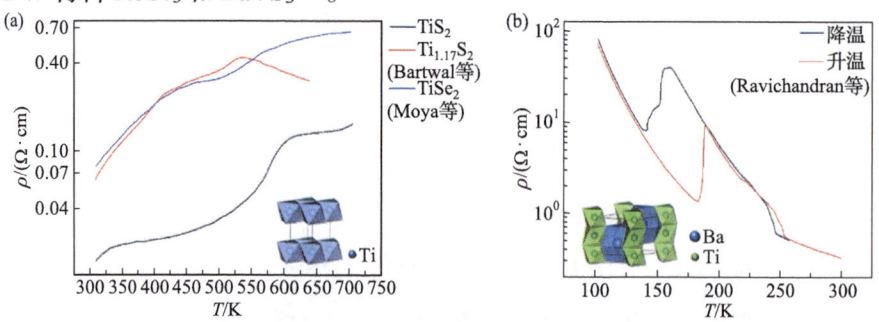

图 7-7 (a) TiS_2、$Ti_{1.17}S_2$、$TiSe_2$ 单晶的电阻率-温度关系,插图示意了 TiS_2 的晶体结构[26, 27];
(b) $BaTiS_3$ 单晶的电阻率-温度关系,插图示意了 $BaTiS_3$ 的晶体结构[25]

在 130 K 时发生一阶结构转变，CDW 相($P3c1$)转变为低温半导体相 $P2_1$，伴随着范围约 40 K 的巨大热滞。电阻率-温度关系中的过渡状态归因于两相共存的渗流作用。$BaTiS_3$ 转变经历的三个阶段均为半导体输运特性，值得注意的是，转变前后电阻率的变化归因于霍尔迁移率的跳变，随着温度上升，霍尔迁移率分别在转变温度处经历了显著的下降和大幅的上升，载流子浓度没有明显跃迁。这与 VO_2、$1T\text{-}TaS_2$ 等经典的金属-绝缘体相变材料明显不同，后者是由载流子浓度变化主导相变[25]。

以碘为传输剂，以硫化钡、单质硫、单质钛为前驱体，以 0.3℃/min 速率升温至 1000℃，保温 60 h 后淬火可制备针状 $BaTiS_3$ 单晶。除 CDW 态外，$BaTiS_3$ 还表现出巨大的光学各向异性，具有宽带二色性窗口和高达 0.76 的双折射，是目前已知任何其他透明均质固体的两倍以上，在下一代小型光学器件和非线性光学领域具有应用潜力[29]。

7.5 本章小结

本章概述了以钛为代表的ⅣB 氧化物中的电子相变特性，以及其所伴随的结构转变与潜在磁转变特性。ⅣB 族元素最高价态(+4 价)氧化物中 d 电子杂化轨道没有填充电子，所以大多处于绝缘体状态；最高价态硫化物则容易形成准一维链式结构，呈现由电荷密度波态引起的电阻率跃迁或金属-绝缘体相变特性，例如 TiS_2 及 $BaTiS_3$；而在 e_g 轨道进一步填充电子的多体系钛氧化物中具有+3/+4 混合价态，可因电荷有序而呈现金属-绝缘体相变特性，例如玛格奈利相 Ti_nO_{2n-1}；以 Ti^{3+} 为中心离子的三元钛基氧化物则具有复杂的电子相图，其可能由存在八面体晶格扭曲引发 Jahn-Teller 效应而处于绝缘体态，例如钙钛矿结构 $ReTiO_3$；也可由空穴掺杂效应引发相分离而表现金属-绝缘体相变特性，例如掺杂钙钛矿结构 $Re_{1-x}Ca_xTiO_3$；还可形成低温 $Ti^{3+}\text{-}Ti^{3+}$ 二聚体而表现金属-绝缘体相变特性，例如尖晶石结构 $MgTi_2O_4$。钛氧化物广泛应用于电学和光学器件。玛格奈利相被用于制作适用于酸性或强腐蚀性电解液的陶瓷电极片 Ebonex®，其室温导电性与炭黑电极类似，具有较强的耐腐蚀性能[30]；$\lambda\text{-}Ti_3O_5$ 在形成二聚体的过程中展现出高达 96.4%的太阳能吸收率，可用于高效蒸汽发生器等[31]。

参 考 文 献

[1] Rahimi N, Pax R A, Gray E M. Review of functional titanium oxides. Ⅰ: TiO_2 and its modifications [J]. Progress in Solid State Chemistry, 2016, 44(3): 86-105.

[2] Baumard J F, Tani E. Electrical conductivity and charge compensation in Nb doped TiO_2 rutile [J]. The Journal of Chemical Physics, 1977, 67(3): 857-860.

[3] Singh V, Pulikkotil J J. Electronic phase transition and transport properties of Ti_2O_3 [J]. Journal of Alloys and Compounds, 2016, 658: 430-434.

[4] Uchida M, Fujioka J, Onose Y, et al. Charge dynamics in thermally and doping induced insulator-metal transitions of $(Ti_{1-x}V_x)_2O_3$ [J]. Physical Review Letters, 2008, 101(6): 066406.

[5] Onoda M. Phase transitions of Ti_3O_5 [J]. Journal of Solid State Chemistry, 1998, 136(1): 67-73.

[6] Tanaka K, Nasu T, Miyamoto Y, et al. Structural phase transition between γ-Ti_3O_5 and δ-Ti_3O_5 by breaking of a one-dimensionally conducting pathway [J]. Crystal Growth & Design, 2015, 15(2): 653-657.

[7] Xu B, Sohn H Y, Mohassab Y, et al. Structures, preparation and applications of titanium suboxides [J]. RSC Advances, 2016, 6(83): 79706-79722.

[8] Lakkis S, Schlenker C, Chakraverty B K, et al. Metal-insulator transitions in Ti_4O_7 single crystals: Crystal characterization, specific heat, and electron paramagnetic resonance [J]. Physical Review B, 1976, 14(4): 1429-1440.

[9] Bartholomew R F, Frankl D R. Electrical properties of some titanium oxides [J]. Physical Review, 1969, 187(3): 828-833.

[10] Inglis A D, Page Y L, Strobel P, et al. Electrical conductance of crystalline Ti_nO_{2n-1} for n=4-9 [J]. Journal of Physics C: Solid State Physics, 1983, 16(2): 317-333.

[11] Tonogai T, Takagi H, Murayama C, et al. Metal-insulator transitions in Ti_4O_7: Pressure-induced melting of the electron pairs [J]. Review of High Pressure Science & Technology, 1998, 7: 453-455.

[12] Acha C, Monteverde M, Núñez-Regueiro M, et al. Electrical resistivity of the Ti_4O_7 Magneli phase under high pressure [J]. The European Physical Journal B—Condensed Matter and Complex Systems, 2003, 34(4): 421-428.

[13] Schlenker C, Marezio M. The order-disorder transition of Ti^{3+}-Ti^{3+} pairs in Ti_4O_7 and $(Ti_{1-x}V_x)_4O_7$ [J]. Philosophical Magazine B, 1980, 42(3): 453-472.

[14] Rao C N R, Ramdas S, Loehman R E, et al. Semiconductor-metal transition in Ti_3O_5 [J]. Journal of Solid State Chemistry, 1971, 3(1): 83-88.

[15] Hameed S, Joe J, Gautreau D M, et al. Two-component electronic phase separation in the doped Mott insulator $Y_{1-x}Ca_xTiO_3$ [J]. Physical Review B, 2021, 104(4): 045112.

[16] Katsufuji T, Taguchi Y, Tokura Y. Transport and magnetic properties of a Mott-Hubbard system whose bandwidth and band filling are both controllable: $R_{1-x}Ca_xTiO_{3+y/2}$ [J]. Physical Review B, 1997, 56(16): 10145-10153.

[17] Ali R, Yashima M. Space group and crystal structure of the perovskite $CaTiO_3$ from 296 to 1720K [J]. Journal of Solid State Chemistry, 2005, 178(9): 2867-2872.

[18] Cwik M, Lorenz T, Baier J, et al. Crystal and magnetic structure of $LaTiO_3$: Evidence for nondegenerate t_{2g} orbitals [J]. Physical Review B, 2003, 68(6): 060401.

[19] Adams T B, Sinclair D C, West A R. Influence of processing conditions on the electrical properties of $CaCu_3Ti_4O_{12}$ ceramics [J]. Journal of the American Ceramic Society, 2006, 89(10): 3129-3135.

[20] Singh L, Rai U S, Mandal K D, et al. Progress in the growth of $CaCu_3Ti_4O_{12}$ and related functional dielectric perovskites [J]. Progress in Crystal Growth and Characterization of Materials, 2014,

60(2): 15-62.

[21] Yang H X, Zhu B P, Zeng L J, et al. Structural modulation in the orbitally induced Peierls state of MgTi$_2$O$_4$ [J]. Journal of Physics. Condensed Matter, 2008, 20(27): 275230.

[22] Sonehara T, Kato K, Osaka K, et al. Transport, magnetic, and structural properties of spinel MnTi$_2$O$_4$ and the effect of V doping [J]. Physical Review B, 2006, 74(10): 104424.

[23] Khomskii D I, Mizokawa T. Orbitally induced peierls state in spinels [J]. Physical Review Letters, 2005, 94(15): 156402.

[24] Geselbracht M J, Erickson A S, Rogge M P, et al. Structure property relationships in the ATi$_2$O$_4$ (A=Na, Ca) family of reduced titanates [J]. Journal of Solid State Chemistry, 2006, 179(11): 3489-3499.

[25] Chen H, Zhao B, Mutch J, et al. Charge density wave order and electronic phase transitions in a dilute d-band semiconductor [J]. Advanced Materials, 2023, 35(49): 2303283.

[26] Moya J M, Huang C L, Choe J, et al. Effect of synthesis conditions on the electrical resistivity of TiSe$_2$ [J]. Physical Review Materials, 2019, 3(8): 084005.

[27] Bartwal K S, Srivastava O N. Studies of metal-insulator transition in TiS$_x$Se$_{2-x}$ single crystals [J]. Phase Transitions, 1990, 20(1/2): 73-81.

[28] Lee K, Choe J, Iaia D, et al. Metal-to-insulator transition in Pt-doped TiSe$_2$ driven by emergent network of narrow transport channels [J]. npj Quantum Materials, 2021, 6(1): 8.

[29] Niu S, Joe G, Zhao H, et al. Giant optical anisotropy in a quasi-one-dimensional crystal [J]. Nature Photonics, 2018, 12(7): 392-396.

[30] Walsh F C, Wills R G A. The continuing development of Magnéli phase titanium sub-oxides and Ebonex® electrodes [J]. Electrochimica Acta, 2010, 55(22): 6342-6351.

[31] Yang B, Zhang Z, Liu P, et al. Flatband λ-Ti$_3$O$_5$ towards extraordinary solar steam generation [J]. Nature, 2023, 622(7983): 499-506.

第8章 锰基及ⅦB族化合物中的电子相变特性

以锰元素为代表的ⅦB族元素包括第四周期的锰(Mn: 3d^{5}4s^2)、第五周期的锝(Tc: 4d^{5}5s^2)、第六周期的铼(Re: 5d^{5}6s^2)、第七周期的铍(Bh, 放射性元素); 其中锰、铼均具有丰富的价态, 可形成多体系氧化物材料; 锝、铍具有放射性而不常用于电子材料合成, 例如, 周期表中43号元素锝是首个通过人工合成的元素, 其常见同位素^{97}Tc半衰期约260万年。其中, 锰基钙钛矿家族氧化物的复杂电子相变和磁转变特性被广泛报道, 其主要涉及稀土(碱土)锰基钙钛矿氧化物(ReMnO$_3$、AEMnO$_3$、$Re_x AE_{1-x}$MnO$_3$)、A位有序锰基层状双钙钛矿氧化物(ReBaMn$_2$O$_6$)、锰基四重钙钛矿(ReCu$_3$Mn$_4$O$_{12}$、AECu$_3$Mn$_4$O$_{12}$)等。

总体看来, 对锰基氧化物电输运与磁性的调控主要是从过渡族轨道电子填充与能带结构两方面开展。Mn^{3+}($t_{2g}^3 e_g^1$)具有未满填的e_g轨道而呈现Jahn-Teller畸变特性, 由此引起的轨道有序转变使得ReMnO$_3$在高温范围发生金属-绝缘体相变。从结构角度通过A位元素平均离子半径来调控MnO$_6$八面体扭曲程度, 可调节Mn-3d与O-2p轨道交叠程度, 从而改变p-d轨道间电荷转移能(带隙)。而进一步利用碱土元素取代稀土位, 可在$Re_{1-x}AE_x$MnO$_3$中实现锰元素价态在Mn^{3+}($t_{2g}^3 e_g^1$)至Mn^{4+}($t_{2g}^3 e_g^0$)之间变化。其中, $Re_{0.5}AE_{0.5}$MnO$_3$因Mn^{3+}与Mn^{4+}比例相同而呈现基态的电荷有序性; 以此为基础提高碱土比例(Mn^{4+}比例), 材料呈现正常的金属(高温)-绝缘体(低温)相变特性, 并伴随反铁磁-顺磁转变。而提高稀土比例(Mn^{3+}比例)则相当于在$Re_{0.5}AE_{0.5}$MnO$_3$基态电荷有序结构中进一步掺杂巡游电子, 其可通过双交换作用破坏原有的基态反铁磁磁序从而实现低温铁磁金属相; 而当温度升高至特定临界点时, 载流子以局域形式占据d轨道并形成电荷有序状态, 将使得系统熵提高, 从而使得源于上述电荷有序的绝缘体相自由能低于铁磁金属相。由此, 亦可在高稀土元素比例的$Re_{1-x}AE_x$MnO$_3$中实现特征温度触发下的绝缘体(高温)-金属(低温)相变, 并伴随铁磁-顺磁转变。

可见, 相比于第3章所述的稀土镍基氧化物, 锰基氧化物的电子结构与磁结构相图更加复杂, 而其所涉及材料呈现出丰富的电子相变与磁转变特性。除锰基氧化物以外, MnS化合物呈现出典型的安德森转变, 即升高温度或元素取代所触发的费米能级的移动使电子结构从无序势所造成的局域带边移动到拓展带。20世纪, 俄罗斯科学家针对上述特性开展了系统的研究工作。而与锰元素相比, 具有

5d 电子的铼元素因电子层数的增加而更多呈现金属输运关系；除具有金属-绝缘体相转变特性的 $Sr_3Re_2O_9$ 以外，与金属铜具有相近电导率的 ReO_3 同样值得关注。本章将重点介绍锰、铼等元素氧化物及硫族化合物的晶体结构、电输运与电子相变特性、磁性与磁转变特性等。

8.1 113 型锰基钙钛矿氧化物中的电子相变特性

113 型锰基钙钛矿氧化物($AMnO_3$)具有丰富的电子结构与磁结构，其中，当钙钛矿 A 位完全由碱土元素(AE)占据时，锰元素为+4 价；当 A 位完全由稀土元素(Re)占据时，锰元素为+3 价；而当 A 位由碱土、稀土元素混合占据时，锰元素价态介于+3 与+4 价之间。锰基钙钛矿氧化物中的氧元素化学计量比易受氧气分压等合成条件影响，并改变材料的晶体结构、电输运关系、磁性等物理特性。

$ReMnO_3$ 中锰元素具有 $Mn^{3+}(t_{2g}^3 e_g^1)$ 的轨道构型；由于 σ 键的 p-d 轨道间电子跳跃($t_{pd\sigma}$)比 π 键($t_{pd\pi}$)更为有效，因此 $ReMnO_3$ 的电输运可看作由 e_g 轨道电子(相对于半满填的 t_{2g})主导。在镧系稀土元素组分中，材料合成的氧气分压对 $LaMnO_3$ 的结构有较明显的影响。例如，在以往报道中空气气氛中合成的 $ReMnO_3(Re=Pr^{[1]}、Nd^{[2]}、Sm^{[3]}、Eu^{[3]}、Gd^{[3]}、Tb^{[4]}、Dy^{[3]})$具有正交晶体结构(空间群为 $Pbnm$，如图 8-1(a)所示)，$LaMnO_3$ 具有三方晶体结构(空间群为 $R\bar{3}c$，如图 8-1(b)所示)[5]，$HoMnO_3$ 具有六方晶体结构(空间群为 $P6_3cm$，如图 8-1(c)所示)[6]；而在氩气气氛下合成的 $ReMnO_3(Re=La、Pr、Nd、Sm、Eu、Dy)$均具有正交晶体结构(空间群为 $Pbnm$，如图 8-1(a)所示)[7]。与 $ReMnO_3$ 相比，$AEMnO_3$ 中的锰元素具有更高价态 $Mn^{4+}(t_{2g}^3 e_g^0)$，其中 $CaMnO_3$ 具有正交晶体结构(空间群为 $Pnma$)[8]，$SrMnO_3$ 具有六

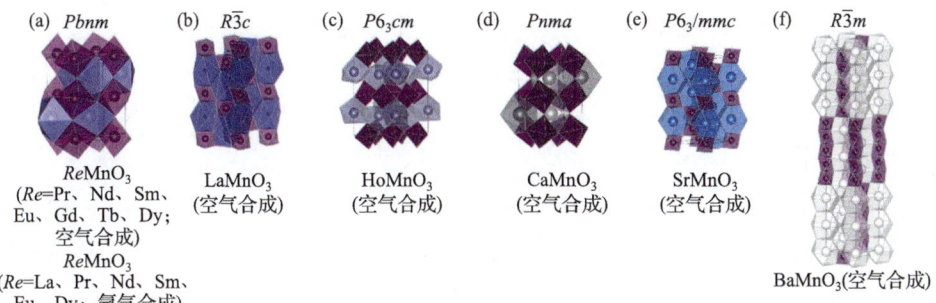

图 8-1 不同合成条件下的 113 型锰基钙钛矿材料晶体结构图。(a)为空气气氛下合成的 $ReMnO_3(Re=Pr、Nd、Sm、Eu、Gd、Tb、Dy)$以及氩气气氛下合成的 $ReMnO_3(Re=La、Pr、Nd、Sm、Eu、Dy)$晶体结构；(b)~(f)分别为空气下合成的 $LaMnO_3$、$HoMnO_3$、$CaMnO_3$、$SrMnO_3$、$BaMnO_3$ 晶体结构

方晶体结构(空间群为 $P6_3/mmc$)[9]，BaMnO$_3$ 具有三方晶体结构(空间群为 $R\bar{3}m$)[9]；其晶体结构如图 8-1(d)~(f)所示。

图 8-2(a)总结了不同气氛下合成的 ReMnO$_3$、AEMnO$_3$ 的电阻率-温度关系曲线，其中实线代表氩气气氛(氧气浓度为 20 ppm)，虚线或点划线代表空气气氛。可以看出，氩气气氛下合成的 ReMnO$_3$ 在 768 K(LaMnO$_3$)以上的高温范围呈现特征温度触发的金属-绝缘体相变特性；其特征触发温度随稀土离子半径的减小而逐渐升高。ReMnO$_3$ 的上述由特征温度触发的金属-绝缘体相变源于 Jahn-Teller 畸变效应协同触发的轨道有序[7]。此外，空气气氛下合成的三方 LaMnO$_3$ 的阻温特性呈现金属相特征，并明显区别于氩气气氛下所合成的正交相；SrMnO$_3$、BaMnO$_3$ 在其所报道的温度范围内呈现绝缘体相输运关系，而 CaMnO$_3$ 呈现类金属性输运关系。

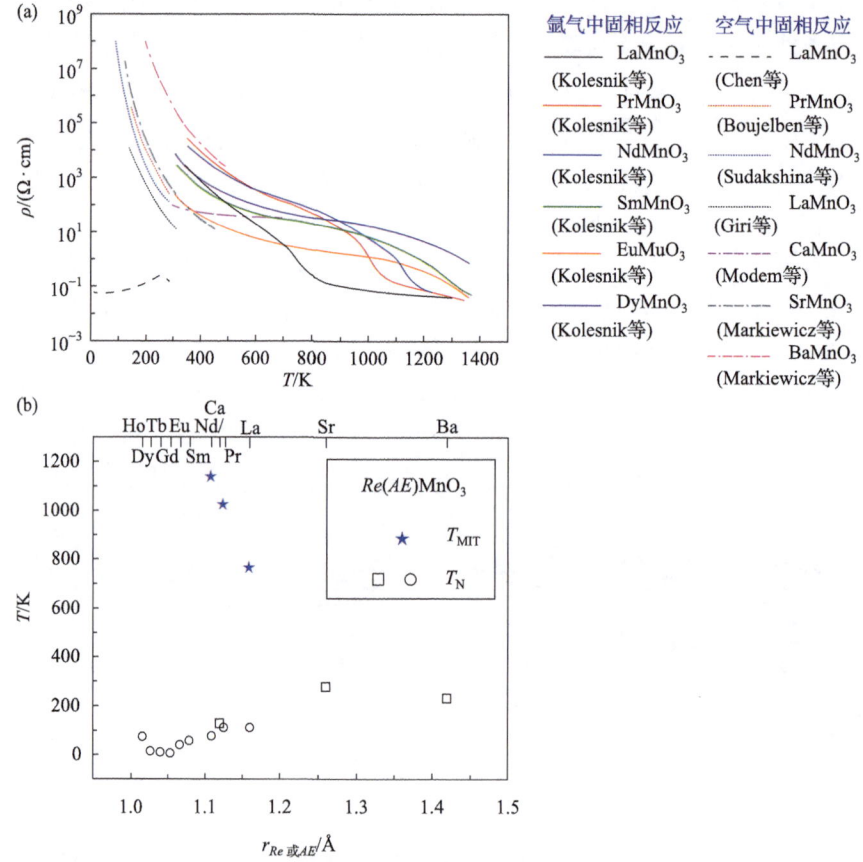

图 8-2 (a) 不同气氛下合成的 ReMnO$_3$、AEMnO$_3$ 的电阻率-温度关系曲线[1, 2, 5, 7, 9, 10]；(b) ReMnO$_3$、AEMnO$_3$ 金属-绝缘体相变和磁转变特征触发温度与 A 位离子半径的关系

磁性方面，具有正交相晶体结构的 ReMnO$_3$、六方相 HoMnO$_3$，以及 CaMnO$_3$、

$SrMnO_3$、$BaMnO_3$ 等均呈现出反铁磁(低温)-顺磁(高温)转变；而 $LaMnO_3$ 三方相在 T_C=258 K 下发生铁磁(低温)到顺磁(高温)转变[10]，以及在 T_C=140 K 下发生铁磁(低温)到顺磁(高温)转变均有报道[5]。图 8-2(b)总结了 113 型锰基钙钛矿氧化物的金属-绝缘体相变和磁转变特征触发温度与 A 位离子半径的关系，其中正交相 $ReMnO_3$ 的奈尔温度(T_N)随稀土离子半径的减小而降低。

上述 113 型锰基钙钛矿氧化物的 A 位还可以由+3 价 Bi 元素占据，并通过 3 GPa 高压下(无 $KClO_4$ 等制氧剂)的固相反应合成具有更高扭曲程度的 $BiMnO_3$。$BiMnO_3$ 在室温下为 $C2/c$ 单斜相(图 8-3(a)上图)；在 474 K 时发生第一次结构变化，即晶格参数 a 突然增大，b 和 c 突然减小，同时晶胞体积减小 0.2%，但晶体结构依旧为 $C2/c$ 单斜相；在 768 K 左右转变为 $Pnma$ 的正交相(图 8-3(a)下图)，其晶格参数均突然减小，晶胞体积减小 2.2%[11]。图 8-3(b)给出了常压下 $BiMnO_3$ 的阻温关系曲线，可以看出，在 474 K、768 K 的相变温度处电阻率出现温度滞回。除温度触发外，在室温附近利用金刚石对顶压砧施加吉帕范围压力同样可触发 $BiMnO_3$ 的结构相变，例如当压力升高至 1 GPa 和 8.5 GPa 时，$BiMnO_3$ 分别发生两次压力诱导的结构相变，其晶体结构发生从常压下的 $C2/c$ 单斜相向中压下的 $P2_1/c$ 单斜相，再向高压下的 $Pnma$ 正交相的连续转变；当压力达到 20 GPa 左右时，$BiMnO_3$ 转变为正交相 $Imma$。在磁性方面，$BiMnO_3$ 是一种同时具有铁磁性和铁电性的多铁性材料，铁电有序和磁有序自发共存，在信息存储和传感器方面有潜在的应用价值。$BiMnO_3$ 在常压 106 K 以下具有铁磁性，在 106 K 发生从铁磁性到顺磁性的转变[12]；在常温 1 GPa 时的结构转变导致 $BiMnO_3$ 从初始的铁磁性转变为反铁磁性[13]。

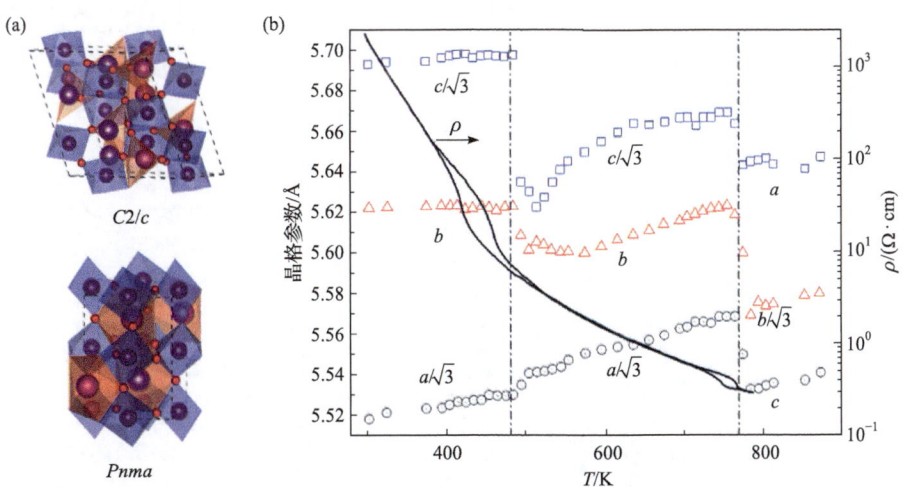

图 8-3 $BiMnO_3$ 的结构和输运特性。(a) $BiMnO_3$ 的晶体结构；(b) $BiMnO_3$ 晶格参数和电输运特性随温度的变化[11, 14]

当上述 113 型锰基钙钛矿结构的 A 位由稀土、碱土元素共同占据时，锰元素价态介于 $Mn^{3+}(t_{2g}^3 e_g^1)$ 至 $Mn^{4+}(t_{2g}^3 e_g^0)$ 之间，其中，$Re_{0.5}AE_{0.5}MnO_3$ 具有等比例的+3、+4 价锰离子，其具有典型的电荷有序基态电子结构而呈现绝缘体(半导体)电输运关系。基于上述电荷有序结构并进一步增加碱土元素占位比例可提高 Mn^{4+} 比例，$Re_{1-x}AE_xMnO_3(x>0.5)$ 因锰离子 e_g 轨道反铁磁超交换作用而维持反铁磁结构，并因电荷有序增强反铁磁绝缘体相的相对稳定性，因此其 T_N 高于相应的 $AEMnO_3$。当温度高于临界点($T_{MIT}=T_N$)时，将破坏上述基于超交换作用的基态电荷有序结构，并转变为顺磁金属相电子结构。而当稀土元素比例高于碱土元素时 $Re_{1-x}AE_xMnO_3(x<0.5)$ 中的 Mn^{3+} 比例高于 Mn^{4+}，这种情况可看作，$Re_{0.5}AE_{0.5}MnO_3$ 的基态电荷有序结构中掺入 $(1-2x)$ 的巡游电子，在低温下通过巡游电子与 d 电子轨道的双交换作用可破坏原有的反铁磁序，并生成"反常的"铁磁金属相。当然，上述反铁磁金属相同样可以在外场触发下转变为具有电荷有序结构的绝缘体相，而此时 $(1-2x)$ 的巡游电子须随机地占据 e_g 空轨道并引起系统熵的大幅增加；因此，对于 $x<0.5$ 的情况，熵(S)对于上述两种电子相相对稳定性的影响不可忽略。当温度高于临界点($T_{IMT}=T_C$)时，由于 $-TS$ 的贡献，电荷有序绝缘体相的吉布斯自由能($G=H-TS$)低于其基态反铁磁金属相，从而触发 $Re_{1-x}AE_xMnO_3(x<0.5)$ 的区别于传统电子相变材料的绝缘体(高温)-金属(低温)相变。

与此同时，$Re_{1-x}AE_xMnO_3$ 的金属-绝缘体或绝缘体-金属相变(IMT)特性亦可从结构角度通过协同调节 A 位离子半径而实现精细调控。但与 $ReMnO_3$、$ReNiO_3$、$ReCoO_3$ 等所不同，$Re_{1-x}AE_xMnO_3$ 的电子相变特性由过渡族元素交换作用与电荷有序所协同主导，因此减小 A 位稀土离子半径所引起的 MnO_6 八面体畸变将导致 Mn—O—Mn 键角更加偏离 180° 并弱化 Mn-O 交换作用，这将降低基态的相对稳定性以及电子相变特征触发温度(T_{MIT} 或 T_{IMT})。图 8-4(a)总结了 La/Ca、La/Sr

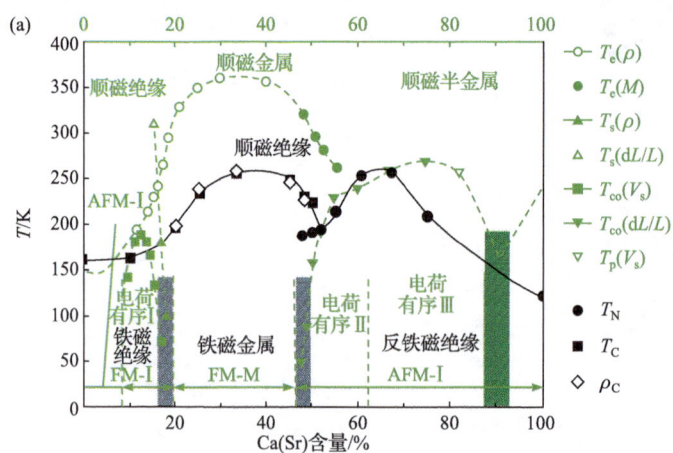

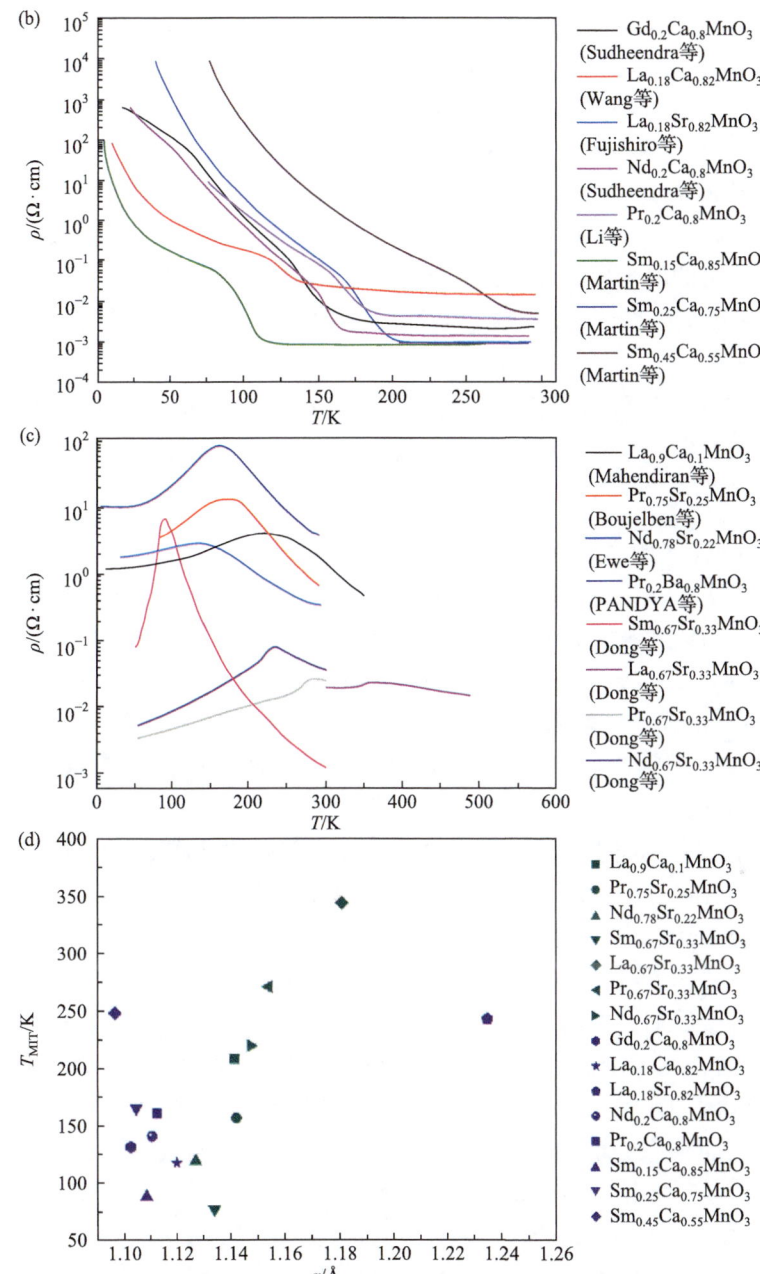

图 8-4 (a) La/Ca、La/Sr 共占 A 位下 $Re_{1-x}AE_xMnO_3$ 电子结构与磁结构相图[15, 16]；(b) 具有典型金属(高温)−绝缘体(低温)相变的 $Re_{1-x}AE_xMnO_3$ 的电阻率−温度曲线[17-20, 24]；(c) 具有典型绝缘体(高温)−金属(低温)相变的 $Re_{1-x}AE_xMnO_3$ 的电阻率−温度曲线[1, 21-23]；(d) $Re_{1-x}AE_xMnO_3$ 绝缘体−金属相变特征触发温度(T_{IMT})与 A 位平均离子半径的关系

共占A位下锰基钙钛矿氧化物中的电子结构与磁结构相图[15, 16]，其清晰地给出了实现金属-绝缘体相变(协同反铁磁-顺磁转变)与绝缘体-金属相变(协同铁磁-顺磁转变)的稀土、碱土元素比例。图8-4(b)、(c)分别给出了具有典型金属-绝缘体相变[17-20, 24]以及绝缘体-金属相变[1, 28-30]的$Re_{1-x}AE_xMnO_3$材料组分与电阻率-温度曲线。图8-4(d)总结了A位平均离子半径对$Re_{1-x}AE_xMnO_3(x<0.5)$绝缘体-金属相变特征触发温度T_{IMT}的影响关系，其大体呈现上升趋势。值得注意的是，由于$Re_{1-x}AE_xMnO_3$的电子相变特征触发温度从电子填充、结构两方面受到稀土碱土元素比例、A位平均离子半径的综合影响，其调控相比于$ReNiO_3$等更为复杂。

8.2 锰基A位有序双钙钛矿、四重钙钛矿、层状钙钛矿氧化物

除113型钙钛矿结构外，锰基氧化物中还存在A位有序双钙钛矿、四重钙钛矿、层状钙钛矿等结构，其同样呈现出丰富的电子结构与磁结构。其中，具有典型金属绝缘体相变特性的当属稀土钡共占位的A位有序锰基双钙钛矿($ReBaMn_2O_6$)。与Ca^{2+}(1.34 Å)、Sr^{2+}(1.44 Å)等与稀土元素具有相近离子半径(如La^{3+}: 1.36 Å)的碱土元素相比，Ba^{2+}因其较大的离子半径(1.61 Å)而在$ReBaMn_2O_6$中形成Re-O和Ba-O层沿c轴交替堆垛的A位阳离子有序的双钙钛矿结构，并区别于A位无序的113型$Re_{0.5}Ba_{0.5}MnO_3$钙钛矿结构。

$ReBaMn_2O_6$的材料合成主要是通过各元素氧化物或碳酸盐前驱体在氩气气氛中的固相反应，并在氧气气氛或还原性金属存在的真空条件下二次退火实现。例如，合成$LaBaMn_2O_6$、$PrBaMn_2O_6$等轻稀土组分材料，首先需要将各元素氧化物(或碳酸盐)前驱体按化学计量比混合研磨并在氩气气氛下烧结，然后在锆钛合金、钽等金属屑共存的条件下将获得的粉末在真空二氧化硅安瓿中退火而获得[24, 25]；而$NdBaMn_2O_6$[26]、$SmBaMn_2O_6$[27]、$EuBaMn_2O_6$[28]、$YBaMn_2O_6$[29]、$TbBaMn_2O_6$[27]、$DyBaMn_2O_6$[28]等则是首先通过前驱体在氩气气氛下固相反应，之后在氧气气氛下退火而合成。晶体结构方面，$LaBaMn_2O_6$(空间群为$P4nmm$)[24]、$PrBaMn_2O_6$(空间群为$P4/mmm$)[25]、$NdBaMn_2O_6$(空间群为$P4/mmm$)[30]、$SmBaMn_2O_6$[28]、$EuBaMn_2O_6$[28]等轻、中稀土组分氧化物具有四方结构；而$TbBaMn_2O_6$[28]、$YBaMn_2O_6$[28]、$DyBaMn_2O_6$[28]等重稀土组分氧化物为单斜结构。

图8-5(a)给出了$ReBaMn_2O_6$的典型电阻率-温度曲线与部分晶体结构示意，可以看出，当稀土元素组分为Nd、Sm、Eu、Tb、Dy、Y时，$ReBaMn_2O_6$在300~500 K的室温及以上温度范围呈现金属(高温)-绝缘体(低温)相变特性，其特征触发温度(T_{MIT})随稀土离子半径的减小而升高。磁性方面，上述含有中、重稀土组分的

$ReBaMn_2O_6$ 在低于 T_{MIT} 的特征温度触发下发生反铁磁绝缘体(低温)与电荷有序绝缘体(高温)间的磁转变[27,28]。而当稀土元素组分为 La、Pr 时，$ReBaMn_2O_6$ 分别在约 335 K、约 320 K 发生微弱的绝缘体(高温)-金属(低温)转变，并伴随铁磁-顺磁转变[24,25]。

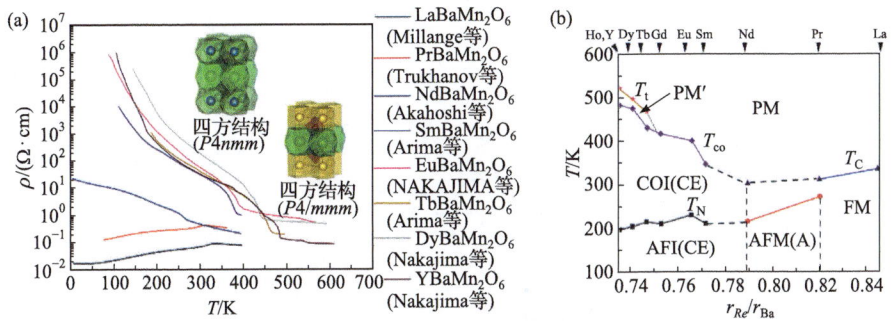

图 8-5　(a) $ReBaMn_2O_6$ 的典型电阻率-温度曲线与部分晶体结构及相图[24-29]；(b) 稀土、钡离子半径比对金属-绝缘体相变特征触发温度的调控关系[28]

四重钙钛矿氧化物($ACu_3Mn_4O_{12}$，A 位由稀土或碱土元素占据)是锰基钙钛矿家族中的另一个特殊成员，其晶体结构如图 8-6(a)中插图所示。由于 A 位阳离子的半径较小，MnO_6 八面体产生强烈倾斜，从而在 A、Cu 位点形成两个不同的多面体，即一个轻微扭曲的 12 氧配位 A 位点和一个强烈扭曲的方形平面 Cu 位点，B 位的 Mn^{4+} 位于正氧八面体的中心。$ACu_3Mn_4O_{12}$ 的材料合成通常需要依赖大压机技术(2 GPa、1000 ℃、使用 $KClO_4$ 制氧剂)；此外，使用第 3 章所述的高氧压碱金属卤化物助熔反应亦可以通过引入非均匀形核过程在兆帕氧气压力下实现其材料合成。图 8-6(b)总结了锰基四重钙钛矿氧化物典型的电阻率-温度曲线，可以看出，锰基四重钙钛矿的电输运特性主要取决于 A 位元素价态与组分。当 A 位由+2 价碱土元素占据时(如 $CaCu_3Mn_4O_{12}$[31])，Mn 元素为+4 价，材料在 50~400 K 温区内呈现绝缘体输运特性；当 A 位由+3 价稀土元素占据时(如 $LaCu_3Mn_4O_{12}$[32])，A 位价态的提高使 1 个 Mn^{4+} 转变为 Mn^{3+} 从而触发 Mn^{3+}-Mn^{4+} 电荷传输机制，使材料呈现金属性电输运关系。

磁性方面，锰基四重钙钛矿氧化物因具有接近 90°的 Mn^{4+}—O—Mn^{4+} 交换作用而总体呈现低温铁磁性，这区别于 $ReMnO_3$ 中源于 Mn^{3+}—O—Mn^{3+} 以 180°键角的反铁磁交换作用。图 8-6(a)总结了 $ACu_3Mn_4O_{12}$ 居里温度(T_C)随 A 位离子半径的变化关系，可以看出，当 A 位由稀土元素占据且离子半径逐渐减小时，将导致 $ReCu_3Mn_4O_{12}$ 的居里温度逐渐升高。Sánchez-Benítez 等[33]发现，随着稀土离子半径的减小，Mn—O 键长缩短但 Mn^{4+}—O—Mn^{4+} 键角变化不大，而由于 Mn—O 键长的减小强化了 Mn-O 铁磁交换作用，居里温度升高。此外，锰基四重钙钛矿还具有磁阻效应，在 300 K 条件下，$CaCu_3Mn_4O_{12}$ 在 0.5 T 磁场中电阻减小 2%，

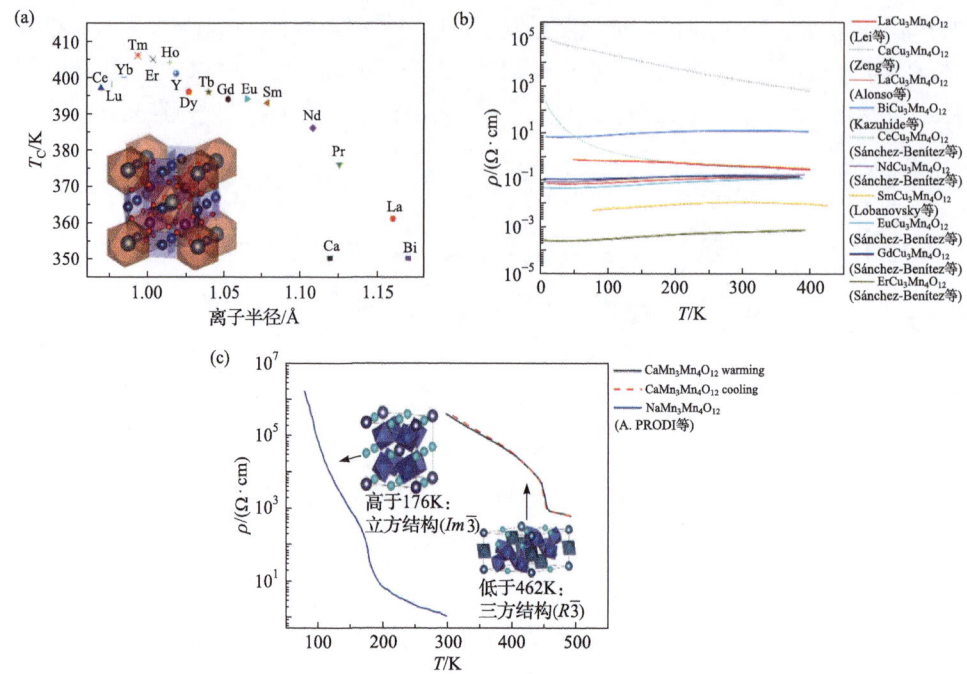

图 8-6 锰基四重钙钛矿的(a) 居里温度与 A 位离子半径关系，插图为 ReCu$_3$Mn$_4$O$_{12}$ 晶体结构 (紫色为 MnO$_6$ 八面体，蓝色为扭曲的 Cu-O 平面，橙色为 12 配位的 Re-O 多面体)；(b) 阻温特性曲线[31-33]；(c) 部分具有金属-绝缘态相变特性的 AMn$_7$O$_{12}$ 阻温关系曲线与晶体结构

LaCu$_3$Mn$_4$O$_{12}$ 在 1 T 磁场中电阻减小 3%。在铁磁有序温度范围内，磁阻是由施加外磁场抑制自旋涨落引起的。与 Majumdar 和 Littlewood[34]描述的减少载流子密度从而增大磁阻不同，在锰基四重钙钛矿中，在晶界或磁畴壁处低磁场更容易抑制磁矩的取向差，产生了很大比例的外在磁阻，晶界或磁畴壁对总电阻的贡献更加重要，因此在 300 K 附近锰基四重钙钛矿磁阻具有较好的温度稳定性。

除上述 ACu$_3$Mn$_4$O$_{12}$ 外，Cu 元素亦可由 Mn 元素占据从而形成类似四重钙钛矿的 AMn$_7$O$_{12}$；其中 A 位可由 Na$^+$、Sr^{2+}、Ca^{2+}、Pb^{2+}、Hg^{2+}、Cd^{2+}、Bi^{3+}以及 La～Dy 等稀土元素离子所占据[35]。占据四重钙钛矿结构 A'位的锰离子大多呈现+3 价，而占据 B 位的锰离子大多呈现+3、+4 的混合价态；例如，NaMn$_7$O$_{12}$ 亦可写作 (NaMn$^{3+}_3$)(Mn$^{3+}_2$ Mn$^{4+}_2$)O$_{12}$[36]。CaMn$_7$O$_{12}$ 可通过空气中的固相反应直接合成，而其他大多数 AMn$_7$O$_{12}$ 均需要通过无 KClO$_4$ 等制氧剂存在下的吉帕级高压实现材料合成[37]。一些 AMn$_7$O$_{12}$ 存在因轨道有序转变而导致的结构转变，其较基态低温相大多呈现反铁磁状态且晶体结构对称性相比高温相较低；但其中仅有少数呈现电阻突变，如图 8-6(c)所总结。

与铁基、镍基氧化物类似，锰基氧化物家族中同样存在 RP 层状钙钛矿结构，

其通式为 $A_{n+1}Mn_nO_{3n+1}$(A 位为 AE 或由 AE、Re 混合占据，$n=1, 2, 3, \cdots, \infty$)。当 $n=\infty$ 时，$A_{n+1}Mn_nO_{3n+1}$ 可看作 113 钙钛矿结构；而对于其 n 值，其结构可看作由 n 层钙钛矿和单一岩盐层交替组成的层状钙钛矿。如图 8-7(a)所示，Ca_2MnO_4 具有四方结构(空间群为 $I4_1/acd$)，其主要是通过溶胶-凝胶法在空气气氛烧结合成[38]；而 Sr_2MnO_4 具有单斜结构低温 α 相(空间群为 $P2_1/c$)[39]、K_2NiF_4 结构高温 β 相(空间群为 $I4/mmm$)[40]两种结构，图中所示为高温 β 相[40]。图 8-7(a)总结了 $AE_{n+1}Mn_nO_{3n+1}$ 的典型电阻率-温度关系；可以看出，Ca_2MnO_4、β-Sr_2MnO_4、$Ca_4Mn_3O_{10}$[41]均呈现半导体型输运关系，在各自测量温区内未观察到金属-绝缘体相变特性。磁性方面，Ca_2MnO_4、β-Sr_2MnO_4、$Ca_4Mn_3O_{10}$ 具有反铁磁(低温)-顺磁(高温)转变，其 T_N 分别约为 113 K[42]、170 K[42]、113 K[41]。

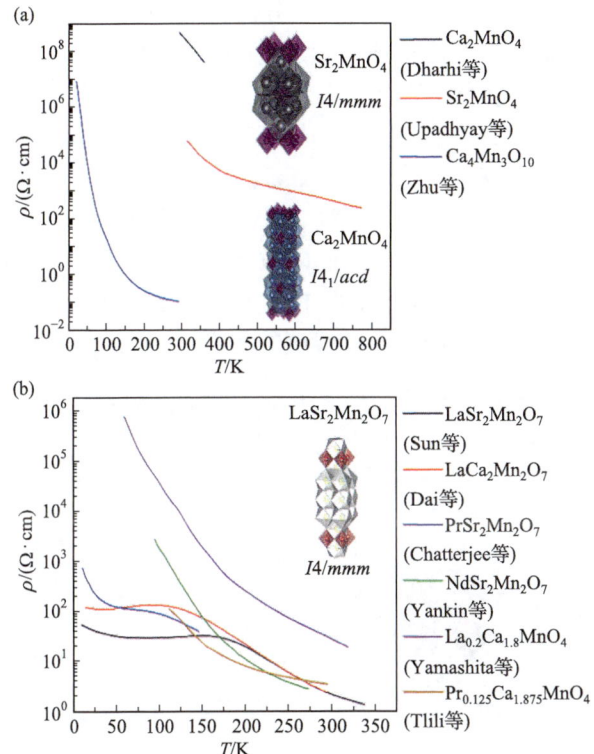

图 8-7 (a) Ca_2MnO_4、高温相 β-Sr_2MnO_4 晶体结构，以及 Ca_2MnO_4、高温相 β-Sr_2MnO_4 和 $Ca_4Mn_3O_{10}$ 的电阻率-温度关系[38,40,41]；(b)$ReAE_2Mn_2O_7$ 及 $Re_xAE_{2-x}MnO_4$ 的阻温关系[43-48]

上述 214 型、327 型层状化合物的 A 位还可由稀土与碱土元素混合占据。如图 8-7(b)插图所示，$LaSr_2Mn_2O_7$ 具有四方结构(空间群为 $I4/mmm$)，其在约 160 K 发生电荷有序转变，在 $T_N \approx 227$ K[44]发生反铁磁-顺磁转变。$LaCa_2Mn_2O_7$ 具有四方结构(空间群为 $I4/mmm$)，其在约 93 K 发生电荷有序转变，并在 $T_C \approx 231$ K[44]发生铁磁-

顺磁转变。相比之下，PrSr$_2$Mn$_2$O$_7$[45]、NdSr$_2$Mn$_2$O$_7$(四方结构)[46]、La$_{0.2}$Ca$_{1.8}$MnO$_4$[47]、Pr$_{0.125}$Ca$_{1.875}$MnO$_4$[48](T_C≈105 K)的阻温关系曲线均未呈现电子相变特性。

8.3　锰基硫族、磷族化合物中的潜在电子相变特性

锰基金属硫化物及其固溶体 α-Me_xMn$_{1-x}$S (Me = Cr、Fe、V、Co、Re 等)具有面心立方 NaCl 晶体结构(图 8-8(a)插图)，其呈现典型的安德森型金属-绝缘体相变特性[49-51]；例如，通过温度或元素掺杂引起费米面在电子局域态带边与电子巡游态拓展带间移动，从而触发材料电阻率的巨变。MnS 具有三种结构[52]：立方结构的 α-MnS ($Fm\bar{3}m$)，立方结构的 β-MnS ($F\bar{4}3m$)，以及六方结构的 γ-MnS ($P6_3mc$)，其中 α-MnS 最为稳定且 β-MnS 与 γ-MnS 分别在约 473 K、573 K 下不可逆地转变成 α-MnS[53]。α-MnS 可以利用单纯的元素通过固相反应合成，而 β-MnS 与 γ-MnS 不可以，它们可以利用 H$_2$S 气体在 Mn 的水溶液中沉淀获得[53]。Me_xMn$_{1-x}$S 主要是通过金属、硫等前驱体在真空下或惰性气体气氛中的固相反应合成。如图 8-8 所示，对于化学计量比接近 1∶1 的 α-MnS，其电阻率在 170 K 以下呈现平台状阻温关系，在 170～415 K 范围内随温度升高而以激活能为 0.17 eV 呈现指数减小，在 475 K 以上范围内随温度升高而以激活能为 1.5 eV 呈现指数减小；而锰过量的 Mn$_{1.25}$S 在高温部分阻温关系呈现平台状。如图 8-8(b)所示，α-MnS 在 170 K 处阻温关系的转变伴随着晶格参数随温度的非连续变化。

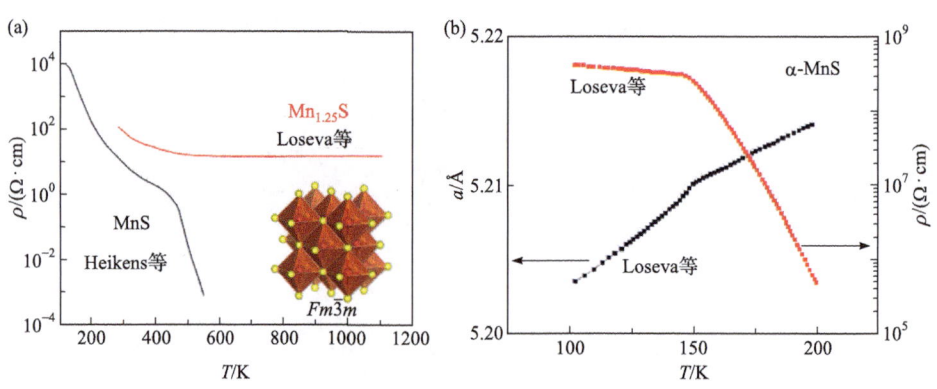

图 8-8　(a) 黑线与红线分别为单晶 α-MnS、多晶 α-Mn$_{1.25}$S 的阻温关系曲线[54, 55]；(b) 多晶 α-MnS 的电阻率及其晶格常数随温度的变化曲线[55]

图 8-9(a)、(b)总结了由稀土元素、过渡族元素取代锰元素的 α-Me_xMn$_{1-x}$S 的电阻率-温度关系[49,51,56-58]，可以看出，在对锰元素的取代量达到临界值 x_c 时，α-Me_xMn$_{1-x}$S 低温下电阻率急剧降低并向金属相转变。例如，由其他 3d 过渡族元素取代锰的 Co$_x$Mn$_{1-x}$S、Fe$_x$Mn$_{1-x}$S、Co$_x$V$_{1-x}$S 等体系中，上述临界取代浓度 x_c 在 0.3～

0.4，材料在低温(如 80 K)时电阻率下降 10～12 个数量级，且其阻温关系转变为金属性。在接近临界转变取代量的 $V_{0.45}Mn_{0.55}S$ 中同样观察到特征温度触发下的金属-绝缘体相变，并伴随材料晶格参数的突变(图 8-9(c))[50]。除上述金属-绝缘体相变外，α-$Me_xMn_{1-x}S$ 的磁性同样随取代量、温度等发生复杂转变，图 8-9(d)给出了 $Fe_xMn_{1-x}S$ 的磁结构相图[49]。

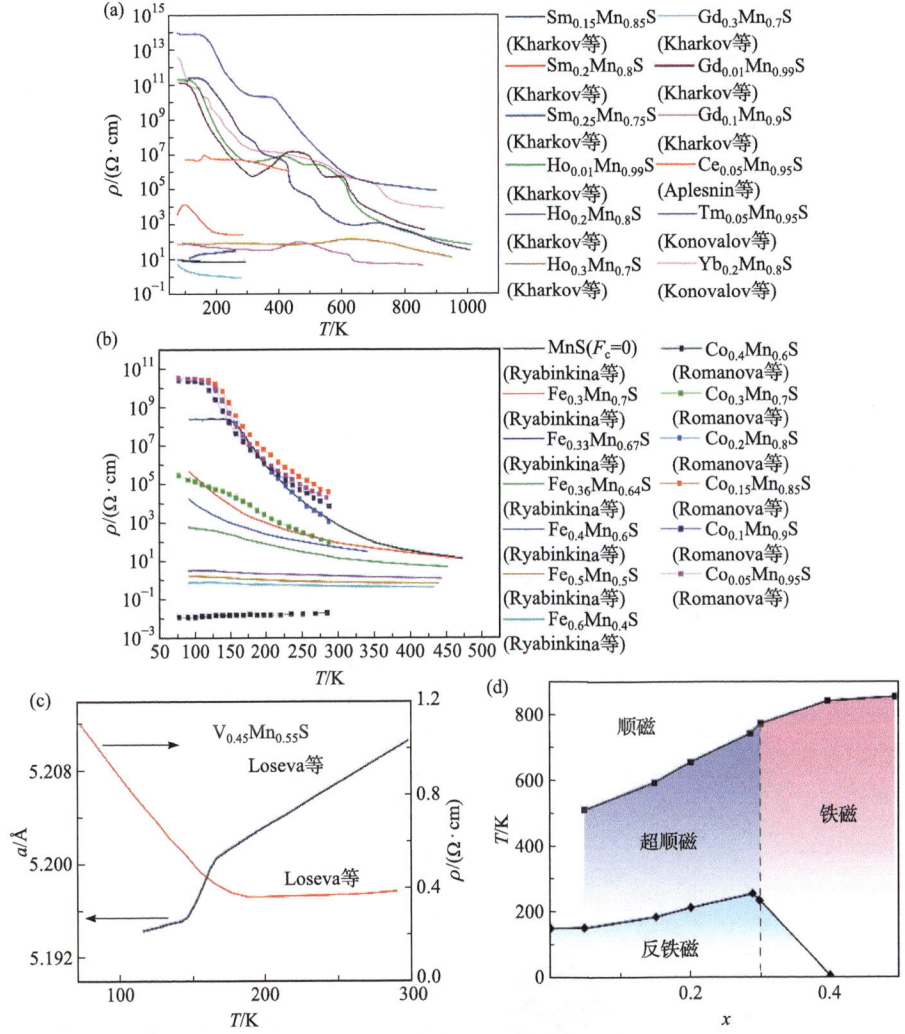

图 8-9 (a) 由稀土元素取代锰元素的 α-$Me_xMn_{1-x}S$ 的电阻率-温度关系(Me=Sm、Ho、Gd、Ce、Yb、Tm)[51, 57, 58]；(b) 由过渡族元素取代锰元素的 α-$Me_xMn_{1-x}S$ 的电阻率-温度关系(Me=Fe、Co)[49, 56]；(c) $V_{0.45}Mn_{0.55}S$ 的电阻率及其晶格常数随温度的变化曲线，其在 140～163 K 范围内发生了从立方到三方的结构转变[50]；(d) $Fe_xMn_{1-x}S$ 的磁结构相图[49]

当然，锰基金属硫化物还包括硒化锰(MnSe)、碲化锰(MnTe)，其晶体结构与电阻率-温度关系总结于图 8-10(a)[59-61]。MnSe 具有三种结构[62]：立方结构的 α-MnSe($Fm3m$)、立方结构的 β-MnSe($F\bar{4}3m$)、六方结构的 γ-MnSe($P6_3/mmc$)，其中 α-MnSe 在室温下最稳定[62]。Ito 等通过实验测量其升降温时的奈尔温度分别为 249 K、197 K[59]。Efrem D′Sa 等利用低温中子衍射发现，在 266 K 时，α-MnSe 有部分转变成六方结构，低于此温度，两相共存[63]。然而 Huang 等在利用同步辐射和中子衍射观察冷却过程中的结构、磁结构变化中，在 140 K 时也观察到了同样的转变[64]。而以往报道中的 MnTe 具有 5 种结构[65]：六方结构的 α-MnTe($P6_3/mmc$)、六方结构的 β-MnTe($P6_3mc$)、立方结构的 γ-MnTe($F\bar{4}3m$)、立方结构的 δ-MnTe($Fm\bar{3}m$)，以及高于 24 GPa 才能存在的正交结构的 ε-MnTe($Pnma$)，其中 α-MnTe 在室温下最稳定，其奈尔温度约为 310 K[60]。根据 Mn-Te 相图[65]，随着温度升高，α 相在约 953 K 会转变成 β 相；β 相在约 1010 K 会转变成 γ 相，γ 相在约 1050 K 会转变成 δ 相；但也有报道称，相转变发生在 1228 K(α↔β)、1293 K(β↔γ)、1323 K(γ↔δ)[66]。

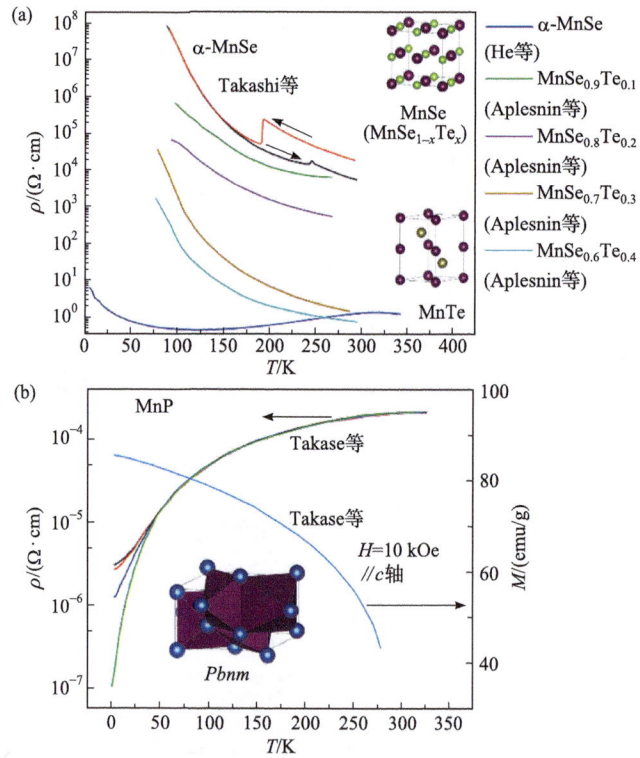

图 8-10 (a) 立方 MnSe$_{1-x}$Te$_x$($Fm\bar{3}m$)、立方结构 α 相 MnSe($Fm3m$)、六方 α 相 MnTe ($P6_3/mmc$)的电阻率-温度关系[59-61]；(b) 单晶 MnP 的磁化强度和电阻率与温度的关系[67, 68]

除锰基硫化物外，以 MnP 为代表的锰基磷化物同样具有铁磁性、正阻温系数电输运关系等独特物理性质。MnP 具有正交(*Pbnm*)晶体结构，如图 8-10(b)插图所示，其单晶通常可通过布里奇曼法合成，高温下为顺磁性，低温下为铁磁性，居里温度 $T_C \approx 291$ K[67]，其磁化强度与温度的关系如图 8-10(b)(右)所示[67]。Takase 等研究了 MnP 单晶，图 8-9(b)(左)给出了其阻温关系[68]，可以看出，在 31~50 K 温度范围内的电阻率与 T^2 成正比。

8.4 其他ⅦB副族金属化合物中潜在的电子相变特性

元素周期表第ⅦB 族除第四周期的锰(Mn)以外，还包括第五周期的锝(Tc)、第六周期的铼(Re)，以及第七周期的铍(Bh)，但由于 Tc、Bh 均具有放射性，故而除 Mn 以外仅有 Re 可用于常规的功能材料合成。具有 5d 电子的 Re 元素可形成 +7 至+2 价态的多种氧化物，其中最具代表性的铼基氧化物包括 ReO_3、ReO_2、$Sr_3Re_2O_9$、$SbRe_2O_6$ 等，其晶体结构分别如图 8-11(a)~(e)所示。其中，最为常见的氧化物为 ReO_3，其具有如图 8-11(a)所示的 A 位缺失的立方相钙钛矿结构(空间群为 $Pm\bar{3}m$)，并通常可在空气气氛下合成[69]。如图 8-11(f)所示，ReO_3 呈现金属电输运特性，其单晶电导率极高，可与铜相比。ReO_2 具有如图 8-11(b)所示的四方相晶体结构(空间群为 $P4_2/mnm$)，并可以 NH_4ReO_4 为前驱体在氩气气氛下合成[70]。ReO_2 同样呈现金属输运关系，其电导率相比 ReO_3 较低。除上述铼基二元氧化物外，$SbRe_2O_6$ 同样呈现高电导率金属输运关系，其具有如图 8-11(c)所示的单斜相晶体结构(空间群为 $C2/c$)，并可以 $SbOReO_4 \cdot H_2O$ 为前驱体在常压下合成[71]。

相比于上述呈现金属性输运关系的铼基氧化物，$Sr_3Re_2O_9$ 在 $T_{MIT}=370$ K 附近呈现金属-绝缘体相变特性，并伴随有如图 8-11(d)、(e)所示的从低温单斜相($P2_1/n$)到高温三方相($R\bar{3}m$)晶体结构的转变。$Sr_3Re_2O_9$ 的材料合成需要借助高压完成(1773 K，4 GPa)并使用 ReO_3 作为前驱体。Urushihara 等[72]认为，$Sr_3Re_2O_9$ 的相变机理可能是，结构相变所引起的 ReO_6 八面体的旋转导致了在低温单斜相中 Re 的 $5d^1$ 电子的 C 型轨道有序化，进而导致电子能带的减小，因此表现为莫特绝缘相；而在高温三方相中，ReO_6 未发生旋转，Re 的 5d 电子轨道简并，因此表现为金属相。磁性方面，在 $T>T_{MIT}$ 时，$Sr_3Re_2O_9$ 磁化率保持不变，表现出泡利顺磁性；在 230 K$<T<T_{MIT}$ 时，磁化率随温度的降低而减小；在 $T<230$ K 时，磁化率随温度的降低而增大，且符合居里-外斯定律(Curie-Weiss law)[72]。

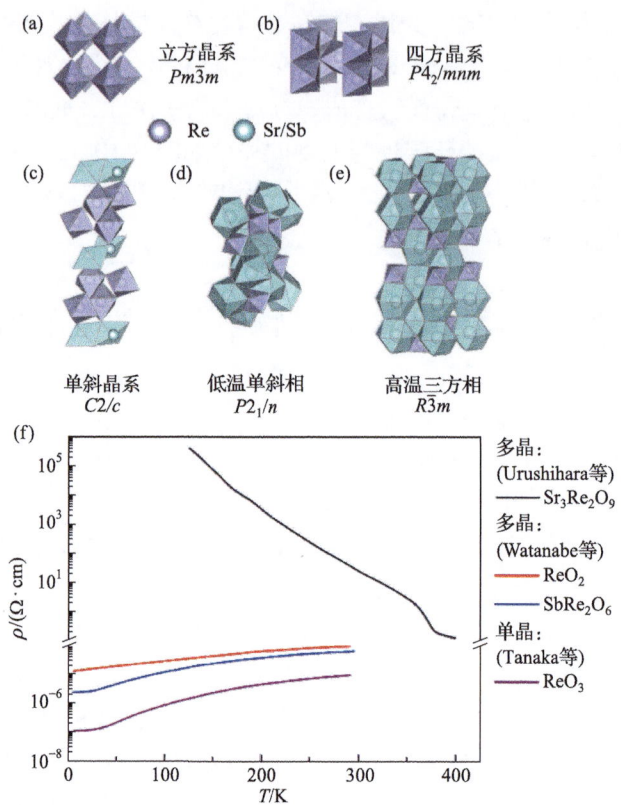

图 8-11 (a) 常温常压下立方相($Pm\bar{3}m$)ReO$_3$; (b) 四方相($P4_2/mnm$)ReO$_2$; (c) 单斜相($C2/c$)SbRe$_2$O$_6$; (d) 低温单斜相($P2_1/n$)Sr$_3$Re$_2$O$_9$; (e) 高温三方相($R\bar{3}m$)Sr$_3$Re$_2$O$_9$; (f)上述四种Re基化合物(ReO$_3$、ReO$_2$、SbRe$_2$O$_6$、Sr$_3$Re$_2$O$_9$)的电阻率-温度曲线[71, 72]

8.5 本章小结

本章介绍了锰、铼等ⅦB族元素化合物中的电子相变及磁转变特性。其中，最为重要的是 113 型锰基钙钛矿氧化物。首先，ReMnO$_3$ 113 型钙钛矿氧化物因Mn^{3+}($t_{2g}^3 e_g^1$)未满填的 e_g 轨道所导致的 Jahn-Teller 效应以及相应的轨道有序，在768 K(LaMnO$_3$)以上的高温范围呈现金属-绝缘体相变特性。其次，在 Re_xAE_{1-x}MnO$_3$ (x=0.5)电荷有序结构基础上提高稀土元素比例(x>0.5)以增加 Mn^{4+}($t_{2g}^3 e_g^0$)比例，可通过电荷有序转变在低温范围实现金属(高温)-绝缘体(低温)相变并伴随反铁磁-顺磁转变。而提高碱土元素比例(x<0.5)以增加 Mn^{3+}($t_{2g}^3 e_g^1$)比例，可通过(1−2x)的巡游电子与 x 的 d 轨道电子间的双交换作用实现基态铁磁金属相，并在特征温度触

发下转变为熵较高的电荷有序相，从而实现反常的绝缘体(高温)-金属(低温)相变。再次，A 位有序锰基双钙钛矿氧化物同样呈现出金属-绝缘体相变特性，但其 T_{MIT} 的可调控范围相对较窄且电阻率突变程度较低。除锰基氧化物以外，由稀土元素、过渡族元素取代锰元素的 $\alpha\text{-}Mn_{1-x}S$ 呈现经典的安德森转变特性，其费米能级可随温度变化、化学掺杂等触发因素在拓展带与无序势所导致的局域态带边之间移动，从而引起材料电阻率的巨变。相比于锰元素，ⅦB 族第六周期的铼元素可形成与金属铜具有相近电导率的 ReO_3；而 $Sr_3Re_2O_9$ 同样呈现出金属绝缘体相变特性。由于锰元素相比镍等Ⅷ族元素价态更为丰富，因此在锰基氧化物电子相变特性设计中，要协同考虑由容忍因子引起的交换作用调控以及由过渡族价态引起的电子填充；而在材料制备中应注意对氧分压的设计与控制。

参 考 文 献

[1] Boujelben W, Cheikh-Rouhou A, Ellouze M, et al. Electrical properties in solid solution $Pr_{1-x}Sr_xMnO_3 (0 \leqslant x \leqslant 0.5)$ [J]. Phys Status Solidi A, 2000, 177(2): 503-510.

[2] Sudakshina B, Arun B, Vasundhara M. Electrical, magnetic, and magnetotransport behavior of inhomogeneous $Nd_{1-x}Ca_xMnO_3$ $(0.0 \leqslant x \leqslant 0.8)$ manganites [J]. Journal of Magnetism and Magnetic Materials, 2018, 448: 250-256.

[3] Nagaraja B S, Rao A, Poornesh P, et al. Effect of rare earth ionic radii on structural, electric, magnetic and thermoelectric properties of $REMnO_3$ (RE = Dy, Gd, Eu and Sm) manganites [J]. Journal of Superconductivity and Novel Magnetism, 2018, 31(7): 2271-2281.

[4] Cui Y, Zhang L, Xie G, et al. Magnetic and transport and dielectric properties of polycrystalline $TbMnO_3$ [J]. Solid State Communications, 2006, 138(10-11): 481-484.

[5] De K, Ray R, Panda R N, et al. The effect of Fe substitution on magnetic and transport properties of $LaMnO_3$[J]. Journal of Magnetism and Magnetic Materials, 2005, 288: 339-346.

[6] Wang W, Xu B, Gao P, et al. Electrical and dielectric properties of $HoMnO_3$ ceramics [J]. Solid State Communications, 2014, 177: 7-9.

[7] Dabrowski B, Kolesnik S, Baszczuk A, et al. Structural, transport, and magnetic properties of $RMnO_3$ perovskites (R=La, Pr, Nd, Sm, ^{153}Eu, Dy) [J]. Journal of Solid State Chemistry, 2005, 178(3): 629-637.

[8] Modem N, Nurhayati A, Venkata Ramana K, et al. Structural, electrical, and thermoelectric properties of La and Sr Co-doped $CaMnO_3$ compounds [J]. ECS Journal of Solid State Science and Technology, 2023, 12(3): 033008.

[9] Markiewicz E, Bujakiewicz-Koronska R, Budziak A, et al. Impedance spectroscopy studies of $SrMnO_3$, $BaMnO_3$ and $Ba_{0.5}Sr_{0.5}MnO_3$ ceramics[J]. Phase Transitions, 2014, 87(10-11): 1060-1072.

[10] Narsinga Rao G, Roy S, Yang R C, et al. Double peak behavior of resistivity curves in Cd doped $LaMnO_3$ perovskite systems [J]. Journal of Magnetism and Magnetic Materials, 2003, 260(3): 375-379.

[11] Kozlenko D P, Dang N T, Jabarov S H, et al. Structural polymorphism in multiferroic $BiMnO_3$ at

high pressures and temperatures [J]. Journal of Alloys and Compounds, 2014, 585: 741-747.

[12] Sugawara F, Iiida S, Syono Y, et al. Magnetic properties and crystal distortions of $BiMnO_3$ and $BiCrO_3$ [J]. Journal of the Physical Society of Japan, 1968, 25(6): 1553-1558.

[13] Kozlenko D P, Belik A A, Kichanov S E, et al. Competition between ferromagnetic and antiferromagnetic ground states in multiferroic $BiMnO_3$ at high pressures [J]. Physical Review B, 2010, 82(1): 014401.1-014401.6.

[14] Kimura T, Kawamoto S, Yamada I, et al. Magnetocapacitance effect in multiferroic $BiMnO_3$ [J]. Physical Review B, 2003, 67(18): 180401.

[15] Schiffer P, Ramirez A P, Bao W, et al. Low temperature magnetoresistance and the magnetic phase diagram of $La_{1-x}CaMnO_3$ [J]. Physical Review Letters, 1995, 75(18): 3336-3339.

[16] Fujishiro H, Fukase T, Ikebe M. Charge ordering and sound velocity anomaly in $La_{1-x}Sr_xMnO_3$ ($x \geqslant 0.5$) [J]. Journal of the Physical Society of Japan, 1998, 67(8): 2582-2585.

[17] Wang Y, Sui Y, Wang X, et al. Structure, transport and magnetic properties of electron-doped perovskites $R(x)Ca(1-x)MnO(3)$ (R = La, Y and Ce) [J]. J Phys Condens Matter, 2009, 21(19): 196004.

[18] Sudheendra L, Raju A R, Rao C N R. A systematic study of four series of electron-doped rare earth manganates, $Ln_xCa_{1-x}MnO_3$ (Ln=La, Nd, Gd and Y) over the x=0.02-0.25 composition range [J]. Journal of Physics: Condensed Matter, 2003, 15(6): 895-905.

[19] Zheng R K, Li G, Yang Y, et al. Transport, ultrasound, and structural properties for the charge-ordered $Pr_{1-x}Ca_xMnO_3$ ($0.5 \leqslant x \leqslant 0.875$) manganites [J]. Physical Review B, 2004, 70(1): 014408.

[20] Martin C, Maignan A, Hervieu M, et al. Magnetic phase diagrams of $L_{1-x}A_xMnO_3$ manganites (L=Pr,Sm; A=Ca,Sr) [J]. Physical Review B, 1999, 60(17): 12191-12199.

[21] Mahendiran R, Mahesh R, Raychaudhuri A K, et al. Composition dependence of giant magnetoresistance in $La_{1-x}Ca_xMnO_3$ ($0.1 \leqslant x \leqslant 0.9$) [J]. Solid State Communications, 1995, 94(7): 515-518.

[22] Ewe L S, Jemat A, Lim K P, et al. Electrical, magnetoresistance and magnetotransport properties of $Nd_{1-x}Sr_xMnO_3$ [J]. Physica B: Condensed Matter, 2013, 416: 17-22.

[23] Panwar N, Agarwal S K, Bhalla G L, et al. Structural, electrical and magnetic properties of $Pr_{1-x}Ba_xMnO_3$(x=0.33-0.80) [J]. 2007, 21(15): 2647-2656.

[24] Millange F, Caignaert V, Domengès B, et al. Order-disorder phenomena in new $LaBaMn_2O_{6-x}$ CMR perovskites. Crystal and magnetic structure [J]. Chemistry of Materials, 1998, 10(7): 1974-1983.

[25] Trukhanov S V, Trukhanov A V, Szymczak H, et al. Thermal stability of A-site ordered $PrBaMn_2O_6$ manganites [J]. Journal of Physics and Chemistry of Solids, 2006, 67(4): 675-681.

[26] Akahoshi D, Okimoto Y, Kubota M, et al. Charge-orbital ordering near the multicritical point in A-site ordered perovskites $SmBaMn_2O_6$ and $NdBaMn_2O_6$ [J]. Physical Review B, 2004, 70(6): 064418.

[27] Arima T, Akahoshi D, Oikawa K, et al. Change in charge and orbital alignment upon antiferromagnetic transition in the A-site-ordered perovskite manganese oxide $RBaMn_2O_6$(R=Tb and Sm) [J]. Physical Review B, 2002, 66(14): 140408.

[28] Nakajima T, Kageyama H, Yoshizawa H, et al. Structures and electromagnetic properties of new metal-ordered manganites: RBaMn$_2$O$_6$(R=Y and rare-earth elements) [J]. Journal of the Physical Society of Japan, 2002, 71(12): 2843-2846.

[29] Nakajima T, Kageyama H, Ueda Y. Successive phase transitions in a metal-ordered manganite perovskite YBaMn$_2$O$_6$ [J]. Journal of Physics and Chemistry of Solids, 2002, 63(6-8): 913-916.

[30] Miyauchi Y, Akaki M, Akahoshi D, et al. Electron- and hole-doping effects on A-site ordered NdBaMn$_2$O$_6$[J]. Journal of the Physical Society of Japan, 2011, 80(7): 074708.

[31] Zeng Z, Greenblatt M, Subramanian M A, et al. Large low-field magnetoresistance in perovskite-type CaCu$_3$Mn$_4$O$_{12}$ without double exchange [J]. Physical Review Letters, 1999, 82(15): 3164-3167.

[32] Alonso J A, Sánchez-Benítez J, De Andrés A, et al. Enhanced magnetoresistance in the complex perovskite LaCu$_3$Mn$_4$O$_{12}$[J]. Applied Physics Letters, 2003, 83(13): 2623-2625.

[33] Sánchez-Benítez J, Alonso J A, Martínez-Lope M J, et al. Enhancement of the curie temperature along the perovskite series RCu$_3$Mn$_4$O$_{12}$ driven by chemical pressure of R^{3+} cations (R = rare earths) [J]. Inorganic Chemistry, 2010, 49(12): 5679-5685.

[34] Majumdar P, Littlewood P B. Dependence of magnetoresistivity on charge-carrier density in metallic ferromagnets and doped magnetic semiconductors [J]. Nature, 1998, 395(6701): 479-481.

[35] Belik A A, Johnson R D, Khalyavin D D. The rich physics of A-site-ordered quadruple perovskite manganites AMn$_7$O$_{12}$ [J]. Dalton Transactions, 2021, 50(43): 15458-15472.

[36] Prodi A, Gilioli E, Gauzzi A, et al. Charge, orbital and spin ordering phenomena in the mixed valence manganite (NaMn$^{3+}_3$)(Mn$^{3+}_2$Mn$^{4+}_2$)O$_{12}$ [J]. Nature Materials, 2003, 3(1): 48-52.

[37] Belik A A, Glazkova Y S, Katsuya Y, et al. Low-temperature structural modulations in CdMn$_7$O$_{12}$, CaMn$_7$O$_{12}$, SrMn$_7$O$_{12}$, and PbMn$_7$O$_{12}$ perovskites studied by synchrotron X-ray powder diffraction and Mössbauer spectroscopy [J]. The Journal of Physical Chemistry C, 2016, 120(15): 8278-8288.

[38] Chihaoui N, Dhahri R, Bejar M, et al. Electrical and dielectric properties of the Ca$_2$MnO$_{4-\delta}$ system [J]. Solid State Communications, 2011, 151(19): 1331-1335.

[39] Kriegel R, Feltz A, Walz L, et al. On the compound Sr$_7$Mn$_4$O$_{15}$ and structure relations to Sr$_2$MnO$_4$ and alpha-SrMnO$_3$ [J]. Z Anorg Allg Chem, 1992, 617: 99-104.

[40] Nirala G, Yadav D, Upadhyay S. Thermally activated polaron tunnelling conduction mechanism in Sr$_2$MnO$_4$ synthesized by quenching in ambient atmosphere [J]. Physica Scripta, 2021, 96(4): 045811.

[41] Lago J, Battle P D, Rosseinsky M J, et al. Non-adiabatic small polaron hopping in the n=3 Ruddlesden-Popper compound Ca$_4$Mn$_3$O$_{10}$[J]. Journal of Physics: Condensed Matter, 2003, 15(40): 6817-6833.

[42] Tezuka K, Inamura M, Hinatsu Y, et al. Crystal structures and magnetic properties of Ca$_{2-x}$Sr$_x$MnO$_4$ [J]. Journal of Solid State Chemistry, 1999, 145(2): 705-710.

[43] Zhang R, Zhao B, Song W H, et al. The influence of Cr doping on the charge-ordering state in bilayered LaSr$_2$Mn$_2$O$_7$[J]. Journal of Applied Physics, 2004, 96: 4965-4969.

[44] Dai J M, Yuan G Y, Song W H, et al. The behavior of photoinduced charge delocalization in bilayer manganite LaCa$_2$Mn$_2$O$_7$[J]. Physica B, Condensed Matter, 2006, 371: 245-248.

[45] Chatterjee S, Chou P H, Chang C F, et al. Lattice effects on the transport properties of (R, Sr)$_3$Mn$_2$O$_7$(R=La, Eu, and Pr) [J]. Physical Review B, 2000, 61(9): 6106-6113.

[46] Yankin A M, Fetisov A V, Fedorova O M, et al. Influence of oxygen non-stoichiometry on physical properties of NdSr$_2$Mn$_2$O$_{7\pm\delta}$[J]. Journal of Rare Earths, 2015, 33: 282-288.

[47] Yamashita T, Kubo K, Nakao K, et al. Electrical and magnetic properties of (Ca$_{1-x}$A$_x$)$_2$MnO$_4$ (A=La and Na) [J]. Phys Rev B Condens Matter, 1996, 53(21): 14470-14474.

[48] Tlili M, Bejar M, Dhahri E, et al. Magnetic, electrical properties and spin-glass effect of substitution of Ca for Pr in Ca$_{2-x}$Pr$_x$MnO$_4$ compounds [J]. Physica B, Condensed Matter, 2009, 1: 54-58.

[49] Ryabinkina L, Romanova O, Aplesnin S J B O T R A O S P. Sulfide compounds Me_xMn$_{1-x}$S(Me= Cr, Fe, V, Co): Technology, transport properties, and magnetic ordering [J]. Bulletin of the Russian Academy of Sciences: Physics, 2008, 72: 1050-1052.

[50] Loseva G, Ryabinkina L, Aplesnin S, et al. Low-temperature metal-insuslator transition and magnetic properties in the V$_x$Mn$_{1-x}$S disordered system [J]. 1997, 39: 1267-1270.

[51] Kharkov A, Sitnikov M, Begisheva O, et al. Anderson transition in the cation-substituted compounds Re$_x$Mn$_{1-x}$S[J]. Journal of Physics: Conference Series, 2020, 1614(1): 012103.

[52] Kavci O, Cabuk S. First-principles study of structural stability, elastic and dynamical properties of MnS [J]. Computational Materials Science, 2014, 95: 99-105.

[53] Furuseth S, Kjekshus A, Niklasson R J V, et al. On the properties of alpha-MnS and MnS$_2$[J]. Acta Chemica Scandinavica, 1965, 19: 1405-1410.

[54] Heikens H, Van Bruggen C, Haas C J J O P, et al. Electrical properties of α-MnS [J]. Journal of Physics and Chemistry of Solids, 1978, 39(8): 833-840.

[55] Loseva G V, Ryabinkina L I. Electrical and magnetic properties of the antiferromagnetic semiconductor α-Mn$_x$S [J]. Physica Status Solidi, 1986, 96(2): K195-K197.

[56] Petrakovskii G A, Loseva G V, Ryabinkina L I, et al. Metal-insulator transition and magnetic properties in disordered systems of solid solutions Me_xMn$_{1-x}$S[J]. Journal of Magnetism and Magnetic Materials, 1995, 140-144: 147-148.

[57] Aplesnin S S, Sitnikov M N, Romanova O B, et al. Magnetoresistance and magnetic properties Ce$_x$Mn$_{1-x}$S[J]. Solid State Phenomena, 2015, 233-234: 419-422.

[58] Konovalov S, Begisheva O, Hichem A, et al. Research on electrical properties of manganese sulphides doped by thulium and ytterbium ions [J]. Siberian Journal of Science and Technology, 2020, 21(1): 108-114.

[59] Ito T, Ito K, Oka M. Magnetic susceptibility, thermal expansion and electrical resistivity of MnSe [J]. Japanese Journal of Applied Physics, 1978, 17(2): 371-374.

[60] He X, Zhang Y Q, Zhang Z D. Magnetic and electrical behavior of MnTe$_{1-x}$Sb$_x$ alloys [J]. Journal of Materials Science & Technology, 2011, 27(1): 64-68.

[61] Aplesnin S S, Bandurina O N, Ryabinkina L I, et al. Correlation between the magnetic and electrical properties of MnSe$_{1-x}$ texchalcogenides [J]. Bulletin of the Russian Academy of Sciences: Physics, 2010, 74(5): 708-710.

[62] Chun H J, Lee J Y, Kim D S, et al. Morphology-tuned growth of α-MnSe one-dimensional nanostructures [J]. The Journal of Physical Chemistry C, 2007, 111(2): 519-525.

[63] Efrem D'Sa J B C, Bhobe P A, Priolkar K R, et al. Low temperature magnetic structure of MnSe [J]. Pramana, 2004, 63(2): 227-232.

[64] Huang C H, Wang C W, Chang C C, et al. Anomalous magnetic properties in Mn(Se, S) system [J]. Journal of Magnetism and Magnetic Materials, 2019, 483: 205-211.

[65] Schlesinger M E. The Mn-Te (manganese-tellurium) system [J]. Journal of Phase Equilibria, 1998, 19(6): 591-596.

[66] Lakshmi Narasimhan T S, Viswanathan R, Balasubramanian R. Congruent vaporization of solid manganese monotelluride and the effects of phase transitions: A high-temperature mass spectrometric study [J]. The Journal of Physical Chemistry B, 1998, 102(51): 10586-10595.

[67] Takase A, Kasuya T. Temperature dependences of magnetization and spin waves in MnP [J]. Journal of the Physical Society of Japan, 1979, 47(2): 491-497.

[68] Takase A, Kasuya T. Temperature dependences of electrical resistivity in MnP [J]. Journal of the Physical Society of Japan, 1980, 48(2): 430-434.

[69] Nechamkin H, Kurtz A N, Hiskey C F. A method for the preparation of rhenium (Ⅵ) oxide1 [J]. Journal of the American Chemical Society, 1951, 73(6): 2828-2831.

[70] Ivanovskii A L, Chupakhina T I, Zubkov V G, et al. Structure and electronic properties of new rutile-like rhenium (Ⅳ) dioxide ReO_2 [J]. Physics Letters A, 2005, 348(1-2): 66-70.

[71] Watanabe H, Imoto H, Tanaka H. Preparation, crystal structure, and electrical resistivity of $SbRe_2O_6$ with a Re-Re bond [J]. Journal of Solid State Chemistry, 1998, 138(2): 245-249.

[72] Urushihara D, Asaka T, Fukuda K, et al. Structural transition with a sharp change in the electrical resistivity and spin-orbit Mott insulating state in a rhenium oxide, $Sr_3Re_2O_9$ [J]. Inorg Chem, 2021, 60(2): 507-514.

第 9 章　ⅥB 族化合物中的电子相变

ⅥB 族元素氧化物是电子相变材料家族中的重要组成部分，所涵盖元素包括铬(Cr: $3d^54s^1$)、钼(Mo: $4d^55s^1$)、钨(W: $5d^56s^1$)、𨭎(Sg: 放射性元素)；上述元素可形成高价态(如+5 价)且具有变价特性。其中，Cr 元素因其丰富的价态及适当的离子半径而能够形成更为丰富的氧化物晶体结构，并呈现丰富的电输运关系与磁性。例如，CrO_2 因基于 $Cr^{4+}(t_{2g}^2e_g^0)$ 或 $Cr^{3+}\underline{L}(t_{2g}^3e_g^0\underline{L})$ 轨道构型的双交换作用而呈现铁磁金属性；而 Cr_2O_3 因 $Cr^{3+}(t_{2g}^3e_g^0)$ 中半满填的 t_{2g} 轨道而呈现反铁磁绝缘体性。此外，$BiCrO_3$、$K_2Cr_8O_{16}$、$BiCu_3Cr_4O_{12}$ 等 Cr 元素平均价态介于+3 至+4 间的三组元氧化物中均呈现金属-绝缘体相变特性。而在ⅥB 族元素中，最为著名的是六方相 WO_3 在 H、Li 等还原性小离子半径元素触发下发生颜色与电阻率的突变，在电致变色等方面具有重要应用价值。此外，具有 β-烧绿石结构的 $CsW_2O_6(W^{5.5+})$ 因电荷有序转变而呈现金属-绝缘体相变特性；而 Mo 基烧绿石 $Re_2Mo_2O_7(Mo^{4+})$ 的电输运特性可通过调节稀土离子半径而实现在金属与绝缘体间的转变。本章将重点介绍 Cr、Mo、W 等ⅥB 族元素化合物中的潜在电子相变特性。

9.1　铬基氧化物与硫族化合物

ⅥB 族 3d 元素铬(Cr)具有丰富的价态，例如，铬的氧化物包括氧化亚铬(CrO)、三氧化二铬(Cr_2O_3)、二氧化铬(CrO_2)、三氧化铬(CrO_3)等；而其中半导体材料领域主要关注的是稳定性较高的 Cr_2O_3、CrO_2。除氧化物外，Cr 的硫族化合物与磷族化合物主要包括 Cr_2S_3、CrP、CrP_3 等。图 9-1(a)示意了上述二组元 Cr 基氧化物、硫化物、磷化物的晶体结构，图 9-1(b)总结了其电阻率-温度关系。Cr_2O_3(空间群为 $R\bar{3}cH$)因 $Cr^{3+}(t_{2g}^3e_g^0)$ 具有半满填的 t_{2g} 轨道而呈现反铁磁绝缘体性(T_N= 340 K)。CrO_2 具有金红石结构(空间群为 $P4_2/mnm$)，其 Cr^{4+} 价态较高而易在配体 p 轨道中形成空穴，因而具有 $Cr^{3+}\underline{L}(t_{2g}^3e_g^0\underline{L})$ 的 d 轨道电子排布而非 $Cr^{4+}(t_{2g}^2e_g^0)$，p 轨道巡游电子的双交换作用使得 CrO_2 呈现氧化物中少见的铁磁金属性(T_C=391 K)。

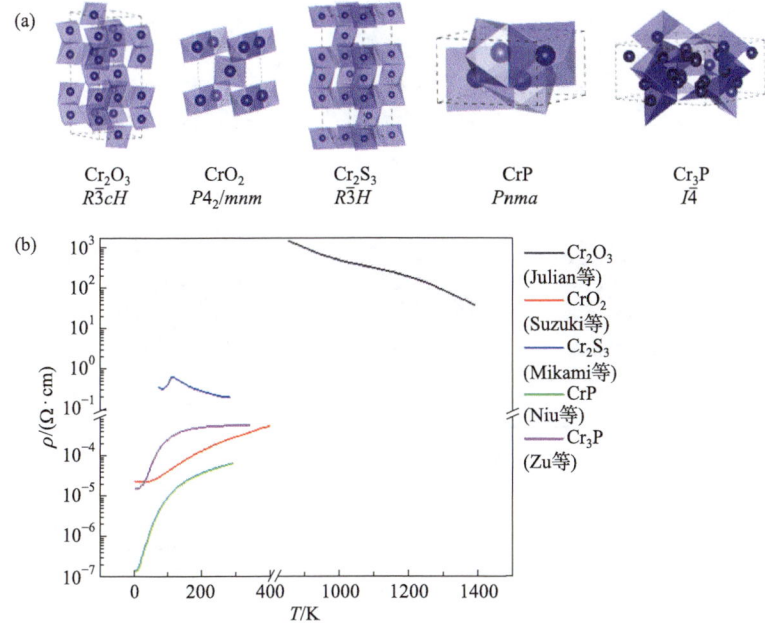

图 9-1 Cr 基氧化物、硫化物、磷化物的结构和输运特性：(a) Cr 基氧化物、硫化物、磷化物的晶体结构；(b) Cr 基氧化物、硫化物、磷化物的电阻率-温度关系曲线[1-5]

在 Cr 的硫族化合物中，Cr_2S_3 具有菱柱形晶体结构(空间群为 $R\bar{3}H$)，其在 T_C=120 K 以下呈现铁磁性，其电阻率在居里温度 120 K 处达到最大值，在约 85 K 具有极小值，在 160~350 K 电阻率呈指数下降；CrP(空间群为 Pnma)、Cr_3P(空间群为 I-4)大体呈现金属性电输运关系。

除二元化合物外，Cr 元素同样可以形成 113 型钙钛矿氧化物($ACrO_3$)，其中 A 位可由稀土、碱土、Bi 等元素占据，其代表性材料晶体结构与电阻率-温度关系分别如图 9-2(a)、(b)所示。$ReCrO_3$ 具有正交结构(空间群为 Pnma)，其中 Cr 元素因半满填的 t_{2g} 轨道而呈现绝缘体特性。$BiCrO_3$ 在室温下为具有极性结构的单斜相(空间群为 C2/c)，而当温度升高至约 410 K 时，其晶胞体积急剧减小并转变为具有中心对称性(无极化)的正交相(空间群为 Pnma)，并触发电阻率突变(图 9-2(b))。此外，Niitaka 等[6]报道了上述相变温度附近 $BiCrO_3$ 介电常数的极大值以及铁电跃迁现象。在磁性方面，$BiCrO_3$ 在 110 K 以下展现反铁磁性；其磁化率在 80~110 K 范围内随温度的降低而缓慢增加，并在 80 K 以下显著增加。$ReCrO_3$ 通常在常压下通过传统固相反应或溶胶-凝胶法制备，而 $BiCrO_3$ 通常在无制氧剂($KClO_4$)条件下通过立方砧施加 6 GPa 高压制备。

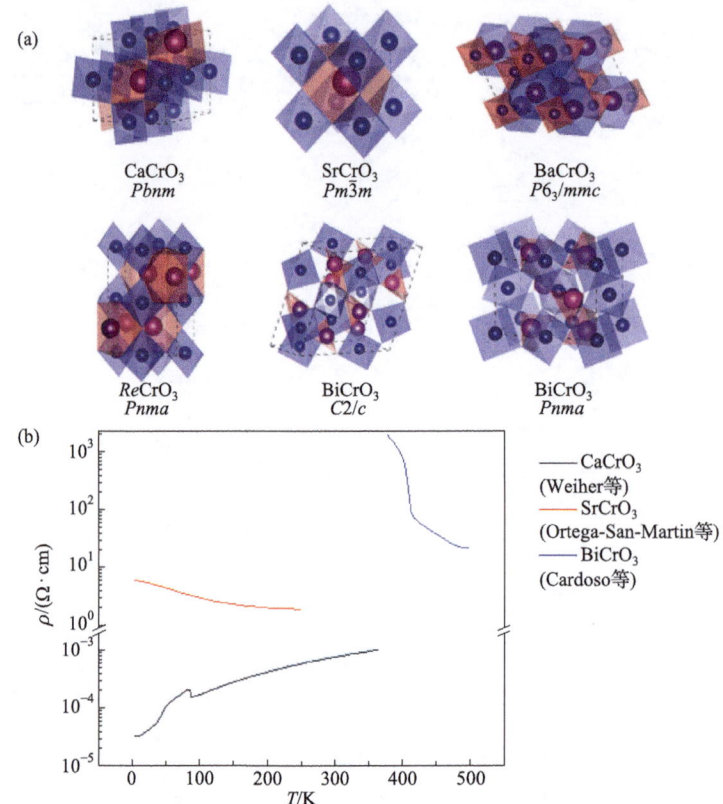

图 9-2　ACrO₃ 的结构和输运特性：(a) ACrO₃ 的晶体结构；(b) ACrO₃ 的电阻率-温度关系曲线[7-9]

AECrO₃ 中 Cr 元素为+4 价，其中 SrCrO₃(空间群为 $Pm\bar{3}m$) 大体呈现半导体电输运关系。CaCrO₃(空间群为 $Pbnm$)是 Cr 基 113 钙钛矿中唯一的金属相，其电阻率在 90 K 处呈现微小突变并伴随晶格参数改变(空间群不变)。磁性方面，CaCrO₃ 在 T_N=325 K 发生反铁磁-顺磁转变，在 90 K 以下其磁化率突然增大并呈现寄生铁磁性。AECrO₃ 的材料合成通常在无制氧剂(KClO₄)条件下通过立方砧施加 6 GPa 高压制备。

除 113 型钙钛矿氧化物外，铬基氧化物还存在四重钙钛矿结构(ACu₃Cr₄O₁₂，A=Re、AE、Bi)。如图 9-3 插图所示，与传统 113 型钙钛矿相比，CrO₆ 八面体的倾斜使 3/4A 位阳离子的配位数从 12 降至 4，即 Cu-O 多面体变为扭曲的方形 CuO₄ 平面。ACu₃Cr₄O₁₂ 的材料合成通常是在无外加制氧剂(KClO₄)条件下，由 Cr₂O₃ 和 CrO₂ 提供氧气氛围，并通过立方砧施加 6～9 GPa 压力(具体合成压力受 A 位阳离子影响)进行。图 9-3 总结了铬基四重钙钛矿氧化物典型的电阻率-温度曲线，可以看出，铬基四重钙钛矿的电输运特性主要取决于 A 位元素价态与组分。

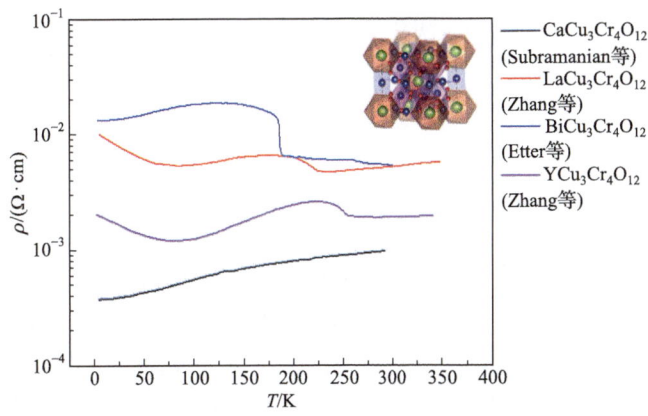

图 9-3 $ACu_3Cr_4O_{12}$ 的输运特性(插图为 $ACu_3Cr_4O_{12}$ 的晶体结构)[10-13]

Sugiyama 等[14]发现 $ReCu_3Cr_4O_{12}$(Re=Y、La、Eu 和 Lu)的磁性基态，四种铬基四重钙钛矿在 230~260 K 以下呈现反铁磁性，奈尔温度随 A 位离子半径的增大而减小。其中，$LaCu_3Cr_4O_{12}$、$YCu_3Cr_4O_{12}$ 在 220 K、250 K 特征温度触发下发生 Cu-Cr 位间电荷转移，即 $La(Y)Cu^{(2+\delta)+}{}_3Cr^{(3.75-0.75\delta)+}{}_4O_{12}$(高温) $\leftrightarrow$ $La(Y)Cu^{(3-\gamma)+}{}_3Cr^{(3+0.75\gamma)+}{}_4O_{12}$(低温)，其进一步引发电阻率-温度关系突变并伴随反铁磁-顺磁转变。值得注意的是，在上述特征触发温度以下，$LaCu_3Cr_4O_{12}$、$YCu_3Cr_4O_{12}$ 均为较为少见的反铁磁金属(或低阻态反铁磁材料)，其原因在于[15]，$LaCu_3Cr_4O_{12}$ 在 220 K 电荷转移跃迁以下的低温相在八面体 CrO_6 上具有 G 型远程反铁磁有序，而在方形平面 Cu 位上没有有序矩。混合价态的铜离子和铬离子都有助于金属导电。由于 CrO_6 八面体的严重倾斜和 Cu-3d、Cr-3d 和 O-2p 轨道的强杂化，Cr-O-Cr 能带变窄，导致在局域电子区附近形成反常的电子结构。几乎局域 Cr 自旋的 G 型反铁磁有序被最近邻反铁磁超交换相互作用所稳定。G 型反铁磁 Cr 自旋亚晶格的铁磁层允许自旋极化电子通过强杂化轨道 Cr-O-Cu-O-Cr 转移。因此，即使是反铁磁性较强的 G 型自旋有序构型，在所有近邻对都是反平行的初始立方晶胞上，仍然可以维持 $LaCu_3Cr_4O_{12}$ 的金属性。

与 $ReCu_3Cr_4O_{12}$ 的 Cu-Cr 位间电荷转移所不同，$BiCu_3Cr_4O_{12}$ 的电子相变源于 Bi^{3+} 沿 a 轴方向的不对称位移所导致的铬离子价键歧化($2Cr^{3.75+}$(高温)$\leftrightarrow$ Cr^{4+}+$Cr^{3.5+}$(低温))。由于 CrO_6 八面体与邻近的 BiO_{12} 多面体共用氧原子，因此 Bi 位移将导致 CrO_6 八面体畸变从而改变铬离子的局部环境。例如，随着温度的降低，铬离子的价态从 300 K 时的+3.6 价歧化为 100 K 时的+4.03 价、+3.36 价和+3.22 价；而价键计算的结果显示，Cu 和 Cr 之间没有电荷转移。$BiCu_3Cr_4O_{12}$ 在约 190 K 因 Cr 元素价键歧化而发生电阻率突变的同时，伴随有铁磁-顺磁转变。而在 $CaCu_3Cr_4O_{12}$ 中，Ca^{2+} 等二价阳离子使得 $Ca^{2+}Cu_3{}^{2+\delta}Cr_4{}^{4-\delta}O_{12}$ 中铜离子和铬离子

表现出 Cu^{2+}、Cu^{3+}、Cr^{3+}、Cr^{4+}共存的混合价态，使其具有泡利顺磁性和金属基态。尽管铜离子和铬离子都处于中间价态，但 $CaCu_3Cr_4O_{12}$ 并没有显示出温度诱导的位间电荷转移，因此 $CaCu_3Cr_4O_{12}$ 在温度测量范围内未展现金属-绝缘体相变。

除上述钙钛矿、四重钙钛矿结构外，具有钡锰矿结构的 $K_2Cr_8O_{16}$ 同样呈现特征温度触发下的金属-绝缘体相变特性，以及少有的铁磁绝缘体(基态相)。$K_2Cr_8O_{16}$ 通常在无制氧剂($KClO_4$)条件下通过立方砧施加 6.7 GPa 高压制备，其同时具有 Cr^{3+} 和 Cr^{4+}(Cr^{3+} : Cr^{4+}=1：3)。图 9-4 示意了 $K_2Cr_8O_{16}$ 的室温晶体结构以及电阻率-温度变化关系；其在 95 K 时发生金属(高温)-绝缘体(低温)转变，并在 T_C=180 K 发生铁磁-顺磁转变。$K_2Cr_8O_{16}$ 的金属-绝缘体相变机理目前还在探索中，Sakamaki 等[16]认为，$K_2Cr_8O_{16}$ 的金属-绝缘体相变来源于不相称的电荷密度波，而 Mahadevan 等[17]基于 Cr 的混合价态，提出电荷有序离散才是铁磁性绝缘体相的成因。Nakao 等[18]借助同步辐射装置研究了 $K_2Cr_8O_{16}$ 的单晶 X 射线衍射，发现在 95 K 时，$K_2Cr_8O_{16}$ 由 $I4/m$ 的高温四方相(图 9-4 插图)转变为 $P112_1/a$ 的低温单斜相，并通过 Cr—O 键长估算出两相中 Cr 的价态在实验误差范围内是相同的，表明没有电荷的离散和有序。

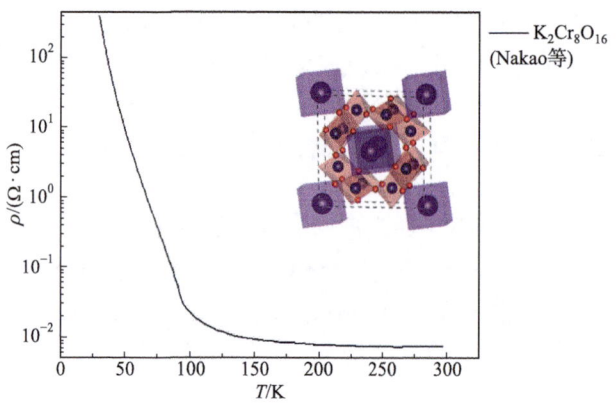

图 9-4　$K_2Cr_8O_{16}$ 的输运特性(插图为 $K_2Cr_8O_{16}$ 的晶体结构)

9.2　钼基氧化物

与ⅥB 族 3d-Cr 相比，4d-Mo 元素因电子层数的增加，其高价态(如 Mo^{6+})氧化物稳定性更高，并可形成如玛格奈利相等更加丰富的氧化物。其中，MoO_3 具有 $4d^0$ 电子构型，由于 d 轨道上没有电子，均呈现绝缘体状态。如图 9-5 所示，MoO_3 具有两种稳态构型 α 和 β[19]，以及两种亚稳态高压构型 ε[20]和 h[21]。正交 α-MoO_3

具有层状晶体结构，扭曲 MoO_6 八面体的平面双层沿[001]形成共享边的锯齿行，并沿[100]形成共享角链，层间通过范德瓦耳斯力结合。单斜 β-MoO_3 的晶体结构与 ReO_3 相似，其中 MoO_6 八面体在三维空间中通过共享角连接，不形成层状结构。单斜 ε-MoO_3 仅在高压下稳定，单晶样品可在 60 kbar 及 700℃条件下由 α-MoO_3 相合成，具有层状结构，与 α-MoO_3(aba 型)相比仅堆叠方式不同(aaa 型)。六方 h-MoO_3 由 MoO_6 八面体的锯齿状链构建，具有沿 c 方向的一维隧道。

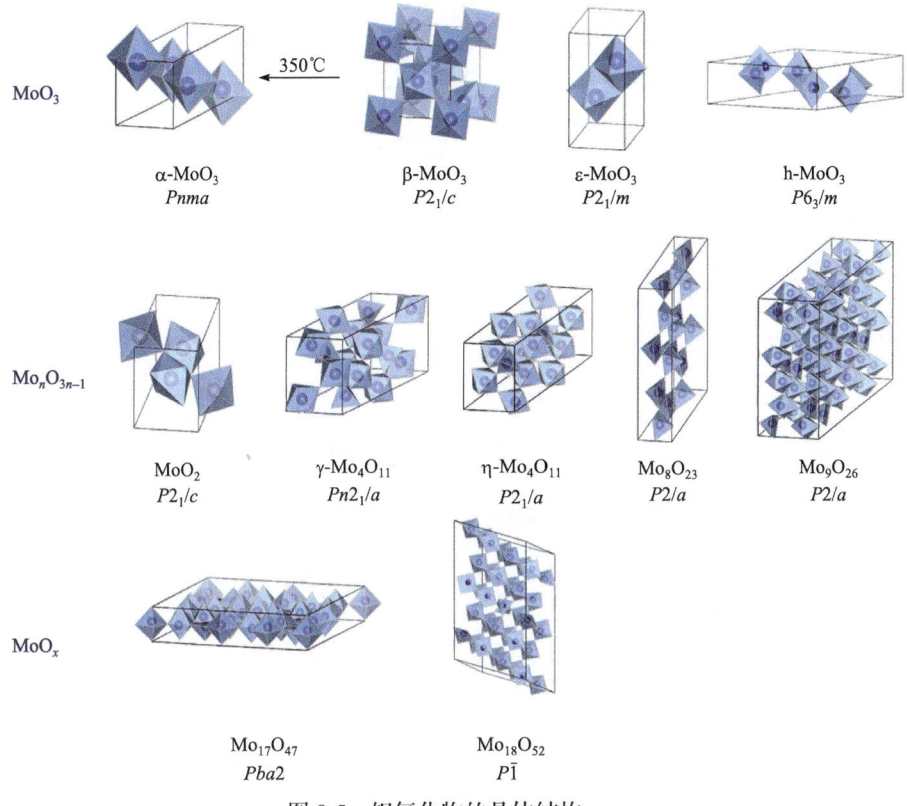

图 9-5 钼氧化物的晶体结构

部分缺氧的 MoO_3 可形成玛格奈利相 Mo_nO_{3n-1}。现有合成条件仅能获得 n 不连续的玛格奈利相(n=1, 4, 8, 9)，除 γ-Mo_4O_{11} 具有正交结构外，普遍具有单斜对称性。单斜 MoO_2 呈现变形金红石结构，MoO_6 八面体链沿晶体 c 轴共享边排列，电子构型为 $4d^2$，表现为金属态，常温电导率约为 $10^{-4}\ \Omega\cdot cm$[22]。Mo_4O_{11} 具有 η 相和 γ 相两种结构，均具有由 MoO_6 八面体组成的 Mo_6O_{22} 层，并通过 MoO_4 四面体连接，仅在连接方式上略有不同。两种结构的 Mo_4O_{11} 均呈现由 CDW 引起的电阻率跃迁，如图 9-6(a)所示[23, 24]。特别地，在常压下 η-Mo_4O_{11} 在 $T_{CDW-1}\approx 105$ K 和 $T_{CDW-2}\approx 30$ K 处经历了两次连续的 CDW 跃迁。压力对其电输运特性有显著调控作用，随着压力的增加，T_{CDW-1} 逐渐升高，在 2.6 GPa 处达到 130 K 左右；而 T_{CDW-2} 逐渐降低，相变在 2.6 GPa 时几乎消失。在 295 K 条件下，压力超过 3.5 GPa 时发生结构转变，形成空间群为 $P2_1$ 的 η'-Mo_4O_{11} 高压相，晶胞体积骤减 8.1%，电阻率突然跃升约两个数量级，如图 9-6(b)所示[23]。在 Mo_8O_{23} 和 Mo_9O_{26} 等氧化物中也存在极不明显的 CDW 态，电阻率转变温度分别约为 150 K 和 200 K，其晶胞中包含与钛基玛格奈利相类似的剪切面。除玛格奈利相外，还常见 $Mo_{17}O_{47}$ 及 $Mo_{18}O_{52}$ 等不规则亚氧化物。

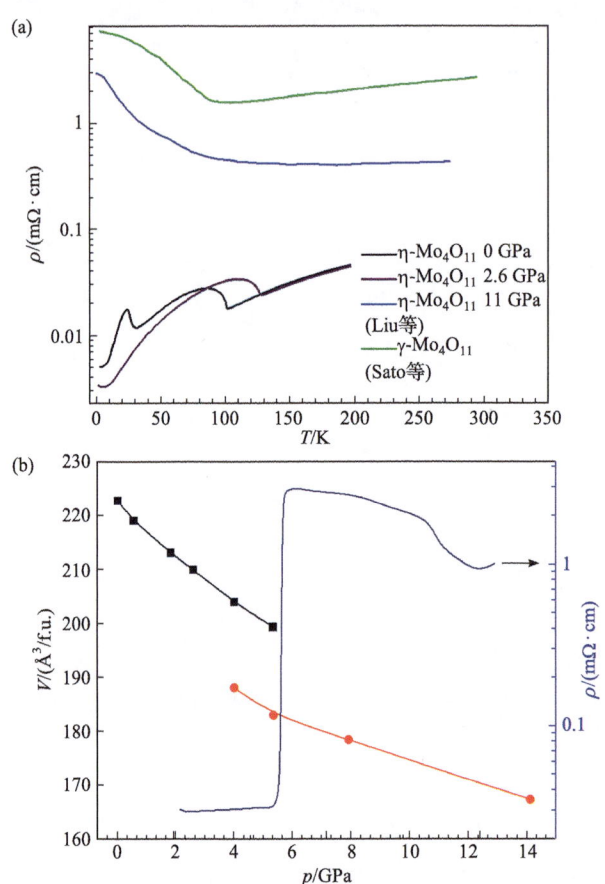

图 9-6 (a) Mo_4O_{11} 各构型及其在压力下的电阻率-温度关系；(b) η-Mo_4O_{11} 的晶胞体积-压力关系及电阻率-压力关系[23, 24]

虽然多种构型的 MoO_3 均表现为绝缘体，但其丰富的层状隧道结构为离子插入提供了化学环境，可形成低维钼青铜相。如图 9-7 所示，常见的钼青铜相物质有 $K_{0.3}MoO_3$ 及 $Rb_{0.3}MoO_3$，均可由 A_2MoO_4(A=K、Rb)和 MoO_3 前驱体熔盐中经过电化学结晶获得，在相同的特征温度 T_{MIT}=180 K 时表现金属-绝缘体相变特性，具有明显的各向异性,其机理为典型的准一维派尔斯转变[25, 26]。

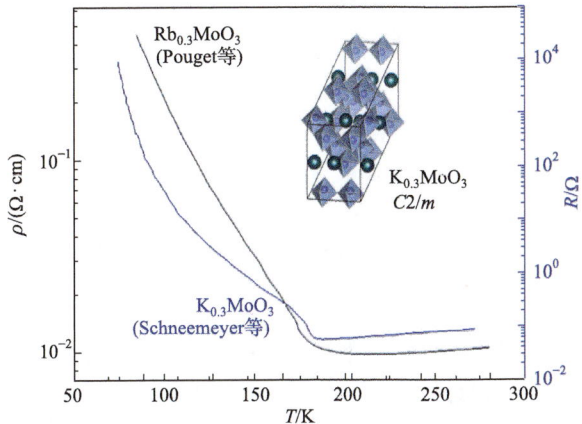

图 9-7 单晶 $K_{0.3}MoO_3$ 及 $Rb_{0.3}MoO_3$ 的电阻率-温度关系,插图为 $K_{0.3}MoO_3$ 的晶体结构[25, 26]

此外,Mo 元素可以+4 价形态与稀土元素形成烧绿石结构氧化物($Re_2Mo_2O_7$),并通过稀土元素离子半径调控电子结构从而改变材料的电输运关系。$Re_2Mo_2O_7$ 属于立方晶系(空间群为 $Fd\bar{3}m$),由 Re 和 Mo 组成的晶格嵌套而形成烧绿石结构,如图 9-8 所示。随着稀土离子半径的减小,$Re_2Mo_2O_7$ 材料的晶格常数 a 逐渐减小,晶胞体积收缩。由于 $Re_2Mo_2O_7$ 中钼元素处于中间价态,因此该材料通常是以 MoO_2 为前驱体,在 CO/CO_2 还原气氛下,1400℃固相反应合成。

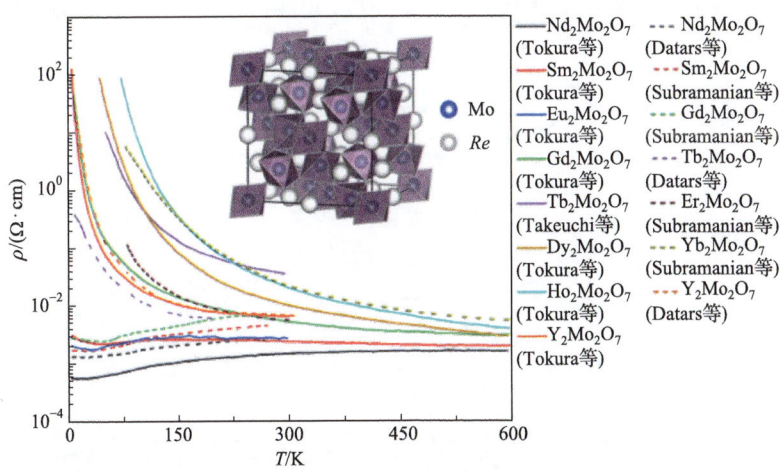

图 9-8 $Re_2Mo_2O_7$ 单晶样品和多晶样品的变温电阻率曲线,其中实线为单晶样品,虚线为多晶样品,插图为 $Re_2Mo_2O_7$ 的晶体结构示意图[27-31]

图 9-8 总结了以往报道中的 $Re_2Mo_2O_7$ 电阻率-温度曲线,可以看出,对于含

有 Nd、Sm 等轻、中稀土组分的材料，呈现金属性电输运关系；对于含有 Tb、Dy、Er、Y、Ho 等重稀土组分的材料，呈现半导体相电输运关系；而稀土原子序数居中的 $Gd_2Mo_2O_7$，其电输运特性介于金属、半导体之间，例如其报道中的单晶样品呈现绝缘体输运关系，而多晶样品呈现金属电输运关系。磁性方面，稀土元素同样影响 $Re_2Mo_2O_7$ 的低温磁性，例如，Re = Tb～Er 在 20～25 K 以下表现出自旋玻璃(spin glass, SG)态；Re = Nd～Gd 在 50～90 K 以下表现出铁磁性。

9.3 钨基氧化物

VIB 族 5d-W 元素更易形成高价态氧化物。WO_3 中钨元素的价态是+6，电子排布为 $5d^0$，WO_6 八面体通过顶点共享或边共享的方式形成 WO_3 不同对称性的晶体结构。通过顶点共享的方式，WO_3 可以形成 ε-WO_3(空间群为 Pc)、δ-WO_3(空间群为 $P\bar{1}$)、γ-WO_3(空间群为 $P2_1/n$)、α-WO_3(空间群为 $P4/nmm$)等同分异构体，晶体结构示意图如图 9-9(a)所示。随着温度升高，WO_3 的各种同分异构体之间可以相互转化，如图 9-9(a)所示。上述同分异构体中，室温下，单斜的 γ-WO_3 被广泛认为是最稳定的相[32]。WO_3 中+6 价态的 W 元素缺少 d 电子，表现为绝缘性，随着温度变化，WO_3 的同分异构体相互转化，带来能带结构的变化，进而电阻率-温度曲线发生突变，如图 9-10 所示[33]。除上述晶体结构，WO_3 还存在属于六方晶系的 h-WO_3(空间群为 $P6/mmm$)，可通过钨矿石缓慢脱氢而获得。通过顶点共享的方式，h-WO_3 中的 WO_6 八面体形成三元环或六元环，并沿 c 轴方向堆叠而成，晶

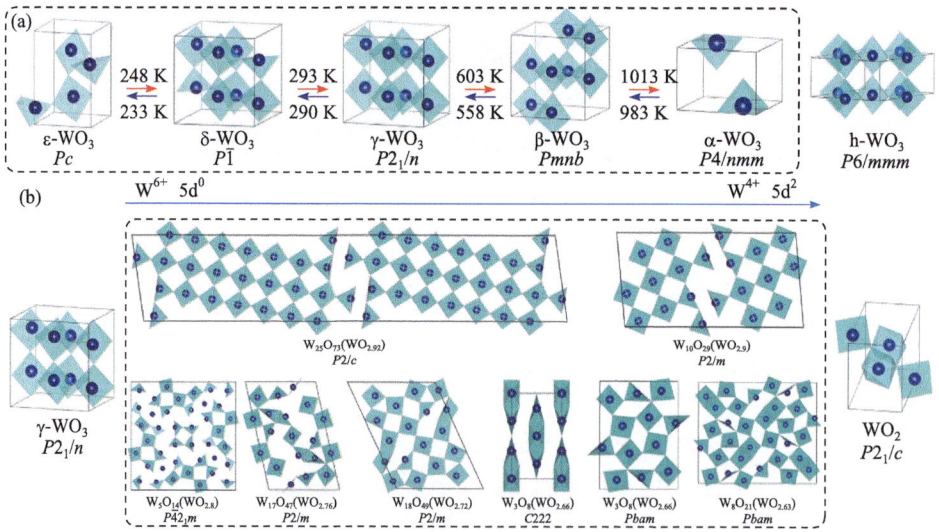

图 9-9 (a) WO_3 同分异构体晶体结构示意图；(b) WO_3、WO_2 和玛格奈利相晶体结构示意图

体结构示意图如图 9-9(a)所示。值得注意的是，h-WO$_3$ 处于亚稳状态，当退火温度超过 400℃时，h-WO$_3$ 转变为单斜结构。

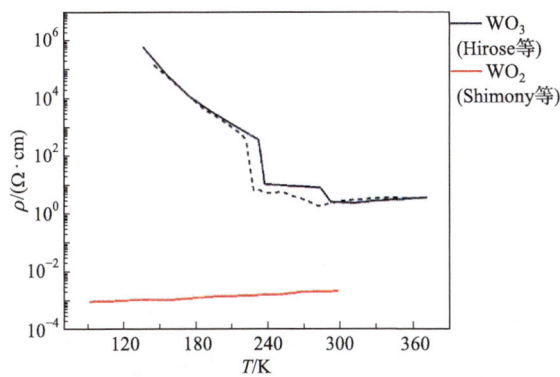

图 9-10　WO$_3$ 和 WO$_2$ 的电阻率-温度曲线[33, 34]

WO$_2$ 中钨元素的价态是+4，电子排布为 5d^2，WO$_6$ 八面体通过顶点共享方式形成三维网络结构，表现为金属性，如图 9-10 所示。在+6 价和+4 价 W 元素中，存在价态逐渐变化的钨基玛格奈利相，例如，由 WO$_6$ 八面体通过顶点共享或边共享等方式形成的 W$_{25}$O$_{73}$、W$_{10}$O$_{29}$ 和 W$_3$O$_8$；由 WO$_6$ 八面体和 WO$_7$ 五边形双锥体通过顶点共享或边共享等方式形成的 W$_{18}$O$_{49}$、W$_{17}$O$_{47}$、W$_8$O$_{21}$、W$_5$O$_{14}$ 和 W$_3$O$_8$(空间群为 Pbam)，晶体结构如图 9-9(b)所示[32]。室温下，钨基玛格奈利相往往表现为金属性，但关于其是否存在金属-绝缘体相变，有待进一步研究。

WO$_3$ 因其具备广泛的光学调控范围、优秀的循环特性和优异的电致变色稳定性等优势而受到广泛关注。当离子或电子进入 WO$_3$ 时，W 元素的价态发生改变，导致 WO$_3$ 薄膜由无色转变为蓝色，WO$_3$ 的电致变色过程如下：

$$WO_3 + x(A^+ + e^-) \leftrightarrow A_xWO_3$$

其中，A 代表离子，包括 H$^+$、Li$^+$、K$^+$、Zn^{2+} 和 Al^{3+} 等[35]。

WO$_3$ 存在众多同分异构体，其中六方相和非晶的 WO$_3$ 电致变色性能突出。六方晶系 WO$_3$ 晶格内具有一维方向的离子通道，利于离子传输与扩散，因此其电致变色性能相对较好。此外，非晶 WO$_3$ 是由八面体共享顶点或边的形式存在，但其结构无序，较为松散，具有更大的隧道尺寸，这使得非晶 WO$_3$ 具有较高的离子迁移速率，从而非晶态的 WO$_3$ 电致变色更为优异[36]。研究人员采用磁控溅射、真空蒸镀、溶胶-凝胶、水热法等手段制备 WO$_3$ 薄膜，进而制备电致变色器件[36]。

除上述 WO$_3$ 由氢、锂等离子嵌入带来的相变外，具有 β-烧绿石结构的 CsW$_2$O$_6$ 在 T_{MIT} = 210 K 附近可发生由特征温度触发的金属-绝缘体相变，并伴随(高温)顺磁-(低温)非磁转变和晶体结构的突变。CsW$_2$O$_6$ 在室温附近的空间群为 Fd$\bar{3}$m

(图 9-11 插图);而其低温下的空间群尚不确定,Pnma、P2₁3 均有报道。由于 CsW_2O_6 中 W 元素的平均价态为+5.5 价,其多晶材料通常是以 WO_2 为前驱体在真空环境通过 600℃固相反应并淬火获得,而单晶材料可利用 CsCl 作为气体传输剂制备。图 9-11 总结了不同形态的 CsW_2O_6 的电阻率-温度关系,而 CsW_2O_6 的金属-绝缘体相变的机理尚存在争议。例如,Cava 等通过对 CsW_2O_6 低温结构的分析,认为低温下钨离子形成"之"字形链,但钨离子价态不发生歧化。Okamoto 等认为,低温下 CsW_2O_6 中 W 原子对称性下降,占据不同对称性位置的 W_1(+6 价)和 W_2(+5.33 价)比例为 1:3,即 3 个钨离子构成三聚体并共用 2 个电子。

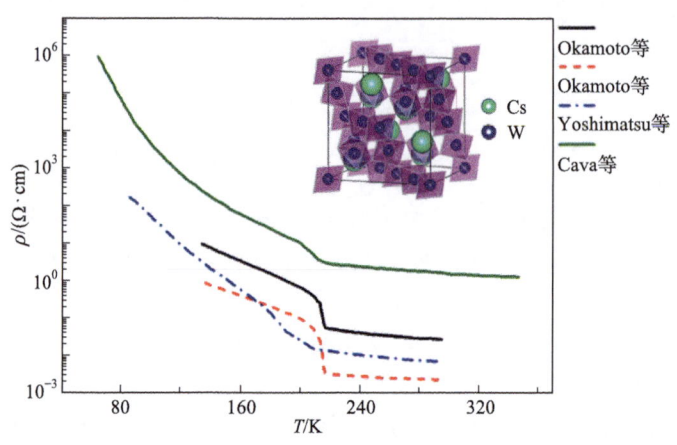

图 9-11 室温下 CsW_2O_6 的晶体结构示意图和不同形态的 CsW_2O_6 的变温电阻率曲线,其中实线代表多晶样品,红色虚线代表单晶样品,蓝色虚线代表 CsW_2O_6/YSZ(111),YSZ 表示掺杂 Y 的 ZrO_2[37-40]

9.4 本章小结

本章总结了 Cr、Mo、W 等ⅥB 族元素化合物中潜在的电子相变特性。ⅥB 族元素的特点在于可形成高价态氧化物且具有丰富的变价特性;而相比于 3d-Cr 元素,4d-Mo 以及 5d-W 元素的高价态氧化物更加稳定。其中,Cr 元素因其更小的离子半径从而可形成如扭曲钙钛矿、四重钙钛矿等更加丰富的多组元氧化物结构,而 $BiCrO_3$、$K_2Cr_8O_{16}$、$BiCu_3Cr_4O_{12}$ 等 Cr 元素平均价态介于+3 至+4 间的三组元氧化物中均呈现金属-绝缘体相变特性。基于 MoO_3 并部分缺氧可形成类似于 V、Ti 等元素的玛格奈利相 Mo_nO_{3n-1};$K_{0.3}MoO_3$、$Rb_{0.3}MoO_3$ 等钼青铜呈现典型的派尔斯相变。此外,单斜相 WO_3 因在特征温度下的多重可逆结构相变而触发电阻率突变;W 基二元氧化物同样可形成玛格奈利相 W_nO_{3n-1};而 β-烧绿石结构的

CsW_2O_6($W^{5.5+}$)因电荷有序转变而呈现金属-绝缘体相变特性。ⅥB 族元素化合物中最为重要的当属六方相 WO_3，其在质子触发下发生颜色与电阻率的突变，在电致变色方面具有重要应用价值。

参 考 文 献

[1] Crawford J A, Vest R W. Electrical conductivity of single‐crystal Cr_2O_3 [J]. Journal of Applied Physics, 1964, 35(8): 2413-2418.

[2] Schwarz K. CrO_2 predicted as a half-metallic ferromagnet [J]. Journal of Physics F: Metal Physics, 1986, 16(9): L211.

[3] Mikami M, Igaki K, Ōhashi N. Electrical and magnetic properties of the chromium sulfide with deviation from stoichiometric composition Cr_2S_3 [J]. Journal of the Physical Society of Japan, 1972, 32(5): 1217-1221.

[4] Niu Q, Yu W C, Aulestia E I P, et al. Nonsaturating large magnetoresistance in the high carrier density nonsymmorphic metal CrP [J]. Physical Review B, 2019, 99(12): 125126.

[5] Zu L, Lin S, Tong P, et al. Synthesis and physical properties of Cr–P-based intermetallic compounds: Cr_3P, Cr_3PC, and Cr_3PN [J]. Journal of Alloys and Compounds, 2015, 630: 310-315.

[6] Niitaka S, Azuma M, Takano M, et al. Crystal structure and dielectric and magnetic properties of $BiCrO_3$ as a ferroelectromagnet [J]. Solid State Ionics, 2004, 172(1-4): 557-559.

[7] Weiher J F, Chamberland B L, Gillson J L. Magnetic and electrical transport properties of $CaCrO_3$ [J]. Journal of Solid State Chemistry, 1971, 3: 529-532.

[8] Ortega-San-Martin L, Williams A J, Rodgers J, et al. Microstrain sensitivity of orbital and electronic phase separation in $SrCrO_3$[J]. Physical Review Letters, 2007, 99(25): 255701.1-255701.4.

[9] Cardoso J P, Delmonte D, Gilioli E, et al. Phase transitions in the metastable perovskite multiferroics $BiCrO_3$ and $BiCr_{0.9}Sc_{0.1}O_3$: A comparative study [J]. Inorganic Chemistry, 2020, 59(13): 8727-8735.

[10] Zhang S, Saito T, Mizumaki M, et al. Temperature‐induced intersite charge transfer involving Cr ions in A-site-ordered perovskites $ACu_3Cr_4O_{12}$ (A=La and Y) [J]. Chemistry(Weinheim an Der Bergstrasse, Germany), 2014, 20(31): 9510-9513.

[11] Subramanian M A, Marshall W J, Calvarese T G, et al. Valence degeneracy in $CaCu_3Cr_4O_{12}$ [J]. Journal of Physics and Chemistry of Solids, 2003, 64(9-10): 1569-1571.

[12] Etter M, Isobe M, Sakurai H, et al. Charge disproportionation of mixed-valent Cr triggered by Bi lone-pair effect in the A-site-ordered perovskite $BiCu_3Cr_4O_{12}$ [J]. Physical Review B, 2018, 97(19): 195111.1-195111.7.

[13] Kato Y, Furo M, Yamaguchi T, et al. High-pressure synthesis of a novel quadruple perovskite oxide $AgCu_3Cr_4O_{12}$ [J]. Materials Transactions, 2023, 64(9): 2088-2092.

[14] Sugiyama J, Nozaki H, Umegaki I, et al. A-site ordered chromium perovskites, $ACu_3Cr_4O_{12}$ with A = trivalent ions [C]. Proceedings of the 14th International Conference on Muon Spin Rotation, Relaxation and Resonance (μSR2017). Journal of the Physical Society of Japan. 2018: 011009.

[15] Saito T, Zhang S, Khalyavin D, et al. G-type antiferromagnetic order in the metallic oxide

LaCu$_3$Cr$_4$O$_{12}$ [J]. Physical Review B, 2017, 95(4): 041109(R).

[16] Sakamaki M, Konishi T, Ohta Y. K$_2$Cr$_8$O$_{16}$ predicted as a half-metallic ferromagnet: Scenario for a metal-insulator transition [J]. Physical Review B, 2009, 80(2): 024416.

[17] Mahadevan P, Kumar A, Choudhury D, et al. Charge ordering induced ferromagnetic insulator: K$_2$Cr$_8$O$_{16}$ [J]. Physical Review Letters, 2010, 104(25): 2564010.1-256401.4.

[18] Nakao A, Yamaki Y, Nakao H, et al. Observation of structural change in the novel ferromagnetic metal-insulator transition of K$_2$Cr$_8$O$_{16}$ [J]. Journal of the Physical Society of Japan, 2012, 81(5): 054710.

[19] Scanlon D O, Watson G W, Payne D J, et al. Theoretical and experimental study of the electronic structures of MoO$_3$ and MoO$_2$ [J]. The Journal of Physical Chemistry C, 2010, 114(10): 4636-4645.

[20] McCarron E M, Calabrese J C. The growth and single crystal structure of a high pressure phase of molybdenum trioxide: MoO$_3$-II [J]. Journal of Solid State Chemistry, 1991, 91(1): 121-125.

[21] Song J, Ni X, Gao L, et al. Synthesis of metastable h-MoO$_3$ by simple chemical precipitation [J]. Materials Chemistry and Physics, 2007, 102(2-3): 245-248.

[22] Qin T, Wang Q, Yue D, et al. The effect of pressure and temperature on the structure and electrical transport properties of MoO$_2$ [J]. Journal of Alloys and Compounds, 2020, 814: 152336.

[23] Liu Z Y, Shan P F, Chen K Y, et al. High-pressure insulating phase of Mo$_4$O$_{11}$ with collapsed volume [J]. Physical Review B, 2021, 104(2): 024105.

[24] Sato M, Onoda M, Matsuda Y. Structural transitions in Mo$_n$O$_{3n-1}$ (n=9 and 10) [J]. Journal of Physics C: Solid State Physics, 1987, 20(29): 4763-4771.

[25] Pouget J P, Kagoshima S, Schlenker C, et al. Evidence for a Peierls transition in the blue bronzes K$_{0.30}$MoO$_3$ and Rb$_{0.30}$MoO$_3$ [J]. J Physique Lett, 1983, 44(3): 113-120.

[26] Schneemeyer L F, DiSalvo F J, Fleming R M, et al. Sliding charge-density wave conductivity in potassium molybdenum bronze [J]. Journal of Solid State Chemistry, 1984, 54(3): 358-364.

[27] Hanasaki N, Watanabe K, Ohtsuka T, et al. Nature of the transition between a ferromagnetic metal and a spin-glass insulator in pyrochlore molybdates [J]. Phys Rev Lett, 2007, 99(8): 086401.

[28] Kézsmarki I, Hanasaki N, Hashimoto D, et al. Charge dynamics near the electron-correlation induced metal-insulator transition in pyrochlore-type molybdates [J]. Phys Rev Lett, 2004, 93(26 Pt 1): 266401.

[29] Miyoshi K, Yamashita T, Fujiwara K, et al. Effect of pressure on magnetic and transport properties of pyrochlore molybdates [J]. Journal of the Physical Society of Japan, 2003, 72(8): 1855-1858.

[30] Subramanian M A, Aravamudan G, Subba Rao G V. Electrical properties of Ln_2Mo$_2$O$_7$ pyrochlores (Ln=Sm, Yb, Y) [J]. Materials Research Bulletin, 1980, 15(10): 1401-1408.

[31] Taguchi Y, Ohgushi K, Tokura Y. Optical probe of the metal-insulator transition in pyrochlore-type molybdate [J]. Physical Review B, 2002, 65(11): 115102.

[32] Lee Y J, Lee T, Soon A. Phase stability diagrams of group 6 Magnéli oxides and their implications for photon-assisted applications [J]. Chemistry of Materials, 2019, 31(11): 4282-4290.

[33] Hirose T. Structural phase transitions and semiconductor-metal transition in WO$_3$ [J]. Journal of the Physical Society of Japan, 1980, 49(2): 562-568.

[34] Ben-Dor L, Shimony Y. Crystal structure, magnetic susceptibility and electrical conductivity of

pure and NiO-doped MoO$_2$ and WO$_2$ [J]. Materials Research Bulletin, 1974, 9(6): 837-844.
[35] Zheng J Y, Sun Q, Cui J, et al. Review on recent progress in WO$_3$-based electrochromic films: Preparation methods and performance enhancement strategies [J]. Nanoscale, 2022, 15(1): 63-79.
[36] Zheng H, Ou J Z, Strano M S, et al. Nanostructured tungsten oxide—Properties, synthesis, and applications [J]. Advanced Functional Materials, 2011, 21(12): 2175-2196.
[37] Hirai D, Bremholm M, Allred J M, et al. Spontaneous formation of zigzag chains at the metal-insulator transition in the β-pyrochlore CsW$_2$O$_6$ [J]. Phys Rev Lett, 2013, 110(16): 166402.
[38] Okamoto Y, Amano H, Katayama N, et al. Regular-triangle trimer and charge order preserving the Anderson condition in the pyrochlore structure of CsW$_2$O$_6$ [J]. Nature Communications, 2020, 11(1): 3144.
[39] Okamoto Y, Niki K, Mitoka R, et al. Electrical and thermal transport properties of the β-pyrochlore oxide CsW$_2$O$_6$ [J]. Journal of the Physical Society of Japan, 2020, 89(12): 124710.
[40] Soma T, Yoshimatsu K, Horiba K, et al. Electronic properties across metal-insulator transition in β-pyrochlore-type CsW$_2$O$_6$ epitaxial films [J]. Physical Review Materials, 2018, 2(11): 115003.

第10章 ⅠB、ⅡB、ⅢB族化合物中的电子相变

上述第2~9章中，尚未涉及ⅠB、ⅡB、ⅢB族元素；其中，ⅠB族元素主要包括(Cu: $3d^{10}4s^1$)、银(Ag: $4d^{10}5s^1$)、金(Au: $5d^{10}6s^1$)、轮(Rg，放射性元素)；ⅡB族元素主要包括锌(Zn: $3d^{10}4s^2$)、镉(Cd: $4d^{10}5s^2$)、汞(Hg: $5d^{10}6s^2$)、鿔(Cn，放射性元素)；而ⅢB族元素主要包括钪(Sc: $3d^14s^2$)、钇(Y: $4d^15s^2$)、镧系(La~Lu)元素、锕系(Ac~Lr)元素。与其他副族元素相比，上述三系列的副族元素的化学性质与金属更为接近，且在化合物中所呈现的价态相对较低。在ⅠB族元素中，$Cu^{2+}(3d^9)$在$YBa_2Cu_3O_{7-x}$等高温超导氧化物中具有重要作用，但鲜有铜占据过渡族位的氧化物中呈现金属-绝缘体相变特性的报道；虽然Cu^{2+}、$Cu^{3+}(Cu^{2+}\underline{L})$是$ReCu_3Fe_4O_{12}$等具有电子相变特性的四重钙钛矿中的重要组成离子，但其大多占据A(或A')位。相比之下，以Cu_2S、Ag_2S为代表的铜、银等元素的硫族化合物，在特征温度触发下呈现出由结构相变引起的金属-绝缘体相变特性。与ⅠB族元素相比，ⅡB族元素在形成化合物中大多呈现+2价而使其d轨道多为满填，因此其氧化物、硫族化合物中鲜有电子相变特性报道，故而在此不做具体讨论。ⅢB族主要为稀土元素，其大多数元素呈现+3价；而如Ce、Pr、Tb等亦可变为+4价，Sm、Eu亦可变为+2价。虽然上述稀土氧化物大多为高阻态绝缘体，但EuO却呈现出典型的金属-绝缘体相变特性；而目前报道的稀土硫族化合物、磷化物中亦鲜有具有金属-绝缘体相变特性的报道。本章将主要讨论上述ⅠB、ⅡB、ⅢB族元素氧化物、硫化物、磷化物中的潜在电子相变与磁转变特性。

10.1 银基与铜基硫族化合物

Ag基硫族化合物 (Ag_2X, X为S、Se、Te)是具有典型金属-绝缘体相变特性与优良塑性的硫族化合物，而近年来其热电特性同样为人们所关注。图10-1(a)示意了Ag_2S、Ag_2Se、Ag_2Te发生金属-绝缘体相变前后的晶体结构：室温下Ag_2S与Ag_2Te属于单斜晶系(空间群为$P2_1/c$)，而Ag_2Se的空间群为$P2_12_12_1$，属于正交晶系；而在金属-绝缘体相变温度以上，三种化合物均转变为立方晶系，其中Ag_2S与Ag_2Se的空间群变为$Im\overline{3}m$，而Ag_2Te的空间群变为$Fm\overline{3}m$。三种化合物晶胞中的Ag原子均具有两种不同键合方式(Ag_1和Ag_2)，其中Ag_1的配位数均为4，而Ag_2

在 Ag_2S 与 Ag_2Se 中的配位数为 3，在 Ag_2Te 中的配位数为 4。值得注意的是，室温下 Ag_2S 在 c 轴方向上呈现出锯齿形的层状结构，这可能是其具有一定塑性的原因所在。Ag_2X 的合成一般通过真空下单质前驱体的固相反应或借助湿化学反应完成[1,2]。

图 10-1(b)总结了 Ag_2X 典型的电阻率-温度关系[3]，其中 Ag_2S 室温下的带隙较宽，约 1 eV，载流子浓度为 $10^{14} \sim 10^{15} cm^{-3}$，升温至 452 K 发生金属-绝缘体相变，由低温绝缘相变为高温金属相，电阻率急剧减小。通过 Se 或 Te 元素掺杂能够实现 Ag_2S 相变温度的降低，例如 $Ag_2S_{0.7}Se_{0.3}$ 相变温度为 381 K，$Ag_2S_{0.9}Te_{0.1}$ 相变温度为 340 K。与 Ag—S 键相比，Ag—Se 和 Ag—Te 化学键的共价性更强，因此 Ag_2Se 和 Ag_2Te 的带隙较窄，室温下都表现出金属导电行为，且发生结构相变后电阻率仅略微增大，但仍为金属相。值得注意的是，Ag_2X 的电输运性能对材料的组分及缺陷较为敏感，特别是 Ag_2Se 中易产生 Ag 缺失或 Se 缺失的杂相以及空洞型缺陷，均对其输运性能产生影响[3]。

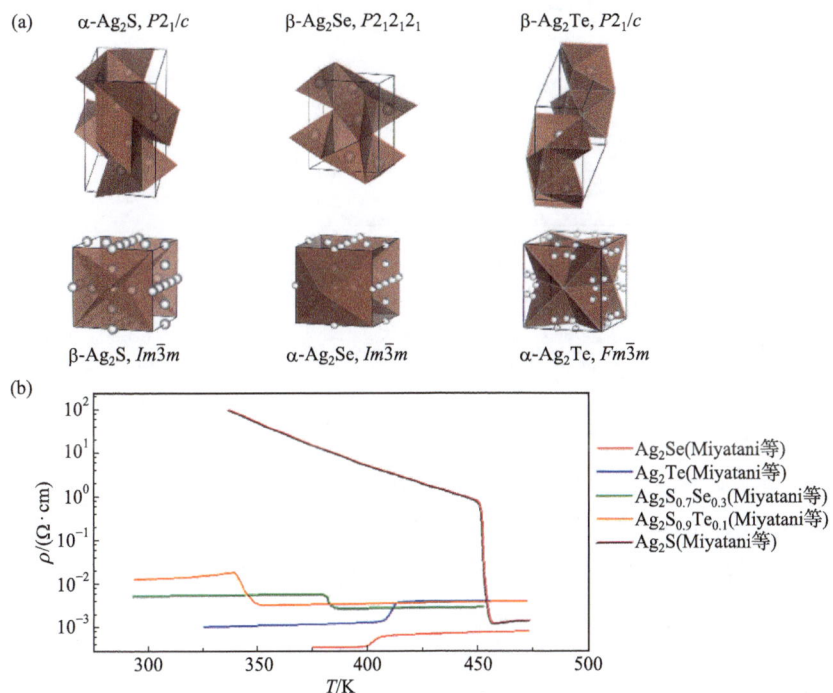

图 10-1 (a) Ag_2S、Ag_2Se 与 Ag_2Te 相变前后的晶体结构；(b) Ag_2S、Ag_2Se、Ag_2Te、$Ag_2S_{0.7}Se_{0.3}$ 与 $Ag_2S_{0.9}Te_{0.1}$ 的阻温特性曲线[3]

除 Ag_2X 外，铜基硫族化合物($Cu_{2-\delta}X$)在特征温度触发下同样呈现出复杂的结构相变特性从而引起电阻率的突变。如图 10-2(a)所示，Cu_2S 在 2∶1 的化学计量比下具有两重由温度触发下的结构相变：其在 376 K 以下为单斜晶相(空间群为

$P2_1/c$），在 376～710 K 之间为六方相(空间群为 $P6_3/mmc$)，在 710 K 以上为立方晶相(空间群为 $Fm\overline{3}m$)。图 10-2(b)总结了 $Cu_{2-\delta}S$ 的电阻率-温度关系[4-6]，温度升高至 376 K 时，其电阻率突然升高，温度升高至 710 K 后其电阻率缓慢减小；而铜化学计量比的缺失使得 $Cu_{2-\delta}S$ 的电阻率大幅度降低。此外，通过 Ge、Ga、Zn、Mn 等元素取代 Cu 可降低 Cu_2S 的不同相之间的转变温度。

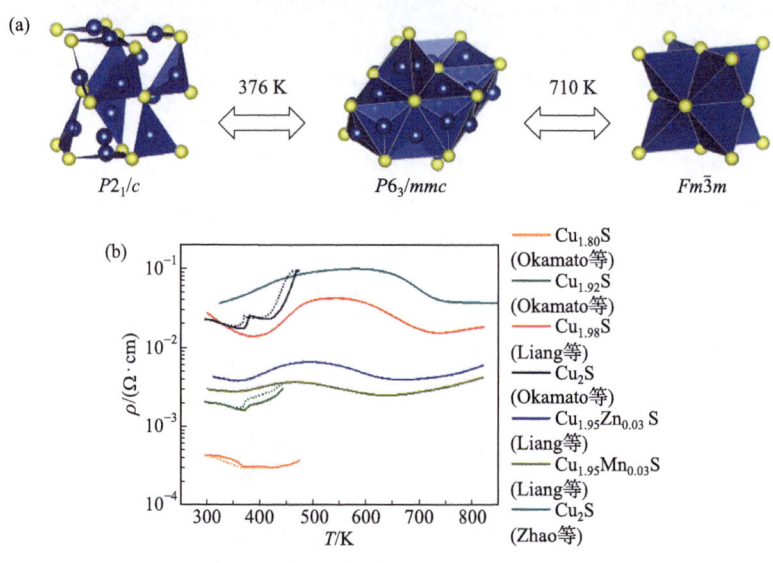

图 10-2 (a) Cu_2S 相变前后的晶体结构；(b) $Cu_{2-\delta}S$ 阻温特性曲线[4-6]

与 $Cu_{2-\delta}S$ 相比，$Cu_{2-\delta}Se$ 的晶体结构对铜、硒元素相对比例更为敏感，其相图如图 10-3(a)、(b)所示[7,8]。当 Cu∶Se=2∶1 时，Cu_2Se 室温下为 α 相并在 400 K 附近转变为 β 相。如图 10-3(c)所示，其中 Cu_2Se 的 β 相属立方晶系，空间群为 $Fm\overline{3}m$，晶格参数 $a=b=c=5.694$ Å；而 α 相的结构存在争议。Kashida 和 Akai[9]于 1988 年提出 α-Cu_2Se 为伪单斜结构，晶格参数 $a=c=7.14$ Å，$b=81.9$ Å，$\beta=120°$，但没有提出其所属空间群。Eikeland 等[10]于 2017 年提出 α-Cu_2Se 属六方晶系，空间群为 $R\overline{3}mh$，如图 10-3(c)中所示，晶格参数 $a=b=4.12277$ Å，$c=20.449$ Å，$\alpha=\beta=90°$，$\gamma=120°$。在 Cu 略微缺失的情况下，α-β 相变温度随 Cu 的缺失迅速降低，出现 α-β 两相共存区。温度升高时，$Cu_{2-x}Se$ 先由 α 相转变为 α-β 混合相并在一定温度范围内稳定，最终 α 相完全转变为 β 相。随着 x 的增大，室温下相的成分由 α 相变为 α-β 混合相，最终变为 β 相[7]。图 10-3(d)总结了 $Cu_{2-x}Se$ 及其掺杂材料的电阻率-温度关系图[11-14]，可以看出，随着 Cu 的缺失，材料相变温度呈现降低的趋势，且材料电阻率逐渐降低。上述趋势与 Cu_2S 相似，其主要原因在于 Cu 空位引入空穴载流子从而提高了载流子浓度。对于不同元素的掺杂，Cd 掺杂以及 Mg 掺杂没有改变 α-β 相变温度，只观察到相对于 Cu_2Se 电阻率的降低，而 I 掺杂则大幅降低了 α-β 相变温度。

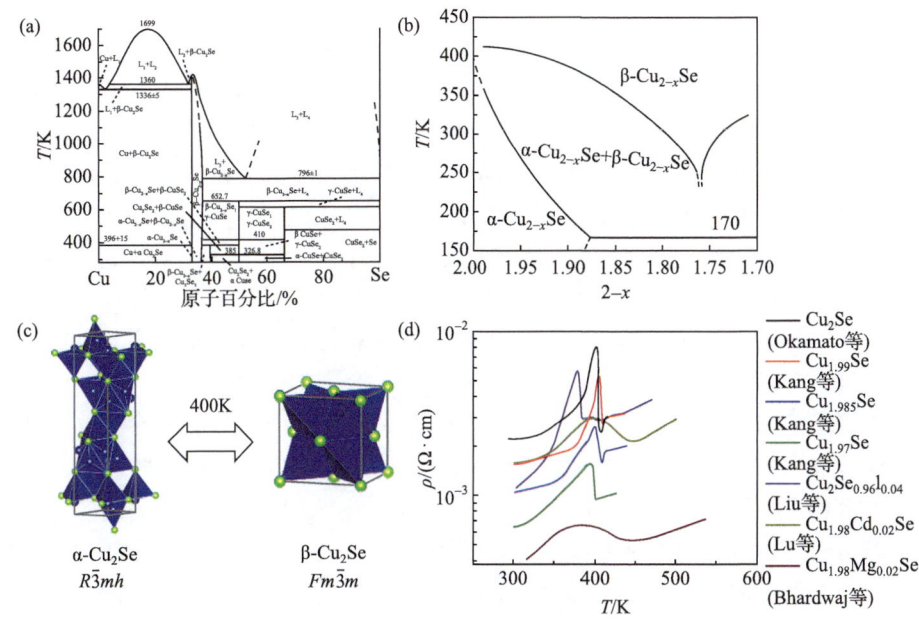

图 10-3　(a) Cu-Se 二元相图[7]；(b) $Cu_{2-x}Se$ 相图[8]；(c) Cu_2Se 晶体结构图；
(d) $Cu_{2-x}Se$ 与 I、Cd、Mg 掺杂的电阻率-温度关系图[11-14]

Cu_2Te 在不同温度下具有 5 种不同的晶体结构以及不同结构之间的 4 个可逆相变。Kavirajan 等[15]的研究表明，室温下稳定的 α-Cu_2Te 为六方相，于 463 K 转变为六方相 β-Cu_2Te，598 K 转变为正交相 γ-Cu_2Te，629 K 转变为六方相 δ-Cu_2Te，最后于 753 K 变为立方相 ε-Cu_2Te。Cu_2Te 电阻率随温度变化关系如图 10-4 所示[16]，不同研究中相变温度略有差异，但大体趋势相同[15,16]。此外，图 10-4 中插图为

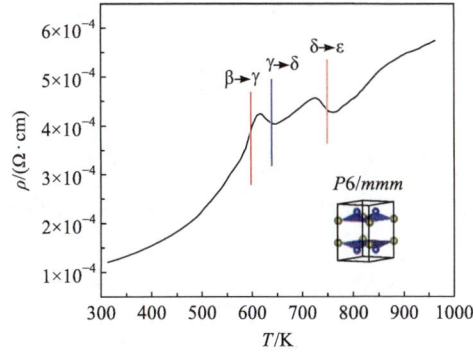

图 10-4　Cu_2Te 电阻率-温度曲线及其在室温下的晶体结构[16]

α-Cu$_2$Te 的晶体结构示意图(空间群为 $P6/mmm$, $a=b$=4.237Å, c=7.274 Å, $α=β$=90°, $γ$=120°), 而在无机晶体学数据库中尚无 Cu$_2$Te 其他相的数据。

除上述二组元银基、铜基硫族化合物以外, Ag$_3$CuS$_2$、β-AgCuS 等三组元银-铜基硫族化合物同样呈现特征温度触发下的金属-绝缘体相变特性, 其可认为由结构相变触发。其中, Ag$_3$CuS$_2$ 在室温下具有四方结构, 空间群为 $I4_1/amd$, 升温至 387 K 后由四方相变为体心立方相, 空间群变为 $Im\bar{3}m$, 然后在 549 K 处转变为面心立方相, 空间群为 $Fm\bar{3}m$[17]。Ag$_3$CuS$_2$ 材料最常见的制备工艺是熔融法, 将 Ag、Cu 和 S 的单质密封在真空石英管中, 然后在 1273 K 下反应 24 h。室温下 Ag$_3$CuS$_2$ 是直接带隙半导体, 带隙宽约 1.05 eV。图 10-5(a)为 Ag$_3$CuS$_2$ 的阻温特性曲线[18], 在特征温度处材料电阻率急剧下降, 升温过程中的相变温度为 390 K, 降温过程中的相变温度为 375 K, 表现出明显的热滞行为。该相变温度与材料结构相变温度一致。

室温下 β-AgCuS 属于正交晶系, 空间群为 $Cmc2_1$, Cu 和 Ag 完全有序; 升温至 361 K 变为六方 α 相, 空间群为 $P6_3/mmc$, 阳离子部分无序; 然后在 439 K 变为立方 δ 相, 空间群为 $Fm\bar{3}m$, 阳离子完全无序[19, 20]。AgCuS 材料的制备工艺通常是将 Ag、Cu 和 S 的单质密封在真空石英管中, 然后在 1223 K 下反应 24 h 后淬火。如图 10-5(b)所示, 随着温度的升高, AgCuS 材料的电阻率缓慢下降, 温度升高至 361 K 后电阻率突然下降, 这是由于发生了 β 相到 α 相的转变, 阳离子迁移率增加[21]。此外, AgCuS 在相变过程中还呈现出载流子类型的 p-n-p 型可逆转变, 例如, 在 β-α 相变过程中, 泽贝克系数在 363 K 时由+1122 μV/K 变为-393 μV/K, 温度继续升高后泽贝克系数又变为正值[21]。

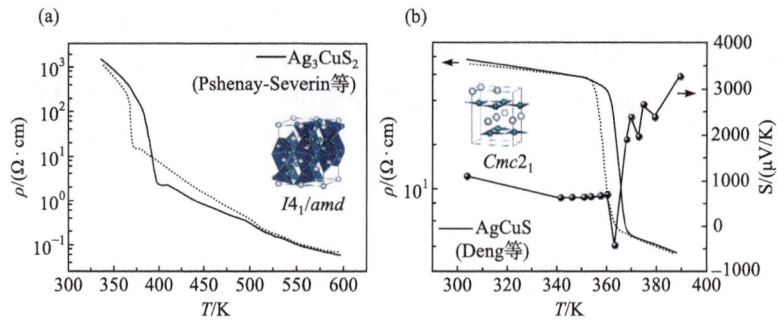

图 10-5 (a) Ag$_3$CuS$_2$ 的阻温特性曲线及其室温下的晶体结构[18]; (b) AgCuS 的阻温特性曲线、泽贝克系数-温度曲线及其室温下的晶体结构[21]

10.2 金元素化合物

Cs$_2$Au$_2$X$_6$(X 为卤族元素 Cl、Br 或 I)是具有小电荷转移能(负电荷转移能)的强关联化合物，其具有如图 10-6 插图所示的扭曲的钙钛矿结构(空间群为 $I4/mmm$)。$Au^{2+}(t_{2g}^6 e_g^3)$ 因 e_g 轨道未满填(空穴)而具有 Jahn-Teller 效应，其发生价键歧化转变为 $Au^+(t_{2g}^6 e_g^4)$、$Au^{3+}(t_{2g}^6 e_g^2$ 或 $t_{2g}^6 e_g^4 \underline{L}^2)$，并进一步形成 $[AuX_2]^-$、$[AuX_4]^-$；值得注意的是，Au^{3+} 通常未呈现出 $s=1$ 的高自旋态，因而更可能具有 $t_{2g}^6 e_g^4 \underline{L}^2$ 电子排布而非 $t_{2g}^6 e_g^2$。上述 Au 元素的价键歧化特性为在 $Cs_2Au_2X_6$ 中实现潜在金属-绝缘体相变提供了可能。图 10-6 总结了化合物 $Cs_2Au_2X_6$ 在室温下电阻率随施加静压力的变化[22]，在施加静压力为 7 GPa 时，$Cs_2Au_2Cl_6$ 和 $Cs_2Au_2Br_6$ 的电阻率分别迅速下降至 4.8×10^{-2} Ω·cm 和 7.2×10^{-3} Ω·cm；而 $Cs_2Au_2I_6$ 在施加静压力为 5.4 GPa 时电阻率最小，值为 6.9×10^{-3} Ω·cm，随后继续增加静压力，电阻率逐渐增大。$Cs_2Au_2I_6$ 这种反常的电阻率增加现象与在施加静压力为 5.5 GPa 时空间群发生由 $I4/mmm$ 到 $P4/mmm$ 的转变有关，该过程中 Au—Au 键长沿 c 轴方向不连续增大。

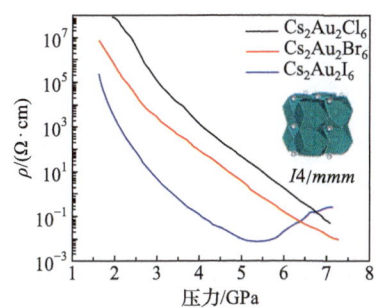

图 10-6　$Cs_2Au_2X_6$ 室温下的晶体结构以及室温电阻率随施加静压力的变化[22]

10.3　二元稀土氧化物：EuO

EuO 是已知金属-绝缘体相变材料体系中电阻率突变程度最高的材料，属于面心立方结构。其相变机理如图 10-7(a)所示，在相变温度(T_C)以上，在导带底部存在杂质能级，该能级略低于导带底部，因此 EuO 表现为绝缘相，在 T_C 以下，由于交换作用导带劈裂，导致杂质能级位于导带内，该杂质能级上的电子无需激活能即可在导带自旋极化的底部移动，因此 EuO 电阻率急剧下降，变为金属相[23]。EuO 陶瓷材料通常是通过 Eu 蒸气还原 Eu_2O_3 得到的，将装有 Eu_2O_3 的坩埚和过量的 Eu 密封于另一坩埚内，在 1350℃下反应 16~20 h 后快速冷却至室温而得到 EuO 晶体[24]。EuO 薄膜材料的制备是在 1×10^{-8} mbar 氧压下蒸镀 Eu 金属而完成的[23]。EuO 的阻温特性曲线如图 10-7(b)所示[23,24]，在 70 K 附近发生绝缘体-金属相变，由(低温)铁磁金属转变为(高温)顺磁绝缘体，电阻率变化 8~10 个数量级。此外，如图 10-7(c)所示[25]，磁场作用提高了 EuO 的相变温度，且随着外加磁场的增大，电阻率随温度升高而急剧变大的过程变得更加平缓，Shapira 等[25]对这一现象进行了解释，外加磁场使导带下移，导致杂质能级穿过导带，从而使相变温度升高。

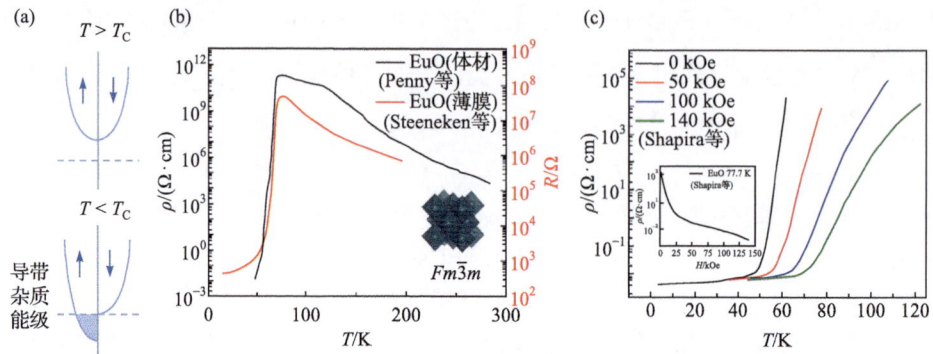

图 10-7　(a) $T>T_C$ 为顺磁绝缘相，$T<T_C$ 为铁磁金属相；(b) EuO 室温下的晶体结构以及阻温特性曲线[23, 24]；(c) 不同磁场下 EuO 的电阻-温度曲线[25]，插图为 77.7 K 时 EuO 在不同磁场下的电阻率曲线[25]

10.4　稀土硫族、磷族化合物

稀土基硫化物 Re_2S_3 材料大多属于正交结构，其中 Gd_2S_3 的空间群为 $Pnam$，Nd_2S_3、Dy_2S_3 与 Tb_2S_3 的空间群为 $Pnma$，材料阻温特性曲线如图 10-8 所示[26-31]，$LaS_{1.356}$、$LaS_{1.495}$、$CeS_{1.41}$ 与 Nd_2S_3 在所测温区内均表现为金属相，电阻率随温度升高而逐渐增大，Gd_2S_3、Dy_2S_3 与 Tb_2S_3 在所测温区内均表现为绝缘相，电阻率随温度升高而逐渐减小。

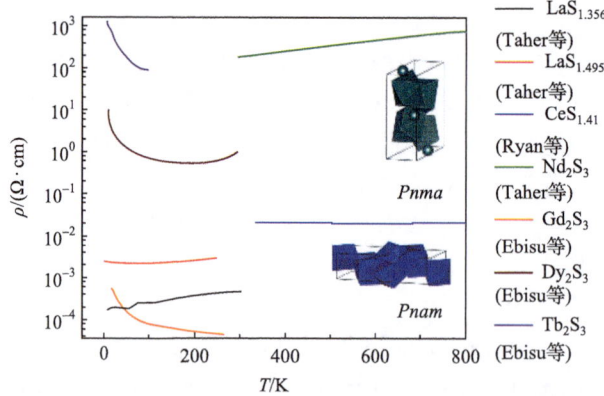

图 10-8　Re_2S_3 室温下的晶体结构及其阻温特性曲线[26-31]

YbP 材料的空间群为 $Fm\overline{3}m$，其制备工艺是先将 P 与 Yb 密封于石英管中，缓慢加热至 380℃，再加热至 700℃后退火 1 个星期得到 YbP 晶体，其阻温特性曲线如图 10-9 中黑色曲线所示[32]，在 2~300 K 范围内均为金属相，电阻率随温度的升高逐渐增大。CeP 是一种低载流子浓度的磷化物，空间群为 $Fm\overline{3}m$，其单晶通常是由 P 和 Ce 在 2400℃下重结晶制得，其 5~15 K 范围内的阻温特性曲线如图 10-9 中红色曲线所示[33]，CeP 在 10 K 处发生金属-绝缘体相变，由低温金属相变为高温绝缘相。

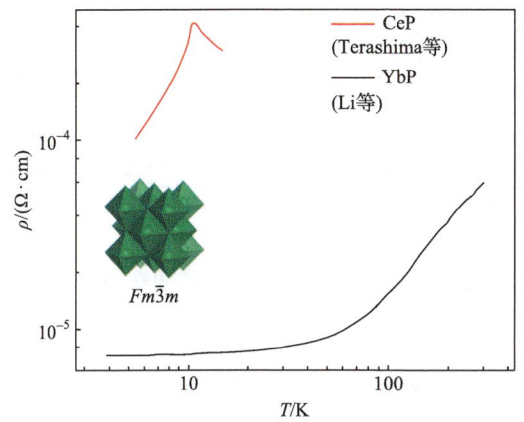

图 10-9　ReP 室温下的晶体结构及其阻温特性曲线[32, 33]

10.5　本章小结

以上主要介绍了 IB、IIB、IIIB 族元素氧化物、硫化物、磷化物中的潜在电子相变与磁转变特性。其中，Cu_2S 和 Ag_2S 等为代表的 IB 族元素硫族化合物因特征温度触发下的结构转变而呈现金属-绝缘体相变特性；而 IIIB 族稀土元素中，EuO 因交换作用导致的导带劈裂在 69 K 呈现金属-绝缘体相变特性。不同于其他副族元素，IB、IIB、IIIB 族元素化学性质较为接近金属，且在形成化合物时 d 电子在成键轨道中的作用较小，因此其高价态氧化物中呈现电子相变特性的材料体系相对较少。相比于氧化物，IB 族元素的硫族化合物因具有复杂的热力学相图而呈现出协同结构转变的金属-绝缘体相变特性；而其中较为值得关注的是银基硫族化合物在室温及以上温度区间所实现的巨幅电阻率突变程度，其潜在应用有待探索。此外，对于具有变价特性的 IIIB 族稀土元素，其硫族化合物、磷化物中是否存在未知的电子相变材料新体系，同样有待寻找。

参 考 文 献

[1] Shi X, Chen H, Hao F, et al. Room-temperature ductile inorganic semiconductor [J]. Nature Materials, 2018, 17(5): 421-426.

[2] Sadovnikov S I, Gusev A I. Recent progress in nanostructured silver sulfide: From synthesis and nonstoichiometry to properties [J]. Journal of Materials Chemistry A, 2017, 5(34): 17676-17704.

[3] Miyatani S Y. Electrical properties of pseudo-binary systems of Ag2VI's; $Ag_2Te_xSe_{1-x}$, $Ag_2Te_xS_{1-x}$, and $Ag_2Se_xS_{1-x}$ [J]. Journal of the Physical Society of Japan, 1960, 15(9): 1586-1595.

[4] Okamoto K, Kawai S. Electrical conduction and phase transition of copper sulfides [J]. Japanese Journal of Applied Physics, 1973, 12(8): 1130-1138.

[5] Liang X, Jin D, Dai F. Phase transition engineering of Cu_2S to widen the temperature window of improved thermoelectric performance [J]. Advanced Electronic Materials, 2019, 5(10): 1900486.

[6] Zhao S, Chen H, Zhao X, et al. Excessive iodine addition leads to room-temperature superionic Cu_2S with enhanced thermoelectric properties and improved thermal stability [J]. Materials Today Physics, 2020, 15: 100271.

[7] Glazov V M, Pashinkin A S, Fedorov V A. Phase equilibria in the Cu-Se system [J]. Inorganic Materials, 2000, 36(7): 641-652.

[8] Ogorelec Z, Mestnik B, Devčič D. A new contribution to the equilibrium diagram of the Cu-Se system [J]. Journal of Materials Science, 1972, 7(8): 967-969.

[9] Kashida S, Akai J. X-ray diffraction and electron microscopy studies of the room-temperature structure of Cu_2Se [J]. Journal of Physics C: Solid State Physics, 1988, 21(31): 5329-5336.

[10] Eikeland E, Blichfeld A, Borup K, et al. Crystal structure across the β to α phase transition in thermoelectric $Cu_{2-x}Se$ [J]. Iucrj, 2017, 4: 476-485.

[11] Okamoto K. Thermoelectric power and phase transition of Cu_2Se [J]. Japanese Journal of Applied Physics, 1971, 10(4): 508.

[12] Kang S D, Danilkin S A, Aydemir U, et al. Apparent critical phenomena in the superionic phase transition of $Cu_{2-x}Se$ [J]. New Journal of Physics, 2016, 18(1): 013024.

[13] Liu H, Yuan X, Lu P, et al. Ultrahigh thermoelectric performance by electron and phonon critical scattering in $Cu_2Se_{1-x}I_x$ [J]. Advanced Materials, 2013, 25(45): 6607-6612.

[14] Lu J, Li D, Liu W, et al. Thermal stability and thermoelectric properties of Cd-doped nano-layered Cu_2Se prepared using NaCl flux method[J]. Chinese Physics B, 2020, 29(12): 127403.

[15] Kavirajan S, Harish S, Archana J, et al. Phase transition induced thermoelectric properties of Cu_2Te by melt growth process [J]. Materials Letters, 2021, 298: 129957.

[16] Qiu Y, Ye J, Liu Y, et al. Facile rapid synthesis of a nanocrystalline Cu_2Te multi-phase transition material and its thermoelectric performance [J]. RSC Advances, 2017, 7(36): 22558-22566.

[17] Trots D M, Senyshyn A, Mikhailova D A, et al. Phase transitions in jalpaite, Ag_3CuS_2 [J]. Journal of Physics: Condensed Matter, 2008, 20(45): 455204.

[18] Pshenay-Severin D, Guin S N, Konstantinov P, et al. Band structure, phonon spectrum and thermoelectric properties of Ag_3CuS_2 [J]. Materials, 2023, 16(3): 1130.

[19] Guin S N, Sanyal D, Biswas K. The effect of order-disorder phase transitions and band gap evolution on the thermoelectric properties of AgCuS nanocrystals [J]. Chemical Science, 2016, 7(1): 534-543.

[20] Dutta M, Sanyal D, Biswas K. Tuning of p-n-p-Type conduction in AgCuS through cation vacancy: Thermopower and positron annihilation spectroscopy investigations [J]. Inorganic Chemistry, 2018, 57(12): 7481-7489.

[21] Deng P, Rabenbauer A, Vosseler K, et al. AgCuS: A single material diode with fast switching times [J]. Advanced Functional Materials, 2023, 33(20): 2214882.

[22] Kojima N, Kitagawa H, Ban T, et al. Behaviour of the electrical conductivity of the three-dimensional mixed-valence compounds $Cs_2Au_2X_6$(X=Cl, Br, I) under high pressures [J]. Synthetic Metals, 1991, 42: 2347-2350.

[23] Steeneken P G, Tjeng L H, Elfimov I, et al. Exchange splitting and charge carrier spin polarization in EuO [J]. Physical Review Letters, 2002, 88(4): 047201.

[24] Penney T, Shafer M W, Torrance J B. Insulator-metal transition and long-range magnetic order in EuO [J]. Physical Review B, 1972, 5(9): 3669-3674.

[25] Shapira Y, Foner S, Reed T B. EuO. I. Resistivity and hall effect in fields up to 150 kOe [J]. Physical Review B, 1973, 8(5): 2299-2315.

[26] Taher S M. Study of electron conduction in LaSx by electrical resistivity and thermo-EMF measurements [J]. Materials Research Bulletin, 1991, 26(2-3): 187-198.

[27] Ryan F M, Greenberg I N, Carter F L, et al. Thermoelectric properties of some cerium sulfide semiconductors from 4° to 1300°K [J]. Journal of Applied Physics, 1962, 33: 864-868.

[28] Taher S M, Gruber J B. Thermoelectric efficiency of rare earth sesquisulfides [J]. Materials Research Bulletin, 1981, 16(11): 1407-1412.

[29] Ebisu S, Iijima Y, Iwasa T, et al. Antiferromagnetic transition and electrical conductivity in α-Gd_2S_3 [J]. Journal of Physics and Chemistry of Solids, 2004, 65(6): 1113-1120.

[30] Ebisu S, Narumi M, Nagata S. Anomalous enlargement of electrical resistivity between successive magnetic transitions in α-Dy_2S_3 [J]. Journal of the Physical Society of Japan, 2006, 75(8): 085002.

[31] Ebisu S, Gorai M, Maekawa K, et al. Highly anisotropic properties of an antiferromagnetic α-Tb_2S_3 Single Crystal [J]. AIP Conference Proceedings, 2006, 850(1): 1237.

[32] Li D X, Sumiyama K, Suzuki K, et al. Electrical transport properties of stoichiometric YbP single crystal [J]. Physical Review B, 1998, 57(19): 12036-12040.

[33] Terashima T, Qualls J S, Stalcup T F, et al. Low-field low-temperature magnetotransport studies of CeP [J]. Physical Review B, 1999, 60(22): 15285-15289.

第 11 章 有机聚合物中的电子相变

除第 2~10 章中所述氧化物、硫族化合物、磷化物等无机材料以外,电子相变材料家族中还包括电荷转移络合物、金属有机框架化合物等有机聚合物。虽然相比于氧化物、硫族化合物等无机材料,有机聚合物电子相变材料在组分、结构、制备技术等方面均存在鲜明差异,但其金属绝缘体相变依旧可归因于派尔斯转变、莫特转变等类似机制。本章将简要介绍有机聚合物中所具有的电子相变特性及其调控。

11.1 有机聚合物电子相变原理简介

最常见的有机电子相变材料是低维(准一维、二维)电荷转移聚合物单晶,在这一材料体系中不仅发现了丰富的温致金属-绝缘体相变现象,还观测到压力敏感/压力稳定电阻、超导性等物理性质。能够携带正电荷的分子称为电子供体,具有较高的最高占据分子轨道(highest occupied molecular orbit, HOMO),容易被氧化为阳离子 D^+。能够携带负电荷的分子称为电子受体,它们具有相对较深的最低未占据分子轨道(lowest unoccupied molecular orbit, LUMO),容易被还原为阴离子 A^-。当供体的 HOMO 能级与受体的 LUMO 能级近似等高时,电荷从供体(部分)转移到受体,形成电荷转移络合物 $D^{\delta+}A^{\delta-}$(络合盐 D^+A^-)。

最常见的电子供体是四硫富瓦烯(TTF)及其衍生物,可提供至多两个五元环的 π 电子。TTF 具有一系列衍生的官能团(图 11-1(a)),其中 TMTTF、TMTSF 和 BEDT-TTF 能够组成最丰富的有机电荷转移络合物,并表现出复杂的电子相变特性。最常见的电子受体是四氰代对二次甲基苯醌(TCNQ),其类醌结构能够接受电子并还原为苯环。常见的电子受体还包括 N, N-(2,5-二甲基-2,5-环己二烯-1,4-二亚基)二氰基酰胺(DM-DCNQI)及一些金属配离子,例如[Ni(dmit)$_2$]和[Ni(mnt)$_2$],其中 dmit 代表 1,3-二硫杂环戊二烯-2-硫酮-4,5-二硫醇,mnt 代表马来二氰基二硫烯。这些基团的有机结构式如图 11-1(b)所示[1]。

电荷转移络合物具有非常复杂的电子行为,在其金属-绝缘体相变的过程中,绝缘状态可能有多种原因:派尔斯跃迁、莫特绝缘体、电荷有序(CO)、自旋密度波(SDW)等。有机电荷转移络合物的金属-绝缘体相变机理与其电子供(受)体的价态及晶体结构关系密切。绝大部分的有机电荷转移络合物具有 2∶1 的离子比,通

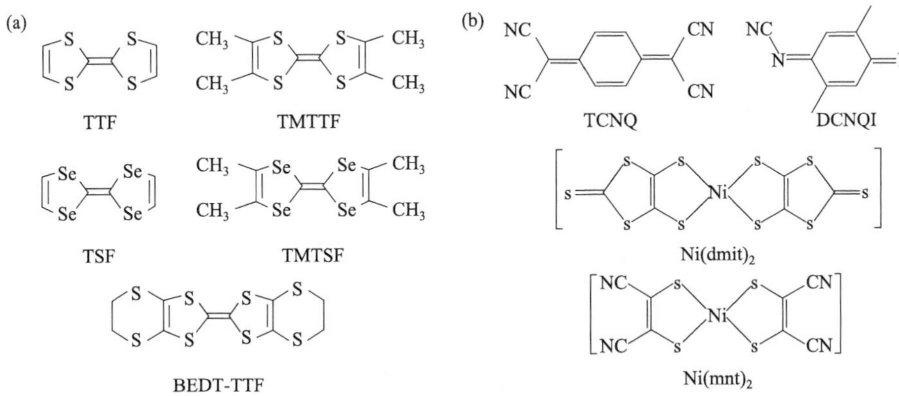

图 11-1 (a) 电子供体与(b) 电子受体官能团的分子式

式为 D_2X，其中 D 为电子供(受)体官能团，X 为具有-1 平均价态的无机离子，例如$(TMTSF)_2PF_6$、θ-$(BEDT-TTF)_2MM'(SCN)_2$(M 为+1 价碱金属离子及铊离子，M'为+2 价主族及过渡族金属离子)、κ-$(BEDT-TTF)_2Hg(SCN)_2X$(X 为卤素离子)、α-$(BEDT-TTF)_2I_3$ 等。此时有机分子携带+1/2 电荷，即 HOMO 为 1/4 空穴填充态。也有一部分有机电荷转移络合物具有 1∶1 的离子比，通式为 DX，此时有机分子携带+1 电荷，即 HOMO 为 1/2 空穴填充态(半满能级)。

如图 11-2(a)所示，同其他有半满能级的过渡金属氧化物类似，DX 的基态为莫特反铁磁绝缘体，相邻分子电荷的库仑作用使 HOMO 分裂为上、下哈伯德能带，其温度触发的金属-绝缘体相变是由热激活载流子的静电屏蔽对库仑势的击穿作用主导，属于典型的莫特转变，如$(TTM-TTP)I_3$；少数会伴随发生派尔斯转变形成二聚体，低温下表现为非磁性绝缘体。

莫特-哈伯德模型认为仅半满能带表现为莫特绝缘，因此具有 1/4 带填充的 D_2X 理论上表现为金属性。但也在 θ-$(BEDT-TTF)_2MM'(SCN)_2$ 等上述提及的络合物中观察到金属-绝缘体相变特性，这与其结构有关。如图 11-2(b)所示，即使不形成二聚体，由于两个有机分子与一个无机离子络合，有机分子的间距也是不均匀的，可能形成形似"头碰头"的倾斜向列结构，此时相邻两个分子间也有库仑势 V，当 V 显著大于 U 时，电荷仅能按照$[D^+D^0]$的方式局域化，基态为电荷有序态，例如 θ-$(BEDT-TTF)_2X$。同理，热激活的载流子累积对 V 的击穿引发金属-绝缘体相变；另一些 D_2X 发生了晶格畸变，形成二聚体或四聚体。每个二聚体共享一个电子，这等价于半满填充，因此基态为莫特绝缘体，例如$(TMTSF)_2X$、κ-$(BEDT-TTF)_2X$、β-$(BEDT-TTF)_2X$；大部分有机超导体也属于这种情况；还有一些 D_2X 形成四聚体，低温下伴随派尔斯转变出现非磁性绝缘态，例如 β-$(BEDT-TTF)_2ReO_4$。

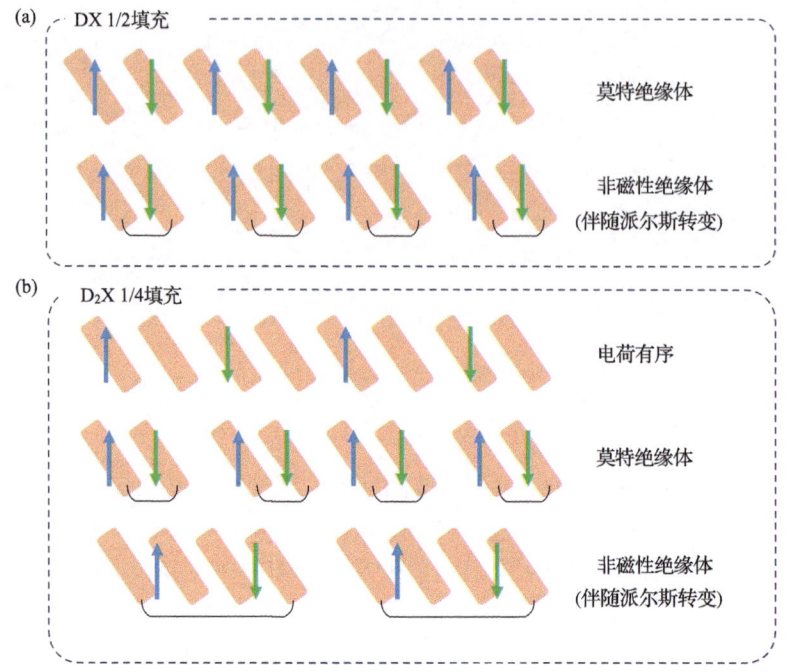

图 11-2 (a) DX 型金属-绝缘体相变可能机制；(b) D₂X 型金属-绝缘体相变可能机制

除以上讨论的典型构型外，也有一部分离子比为 3∶2、5∶3 的络合物出现金属-绝缘体相变现象，这些化合物可以几何上拆解为前述络合物的杂交或晶格畸变形态，因此仍具有相似的由强关联性主导的金属-绝缘体相变机制，例如 α″-(BEDT-TTF)$_2$K$_{1.4}$Co(SCN)$_2$。此外，近期在金属有机框架(metal organic framework，MOF)中也观察到了高达 10 个数量级的金属-绝缘体相变现象，为 MOF 材料体系拓宽了新的电子图景。

11.2　电荷转移聚合物

BEDT-TTF 是目前研究最深入的电子供体，已合成逾百种电荷转移络合物。BEDT-TTF 分子由 8 个硫原子组成阶梯状排列，沿分子长轴和短轴的 S—S 距离约为 3.2 Å，可以表现出多种不同的构型，例如五元环在 C═C 键上端，称为 RB(ring-over-bond)结构，此时分子沿长轴滑动；五元环也可位于硫原子的顶部，此时分子平面和分子间矢量之间的角度 $\varPhi=60°$，分子沿短轴滑动，称为 RA(ring-over-atom)结构。

如图 11-3 所示，BEDT-TTF 盐中通常同时存在这两种结构，并衍生出 α、β、

β′、β″、θ、κ 等分子构型。BEDT-TTF 很难形成类似 DCNQI 的均匀分子柱，其柱列会沿分子间矢量方向倾斜。RB 结构的重复形成标准堆叠结构，称为 β 构型；RA 结构的同方向伪柱列堆叠形成 β″构型；RA 结构的人字形伪柱列堆叠形成 θ 构型；沿堆积方向发生二聚化的 θ 构型称为 α 构型；交替垂直排列的 β 二聚体形成 κ 构型；RA 和 RB 结构交替排列形成 β′构型[2, 3]。以上构型的杂交或畸变可衍生出更多的复杂构型，常在含有碘离子的络合物中出现。

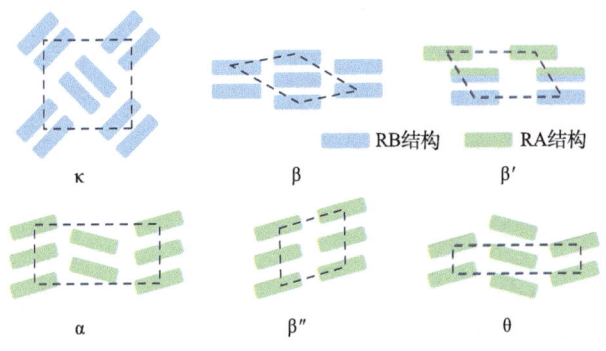

图 11-3　单晶 BEDT-TTF 盐的构型

绝大多数 BEDT-TTF 络合物的金属-绝缘体相变特性归因于莫特相变。表 11-1 总结了部分单晶 BEDT-TTF 络合物的构型、电子供体价态和相变温度，图 11-4 总结了部分单晶 BEDT-TTF 络合物的电阻率(约化电阻率)-温度关系[4-10]。

表 11-1　单晶 BEDT-TTF 络合物的价态、构型及相变温度

分子式	价态	构型	T_{MIT}
(BEDT-TTF)$_3$(BF$_4$)$_2$[11]	2/3+	β″	150 K
(BEDT-TTF)$_3$(ClO$_4$)$_2$[12]	2/3+	β″	170 K
(BEDT-TTF)$_3$(BrO$_4$)$_2$[13]	2/3+	β″	210 K
(BEDT-TTF)$_3$Cl$_2$(H$_2$O)$_2$[14]	2/3+	β″	100 K
(BEDT-TTF)$_2$I$_3$[15]	1/2+	α	135 K
(BEDT-TTF)$_3$AuBr$_4$[16]	2/3+	α	125 K
(BEDT-TTF)$_2$K$_{1.4}$Co(SCN)$_4$[7]	3/10+	α″	130 K
(BEDT-TTF)$_3$(ReO$_4$)$_2$[17]	2/3+	β″	88 K
(BEDT-TTF)$_3$(ReO$_4$)$_2$[17]	2/3+	β	100 K
(BEDT-TTF)$_5$Hg$_3$Br$_{11}$[18]	4/7+	β	120 K

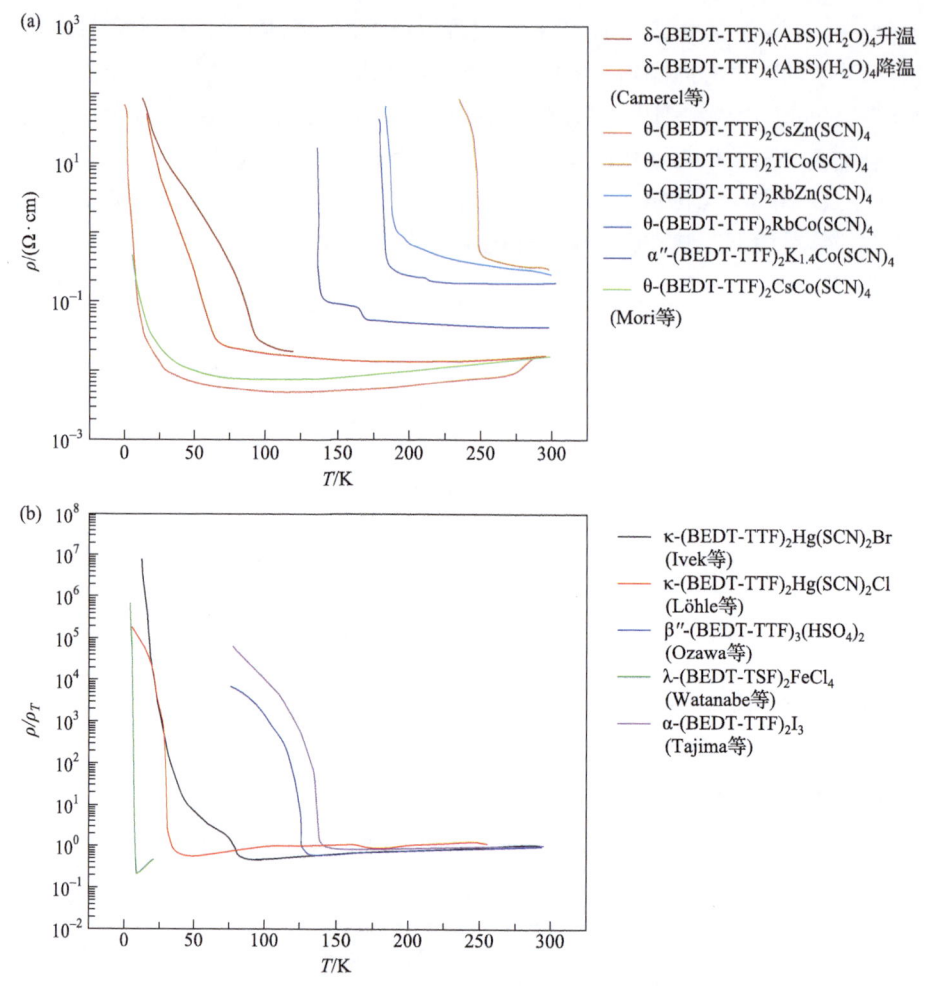

图 11-4　单晶 BEDT-TTF 络合物的电阻率-温度关系[4-10]

BEDT-TTF 络合物的金属-绝缘体相变特性与其构型联系紧密，典型例子是 θ-(BEDT-TTF)$_2$MM'(SCN)$_2$。该相具有如图 11-2(b)所示电荷有序绝缘基态，M 和 M' 的离子半径大小决定了相邻堆叠层供体分子的二面角大小，进而影响库仑势 V 的大小，因而相变温度发生改变。相变温度 T_{MIT} 与二面角的关系称为 θ 相的通用相图，如图 11-5(a)所示。因此，在不同方向上施加静水压力有不同的效果。c 轴应变增大了二面角，并提高了 T_{MIT}；a 轴应变减小了二面角，并降低了 T_{MIT}，如图 11-5(b)所示[19]。

基于 TCNQ 电子受体的络合物常形成离子比为 1∶1 的络合物，例如碱金属与 TCNQ 的配合物 Na(TCNQ) 与 K(TCNQ)[20]。其与电子供体 TTF 结合形成的 (TTF)(TCNQ) 络合物则具有电子相变特性，如图 11-6(a)所示，其在特征温度

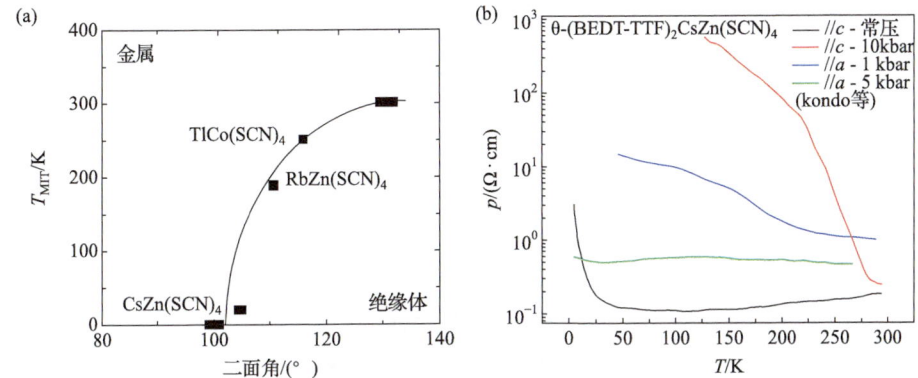

图 11-5 (a) θ 构型 BEDT-TTF 络合物的通用相图；(b) 晶 θ-(BEDT-TTF)$_2$CsZn(SCN)$_4$ 的电阻率-温度关系[19]

T_{MIT}= 53 K 时发生伴随派尔斯转变的莫特相变，低维形成非磁性绝缘相[21]。Bechgaard 等发现，TTF 的衍生基团 TMTTF、TMTSF 可以降低转变温度[22]。当使用硒取代的 TSF 时，扩展的硒轨道增大了带宽 W，并将(TSF)(TCNQ)的转变温度降低至 29 K，其他衍生物例如(HMTTF)(TCNQ)的相变温度为 50 K，(HMTSF)(TCNQ)的相变温度为 24 K。此外，当电子受体替换为无机配体阴离子时，(TTF)$_2$X(X=PF$_6$、ClO$_4$、Br 等)具有复杂的电子相图[23](图 11-6(b))，其金属-绝缘体相变及超导性均与阴离子种类密切相关。

DCNQI 的二甲基衍生物 DM-DCNQI 可与金属阳离子形成配合物(R$_1$,R$_2$-DCNQI)$_2$M，受体离子与中心金属阳离子 M 形成扭曲四面体结构，并以层状方式堆叠。当 M=Li$^+$、Ag$^+$、Na$^+$和 K$^+$时，分别在 100 K、120 K、180 K 和 200 K 左右发生伴随派尔斯转变的莫特相变。(DM-DCNQI)$_2$Cu 则表现为金属性，这是因为铜离子带 4/3+电荷，有机供体出现混合价，不再具有半满能带。但(DM-DCNQI)$_2$Cu

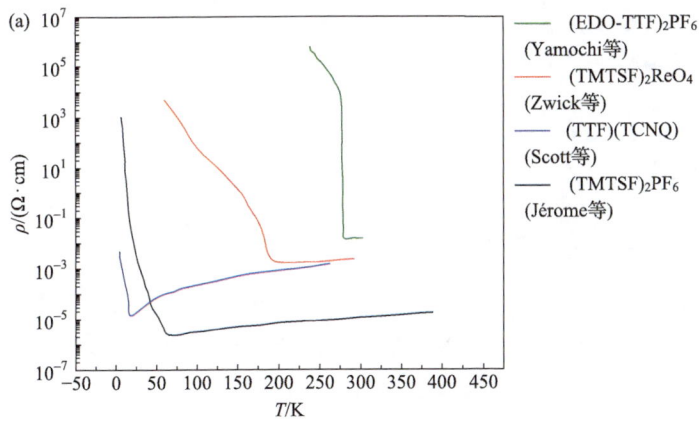

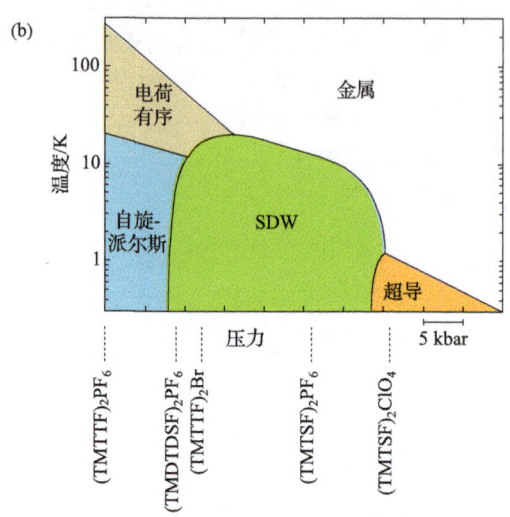

图 11-6 (a) TTF 与 TCNQ 及其衍生物构成的电荷转移盐的电阻率-温度关系[21, 24-26]；
(b) TTF 及其衍生物的电子相图[23]

可通过卤素取代、掺杂低价金属离子(例如 Li$^+$)、施加静水压力等方式引发金属-绝缘体相变，其本质可归结为两类压力(局部化学压力和宏观静水压力)对载流子浓度的调控。

(TTF)$_2$X 的电子相图及(DM-DCNQI)$_2$Cu 对压力的敏感性都提示我们，局部化学压力是影响电荷转移络合物的重要参数。除这两个例子外，κ-(BEDT-TTF)$_2$X 的电子相图和(DM-DCNQI)$_2$Cu 的同位素取代效应更加深刻地反映了局部化学压力作用，如图 11-7 所示。κ-(BEDT-TTF)$_2$X 同时受化学压力及静水压力调控，不同

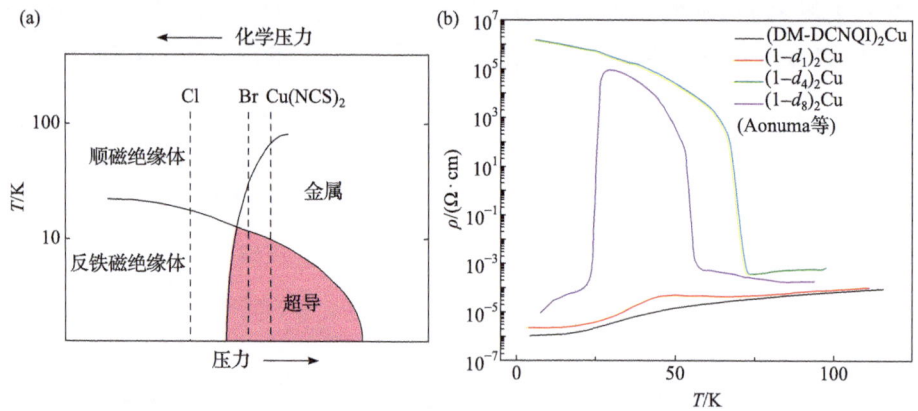

图 11-7 (a) κ 构型 BEDT-TTF 络合物的通用相图；(b) (DM-DCNQI)$_2$Cu 电阻率-温度关系，
d 及角标代表氘取代数[27]

阴离子种类在压力作用下可能发生反铁磁绝缘体-顺磁绝缘体转变(自旋-派尔斯转变)或超导-金属-绝缘体相变。而氘取代的(DM-DCNQI)$_2$Cu 可根据单位分子中氘(^{2}H)的含量分为三类：以(DMe-DCNQI)$_2$Cu 为代表的本征无取代物质，表现为金属性，称为Ⅰ类；以 Cu(d_8-DCNQI)$_2$ 为代表的全取代物质，表现为 70 K 附近的低温绝缘体-高温金属相变，称为Ⅱ类；以 Cu(d_4-DCNQI)$_2$ 为代表的部分取代物质，表现为特征温度为 30 K 和 50 K 附近的低温金属-中温绝缘体-高温金属相变，称为Ⅲ类。这一现象称为空间同位素效应，较重的同位素具有更低的真空零点能，所以 C—D 键比 C—H 键要短，因而氘化减小了中央铜离子周围的晶格体积，一个甲基氘对应的局部压力变化约为 80 bar。除氘化外，^{13}C 注入或直接施加静水压力都有可能触发Ⅰ类向Ⅱ类的转变[28]。

11.3　金属有机框架化合物

金属有机框架通常由无机节点(金属离子或含有金属离子的簇)和有机连接分子组成，连接分子具有两个或多个配位结合的功能位点。

近期，Sindhu 等在 Cu(Cys)$_2$ 金属有机框架中发现了温度触发的可逆金属-绝缘体相变现象，特征温度为 T_{MIT}=330 K，呈现接近 10 个数量级的电阻变化，如图 11-8 所示。在相变过程中没有观察到结构和键物理性质的变化，绝缘态可归因于莫特绝缘体，金属态归因于—[Cu---S]—键 3d-3p 轨道杂化的形成及其空间传导电荷效应，这一效应在既往金属有机框架中已经被多次观测到(也称为"贯穿键效应")[29]。

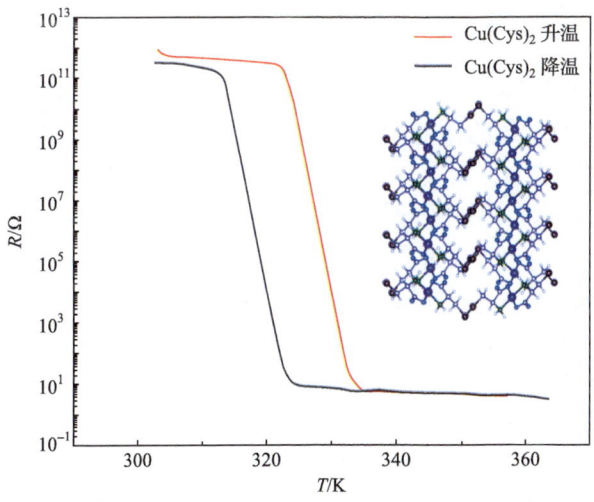

图 11-8　Cu(Cys)$_2$ 的电阻率-温度关系，插图展示了其晶体结构[29]

在金属有机框架中还观察到了特殊外场作用触发的相变，例如，湿度所引起的可逆绝缘体-质子导体转变[30]、应变控制的可逆自旋态转变[31]、界面电接触诱导的金属-绝缘体相变[32]、CO_2 诱导的亚铁磁性-顺磁性转变[33]，还发现了拓扑绝缘体、陈绝缘体等电子态[34,35]，展现了有机电子相变材料广阔而深刻的物理图景。

11.4 有机聚合物电子相变材料的合成

有机供体和受体形成的电荷转移络合物通过混合相应的溶液并沉淀即可制备。为了获得晶体，可采用共蒸发结晶、扩散结晶、电化学结晶等方法。扩散结晶可制备(TTF)(TCNQ)等离子晶体，TTF 和 TCNQ 被放入盛有乙腈的 H 型烧瓶的两臂，几天后，TTF 和 TCNQ 逐渐溶解，并在中心附近反应，络合产物是离子晶体而不能溶解于乙腈溶液中，因此可获得(TTF)(TCNQ)的黑色晶体[36]。

获得自由基阳离子盐最简单的方法是将供体暴露于 Br_2 或 I_2 蒸气中反应，晶体可在供体溶液与氧化剂(如 I_2、$NOBF_4$ 和 $Fe(ClO_4)_3$)的混合溶液中析出。目前，广泛使用的结晶方法是电化学结晶。电化学结晶在搭载 ϕ1 mm 铂丝的电化学电池中进行，阳极加入供体溶液，Bu_4NPF_6 是常用的电解质，反应在惰性气体中进行，并负载 0.5~2 μA 的电流，阳极铂丝上逐渐析出针状或片状的络合物晶体。对于 BEDT-TTF 盐等具有多态性的络合物，所得晶体取决于电流大小和溶剂种类，极性溶剂倾向于产生具有更大电荷转移度的物相[37]。

自由基阴离子盐也可应用电化学结晶法合成，例如以 $AgBF_4$、$Cu(CH_3CN)_4BF_4$、$LiClO_4$、$NaClO_4$ 和 NH_4PF_6 作为电解液，以 TCNQ 和 DCNQI 作为前驱体反应制备相应的阴离子络合物。$(CH_3)_4N[Ni(dmit)_2]_2$ 可以 $(CH_3)_4N[Ni(dmit)_2]$ 为前驱体在 $(CH_3)_4NClO_4$ 环境中电解结晶。

合成金属有机框架的方法有水热法、逐层组装(layer-by-layer, LbL)法等。其中 LbL 循环法是一种有效的功能性金属有机框架薄膜制备方法，由 Langmuir 和 Blodgett 于 1937 年首次设计并使用。LbL 方法的一般程序是将衬底在金属离子、溶剂、连接分子、溶剂溶液中分别浸泡，以实现衬底表面单层金属有机框架的自组装。溶剂的作用是冲洗表面多余的前驱体，以避免交叉污染或额外的形核。除最早的手动浸泡方式外，还发展出共浸涂、泵送、共喷涂、共旋涂等半自动化或自动化方法。以合成 $Cu(Cys)_2$ 为例，将 MUDA(11-mercaptoundecanoic acid)功能化的 Au 衬底分别浸入 1 mmol/L $Cu(OAc)_2$ 的乙醇溶液、乙醇、2 mmol/L 半胱氨酸的乙醇/水(1∶1)溶液、乙醇，反应温度 330 K，反应时间 30 min，洗涤时间 5 min 并使用 N_2 流干燥，视为完成一个 LbL 循环。根据目标薄膜厚度可重复 25~100 个循环[29]。

参 考 文 献

[1] Mori T. Charge-Transfer Complexes [M]//MORI T. Electronic Properties of Organic Conductors. Tokyo: Springer, 2016: 253-310.

[2] Mori T. Structural genealogy of bedt-ttf-based organic conductors I. Parallel molecules: β and β″ phases [J]. Bulletin of the Chemical Society of Japan, 1998, 71(11): 2509-2526.

[3] Mori T. Principles that govern electronic transport in organic conductors and transistors [J]. Bulletin of the Chemical Society of Japan, 2016, 89(9): 973-986.

[4] Camerel F, Le Helloco G, Guizouarn T, et al. Correlation between metal-insulator transition and hydrogen-bonding network in the organic metal δ-(BEDT-TTF)$_4$[2,6-anthracene-bis(sulfonate)](H$_2$O)$_4$ [J]. Crystal Growth & Design, 2013, 13(11): 5135-5145.

[5] Ivek T, Beyer R, Badalov S, et al. Metal-insulator transition in the dimerized organic conductor κ-(BEDT-TTF)$_2$Hg(SCN)$_2$Br [J]. Physical Review B, 2017, 96(8): 085116.

[6] Löhle A, Rose E, Singh S, et al. Pressure dependence of the metal-insulator transition in κ-(BEDT-TTF)$_2$Hg(SCN)$_2$Cl: Optical and transport studies [J]. Journal of Physics: Condensed Matter, 2017, 29(5): 055601.

[7] Mori H, Tanaka S, Mori T. Three-component organic conductors (BEDT-TTF)$_2$MM′(SCN)$_4$ [J]. Molecular Crystals and Liquid Crystals Science and Technology Section A Molecular Crystals and Liquid Crystals, 1996, 284(1): 15-26.

[8] Ozawa T, Tamura K, Bando Y, et al. Giant nonlinear conductivity in an organic conductor with a sharp metal-insulator transition: β″-(BEDT-TTF)$_3$(HSO$_4$)$_2$ [J]. Physical Review B, 2009, 80(15): 155106.

[9] Tajima N, Sugawara S, Tamura M, et al. Electronic phases in an organic conductor α-(BEDT-TTF)$_2$I$_3$: Ultra narrow gap semiconductor, superconductor, metal, and charge-ordered insulator [J]. Journal of the Physical Society of Japan, 2006, 75(5): 051010.

[10] Watanabe M, Komiyama S, Kiyanagi R, et al. Evidence of the first-order nature of the metal-insulator phase transition in λ-(BEDT-TSF)$_2$FeCl$_4$ [J]. Journal of the Physical Society of Japan, 2003, 72(2): 452-453.

[11] Parkin S S P, Engler E M, Lee V Y, et al. The many faces of ET [J]. Molecular Crystals and Liquid Crystals, 1985, 119(1): 375-387.

[12] Kobayashi H, Kato R, Mori T, et al. The crystal structures and electrical resistivities of (BEDT-TTF)$_3$(ClO$_4$)$_2$ and (BEDT-TTF)$_2$ClO$_4$(C$_4$H$_8$O$_2$) [J]. Chemistry Letters, 1984, 13(2): 179-182.

[13] Beno M A, Blackman G S, Leung P C W, et al. Synthesis, structure and electrical conductivity of (BEDT-TTF)$_x$(BrO$_4$)$_y$ organic metals [J]. Molecular Crystals and Liquid Crystals, 1985, 119(1): 409-412.

[14] Mori T, Inckuchi H. Structural and electrical properties of (BEDT-TTF)$_3$Cl$_2$(H$_2$O)$_2$ [J]. Chemistry Letters,1987, 16(8): 1657-1660.

[15] Bender K, Hennig I, Schweitzer D, et al. Synthesis, structure and physical properties of a two-dimensional organic metal, Di[bis(ethylenedithiolo)tetrathiofulvalene] triiodide, (BEDT-TTF)$_2$I$_3$ [J].

Molecular Crystals and Liquid Crystals, 1984, 108(3-4): 359-371.

[16] Martin J D, Canadell E, Fitzmaurice J C, et al. Preparation, crystal structures, conductivities and electronic structures of $[et]_3[NiCl_4] \cdot H_2O$ and $[et]_3[AuBr_4][et = bis(ethylenedithio)$ tetrathiafulvalene][J]. Journal of the Chemical Society, Dalton Transactions, 1994, (13): 1995-2004.

[17] Carneiro K, Scott J C, Engler E M. Comparative ESR study of three (BEDT-TTF): ReO_4 salts: An organic superconductor, a Peierls metal and a semiconductor [J]. Solid State Communications, 1984, 50(6): 477-481.

[18] Mori T, Wang P, Imaeda K, et al. Structural and electrical properties of $(BEDT-TTF)_5Hg_3Br_{11}$ [J]. Solid State Communications, 1987, 64(5): 733-737.

[19] Kondo R, Kagoshima S, Chusho M, et al. Structural control of organic conductors by uniaxial strain: θ- and α-phases of BEDT-TTF compounds [J]. Current Applied Physics, 2002, 2(6): 483-487.

[20] Konno M, Saito Y. The crystal structure of sodium 7,7,8,8-tetracyanoquinodimethanide at 80 °C [J]. Acta Crystallographica Section B, 1975, 31(8): 2007-2012.

[21] Scott J C, Garito A F, Heeger A J. Magnetic susceptibility studies of tetrathiofulvalene-tetracyanoquinodimethan (TTF) (TCNQ) and related organic metals [J]. Physical Review B, 1974, 10(8): 3131-3139.

[22] Jacobsen C S, Tanner D B, Bechgaard K. Optical and infrared properties of tetramethyltetraselenafulvalene $(TMTSF)_2X$ and tetramethyltetrathiafulvalene $(TMTTF)_2X$ compounds [J]. Physical Review B, 1983, 28(12): 7019-7032.

[23] Jérome D. The physics of organic superconductors [J]. Science, 1991, 252(5012): 1509-1514.

[24] Zwick F, Grioni M, Margaritondo G, et al. The transition from a pseudogapped metal to an insulator: photoemission and optics of $(TMTSF)_2ReO_4$ [J]. Solid State Communications, 1999, 113(4): 179-184.

[25] Yamochi H, Koshihara S Y. Organic metal $(EDO-TTF)_2PF_6$ with multi-instability [J]. Science and Technology of Advanced Materials, 2009, 10(2): 024305.

[26] Jérome D. Organic conductors: From charge density wave TTF-TCNQ to superconducting $(TMTSF)_2PF_6$ [J]. Chemical Reviews, 2004, 104(11): 5565-5592.

[27] Aonuma S, Sawa H, Kato R. Chemical pressure effect by selective deuteriation in the molecular-based conductor, 2,5-dimethyl-N, N'-dicyano-p-benzoquinone immine-copper salt, $(DMe-DCNQI)_2Cu$ [J]. Journal of the Chemical Society, Perkin Transactions 2, 1995, (7): 1541-1549.

[28] Bauer D, von Schütz J U, Wolf H C, et al. Alloyed deuterated copper-DCNQI salts: Phase transitions and reentry of conductivity, giant hysteresis effects, and coexistence of metallic and semiconducting modes [J]. Advanced Materials, 1993, 5(11): 829-834.

[29] Sindhu P, Ananthram K S, Jain A, et al. Insulator-to-metal-like transition in thin films of a biological metal-organic framework [J]. Nature Communications, 2023, 14(1): 2857.

[30] Tominaka S, Coudert F X, Dao T D, et al. Insulator-to-proton-conductor transition in a dense metal-organic framework [J]. Journal of the American Chemical Society, 2015, 137(20): 6428-6431.

[31] Haraguchi T, Otsubo K, Sakata O, et al. Strain-controlled spin transition in heterostructured metal-organic framework thin film [J]. Journal of the American Chemical Society, 2021, 143(39): 16128-16135.

[32] Rana S, Prasoon A, Jha P K, et al. Thermally driven resistive switching in solution-processable thin films of coordination polymers [J]. The Journal of Physical Chemistry Letters, 2017, 8(20): 5008-5014.

[33] Zhang J, Kosaka W, Kitagawa Y, et al. A metal-organic framework that exhibits CO_2-induced transitions between paramagnetism and ferrimagnetism [J]. Nature Chemistry, 2021, 13(2): 191-199.

[34] Deng T, Shi W, Wong Z M, et al. Designing intrinsic topological insulators in two-dimensional metal-organic frameworks [J]. The Journal of Physical Chemistry Letters, 2021, 12(29): 6934-6940.

[35] Baidya S, Kang S, Kim C H, et al. Chern insulator with a nearly flat band in the metal-organic-framework-based Kagome lattice [J]. Scientific Reports, 2019, 9(1): 13807.

[36] Odom S A, Caruso M M, Finke A D, et al. Restoration of conductivity with TTF-TCNQ charge-transfer salts [J]. Advanced Functional Materials, 2010, 20(11): 1721-1727.

[37] Anzai H, Delrieu J M, Takasaki S, et al. Crystal growth of organic charge-transfer complexes by electrocrystallization with controlled applied current [J]. Journal of Crystal Growth, 1995, 154(1/2): 145-150.

第12章 电子相变特性的潜在应用与关键材料制备

具有潜在电子相变的过渡族化合物，其能带结构处于金属与半导体之间并可以通过外场设计触发可逆相变，从而实现材料电输运、光学、磁学等物理特性的突变式调控，这为材料功能设计提供了宽广的空间。虽然早在20世纪中期电子相变特性在电学和光学两个方面的潜在器件应用已被广泛报道，但时至今日，其广泛应用依旧受限于电子相变材料的高质量制备。本章将具体阐述基于电子相变材料电学和光学等突变特性的典型器件应用，并针对掺杂二氧化钒和稀土镍基钙钛矿氧化物两种最具应用前景的电子相变材料的制备方法进行着重介绍。

12.1 金属-绝缘体相变的电子器件应用

电子相变材料在强关联电子器件中的电学应用主要是利用外场触发对材料电阻率的突变式调控。一方面，利用特征温度触发下二氧化钒和稀土镍基钙钛矿氧化物等电子相变材料的金属-绝缘体相变，可制备具有温度开关功能的突变式热敏电阻。例如，基于电子相变材料薄膜可制作应用于温度开关和警报等传感功能的突变式热敏电阻薄膜器件；而基于电子相变块体可制作应用于功率调节和浪涌电流抑制等功能的功率型突变式热敏电阻器件。另一方面，通过施加极化电场向电子相变材料中注入电子，可有效降低其金属-绝缘体相变特征触发温度至室温以下，从而在室温下实现对其电阻率的突变式的电控触发；而基于上述原理可制备强关联逻辑器件。

1. 突变式热敏电阻

由特征温度触发下的金属-绝缘体相变可实现材料电阻率突变，而基于这一原理可制备突变式热敏电阻，其在温度开关、温度预警、模拟电路温度传感和功率保护等方面具有潜在应用价值。适用于突变式热敏电阻的电子相变材料应满足以下条件：①具有特征温度触发下的一级相变并触发电阻率的大幅度突变；②金属-绝缘体相变温度可在一定范围内精准调节，从而满足不同应用场景；③材料在应用环境中具有良好的稳定性，成本低廉且可实现放量制备。

正温度系数(PTC)热敏电阻是具有突变特性热敏电阻中发展较为成熟的电子元器件，并被广泛应用于电子和电器工业中；其主要包括陶瓷基热敏电阻以及高分子聚合物热敏电阻两类。其中,基于聚合物的 PTC 热敏电阻主要是将聚合物与导电颗粒复合,并利用两者热膨胀系数的差异实现电阻率突变式调控。如图 12-1(a)所示,低温时导电填料作为导电网络贯穿于聚合物基体中,因而呈现低阻态;而受热时由于聚合物的热膨胀远大于导电填料颗粒,导电填料颗粒彼此间拉开距离从而破坏原先的导电网络结构,因而整体呈现高阻态。通过选择高分子基体与导电填料组分以及两者间的复合方式,可以实现对 PTC 电阻性能的调节;而常见的高分子基体包括聚乙烯、聚丙烯和环氧树脂等,常见导电填料颗粒包括炭黑、石墨、金属和导电金属氧化物等。

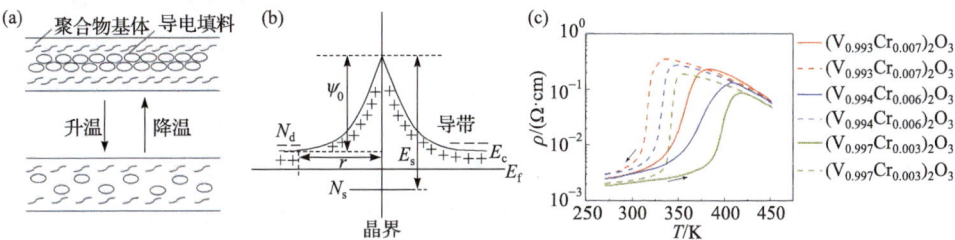

图 12-1 (a) 高分子聚合物基 PTC 热敏电阻原理示意图;(b) $BaTiO_3$ 基 PTC 热敏电阻晶界势垒示意图;(c) Cr 掺杂 V_2O_3 电阻率-温度关系曲线[1]

陶瓷基 PTC 热敏电阻主要是基于掺杂 $BaTiO_3$,其中主要是利用 $BaTiO_3$ 由受主杂质富集的晶界在铁电-顺电相变前后对导带晶界势垒的调控而实现低阻态-高阻态切换。如图 12-1(b)所示,在掺杂 $BaTiO_3$ 中受主杂质在晶界中的偏析将导致束缚晶界区域形成表面(界面)态势垒,$\psi_0 = \dfrac{eN_s^2}{8\varepsilon_0\varepsilon_r N_d}$,并阻碍电子在不同晶粒之间的迁移,因而呈现高阻态 $\rho = A\exp\left(\dfrac{e\psi_0}{KT}\right)$;其中 ψ_0 为势垒高度,e 为电子电量,N_s 为晶界区受主浓度,ε_0 为真空介电常数,ε_r 为相对介电常数,N_d 为晶界区电子浓度,A 为常数。当温度低于 T_C 时,$BaTiO_3$ 因自发极化而具有较大的介电常数,因此晶界处的表面态势垒较低,样品整体呈现出低阻态。当温度超过 T_C 时,$BaTiO_3$ 从低温铁电相转变为高温顺电相,并导致相对介电常数 ε_r 随温度的升高而急剧下降,$\varepsilon_r = \dfrac{C}{T-T_C}$($C$ 为居里常数,1.2×10^5 K)。由此,当温度超过其居里温度并继续升高时,$BaTiO_3$ 晶界处的表面态势垒随温度急剧升高,因此整体呈现高阻态。

$BaTiO_3$ 晶界的常见受主杂质通常为 Mn^{2+},这是由于 Mn^{2+} 掺杂时容易在晶界处偏聚,有利于在不影响晶粒内部载流子浓度的情况下提高晶界势垒,从而提高电阻跳变的幅度。与此同时,为减小低阻态阻值,通常采用 La^{3+}、Y^{3+} 和 Sm^{3+} 等取代 Ba 位或 Nb^{5+}等取代 Ti 位对 BaTiO$_3$ 晶粒进行施主掺杂。此外，在烧结过程中通常添加 Ca^{2+}和 SiO$_2$ 等，其有利于陶瓷的致密烧结和晶粒的均匀细化。通过主族元素取代同样可以调节 BaTiO$_3$ 的 T_C 从而可调节 PTC 材料的突变温度，例如，添加 PbTiO$_3$ 使 Pb 取代 Ba，可增大晶格 c/a 从而提高 T_C；而添加 SrTiO$_3$ 使 Sr 取代 Ba，可减小晶格 c/a 从而降低 T_C。此外，K$_{0.5}$Bi$_{0.5}$TiO$_3$ 和 Na$_{0.5}$Bi$_{0.5}$TiO$_3$ 的添加也能够提高其电阻跳变温度，从而实现无铅化。除掺杂 BaTiO$_3$ 以外，基于 Cr$_x$V$_{2-x}$O$_3$ 的本征的绝缘体-金属相变特性同样可以实现 PTC 热敏电阻功能(图 12-1(c))；但由于 V^{3+}的高毒性，其实际应用受限。

基于金属-绝缘体相变特性的突变式热敏电阻，其阻温关系与 PTC 热敏电阻正好相反。在已知的电子相变材料体系中，二氧化钒(掺杂二氧化钒)和 113 型稀土镍基钙钛矿氧化物等体系在突变式热敏电阻中的潜在应用前景均有所报道。图 12-2 对比了常见突变式热敏电阻材料与传统正温度系数(PTC)和负温度系数(NTC)热敏电阻材料的典型阻温关系曲线。可以看出，NTC 热敏电阻的阻值随温度升高而逐渐减小，利用其阻温关系在一定温度范围内的线性化并外接模数转换器可实现测温功能；而突变式热敏电阻和 PTC 热敏电阻均具有特征温度触发下的电阻突变特性且变化趋势相反，均可作为温度开关而直接应用于模拟电路。

在诸多电子相变材料中，二氧化钒可实现室温附近最大的电阻率突变程度，因此在室温附近的突变式热敏电阻中具有较高的应用价值。例如，20 世纪 60 年代，日本日立公司研发部在淬火时获得的+4 价钒氧化物中获得了稳定的金属-绝缘体相变特性，并制备了突变温度在室温至 68℃间可调控的突变式热敏电阻器件。值得注意的是，由于二氧化钒在发生金属-绝缘体相变过程中因钒-钒二聚化而发生较大的体积变化(约 1%)，其电子陶瓷在 T_{MIT} 附近经历热循环过程中极易产生裂纹等缺陷并导致电阻率逐渐增大。为解决上述问题，日本日立公司[9]以 V$_2$O$_5$ 和 P$_2$O$_5$ 为前驱体，通过还原性气氛下 800℃烧结以及中性气氛下 1000℃淬火等过程制备了+4 价钒氧化物灵敏电阻器件，因其具有无定形结构而避免了相变过程中由二氧化钒体积变化造成的裂纹，从而实现了在空气气氛中和 200℃服役温度下，钒氧化物灵敏电阻器件的理论使用寿命超过 50 年。

此外，在二氧化钒(或掺杂二氧化钒)中引入与其具有一定晶格匹配关系的高熔点氧化物复合相，同样可以在一定程度上实现对其电子陶瓷力学特性及功能稳定性的改善。然而，基于二氧化钒的突变式热敏电阻技术中尚存在诸多问题难以解决。例如，虽然通过 W、Nb 等高价态元素掺杂可实现对二氧化钒的电阻率突变温度向低温附近的调控，但相应的电阻率突变程度也将随之减小；而某些掺杂二氧化钒的电阻率突变温度对掺杂量较为敏感，因此在批量制备中其金属-绝缘体相变特性难以实现准确而稳定的调控。此外，二氧化钒中的钒元素所处的中间价态同样对其材料的功能稳定性提出挑战。例如，长期置于空气气氛将使钒元素由+4价部分氧化为+5价,而长期置于真空环境将使部分钒元素向+3价转变,上述钒元素的价态变化将改变所制备突变式热敏电阻器件的基础电阻率并降低电阻率突变程度。

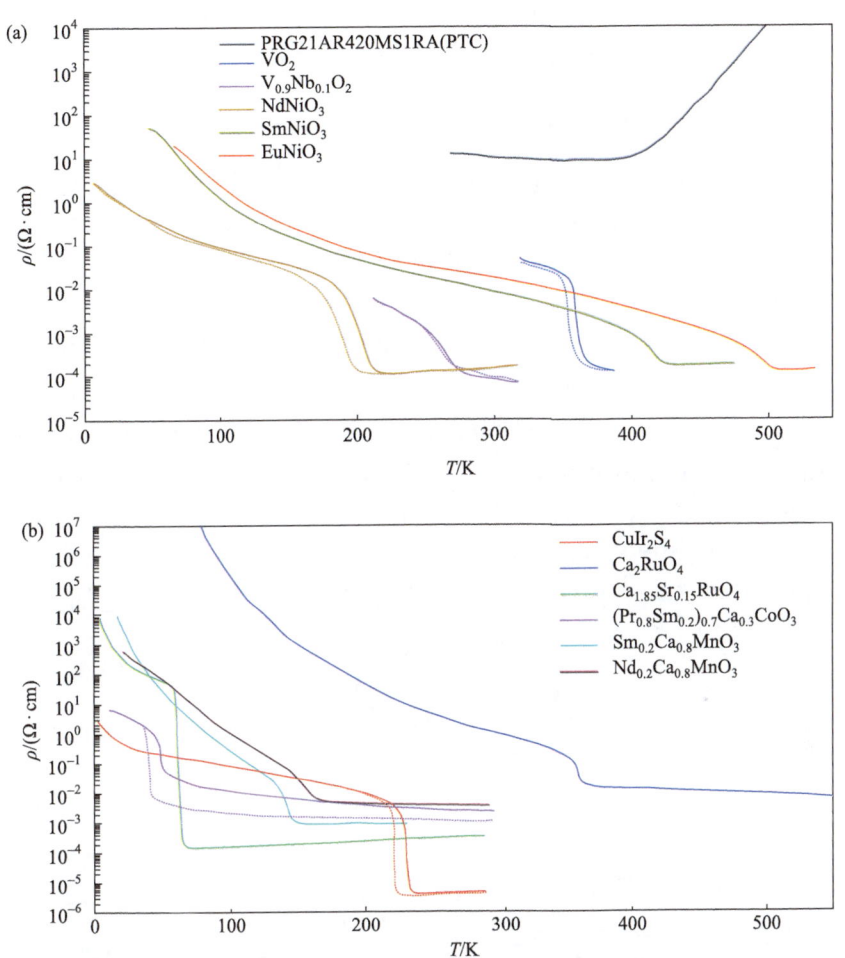

图 12-2　(a) VO_2[2]、$V_{0.9}Nb_{0.1}O_2$[2]、$NdNiO_3$、$SmNiO_3$ 和 $EuNiO_3$ 等电子相变材料阻温特性与 PTC 热敏电阻(PRG21AR420MS1RA)性能对比；(b) $CuIr_2S_4$[3]、Ca_2RuO_4[4]、$Ca_{1.85}Sr_{0.15}RuO_4$[5]、$(Pr_{0.8}Sm_{0.2})_{0.7}Ca_{0.3}CoO_3$[6]、$Sm_{0.2}Ca_{0.8}MnO_3$[7]和 $Nd_{0.2}Ca_{0.8}MnO_3$[8] 电子相变材料的典型阻温关系曲线

与二氧化钒相比,113 型稀土镍基钙钛矿氧化物可通过稀土元素设计在更宽广温区范围内实现对电阻率突变温度的连续调节,特别是在深冷温区范围内其具有更高的电阻率突变程度。此外,由于 $ReNiO_3$ 中镍元素处于最高价态,其在空气等氧化性气氛中具有更高的功能稳定性。上述优势使得日本村田制作所研发部于

20世纪90年代意识到 ReNiO₃ 在突变式热敏电阻等方面的潜在应用价值,并申请了相应的国际专利(US0058902)。然而,稀土镍基钙钛矿氧化物与传统 NTC 热敏电阻材料相比电阻率偏低,因此需要引入 NiO 等高阻复合相对其材料电阻率进行调节。此外,实现 ReNiO₃ 低阻欧姆接触的电极材料通常要用到贵金属铂,这将进一步增加该体系材料在突变式热敏电阻中的应用成本。

2. 强关联逻辑器件

电子相变材料的金属-绝缘体相变特征触发温度可以通过极化电场向材料中注入电子而向低温范围调控,基于这一原理可以制备应用于室温附近的强关联逻辑器件。例如,在以往报道中,可以用 VO_2[10]和 $SmNiO_3$ 等金属-绝缘体相变温度高于室温的电子相变材料作为 MOSFET 的通道层,其在室温附近处于绝缘体相(半导体)而呈现高阻态。如图 12-3 所示,以贵金属和离子液体等电极向通道层施加负向门电压,极化电场向通道层注入电子,可以降低其金属-绝缘体相变温度至室温以下范围,从而转变为具有低阻态的金属相。基于上述原理,通过施加极化电场触发的金属-绝缘体相变实现对电子相变材料通道层电阻率的突变式调控,从而实现 MOSFET 的源极和漏极间的导通与断开。与常规半导体三极管器件相比,在 $Nb_xTi_{1-x}O_2$ 等氧化物单晶衬底上外延生长的 VO_2 等电子相变材料的电致触发能耗更低且速度更快;而薄膜与衬底间的共格关系是实现上述快速电响应的关键所在。

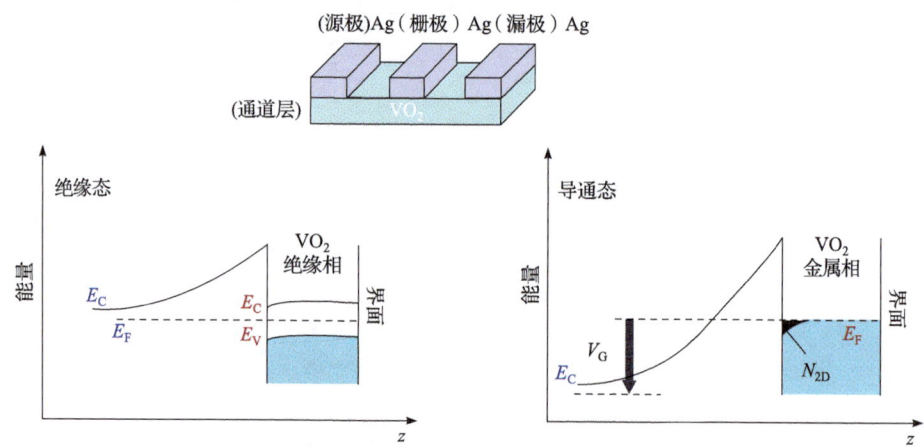

图 12-3 新型 VO_2 半导体三极管器件工作原理示意图

12.2 金属-绝缘体相变的光学应用

除触发电阻率突变外,金属-绝缘体相变还将引起电子相变材料的红外透射率和反射率等光学特性,其可应用于温致变色和强光防护等智能光学涂层的设计与制备。此外,由于在金属-绝缘体相变发生的温区范围内,电子相变材料的发射特性随着温度的升高而逐渐从高红外发射率向低红外发射率过渡,从而有效抵消传统物体表面红外发射率随温度增加的数值[11];利用上述区别于传统黑体辐射的红外发射特性可实现红外伪装功能。

1. 温致变色与智能调温

除电阻率突变外,金属-绝缘体相变同样会触发多数电子相变材料光学特性的突变。例如,当二氧化钒由绝缘体相转变为金属相时,其红外透射率急剧降低而反射率急剧增加。如图 12-4 所示,利用这一特性将二氧化钒生长在玻璃窗表面,当环境温度高于金属-绝缘体相变温度时二氧化钒处于金属相,因其具有较高的红外反射率而阻碍阳光中的红外线入射,使得屋内保持相对凉爽;而环境温度低于金属-绝缘体相变温度时二氧化钒处于绝缘体相,因其具有较高的红外透射率而促进阳光中的红外线入射,使得屋内保持相对温暖。可见,基于二氧化钒金属-绝缘体相变前后红外透射率光学特性突变,可以实现在夏季反射红外线,冬季透射红外线的"冬暖夏凉"的智能调温功能。由于二氧化钒的本征金属-绝缘体相变温度为 68°C,其相比于环境舒适温度较高,因此在实际应用中通常使用钨等高价态元素少量取代钒元素,从而降低其金属-绝缘体相变温度的大小至略高于环境舒适温度。

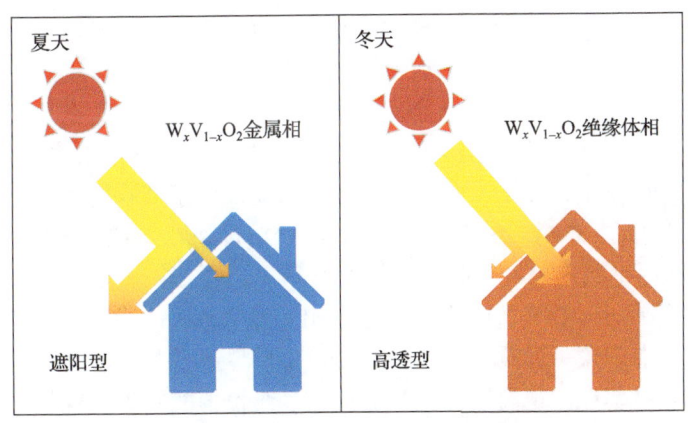

图 12-4 $W_xV_{1-x}O_2$ 电子相变材料的智能调温应用示意图

2. 强光防护

除特征温度触发以外,以二氧化钒为代表的电子相变材料的金属-绝缘体相变同样可以由光触发,且其电子相变触发速度极快。进一步结合上述金属-绝缘体相变中二氧化钒红外光学特性的突变,可制备基于二氧化钒涂层的强光防护层。例如，如图 12-5 所示，在通常状态下涂层中的二氧化钒处于绝缘体相，其对红外通信信号透明；而在强光触发下二氧化钒绝缘体相可在亚皮秒的时间尺度内转变为金属相，从而阻碍该强光的入射，以避免其对防护层内部通信元器件的破坏。在强光触发结束后几百纳秒时间尺度内，涂层中的二氧化钒将恢复绝缘体相，并恢复对通信信号的透明状态。

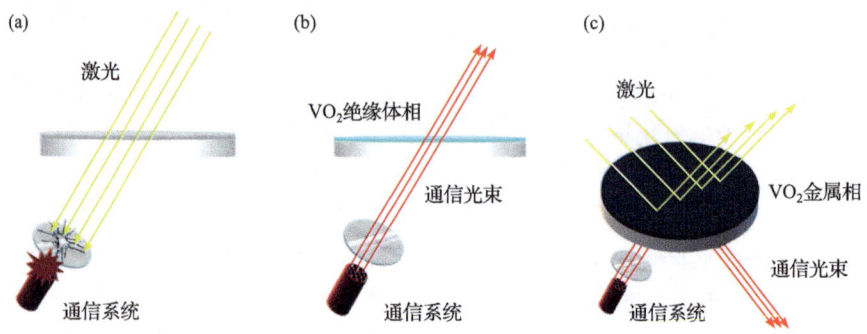

图 12-5　通信系统中二氧化钒涂层的强光防护工作示意图

3. 红外伪装

以二氧化钒和稀土镍基氧化物为代表的电子相变材料可用于红外主动热伪装技术。在现代高技术战争中，军事行动通常具有地形、气候和环境频繁转换的快速机动特征，基于低发射率材料的传统伪装技术在复杂的光学背景和温湿度剧烈变化的战争环境下表现不佳。如图 12-6 所示，电子相变材料可以实现零差分热功率发射、零差分全光谱发射和主动可变发射率等功能特性，有助于在复杂环境中实现高灵敏度红外伪装功能。例如，VO_2 可以响应环境温度，在相变温度附近从低温下的红外透明状态转变为高温下的红外反射状态，红外发射率发生显著变化。Ji 等制备了 VO_2/Zn 核壳纳米颗粒，可用于可变发射率红外伪装和可见光迷彩伪装，并具有良好的抗氧化性；Xiao 等开发了 VO_2/石墨烯/碳纳米管(CNT)柔性多层膜结构，可利用小型热源主动调节红外发射率，实现红外表观温度读取值的改变；Ramanathan 等在 $SmNiO_3$ 薄膜中发现了在相变温度范围内稳定的红外发射率，且相变无温度迟滞现象。通过光学模拟对 $SmNiO_3$ 薄膜(涂层)进行结构和厚度设计，可以实现其发射率在固定波段内的积分值或连续谱值的特殊温度相关性。其原理基于任意物体的光谱辐出度：

$$I(\lambda,T) = \varepsilon(\lambda,T) I_{BB}(\lambda,T)$$

足够厚(大于 150 nm)的 $SmNiO_3$ 薄膜具有特征 $\varepsilon(T)$ 关系：

$$\varepsilon(\lambda,T) = f(\lambda)\left(\frac{\frac{hc}{\lambda k_B T}}{e^{\frac{hc}{\lambda k_B T}} - 1}\right)$$

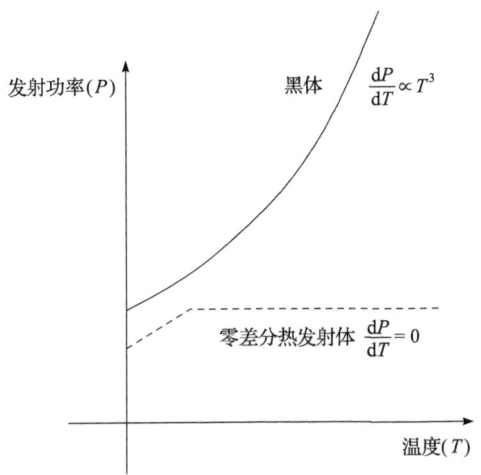

图 12-6　部分电子相变材料在金属-绝缘体相变温度范围内的红外发射率的温度关系

上述发射率-温度关系可以抵消黑体辐射 I_{BB} 的 T^4 温度敏感性，可在 110℃±10℃ 范围内实现 $dI/dT=0$；通过构造特定厚度的 $SmNiO_3$ 和氧化铟锡异质结构，可实现 8～14 μm 光谱段内的发射率温度无关性，展现了基于电子相变材料可变发射率的红外伪装技术的广阔前景。

12.3　氢致电子相变的潜在应用

氢、锂等小离子的嵌入或脱出同样会引起氧化钨(WO_3)等材料的颜色变化，其在电致变色光学应用方面同样具有可观前景。在电致变色过程中，离子嵌入 WO_3 使得 W 元素的价态发生改变，导致 WO_3 薄膜由无色转变为蓝色：$WO_3 + x(A^+ + e^-) \leftrightarrow A_xWO_3$，其中 A^+ 代表离子，包括 H^+、Li^+、K^+、Zn^{2+} 和 Al^{3+} 等。六方 WO_3 因具有适合小离子迁移的一维通道而呈现优异的电致变色性能。此外，非晶 WO_3 是由八面体共享顶点或边的形式存在，但其结构松散且无序，因此具有更大的隧道尺寸，从而其离子迁移速率较高。WO_3 可作为电致变色器件中间的电致变色层，与两端的透明导电层、电解液以及对电极的离子存储层共同组成电化学"三明治"结构，在电压的驱动下实现离子的嵌入与脱出，从而改变颜色，并对可见光的透射特性进行调控。电致变色器件已经得到广泛的商业应用，如建筑用智能窗、电致变色舷窗、防眩目后视镜和智能手机外壳等。但电致变色材料仍面临种类和颜色变化单一、对电极的匹配性和大尺寸电致变色器件的制备等问题。

除 WO_3 等传统电致变色材料外，近年来以稀土镍基氧化物为代表的 3d 电子过渡族金属氧化物的氢致电子相变特性，在实现强关联质子导体、仿生海洋电场传感和神经元逻辑器件等方面同样表现出潜在的应用价值。上述应用主要利用了稀土镍基氧化物在化学和电化学氢致触发下，由基于 Ni^{3+} 电子巡游态轨道构型转变为基于 Ni^{2+} 电子局域态轨道构型的新电子相，其具有电子绝缘质子导通的特性。例如，Zhou 等以 $SmNiO_3$ 作为质子导体燃料电池电解质，在氢气气氛触发下 $SmNiO_3$ 发生氢致电子相变并转变为电子绝缘质子导通相，从而实现燃料电池功能[12]。Zhang 等参照鲨鱼等海洋生物壶腹器官对海洋中低频电场信号的感知原理，提出以 $SmNiO_3$ 作为海水中的敏感电阻材料，通过测量其电阻变化感知海洋电场信号变化的概念设想[13]。Zhang 等在氢化 $NdNiO_3$ 中通过控制电脉冲实现了神经元、突触、电阻器和记忆电容器等模式过程，在此基础上设计了满足类脑计算需求的逻辑模块，上述基于强关联钙钛矿氧化物的强关联电子学为进一步发展自适应网络开启了新的方向[14]。

12.4 关键材料制备-1：中间价态过渡族氧化物

维持过渡族元素的中间价态，是钒氧化物、钛氧化物、钴基钙钛矿氧化物和锰基钙钛矿氧化物等电子相变材料呈现金属-绝缘体相变特性的关键所在。在上述具有中间价态过渡族氧化物电子相变材料体系中，VO_2(或掺杂 VO_2)在众多电子相变材料体系中具有至关重要的研究意义与潜在应用价值。然而，如何精准控制其钒元素所处的中间价态(+4 价)，成为该体系材料面向实际应用的薄膜或块体等多维度材料生长中的巨大挑战。例如，面向激光武器防护、热致变色和红外伪装等潜在应用，依赖于成分、价态和厚度均匀的大尺寸 VO_2(或掺杂 VO_2)膜材料的有效生长；而面向突变式热敏电阻等潜在应用，须制备出电输运功能特性稳定的掺杂 VO_2 块体材料。本节将以掺杂二氧化钒为例，阐述具有中间价态的过渡族氧化物电子相变材料的关键性制备技术。

VO_2(或掺杂 VO_2)膜材料的生长方法主要包括脉冲激光沉积、磁控溅射或反应溅射、金属有机化学气相沉积(metal organic chemical vapor deposition, MOCVD)、湿化学旋涂和粉体喷涂成膜等。其中，脉冲激光沉积技术主要是在真空腔体中利用紫外脉冲激光切削金属氧化物靶材并形成等离子体羽辉，从而将靶材中的金属元素组分以接近相同的化学计量比传输至衬底表面。在使用脉冲激光沉积法生长二氧化钒薄膜时，通常在真空腔体中通入约 10^0 Pa 压力的氧气作为背景气体以降低脉冲激光诱导等离子体组分的初始动能，并同时补充等离子体中氧元素离子的缺失以维持薄膜中+4 价的钒元素的中间价态。值得注意的是，由于约 10^0 Pa 的背景气体压力，等离子体的传输模式介于准真空传输与超声波传输之间，因此将引起等离子体金属组分与背景气体分子间的弹性碰撞，从而导致较重金属元素在所生长薄膜中的富集(如掺杂元素钨相对于钒)。与其他真空沉积方法相比，利用脉冲激光沉积法可简便且有效地快速生长出面向基础研究的掺杂二氧化钒小尺寸单晶或多晶薄膜样品，但难以生长面向应用的大尺寸掺杂二氧化钒薄膜材料。

利用磁控溅射(或反应磁控溅射)和金属有机化学气相沉积等技术可更为有效地生长面向实际应用的高质量大尺寸 VO_2(或掺杂 VO_2)膜材料。其中，磁控溅射技术主要是指利用氩气与含氧气体的辉光放电使上述气体离子轰击钒氧化物(掺杂钒氧化物)靶材，并将相关元素溅射至加热的衬底表面。一方面，由于不同元素的溅射产率存在较大差异，因此磁控溅射所使用的氧化物靶材组分通常区别于拟沉积薄膜且需要准确设计；另一方面，为维持钒元素的中间价态的均一性，通常在背景气体中引入其他具有更高反应活性的含氧气体或额外的辅助电极，从而增加溅射前驱体的电离程度。总体看来，随着薄膜生长尺寸的增加，维持钒元素价态、各元素组分化学计量比和生长厚度等方面均一性的难度急剧增加。与上述真空技术相比，二氧化钒薄膜同样可以通过前驱体旋涂和预制粉体喷涂等成本较低的非真快化学或湿化学途径制备，但所生长薄膜的均匀性和表面形貌等方面均逊色于真空技术。

与掺杂二氧化钒膜材料相比，由于没有衬底提供力学支撑，制备 VO_2(或掺杂 VO_2)块体材料需要尽可能抑制由金属-绝缘体相变中的结构变化导致的裂纹产生与扩散，从而实现所制备电子陶瓷材料在使用中的电学和力学稳定性。例如，基于 VO_2 粉体直接通过等离子体放电烧结所制备的陶瓷材料力学强度较低，在反复跨越临界温度升降温的过程中，由于材料晶体结构突变极易产生缺陷从而大幅度降低电阻率的突变式调控程度。为实现更为稳定的二氧化钒块体材料制备，日本日立公司的 Futaki[9]以 V_2O_5 为前驱体，在弱还原性气氛(如煤气)下 800℃还原烧结，制备低价钒氧化物，并在中性气氛下 1000℃淬火而获得钒氧化物电子器件。Futaki 探究 V_2O_5 前驱体与酸性氧化物(如 SiO_2、P_2O_5 和 B_2O_3 等)或碱性氧化物(如 MgO、CaO 和 SrO 等)所组成的多元体系对钒氧化物块体材料相变温度和相变幅度的影响，并显著提高了钒氧化物材料的使用寿命，即在空气中，200℃下，其理论使用寿命超过 50 年。

此外，将二氧化钒粉体与第二相过渡族氧化物粉体材料进行等离子体放电烧结，可以通过反应烧结中元素间扩散而实现对二氧化钒掺杂，从而调节其金属-绝缘体相变特性，同时在晶界中引入第二相复合结构，从而改善所制备陶瓷材料的力学特性，如图 12-7 所示。图 12-8(a)为利用上述等离子体放电反应烧结法所制备的不同钛掺杂量的二氧化钒陶瓷片的阻温关系图，可以看出，材料的电阻率突变温度随钛元素掺杂量的增加而逐渐降低，同时维持材料原有的电阻率突变程度。图 12-8(b)对比了 $V_{1-x}Ti_xO_2$ 的 T_{MIT} 随钛元素掺杂量的线性降低关系，可以看出，通过钛元素取代，可以在室温以上范围实现对二氧化钒电阻率突变特征温度的精细调节。

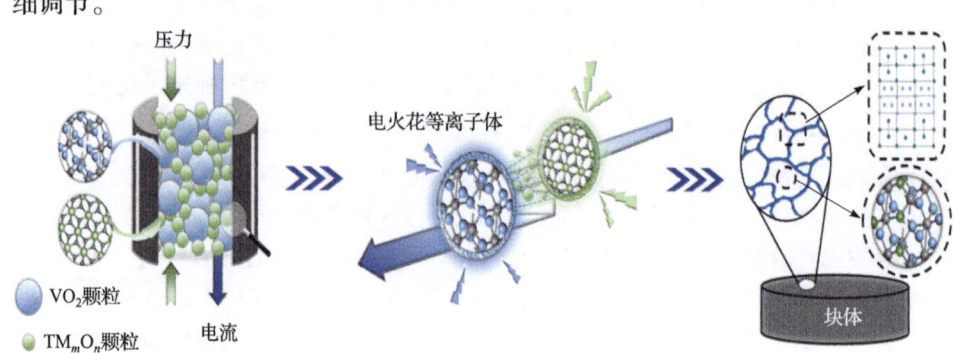

图 12-7 通过二氧化钒(VO_2)与过渡族氧化物的等离子体放电共烧结实现钒元素原位取代的材料合成方法示意图[2]

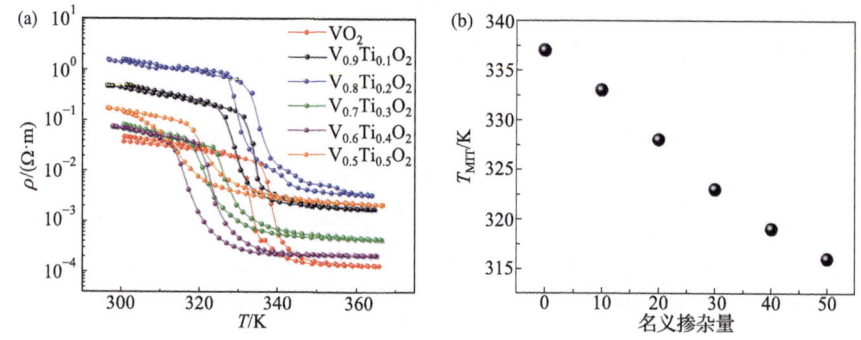

图 12-8 (a) 由同主族 Ti 元素取代的二氧化钒(VO_2)典型的阻温关系曲线；
(b) $V_{1-x}Ti_xO_2$ 金属-绝缘体相变温度(T_{MIT})随钛元素掺杂量的调控关系[2]

图 12-9(a)为上述 $V_{1-x}Ti_xO_2$ 样品的 X 射线衍射图谱，可以看出，钛掺杂后的二氧化钒样品维持原有晶体结构，且其衍射峰随钛掺杂量的增加而逐渐左移，表明晶格参数逐渐增大。图 12-9(b)进一步给出了 $V_{1-x}Ti_xO_2$ 材料晶格参数随钛掺杂量的线性变化关系。图 12-9(c)给出了所制备 $V_{0.8}Ti_{0.2}O_2$ 材料的断面扫描电镜照片，图 12-9(d)给出了其中钛、钒元素分布的能谱分析，可以看出，烧结后的材料晶粒尺寸在几十微米，而其中钛、钒元素的空间分布一致，证明钛掺杂元素完全进入氧化钒晶格中。图 12-9(e)、12-9(f)给出了所制备 $V_{0.8}Ti_{0.2}O_2$ 材料中钒、钛的 X 射线光电子能谱(XPS)分析，可以看出，钛的掺杂使得钒元素价态有所降低，这与电子相变特征温度的降低相一致；而钛元素维持其原有的+4 价态。由此可见，与传统半导体中的掺杂所不同，在二氧化钒中利用同价态钛元素取代直接影响了材料中钒元素的价态以及与之相关的电子轨道构型，这体现了钒氧化物对外场变化的高度敏感特性与复杂的关联特性。

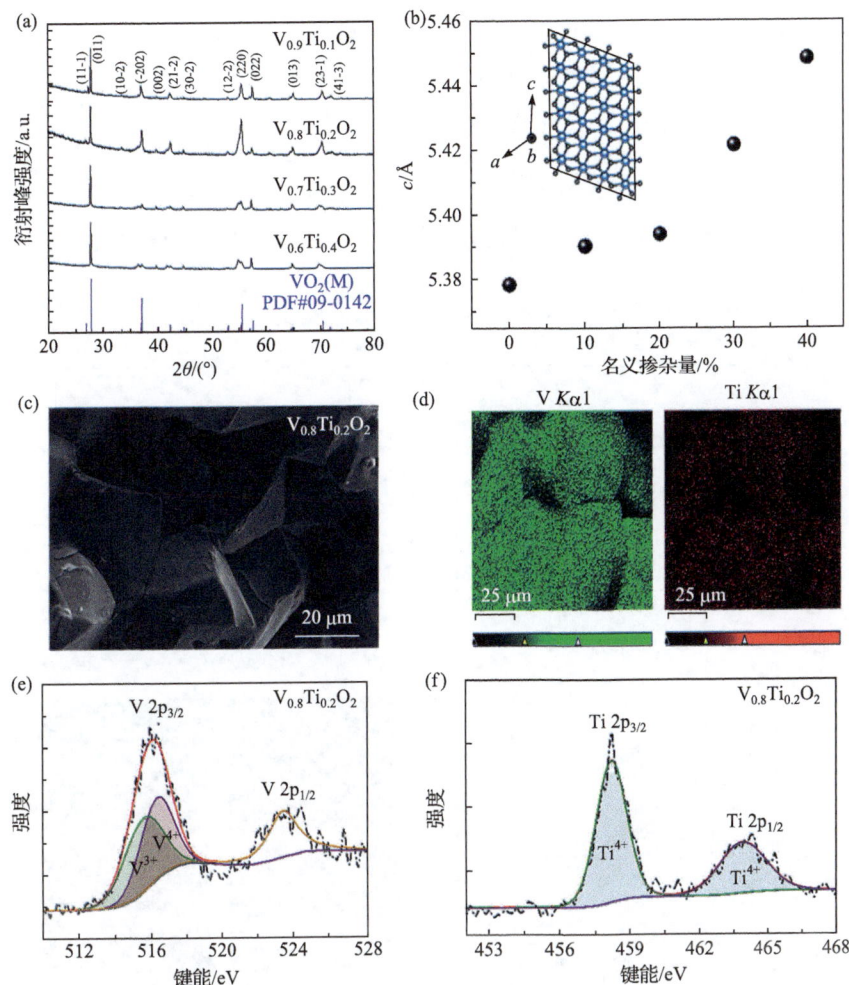

图 12-9 (a) 不同钛元素掺杂量下 $V_{1-x}Ti_xO_2$ 的 X 射线衍射图谱; (b) $V_{1-x}Ti_xO_2$ 晶格参数受钛元素掺杂量的调控关系; 所制备 $V_{0.8}Ti_{0.2}O_2$ 的(c)断面扫描电镜照片和(d)材料中钒、钛元素的分布图; 所制备 $V_{0.8}Ti_{0.2}O_2$ 中(e)V-L 边、(f)O-K 边的同步 X 射线近边吸收谱[2]

除可实现电子结构与电子相变特性的宽范围调控外,上述等离子体反应放电烧结方法同样可以通过第二相复合对材料晶界进行改性,从而提高所制备掺杂二氧化钒陶瓷的力学强度与电子相变功能稳定性。图 12-10(a)总结了所制备掺杂二氧化钒样品的维氏硬度(H_V),可以看出,利用等离子体放电反应与掺杂氧化物共烧结的掺杂二氧化钒样品,其力学强度相比于纯相二氧化钒粉体直接烧结而成的陶瓷样品得到了显著的提高,其维氏硬度随名义掺杂量的增加而提高。图 12-10(b)总结了利用等离子体放电反应烧结法所制备掺杂二氧化钒陶瓷样品的维氏硬度与其所实现的电阻率突变程度的关系图,可以看出,与氧化铝(Al_2O_3)、氧化钴(CoO)

和氧化铪(HfO_2)等高熔点氧化物共烧结后的二氧化钒兼备较高的力学强度和电阻率突变程度。图 12-10(c)进一步给出了这些材料的阻温关系曲线,可以看出材料的电阻率突变温度较原始二氧化钒无明显变化,这表明,这些高熔点的名义掺杂氧化物并未在等离子体放电反应烧结过程中进入二氧化钒晶格。例如,图 12-10(d)为以 $V_{0.7}Co_{0.3}O_2$ 为代表的上述材料典型的断面形貌照片及元素能谱分布,可以看出,钴元素富集在二氧化钒多晶材料的晶界处。虽未实现元素掺杂,但上述晶界

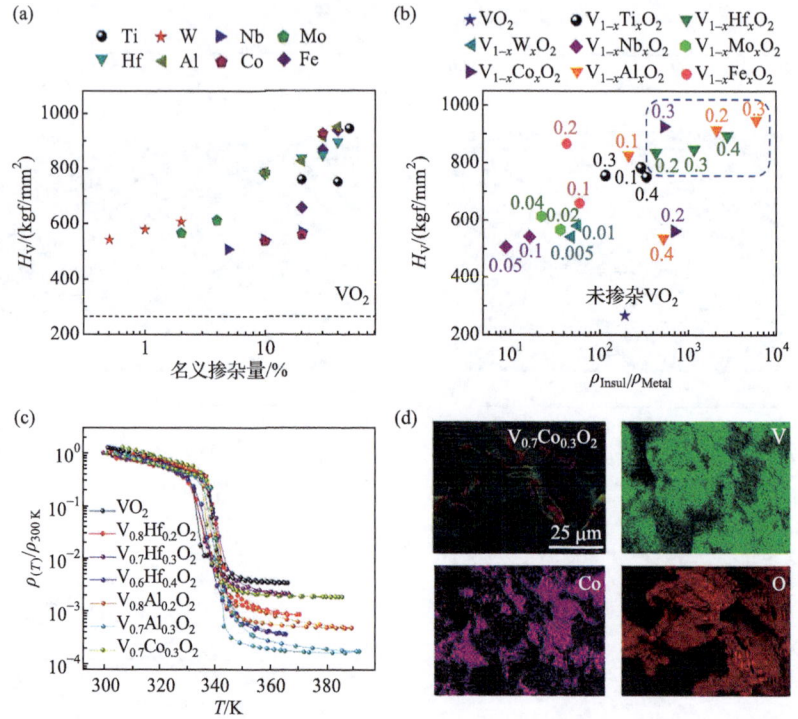

图 12-10 不同过渡族元素取代下二氧化钒维氏硬度与(a)元素取代量和(b)电阻率突变程度间的关系;高熔点金属氧化物与二氧化钒在等离子体放电烧结后的(c)阻温关系曲线以及(d)形貌中的元素分布[15]。1 kgf=9.80665 N

富集的高熔点氧化物可以有效抑制二氧化钒在电子相变过程中由晶格参数变化引起的裂纹扩展,从而提高材料力学强度和电子相变功能稳定性,这一点在钒氧化合物块体材料的电子器件应用中同样至关重要。

12.5 关键材料制备-2:高价态亚稳相过渡族氧化物

除上述处于中间价态的过渡族元素氧化物外,电子相变材料体系中还存在

$ReNiO_3$、$BiNiO_3$、$CaFeO_3$ 和 $ReCu_3Fe_4O_{12}$ 等诸多具有高价态过渡族元素的钙钛矿氧化物与四重钙钛矿氧化物;这些材料在标准大气压和相应的合成温度下通常处于热力学亚稳相状态,其具有正的吉布斯自由能(ΔG)而无法通过常规固相反应实现其材料生长。以 $ReNiO_3$ 为例,其 ΔG 与氧气分压满足以下关系: $\Delta G_{ReNiO_3} - \Delta G_{LaNiO_3} = (h-sT)(r_{Re^{3+}} - r_{La^{3+}}) - (1/4)RT\ln(P)$;其中 h、s 为常数,$(\Delta G_{ReNiO_3} - \Delta G_{LaNiO_3})$ 为 $ReNiO_3$ 与 $LaNiO_3$ 的合成吉布斯自由能差异,$(r_{Re^{3+}} - r_{La^{3+}})$ 为 Re^{3+} 与 La^{3+} 的离子半径差异,P、T 分别为氧气分压和热力学温度[16]。由上述关系可以看出,增大氧分压是将 $ReNiO_3$ 原有的正向 ΔG 降低至负值从而实现其亚稳相材料合成的有效途径之一。图 12-11 给出了含有不同稀土元素组分的 $ReNiO_3$ 材料合成的氧分压-温度(P-T)关系图;对于轻稀土组分 $ReNiO_3$,其粉体材料可通过将相应前驱体混合物放置在高压炉管中并充入几十兆帕以下的氧气合成;而对于质量大于 Gd 的中、重稀土组分 $ReNiO_3$,其直接合成所需的氧气压力在百兆帕至吉帕量级。

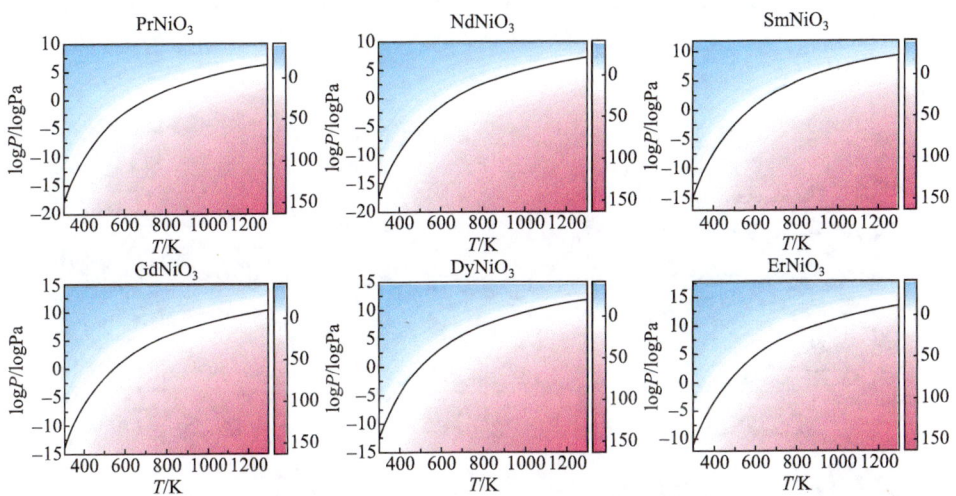

图 12-11 不同稀土元素 $ReNiO_3$ 材料合成的氧分压-温度(P-T)关系图

利用六面顶大压机技术可为合成上述处于热力学亚稳相状态的高价态过渡族氧化物提供高达吉帕级的压力环境。通常将待生长材料所涉及的金属元素氧化物前驱体按照化学计量比充分混合,并与 $KClO_4$ 等制氧剂封入铂、金等胶囊中,进一步封装在内置石墨加热筒和测温热电偶的立方体传压介质模具内,随后将立方体放入大压机压腔并用大压机六个压头顶住其各个面。在一级大压机中利用液压可对六个压头内的立方体传压介质模具施加高达 9~10 GPa 的压力,在保压过程中利用其中一对与石墨加热部件电接触的压头同加热电路相连并施加电流,并用另一对与测温热电偶电接触的压头同测温电路相连而实现测温。由此,可实现在 9~10 GPa 以内高压、1200℃以下高温环境下的固相反应,而利用常见实验型大压机可合成每批次几十毫克的亚稳相材料。当然，亦可构建具有更大加压吨位的大型压机，并通过放大压腔体积而增加样品合成量至接近 1 g，但常见上述大型压机成本高昂且可实现的极限压力通常在 6 GPa 以下；此外，在一级压机压腔基础上可引入二级压腔系统从而实现更高的压力，但与此同时可实现的样品合成量亦随之减小。

可见，大压机合成技术的低合成量与高成本，是制约亚稳相钙钛矿或四重钙钛矿氧化物电子相变材料应用于分立式电子器件的关键所在。为实现上述亚稳相钙钛矿和四重钙钛矿氧化物的放量制备，笔者设计了一种高氧压助熔反应，通过引入碱金属卤化物等助溶剂，触发与之具有匹配晶格关系的亚稳相钙钛矿、四重钙钛矿氧化物的非均匀形核过程，大幅降低其生长压力至高压氧气炉管所能承受的几十兆帕压力。基于上述方法对合成压力的大幅降低，笔者实现了中、重稀土组分 $ReNiO_3$ 和锰基四重钙钛矿氧化物($ACu_3Mn_4O_{12}$)等多体系亚稳相钙钛矿氧化物或四重钙钛矿氧化物的放量生长。

如图 12-12 所示，以 $ReNiO_3$ 粉体材料的合成为例，基于 KCl 等碱金属卤化物(110)晶面与 $ReNiO_3$(110)晶面的晶格对关系，以碱金属卤化物作为助溶剂在兆

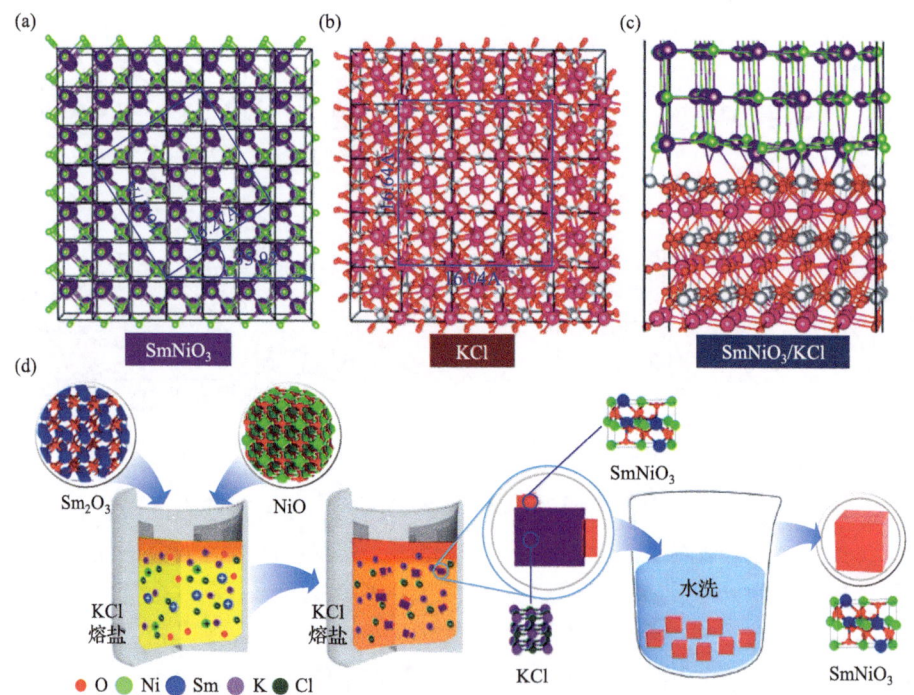

图 12-12　以非均匀形核方式在 KCl 表面生长 $ReNiO_3$ 粉体的原理。(a) KCl(001)晶面俯视图[17]；(b) $ReNiO_3$(110)晶面俯视图[17]；(c) $ReNiO_3$(110)/KCl(001)晶面侧视图[17]；(d) KCl 表面生长 $ReNiO_3$ 粉体的合成方法示意图[17]

帕级氧气压力下将稀土氧化物(Re_2O_3)和氧化镍(NiO)等前驱体溶解其中,并在降温过程中使得处于热力学亚稳相的 $ReNiO_3$ 粉体以非均匀形核的方式在碱金属卤化物表面析出。图 12-13(a)对比了采用不同条件所得到产物的 X 射线衍射(XRD)图谱,可以看出,只有在高氧压和碱金属卤化物助溶剂共同存在的情况下才能够合成 $SmNiO_3$ 纯相粉体;所合成粉体为微米尺度的立方体状,其典型形貌如图 12-13(b)所示。上述高氧压助熔反应法可在高压炉管中以兆帕量级氧气压力下实现 $ReNiO_3$ 粉体材料生长,与传统大压机技术相比,材料合成量可提高 10^3 倍。

除粉体与陶瓷材料外,上述亚稳相钙钛矿氧化物电子相变材料薄膜的生长对于其多重潜在应用同样重要。同样以 $ReNiO_3$ 为例,一方面在晶格匹配的氧化物单晶外延生长 $ReNiO_3$ 薄膜材料可以借助薄膜与衬底间的化学键降低 ΔG。在以往研究中,利用脉冲激光沉积、金属有机化学气相沉积和磁控溅射等真空技术,可实现 $PrNiO_3$、$NdNiO_3$ 和 $SmNiO_3$ 等中、轻稀土组分 $ReNiO_3$ 薄膜在铝酸镧($LaAlO_3$, LAO)和钛酸锶等钙钛矿氧化物单晶衬底上的外延生长[18-20]。另一方面,通过预沉积含有稀土元素、镍元素的前驱体在高氧压下的固相反应,同样可以实现 $NdNiO_3$ 和 $SmNiO_3$ 等中、轻稀土组分 $ReNiO_3$ 多晶薄膜在硅、石英等衬底上的非外延生

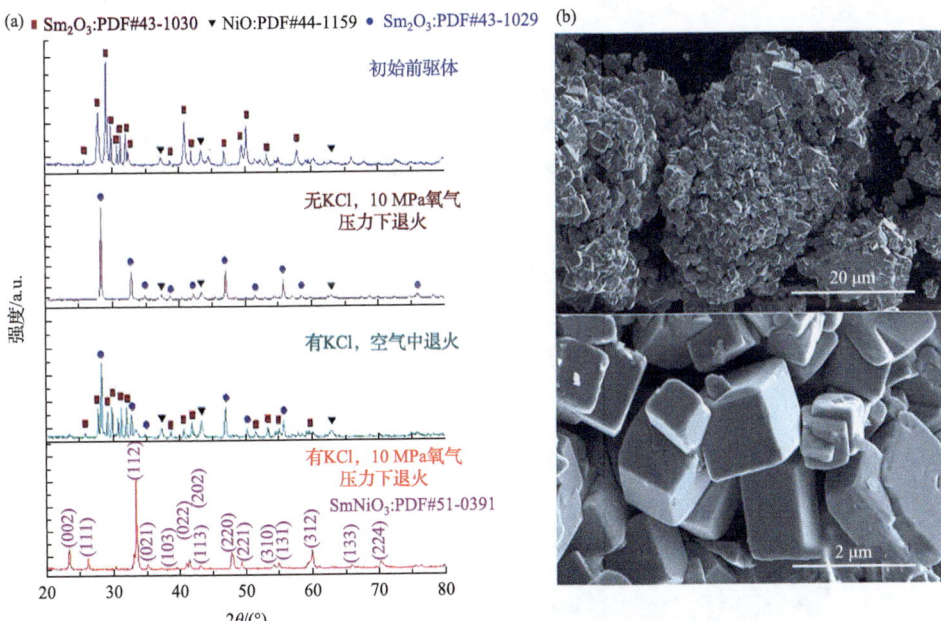

图 12-13 稀土镍基氧化物粉体材料的高氧压碱金属卤化物助溶剂辅助合成。(a) 高氧压 KCl 助溶剂辅助合成 $SmNiO_3$ 粉末的 X 射线衍射图,以及原始氧化物前驱体、无 KCl 的高压退火和有 KCl 的常压退火条件下的 X 射线衍射图[17];(b) 不同放大倍数下高氧压 KCl 助溶剂辅助合成 $SmNiO_3$ 粉末的扫描电子显微镜形貌图[17]

长[16, 21-23]。例如，首先利用共溅射法将钐、镍金属在氧气和氩气混合气氛下生长在硅衬底上，之后在兆帕级氧气压力下进行固相反应，可实现 SmNiO$_3$ 多晶薄膜的硅衬底兼容生长[16]。

上述非均匀生长和提高氧分压的两种方法亦可同时引入 ReNiO$_3$ 薄膜的生长中[17, 24-26]。例如，在晶格匹配的 LaAlO$_3$(001)衬底共溅射钐、镍金属并在高氧压下进行后退火固相反应，可实现厚度接近微米尺度的 SmNiO$_3$ 薄膜。图 12-14(a)～(c)分别给出了通过上述方法所生长的 SmNiO$_3$/LaAlO$_3$(SNO/LAO)薄膜材料的 XRD、RSM、截面形貌图谱，可以看出，所制备 SmNiO$_3$ 薄膜的厚度接近微米量级，其结构中包括与衬底晶体取向相同的外延层以及多晶层。如 12-14(d)给出了所制备薄膜的电阻率-温度(ρ-T)关系，可以看出，在 390K 附近材料的电输运特性由半导体相(低温)转变为金属相(高温)；从图 12-14(e)所示的电阻温度系数与温度(TCR-T)关系图中，可以更加清晰地看出其所对应的电子相变温度。图 12-14(f)进一步给出了所生长薄膜在室温以下低温范围的 ρ-T、TCR-T 关系，可以看出，在低温范围所制备 SmNiO$_3$ 薄膜呈现负阻温系数热敏电阻特性，其阻温系数相比相应的准单晶薄膜较低(1%/K～3%/K)。

除采用真空沉积方法以外，为实现对稀土元素的灵活调控，笔者设计了基于溶液前驱体旋涂并结合高氧压下固相反应的化学沉积法，有效实现了轻、中、重稀土元素组分 ReNiO$_3$ 薄膜生长。在具有相同钙钛矿结构和相近晶格参数(或约化后晶格参数)的氧化物单晶衬底上外延生长 ReNiO$_3$ 薄膜材料，可以通过薄膜与衬底共格生长中在界面处所形成的化合键降低 ReNiO$_3$ 所具有的正向 ΔG，从而实现

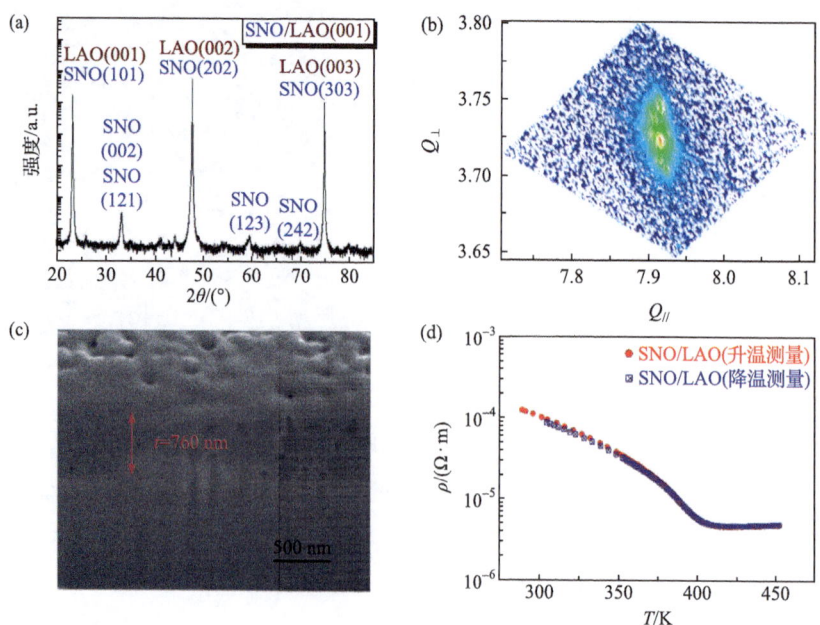

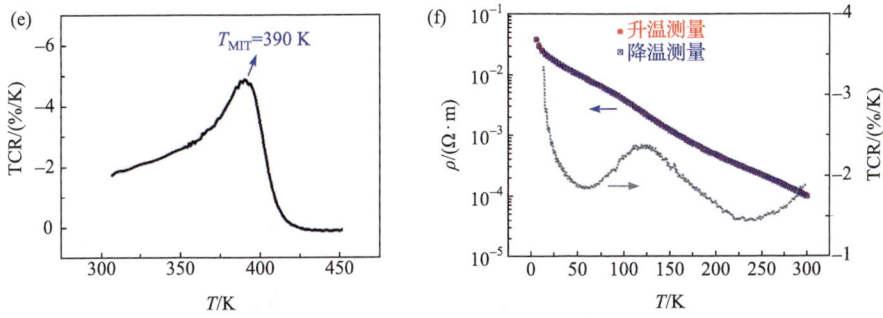

图 12-14 利用 LaAlO$_3$(001)衬底和高氧压制备的 SmNiO$_3$ 薄膜。(a) SmNiO$_3$/LaAlO$_3$ 薄膜的 XRD 图谱[21]；(b) SmNiO$_3$/LaAlO$_3$ 薄膜的 RSM 图谱[21]；(c) SmNiO$_3$/LaAlO$_3$ 薄膜的截面形貌图谱[21]；(d) 300～450 K 范围内 SmNiO$_3$/LaAlO$_3$ 薄膜的阻温曲线[21]；(e) 300～450 K 范围内 SmNiO$_3$/LaAlO$_3$ 薄膜电阻温度系数与温度的关系[21]；(f) 5～300 K 范围内 SmNiO$_3$/LaAlO$_3$ 薄膜电阻和电阻温度系数随温度的变化[21]

其薄膜材料的非均匀形核生长。图 12-15(a)给出了通过第一性原理计算所得到的 ReNiO$_3$ 在 SrTiO$_3$(001)、LaAlO$_3$(001)单晶衬底表面外延的界面能。由此，可按照图 12-15(b)所示意的方法，将硝酸稀土、醋酸镍前驱体溶入乙二醇甲醚配成溶液并旋涂到 LaAlO$_3$(001)衬底表面，之后将所制备前驱体膜在 15 MPa 氧气压力下进行固相反应，使得 ReNiO$_3$ 在高氧压下 LaAlO$_3$(001)表面以非均匀形核方式共格生长。图 12-15(c)给出了所制备含有不同稀土元素 ReNiO$_3$ 薄膜的电阻率-温度关系曲线，可以看出，对于稀土元素质量小于 Gd 的 ReNiO$_3$ 薄膜，其金属-绝缘体相变温度可以从阻温曲线上清楚分辨。而稀土元素大于 Gd 的 ReNiO$_3$ 薄膜由于在测试环境中的材料稳定性较低，在达到相变温度前即发生分解；但其绝缘体相表现出预期的负阻温系数热敏电阻特性。如图 12-15(d)～(g)所示的 X 射线倒易空间成像结果所示，所制备 ReNiO$_3$ 与 LaAlO$_3$(001)衬底衍射斑具有相同的面内分量，因此具有共格生长关系。

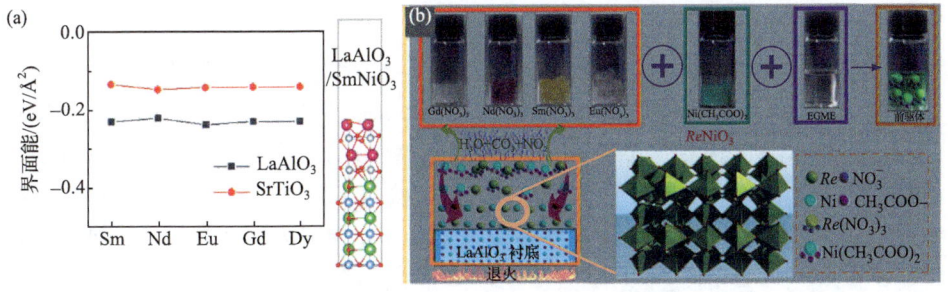

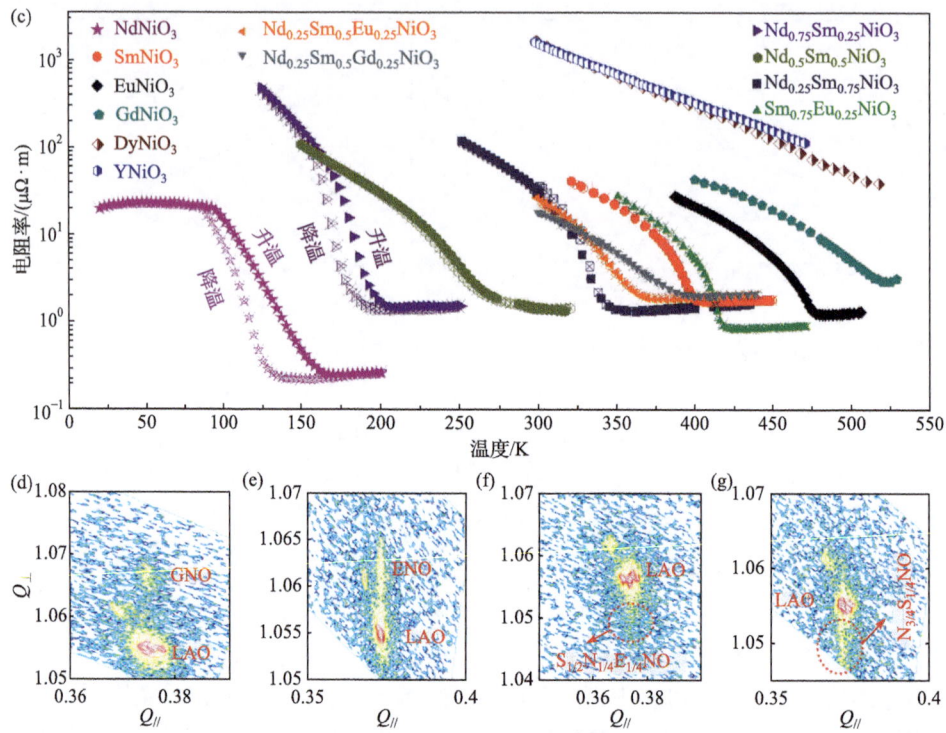

图 12-15 化学沉积法制备的 ReNiO$_3$ 薄膜金属-绝缘体电子相变特性。(a) 不同稀土元素 ReNiO$_3$ 在 SrTiO$_3$(001)、LaAlO$_3$(001)单晶衬底表面外延的界面能[27];(b) 化学沉积法制备 ReNiO$_3$ 薄膜原理和流程示意图[24];(c) 不同稀土元素 ReNiO$_3$ 薄膜的阻温特性曲线[24];(d) GdNiO$_3$/LaAlO$_3$ 薄膜的 X 射线倒易空间成像谱[24];(e) EuNiO$_3$/LaAlO$_3$ 薄膜的 X 射线倒易空间成像谱[24];(f) Sm$_{0.5}$Nd$_{0.25}$Eu$_{0.25}$NiO$_3$/LaAlO$_3$ 薄膜的 X 射线倒易空间成像谱[24];(g) Nd$_{0.75}$Sm$_{0.25}$NiO$_3$/LaAlO$_3$ 薄膜的 X 射线倒易空间成像谱[24]

12.6 本章小结

本章主要阐述了电子相变材料在突变式电子器件、光学功能涂层方面的潜在应用,并详细介绍了二氧化钒、稀土镍基氧化物等最具有一定应用前景的关键性电子相变材料生长技术。利用电子相变前后材料电阻率的突变可实现突变式热敏电阻、强关联逻辑器件和仿生神经元逻辑器件等电子器件应用;而利用红外反射、透射率的突变或异于黑体辐射的红外发射率,可实现激光武器防护、红外伪装和智能调温等光学应用。理想情况下,"纯粹"的莫特绝缘体是满足突变应用的电子器件以及光学器件的最佳选择,即电子相变材料应具有低触发能量、高外场响应速度、高物理性能突变程度和低体积突变程度等。纵观现有电子相变材料体系,二氧化钒、稀土镍基氧化物两种体系材料最为接近上述条件；其中二氧化钒在室温至 68℃具有可调的金属-绝缘体相变特征触发温度以及较大的电阻率突变程度，而稀土镍基氧化物的特征触发温度可在 100～400 K 的温区实现宽范围调节，并且在深冷度范围具有较高的电阻率突变程度。然而，二氧化钒生长中的关键难点在于，如何准确控制处于中间价态的 V^{4+} 并实现大尺寸范围的材料均一性；而稀土镍基氧化物材料生长中的难点在于，如何克服正向吉布斯自由能从而实现其热力学亚稳相材料的有效生长。相比上述两种材料，虽然 $Ca_{2-x}Sr_xRuO_4$、$CuIr_2S_4$、$Pr_xCa_{1-x}CoO_3$ 和 $ReCu_3Fe_4O_{12}$ 等体系材料的电子相变温度同样可在一定温度范围内实现可调的大幅度电阻率突变，但上述材料含有稀贵元素($Ca_{2-x}Sr_xRuO_4$、$CuIr_2S_4$)或合成条件更为苛刻($Pr_xCa_{1-x}CoO_3$、$ReCu_3Fe_4O_{12}$)。当然，随着电子相变材料技术的不断发展和材料体系的不断壮大，期待未来更为接近莫特相变且性价比更高的电子相变新材料被发现。

参 考 文 献

[1] Kokabi H R, Rapeaux M, Aymami J A, et al. Electrical characterization of PTC thermistor based on chromium doped vanadium sesquioxide [J]. Materials Science and Engineering: B, 1996, 38(1): 80-89.

[2] Zhou X, Cui Y, Shang Y, et al. Non-equilibrium spark plasma reactive doping enables highly adjustable metal-to-insulator transitions and improved mechanical stability for VO2 [J]. The Journal of Physical Chemistry C, 2023, 127(5): 2639-2647.

[3] Zhang L, Ling L, Qu Z, et al. Enhancement of the Peierls-like phase transition in the $Cu_{1-x}Li_xIr_2S_4$ system [J]. Europhysics Letters, 2011, 94(3): 37003.

[4] Alexander C S, Cao G, Dobrosavljevic V, et al. Destruction of the Mott insulating ground state of Ca2RuO4 by a structural transition [J]. Physical Review B, 1999, 60(12): R8422-R8425.

[5] Nakatsuji S, Maeno Y. Quasi-two-dimensional Mott transition system $Ca_{2-x}Sr_xRuO_4$[J]. Physical Review Letters, 2000, 84(12): 2666-2669.

[6] Naito T, Sasaki H, Fujishiro H, et al. Elastic and thermal transport properties of $(Pr_{1-x}Sm_x)_{0.7}Ca_{0.3}CoO_3$ at metal-insulator transition [J]. Journal of Physics Conference Series, 2010, 200(1): 012137.

[7] Martin C, Maignan A, Hervieu M, et al. Magnetic phase diagrams of $L_{1-x}A_xMnO_3$ manganites (L=Pr,Sm; A=Ca,Sr) [J]. Physrevb, 1999, 60(17): 12191-12199.

[8] Sudakshina B, Arun B, Vasundhara M. Electrical, magnetic, and magnetotransport behavior of inhomogeneous $Nd_{1-x}Ca_xMnO_3$(0.0≤ x ≤0.8) manganites[J]. Journal of Magnetism and Magnetic Materials, 2018, 448: 250-256.

[9] Futaki H. A new type semiconductor (critical temperature resistor) [J]. Japanese Journal of Applied Physics, 1965, 4(1): 28.

[10] Yajima T, Nishimura T, Toriumi A. Positive-bias gate-controlled metal-insulator transition in ultrathin VO2 channels with TiO2 gate dielectrics [J]. Nature Communications, 2015, 6(1): 10104.

[11] Ke Y, Wang S, Liu G, et al. Vanadium dioxide: The multistimuli responsive material and its

applications [J]. Small, 2018, 14(39): e1802025.

[12] Zhou Y, Guan X, Zhou H, et al. Strongly correlated perovskite fuel cells [J]. Nature, 2016, 534(7606): 231-234.

[13] Zhang Z, Schwanz D, Narayanan B, et al. Perovskite nickelates as electric-field sensors in salt water [J]. Nature, 2018, 553(7686): 68-72.

[14] Zhang H T, Park T J, Islam A N M N, et al. Reconfigurable perovskite nickelate electronics for artificial intelligence [J]. Science, 2022, 375: 855-539.

[15] Zhou X, Li H, Shang Y, et al. Manipulating the metal-to-insulator transitions of VO_2 by combining compositing and doping strategies [J]. Physical Chemistry Chemical Physics, 2023, 25(33): 21908-21915.

[16] Jaramillo R, Schoofs F, Ha S D, et al. High pressure synthesis of $SmNiO_3$ thin films and implications for thermodynamics of the nickelates [J]. Journal of Materials Chemistry C, 2013, 1(13): 2455-2462.

[17] Chen J, Li Z, Dong H, et al. Pressure induced unstable electronic states upon correlated nickelates metastable perovskites as batch synthesized via heterogeneous nucleation [J]. Advanced Functional Materials, 2020, 30(23): 2000987.1-2000987.8.

[18] Catalan G. Progress in perovskite nickelate research [J]. Phase Transitions, 2008, 81(7-8): 729-749.

[19] Chen J, Mao W, Ge B, et al. Revealing the role of lattice distortions in the hydrogen-induced metal-insulator transition of $SmNiO_3$ [J]. Nat Commun, 2019, 10(1): 694.

[20] Chen J, Mao W, Gao L, et al. Electron-doping mottronics in strongly correlated perovskite [J]. Adv Mater, 2020, 32(6): e1905060.

[21] Chen J, Bird A, Yan F, et al. Mechanical and correlated electronic transport properties of preferentially orientated $SmNiO_3$ films[J]. Ceramics International, 2020, 46(5): 6693-6697.

[22] Escote M T, Da Silva A M L, Matos J R, et al. General properties of polycrystalline $LnNiO_3$ (Ln=Pr, Nd, Sm) compounds prepared through different precursors [J]. Journal of Solid State Chemistry, 2000, 151(2): 298-307.

[23] Nikulin I V, Novojilov M A, Kaul A R, et al. Oxygen nonstoichiometry of $NdNiO_{3-\delta}$ and $SmNiO_{3-\delta}$ [J]. Materials Research Bulletin, 2004, 39(6): 775-791.

[24] Chen J, Hu H, Wang J, et al. Overcoming synthetic metastabilities and revealing metal-to-insulator transition & thermistor bi-functionalities for d-band correlation perovskite nickelates [J]. Materials Horizons, 2019, 6(4): 788-795.

[25] Chen J, Hu H, Wang J, et al. A d-band electron correlated thermoelectric thermistor established in metastable perovskite family of rare-earth nickelates [J]. ACS Appl Mater Interfaces, 2019, 11(37): 34128-34134.

[26] Chen J, Hu H, Meng F, et al. Overlooked transportation anisotropies in d-band correlated rare-earth perovskite nickelates [J]. Matter, 2020, 2(5): 1296-1306.

[27] Yan F, Mi Z, Chen J, et al. Revealing the role of interfacial heterogeneous nucleation in the metastable thin film growth of rare-earth nickelate electronic transition materials [J]. Physical Chemistry Chemical Physics, 2022, 24(16): 9333-9344.